农业转基因生物安全标准

2015 版

（下册）

农业部科技发展中心　编

中国农业出版社

目 录

下 册

第二类　环境安全检测

第二部分　水稻

第三类 食用安全检测

第四类　标准制定规范

第五类　检测实验室要求

第六类　标准物质制备

第七类　评价和监控

第八部分　水　稻

ICS 65.020.01
B 04

中华人民共和国国家标准

农业部 1193 号公告－3－2009

转基因植物及其产品成分检测
抗虫水稻 TT51-1 及其衍生品种
定性 PCR 方法

Detection of genetically modified plants and derived products
Qualitative PCR method for insect-resistant rice TT51-1 and its derivates

2009-04-23 发布

2009-04-23 实施

中华人民共和国农业部 发布

前　言

　　本标准由农业部科技教育司提出。

　　本标准由全国农业转基因生物安全管理标准化技术委员会归口。

　　本标准起草单位:农业部科技发展中心、中国农业科学院油料作物研究所、中国检验检疫科学研究院食品安全研究所、中国农业科学院生物技术研究所。

　　本标准主要起草人:卢长明、沈平、武玉花、黄文胜、金芜军、祝长青。

转基因植物及其产品成分检测
抗虫水稻 TT51-1 及其衍生品种定性 PCR 方法

1 范围

本标准规定了转基因抗虫水稻 TT51-1 转化体特异性定性 PCR 检测方法。

本标准适用于转基因抗虫水稻 TT51-1 及其衍生品种，以及制品中 TT51-1 的定性 PCR 检测。

2 规范性引用文件

下列文件中的条款通过本标准的引用而成为本标准的条款。凡是注日期的引用文件，其随后所有的修改单（不包括勘误的内容）或修订版均不适用于本标准，然而，鼓励根据本标准达成协议的各方研究是否可使用这些文件的最新版本。凡是不注明日期的引用文件，其最新版本适合于本标准。

NY/T 672 转基因植物及其产品检测 通用要求

NY/T 673 转基因植物及其产品检测 抽样

NY/T 674 转基因植物及其产品检测 DNA 提取和纯化

农业部 953 号公告—6—2007 转基因植物及其产品成分检测 抗虫转 Bt 基因水稻定性 PCR 方法

3 术语和定义

下列术语和定义适用于本标准。

3.1

SPS 基因   SPS gene

编码蔗糖磷合酸酶（Sucrose Phosphate Synthase）的基因。

3.2

TT51-1 转化体特异性序列   event-specific sequence of TT51-1

TT51-1 外源插入片段 3′端与水稻基因组的连接区序列，包括转化载体的部分序列和水稻基因组的部分序列。

4 原理

根据转基因抗虫水稻 TT51-1 转化体特异性序列设计特异性引物，对试样进行 PCR 扩增。依据是否扩增获得 274 bp 的预期 DNA 片段，判断样品中是否含有来源于转基因抗虫水稻 TT51-1 转化体的成分。

5 试剂和材料

使用分析纯试剂和重蒸馏水。

5.1 琼脂糖。

5.2 10 g/L 溴化乙锭溶液：称取 1.0 g 溴化乙锭（EB），溶于 100 mL 水中。

注：溴化乙锭有致癌作用，配制和使用时应戴一次性手套操作并妥善处理废液。

5.3 10 mol/L 氢氧化钠溶液：称取氢氧化钠（NaOH）80.0 g，先用 160 mL 水溶解后，再加水定容到 200 mL。

5.4　500 mmol/L 乙二铵四乙酸二钠溶液(pH 8.0):称取 18.6 g 乙二铵四乙酸二钠(EDTA-Na₂),加入 70 mL 水中,再加入适量氢氧化钠溶液(5.3),加热至完全溶解后,冷却至室温,用氢氧化钠溶液(5.3)调 pH 至 8.0,加水定容至 100 mL。在 103.4 kPa(121℃)条件下灭菌 20 min。

5.5　1 mol/L 三羟甲基氨基甲烷—盐酸溶液(pH 8.0):称取 121.1 g 三羟甲基氨基甲烷(Tris)溶解于 800 mL 水中,用盐酸调 pH 至 8.0,加水定容至 1 000 mL。在 103.4 kPa(121℃)条件下灭菌 20 min。

5.6　TE 缓冲液(pH 8.0):分别量取 10 mL 三羟甲基氨基甲烷—盐酸溶液(5.5)和 2 mL 乙二铵四乙酸二钠溶液(5.4),加水定容至 1 000 mL。在 103.4 kPa(121℃)条件下灭菌 20 min。

5.7　50×TAE 缓冲液:称取 242.2 g 三羟甲基氨基甲烷(Tris),先用 300 mL 水加热搅拌溶解后,加入 100 mL 乙二铵四乙酸二钠溶液(5.4),用冰乙酸调 pH 至 8.0,然后加水定容到 1 000 mL。使用时用水稀释成 1×TAE。

5.8　加样缓冲液:称取 250.0 mg 溴酚蓝,加 10 mL 水,在室温下溶解 12 h;称取 250.0 mg 二甲基苯腈蓝,用 10 mL 水溶解;称取 50.0 g 蔗糖,用 30 mL 水溶解,混合三种溶液,加水定容至 100 mL,在 4℃下保存。

5.9　DNA 分子量标准:可以清楚的区分 50 bp～1 000 bp 的 DNA 片段。

5.10　dNTPs 混合溶液:将浓度为 10 mmol/L 的 dATP、dTTP、dGTP、dCTP 四种脱氧核糖核苷酸溶液等体积混合。

5.11　优质热启动 Taq DNA 聚合酶(5 U/μL)及 PCR 反应缓冲液。

5.12　引物。

5.12.1　*SPS* 基因

SPS-F1:5′-TTGCGCCTGAACGGATAT-3′

SPS-R1:5′-GGAGAAGCACTGGACGAGG-3′

预期扩增片段大小为 277 bp。

5.12.2　**TT**51-1 转化体特异性序列

TT51-1-F:5′-AGCAGAACTTTAACCCCCGAA-3′

TT51-1-R:5′-AGAGCCTCGTTGGATTTCTTACAT-3′

预期扩增片段大小为 274 bp。

5.13　引物溶液。

用 TE 缓冲液(5.6)分别将上述引物稀释到 10 μmol/L。

5.14　PCR 产物回收试剂盒。

6　仪器

6.1　分析天平,感量 1 mg。

6.2　PCR 扩增仪:升降温速度＞1.5℃/s,孔间温度差异＜1℃,带有防蒸发热盖。

6.3　电泳槽、电泳仪等电泳装置。

6.4　紫外透射仪。

6.5　凝胶成像系统或照相系统。

6.6　重蒸馏水发生器或超纯水仪。

6.7　其他相关实验室仪器设备。

7　操作步骤

7.1　抽样

按 NY/T 672 和 NY/T 673 规定执行。

7.2 制样

按 NY/T 672 和 NY/T 673 规定执行。

7.3 试样预处理

按 NY/T 674 规定执行。

7.4 DNA 模板制备

按农业部 953 号公告—6—2007 规定执行。

7.5 PCR 反应

7.5.1 试样 PCR 反应

7.5.1.1 每个试样 PCR 反应设置 3 次重复。

7.5.1.2 在 PCR 反应管中按表 1 依次加入反应试剂,用手指轻弹混匀。

7.5.1.3 将 PCR 管放入台式离心机中离心 10 s 后插入 PCR 仪中。

7.5.1.4 运行 PCR 反应。反应程序为:94℃变性 2 min;94℃变性 30 s,56℃退火 30 s,72℃延伸 30 s,共进行 35 次循环;72℃延伸 7 min。

7.5.1.5 反应结束后取出 PCR 反应管,对 PCR 反应产物进行电泳检测。

表 1 PCR 反应体系

试　　剂	终　浓　度	体　　积
重蒸馏水		37.75 μL
10×PCR 缓冲液	1×	5 μL
25 mmol/L 氯化镁溶液	1.5 mmol/L	3 μL
10 mmol/L dNTPs 混合溶液	0.2 mmol/L	1 μL
10 μmol/L 上游引物	0.1 μmol/L	0.5 μL
10 μmol/L 下游引物	0.1 μmol/L	0.5 μL
5×10^6 U/L Taq 酶	2.5×10^4 U/L	0.25 μL
25 mg/L DNA 模板	1 mg/L	2.0 μL
总体积		50 μL

注 1:如果 10×PCR 缓冲液中含有氯化镁,则不加氯化镁溶液,加等体积重蒸馏水。

注 2:水稻内标准基因 PCR 检测反应体系中,上、下游引物分别为 SPS-F1 和 SPS-R1;TT51-1 转化体 PCR 检测反应体系中,上、下游引物分别为 TT51-1-F 和 TT51-1-R。

7.5.2 对照 PCR 反应

在试样 PCR 反应的同时,应设置阴性对照、阳性对照和空白对照。以非转基因水稻材料中提取的 DNA 作为阴性对照 PCR 反应体系的模板;以抗虫水稻 TT51-1 DNA 含量为 0.1‰~1.0‰ 的水稻 DNA 作为阳性对照 PCR 反应体系的模板;空白对照中用重蒸馏水代替 PCR 反应体系模板。各对照 PCR 反应体系中,除模板外,其余组分及 PCR 反应条件与 7.5.1 相同。

7.6 PCR 产物电泳检测

PCR 产物用 2% 琼脂糖凝胶电泳检测。按 20 g/L 的浓度称取琼脂糖,加入 1×TAE 缓冲液中,加热溶解,配制成琼脂糖溶液。每 100 mL 琼脂糖溶液加入 5 μL EB 溶液,混匀,适当冷却后,将其倒入电泳板中,插上梳板,室温下凝固成凝胶后,放入 1×TAE 缓冲液中,垂直向上轻轻拔去梳板。取 7 μL PCR 产物与 3 μL 加样缓冲液混合后加入点样孔中,同时在其中一个点样孔中加入 DNA 分子量标准,接通电源在 2 V/cm~5 V/cm 条件下电泳。

7.7 凝胶成像分析

电泳结束后,取出琼脂糖凝胶,置于凝胶成像仪或紫外透射仪上成像。根据 DNA 分子量标准估计扩增条带的大小,将电泳结果形成电子文件存档或用照相系统拍照。根据琼脂糖凝胶电泳结果,按照 8

的规定对 PCR 扩增结果进行分析。如需通过序列分析确认 PCR 扩增片段是否为目的 DNA 片段,按照 7.8 和 7.9 的规定执行。

7.8 PCR 产物回收

按 PCR 产物回收试剂盒说明书回收 PCR 扩增的 DNA 片段。

7.9 PCR 产物的测序验证

将回收的 PCR 产物克隆测序,确定 PCR 扩增的 DNA 片段是否为目的 DNA 片段。

8 结果分析与表述

8.1 对照检测结果分析

阳性对照 PCR 反应中,SPS 内标准基因和 TT51-1 转化体特异性序列均得到扩增,且扩增片段大小与预期片段大小一致,而阴性对照中仅扩增出 SPS 基因片段,空白对照中除引物二聚体外没有其他扩增片段,表明 PCR 反应体系正常工作,否则重新检测。

8.2 样品检测结果分析和表述

a) SPS 内标准基因和 TT51-1 转化体特异性序列均得到扩增,且扩增片段大小与预期片段大小一致,表明样品中检测出转基因抗虫水稻 TT51-1,表述为"样品中检测出来源于转基因抗虫水稻 TT51-1 转化体的成分,检测结果为阳性"。

b) SPS 内标准基因片段得到扩增,且扩增片段大小与预期片段大小一致,而 TT51-1 转化体特异性序列未得到扩增,或扩增片段大小与预期片段大小不一致,表明样品中未检测出转基因抗虫水稻 TT51-1 转化体,表述为"样品中未检测出来源于转基因抗虫水稻 TT51-1 转化体的成分,检测结果为阴性"。

c) SPS 内标准基因片段未得到扩增,或扩增片段大小与预期片段大小不一致,表明样品中未检测出水稻成分,表述为"样品中未检测出水稻成分,检测结果为阴性"。

ICS 65.020.01
B 04

中华人民共和国国家标准

农业部 1485 号公告－5－2010

转基因植物及其产品成分检测
抗病水稻 M12 及其衍生品种定性 PCR 方法

Detection of genetically modified plants and derived products—
Qualitative PCR method for disease-resistant rice M12 and its derivates

2010-11-15 发布

2011-01-01 实施

中华人民共和国农业部 发布

前　言

本标准按照 GB/T 1.1—2009 给出的规则起草。

本标准由中华人民共和国农业部科技教育司提出。

本标准由全国农业转基因生物安全管理标准化技术委员会(SAC/TC 276) 归口。

本标准起草单位:农业部科技发展中心、中国农业科学院生物技术研究所、中国农业科学院植物保护研究所、安徽省农业科学院水稻研究所。

本标准主要起草人:张秀杰、段武德、金芜军、谢家建、刘信、宛煜嵩、倪大虎。

转基因植物及其产品成分检测
抗病水稻 M12 及其衍生品种定性 PCR 方法

1 范围

本标准规定了转基因抗病水稻 M12 转化体特异性的定性 PCR 检测方法。

本标准适用于转基因抗病水稻 M12 及其衍生品种,以及制品中 M12 转化体成分的定性 PCR 检测。

2 规范性引用文件

下列文件对于本文件的应用是必不可少的。凡是注日期的引用文件,仅注日期的版本适用于本文件。凡是不注日期的引用文件,其最新版本(包括所有的修改单)适用于本文件。

GB/T 6682　分析实验室用水规格和试验方法

NY/T 672　转基因植物及其产品检测　通用要求

NY/T 673　转基因植物及其产品检测　抽样

NY/T 674　转基因植物及其产品检测　DNA 提取和纯化

3 术语和定义

下列术语和定义适用于本文件。

3.1

sps 基因　*sps* gene

编码蔗糖磷酸合酶(Sucrose Phosphate Synthase)的基因。

3.2

M12 转化体特异性序列　event-specific sequence of M12

M12 外源 DNA 插入受体水稻后经重组产生的特异性序列,包括 *Xa*21 基因序列及载体骨架序列。

4 原理

根据抗病水稻 M12 转化体特异性序列设计特异性引物,对试样进行 PCR 扩增。依据是否扩增获得预期 380 bp 的特异性 DNA 片段,判断样品中是否含有 M12 转化体成分。

5 试剂和材料

除非另有说明,仅使用分析纯试剂和重蒸馏水或符合 GB/T 6682 规定的一级水。

5.1　琼脂糖。

5.2　10 g/L 溴化乙锭溶液:称取 1.0 g 溴化乙锭(EB),溶解于 100 mL 水中,避光保存。

注:溴化乙锭有致癌作用,配制和使用时宜戴一次性手套操作并妥善处理废液。

5.3　10 mol/L 氢氧化钠溶液:在 160 mL 水中加入 80.0 g 氢氧化钠(NaOH),溶解后再加水定容至 200 mL。

5.4　500 mmol/L 乙二铵四乙酸二钠溶液(pH 8.0):称取 18.6 g 乙二铵四乙酸二钠(EDTA - Na₂),加入 70 mL 水中,加入适量氢氧化钠溶液(5.3),加热至完全溶解后,冷却至室温,用氢氧化钠溶液(5.3)调

pH 至 8.0,用水定容到 100 mL。在 103.4 kPa(121℃)条件下灭菌 20 min。

5.5　1 mol/L 三羟甲基氨基甲烷—盐酸溶液(pH 8.0):称取 121.1 g 三羟甲基氨基甲烷(Tris)溶解于 800 mL 水中,用盐酸(HCl)调 pH 至 8.0,加水定容至 1 000 mL。在 103.4 kPa(121℃)条件下灭菌 20 min。

5.6　TE 缓冲液(pH 8.0):分别量取 10 mL 三羟甲基氨基甲烷—盐酸溶液(5.5)和 2 mL 乙二铵四乙酸二钠溶液(5.4)溶液,加水定容至 1 000 mL。在 103.4 kPa(121℃)条件下灭菌 20 min。

5.7　50×TAE 缓冲液:称取 242.2 g 三羟甲基氨基甲烷(Tris),加入 300 mL 水加热搅拌溶解后,加入 100 mL 乙二铵四乙酸二钠溶液溶液(5.4),用冰乙酸调 pH 至 8.0,然后加水定容到 1 000 mL。使用时用水稀释成 1×TAE。

5.8　加样缓冲液:称取 250.0 mg 溴酚蓝,加入 10 mL 水,在室温下溶解 12 h;称取 250.0 mg 二甲基苯腈蓝,加 10 mL 水溶解;称取 50.0 g 蔗糖,加 30 mL 水溶解。混合以上三种溶液,加水定容至 100 mL,在 4℃下保存。

5.9　DNA 分子量标准:可以清楚地区分 50 bp～1 000 bp 的 DNA 片段。

5.10　dNTPs 混合溶液:将浓度为 10 mmol/L 的 dATP、dTTP、dGTP、dCTP 四种脱氧核糖核苷酸溶液等体积混合。

5.11　Taq DNA 聚合酶及其 PCR 反应缓冲液。

5.12　引物。

5.12.1　*sps* 基因

　　SPS-F1:5′-TTGCGCCTGAACGGATAT-3′
　　SPS-R1:5′-GGAGAAGCACTGGACGAGG-3′
　　预期扩增片段大小为 277 bp。

5.12.2　**M12 转化体特异性序列**

　　M12-F:5′-GTTGGAGATTTTGGGCTTG-3′
　　M12-R:5′-ATAGCCTCTCCACCCAAGCG-3′
　　预期扩增片段大小 380 bp。

5.13　引物溶液:用 TE 缓冲液(5.6)分别将上述引物稀释到 10 μmol/L。

5.14　石蜡油。

5.15　PCR 产物回收试剂盒。

5.16　DNA 提取试剂盒。

6　仪器

6.1　分析天平:感量 0.1 g 和 0.1 mg。

6.2　PCR 扩增仪:升降温速度＞1.5℃/s,孔间温度差异＜1.0℃。

6.3　电泳槽、电泳仪等电泳装置。

6.4　紫外透射仪。

6.5　凝胶成像系统或照相系统。

6.6　重蒸馏水发生器或超纯水仪。

6.7　其他相关仪器和设备。

7　操作步骤

7.1　抽样

按 NY/T 672 和 NY/T 673 的规定执行。

7.2 制样

按 NY/T 672 和 NY/T 673 的规定执行。

7.3 试样预处理

按 NY/T 674 的规定执行。

7.4 DNA 模板制备

按 NY/T 674 的规定执行,或使用经验证适用于水稻 DNA 提取与纯化的 DNA 提取试剂盒。

7.5 PCR 反应

7.5.1 试样 PCR 反应

7.5.1.1 每个试样 PCR 反应设置 3 次重复。

7.5.1.2 在 PCR 反应管中按表 1 依次加入反应试剂,混匀,再加 25 μL 石蜡油(有热盖设备的 PCR 仪可不加)。

表 1 PCR 检测反应体系

试　剂	终　浓　度	体　积
水		—
10×PCR 缓冲液	1×	2.5 μL
25 mmol/L 氯化镁溶液	1.5 mmol/L	1.5 μL
dNTPs 混合溶液(各 2.5 mmol/L)	各 0.2 mmol/L	2.0 μL
10 μmol/L 上游引物	0.4 μmol/L	1.0 μL
10 μmol/L 下游引物	0.4 μmol/L	1.0 μL
Taq 酶	0.025 U/μL	—
50 mg/L DNA 模板	2 mg/L	1.0 μL
总体积		25.0 μL

注 1:根据 Taq 酶的浓度确定其体积,并相应调整水的体积,使反应体系总体积达到 25.0 μL。如果 PCR 缓冲液中含有氯化镁,则不加氯化镁溶液,加等体积水。

注 2:水稻内标准基因 PCR 检测反应体系中,上、下游引物分别为 SPS-F1 和 SPS-R1;M12 转化体 PCR 检测反应体系中,上、下游引物分别为 M12-F 和 M12-R。

7.5.1.3 将 PCR 管放在离心机上,500 g～3 000 g 离心 10 s,然后取出 PCR 管,放入 PCR 仪中。

7.5.1.4 进行 PCR 反应。sps 基因扩增的反应程序为:95℃变性 5 min;94℃变性 1 min,56℃退火 30 s,72℃延伸 30 s,共进行 35 次循环;72℃延伸 7 min。M12 转化体特异性序列扩增的反应程序为:94℃变性 5 min;94℃变性 30 s,58℃退火 30 s,72℃延伸 30 s,共进行 35 次循环;72℃延伸 7 min。

7.5.1.5 反应结束后取出 PCR 管,对 PCR 反应产物进行电泳检测。

7.5.2 对照 PCR 反应

在试样 PCR 反应的同时,应设置阴性对照、阳性对照和空白对照。

以非转基因水稻材料提取的 DNA 作为阴性对照;以转基因水稻 M12 质量分数为 0.1%～1.0% 的水稻 DNA 作为阳性对照;以水作为空白对照。

各对照 PCR 反应体系中,除模板外,其余组分及 PCR 反应条件与 7.5.1 相同。

7.6 PCR 产物电泳检测

按 20 g/L 的质量浓度称取琼脂糖,加入 1×TAE 缓冲液中,加热溶解,配制成琼脂糖溶液。每 100 mL 琼脂糖溶液中加入 5 μL EB 溶液,混匀,稍适冷却后,将其倒入电泳板上,插上梳板,室温下凝固成凝胶后,放入 1×TAE 缓冲液中,垂直向上轻轻拔去梳板。取 12 μL PCR 产物与 3 μL 加样缓冲液混合后加入凝胶点样孔,同时在其中一个点样孔中加入 DNA 分子量标准,接通电源在 2 V/cm～5 V/cm 条件下电泳检测。

7.7 凝胶成像分析

电泳结束后,取出琼脂糖凝胶,置于凝胶成像仪上或紫外透射仪上成像。根据 DNA 分子量标准估计扩增条带的大小,将电泳结果形成电子文件存档或用照相系统拍照。如需通过序列分析确认 PCR 扩增片段是否为目的 DNA 片段,按照 7.8 和 7.9 的规定执行。

7.8 PCR 产物回收

按 PCR 产物回收试剂盒说明书,回收 PCR 扩增的 DNA 片段。

7.9 PCR 产物测序验证

将回收的 PCR 产物克隆测序,与抗病水稻 M12 转化体特异性序列(参见附录 A)进行比对,确定 PCR 扩增的 DNA 片段是否为目的 DNA 片段。

8 结果分析与表述

8.1 对照检测结果分析

阳性对照的 PCR 反应中,sps 内标准基因和 M12 转化体特异性序列均得到扩增,且扩增片段大小与预期片段大小一致,而阴性对照中仅扩增出 sps 基因片段,空白对照中没有任何扩增片段,表明 PCR 反应体系正常工作,否则重新检测。

8.2 样品检测结果分析和表述

8.2.1 sps 内标准基因和 M12 转化体特异性序列均得到了扩增,且扩增片段大小与预期片段大小一致,表明样品中检测出转基因抗病水稻 M12 转化体成分,表述为"样品中检测出转基因抗病水稻 M12 转化体成分,检测结果为阳性"。

8.2.2 sps 内标准基因片段得到扩增,且扩增片段大小与预期片段大小一致,而 M12 转化体特异性序列未得到扩增,或扩增片段大小与预期片段大小不一致,表明样品中未检测出抗病水稻 M12 转化体成分,表述为"样品中未检测出抗病水稻 M12 转化体成分,检测结果为阴性"。

8.2.3 sps 内标准基因片段未得到扩增,或扩增片段大小与预期片段大小不一致,表明样品中未检测出水稻成分,结果表述为"样品中未检测出水稻成分,检测结果为阴性"。

附　录　A

（资料性附录）

抗病水稻 M12 转化体特异性序列

```
  1 GTTGGAGATTTTGGGCTTGCAAGAATACTTGTTGATGGGACCTCATTGATACAACAGTCA
 61 ACAAGCTCGATGGGATTTATAGGGACAATTGGCTATGCAGCACCAGGTCAGCAAGTCCTT
121 CCAGTATTTTGCATTTTCTGATCTCTAGTGCTCCAGCGAGTCAGTGAGCGAGGAAGCGGA
181 AGAGCGCCTGATGCGGTATTTTCTCCTTACGCATCTGTGCGGTATTTCACACAAAGTAAA
241 CTGGATGGCTTTCTTGCCGCCAAGGATCTGATGGCGCAGGGGATCAAGATCTGATCAAGA
301 GACAGGATGAGGATCGTTTCGCATGATTGAACAAGATGGATTGCACGCAGGTTCTCCGGC
361 CGCTTGGGTGGAGAGGCTAT
```

注:划线部分为引物序列。

ICS 65.020.01
B 04

中华人民共和国国家标准

农业部 1861 号公告—1—2012

转基因植物及其产品成分检测
水稻内标准基因定性 PCR 方法

Detection of genetically modified plants and derived products—
Target–taxon–specific qualitative PCR method for rice

2012-11-28 发布

2013-01-01 实施

中华人民共和国农业部 发布

前　言

本标准按照 GB/T 1.1—2009 给出的规则起草。

请注意本文件的某些内容可能涉及专利。本文件的发布机构不承担识别这些专利的责任。

本标准由中华人民共和国农业部提出。

本标准由全国农业转基因生物安全管理标准化技术委员会(SAC/TC 276)归口。

本标准起草单位:农业部科技发展中心、中国农业科学院生物技术研究所、上海交通大学、四川省农业科学院、安徽省农业科学院水稻研究所。

本标准主要起草人:金芜军、沈平、张秀杰、宛煜嵩、刘信、杨立桃、刘勇、苗朝华、汪秀峰、马卉。

转基因植物及其产品成分检测
水稻内标准基因定性 PCR 方法

1 范围

本标准规定了水稻内标准基因 *SPS*、*PEPC* 的定性 PCR 检测方法。

本标准适用于转基因植物及其制品中水稻成分的定性 PCR 检测。

2 规范性引用文件

下列文件对于本文件的应用是必不可少的。凡是注日期的引用文件，仅注日期的版本适用于本文件。凡是不注日期的引用文件，其最新版本（包括所有的修改单）适用于本文件。

GB/T 6682 分析实验室用水规格和试验方法

NY/T 672 转基因植物及其产品检测 通用要求

NY/T 673 转基因植物及其产品检测 抽样

农业部 1485 号公告—4—2010 转基因植物及其产品成分检测 DNA 提取和纯化

3 术语和定义

下列术语和定义适用于本文件。

3.1

SPS 基因 sucrose phosphate synthase gene

编码蔗糖磷酸合酶的基因。

3.2

PEPC 基因 phosphoenolpyruvate carboxylase gene

编码烯醇丙酮酸磷酸羧化酶的基因。

4 原理

根据 *SPS*、*PEPC* 基因序列设计特异性引物及探针，对试样进行 PCR 扩增。依据是否扩增获得预期的 DNA 片段或典型的荧光扩增曲线，判断样品中是否含有水稻成分。

5 试剂和材料

除非另有说明，仅使用分析纯试剂和重蒸馏水或符合 GB/T 6682 规定的一级水。

5.1 琼脂糖。

5.2 10 g/L 溴化乙锭溶液：称取 1.0 g 溴化乙锭（EB），溶解于 100 mL 水中，避光保存。

警告——溴化乙锭有致癌作用，配制和使用时应戴一次性手套操作并妥善处理废液。

5.3 10 mol/L 氢氧化钠溶液：在 160 mL 水中加入 80.0 g 氢氧化钠（NaOH），溶解后，冷却至室温，再加水定容至 200 mL。

5.4 500 mmol/L 乙二铵四乙酸二钠溶液（pH8.0）：称取 18.6 g 乙二铵四乙酸二钠（EDTA - Na$_2$），加入 70 mL 水中，再加入适量氢氧化钠溶液（5.3），加热至完全溶解后，冷却至室温，用氢氧化钠溶液（5.3）调 pH 至 8.0，加水定容至 100 mL。在 103.4 kPa（121℃）条件下灭菌 20 min。

5.5　1 mol/L 三羟甲基氨基甲烷—盐酸溶液(pH8.0):称取 121.1 g 三羟甲基氨基甲烷(Tris)溶解于 800 mL 水中,用盐酸(HCl)调 pH 至 8.0,加水定容至 1 000 mL。在 103.4 kPa(121℃)条件下灭菌 20 min。

5.6　TE 缓冲液(pH8.0):分别量取 10 mL 三羟甲基氨基甲烷—盐酸溶液(5.5)和 2 mL 乙二铵四乙酸二钠溶液(5.4)溶液,加水定容至 1 000 mL。在 103.4 kPa(121℃)条件下灭菌 20 min。

5.7　50×TAE 缓冲液:称取 242.2 g 三羟甲基氨基甲烷(Tris),先用 500 mL 水加热搅拌溶解后,加入 100 mL 乙二铵四乙酸二钠溶液(5.4),用冰乙酸调 pH 至 8.0,然后加水定容到 1 000 mL。使用时用水稀释成 1×TAE。

5.8　加样缓冲液:称取 250.0 mg 溴酚蓝,加入 10 mL 水,在室温下溶解 12 h;称取 250.0 mg 二甲基苯腈蓝,加 10 mL 水溶解;称取 50.0 g 蔗糖,加 30 mL 水溶解。混合以上三种溶液,加水定容至 100 mL,在 4℃下保存。

5.9　DNA 分子量标准:可以清楚地区分 100 bp～1 000 bp 的 DNA 片段。

5.10　dNTPs 混合溶液:将浓度为 10 mmol/L 的 dATP、dTTP、dGTP、dCTP 四种脱氧核糖核苷酸溶液等体积混合。

5.11　Taq DNA 聚合酶、PCR 反应缓冲液及 25 mmol/L 氯化镁溶液。

5.12　石蜡油。

5.13　DNA 提取试剂盒。

5.14　定性 PCR 反应试剂盒。

5.15　实时荧光 PCR 反应试剂盒。

5.16　PCR 产物回收试剂盒。

5.17　引物和探针:见附录 A。

6　仪器和设备

6.1　分析天平:感量 0.1 g 和 0.1 mg。

6.2　PCR 扩增仪:升降温速度＞1.5℃/s,孔间温度差异＜1.0℃。

6.3　荧光定量 PCR 仪。

6.4　电泳槽、电泳仪等电泳装置。

6.5　紫外透射仪。

6.6　凝胶成像系统或照相系统。

6.7　重蒸馏水发生器或纯水仪。

6.8　其他相关仪器设备。

7　操作步骤

7.1　抽样
按 NY/T 672 和 NY/T 673 的规定执行。

7.2　制样
按 NY/T 672 和 NY/T 673 的规定执行。

7.3　试样预处理
按农业部 1485 号公告—4—2010 的规定执行。

7.4　DNA 模板制备

按农业部 1485 号公告—4—2010 的规定执行。

7.5 PCR 方法

7.5.1 普通 PCR 方法

7.5.1.1 PCR 反应

7.5.1.1.1 试样 PCR 反应

7.5.1.1.1.1 每个试样 PCR 反应设置 3 次重复。

7.5.1.1.1.2 在 PCR 反应管中按表 1 依次加入反应试剂,混匀,再加 25 μL 石蜡油(有热盖设备的 PCR 仪可不加)。也可采用经验证的、等效的定性 PCR 反应试剂盒配制反应体系。

表 1　PCR 检测反应体系

试剂	终浓度	体积
水		—
10×PCR 缓冲液	1×	2.5 μL
25 mmol/L 氯化镁溶液	1.5 mmol/L	1.5 μL
dNTPs 混合溶液(各 2.5 mmol/L)	各 0.2 mmol/L	2.0 μL
10 μmol/L 上游引物	0.2 μmol/L	0.5 μL
10 μmol/L 下游引物	0.2 μmol/L	0.5 μL
Taq DNA 聚合酶	0.025 U/μL	—
25 mg/L DNA 模板	2 mg/L	2.0 μL
总体积		25.0 μL

"—"表示体积不确定。如果 PCR 缓冲液中含有氯化镁,则不加氯化镁溶液,根据 Taq 酶的浓度确定其体积,并相应调整水的体积,使反应体系总体积达到 25.0 μL。

注:SPS 基因 PCR 检测反应体系中,上下游引物分别为 SPS-F 和 SPS-R;PEPC 基因 PCR 检测反应体系中,上下游引物分别为 PEPC-F 和 PEPC-R。

7.5.1.1.1.3 将 PCR 管放在离心机上,500 g~3 000 g 离心 10 s,然后取出 PCR 管,放入 PCR 仪中。

7.5.1.1.1.4 进行 PCR 反应。反应程序为:94℃变性 5 min;94℃变性 30 s,58℃退火 30 s,72℃延伸 30 s,共进行 35 次循环;72℃延伸 2 min。

7.5.1.1.1.5 反应结束后取出 PCR 管,对 PCR 反应产物进行电泳检测。

7.5.1.1.2 对照 PCR 反应

在试样 PCR 反应的同时,应设置阴性对照、阳性对照和空白对照。

以水稻基因组 DNA 质量分数为 0.1%~1.0% 的植物 DNA 作为阳性对照;以不含水稻基因组 DNA 的 DNA 样品(如鲑鱼精 DNA)为阴性对照;以水作为空白对照。

各对照 PCR 反应体系中,除模板外,其余组分及 PCR 反应条件与 7.5.1.1.1 相同。

7.5.1.2 PCR 产物电泳检测

按 20 g/L 的质量浓度称量琼脂糖,加入 1×TAE 缓冲液中,加热溶解,配制成琼脂糖溶液。每 100 mL 琼脂糖溶液中加入 5 μLEB 溶液,混匀,稍适冷却后,将其倒入电泳板上,插上梳板,室温下凝固成凝胶后,放入 1×TAE 缓冲液中,垂直向上轻轻拔去梳板。取 12 μLPCR 产物与 3 μL 加样缓冲液混合后加入凝胶点样孔,同时在其中一个点样孔中加入 DNA 分子量标准,接通电源在 2 V/cm~5 V/cm 条件下电泳检测。

7.5.1.3 凝胶成像分析

电泳结束后,取出琼脂糖凝胶,置于凝胶成像仪上或紫外透射仪上成像。根据 DNA 分子量标准估计扩增条带的大小,将电泳结果形成电子文件存档或用照相系统拍照。如需通过序列分析确认 PCR 扩增片段是否为目的 DNA 片段,按照 7.5.1.4 和 7.5.1.5 的规定执行。

7.5.1.4 PCR 产物回收

按 PCR 产物回收试剂盒说明书,回收 PCR 扩增的 DNA 片段。

7.5.1.5 PCR 产物测序验证

将回收的 PCR 产物克隆测序,与水稻内标准基因的核苷酸序列(参见附录 B)进行比对,确定 PCR 扩增的 DNA 片段是否为目的 DNA 片段。

7.5.2 实时荧光 PCR 方法

7.5.2.1 试样 PCR 反应

7.5.2.1.1 每个试样 PCR 反应设置 3 次重复。

7.5.2.1.2 在 PCR 反应管中按表 2 依次加入反应试剂,混匀,再加 25 μL 石蜡油(有热盖设备的 PCR 仪可不加)。也可采用经验证的、等效的实时荧光 PCR 反应试剂盒配制反应体系。

7.5.2.1.3 将 PCR 管放在离心机上,500 g～3000 g 离心 10 s,然后取出 PCR 管,放入 PCR 仪中。

7.5.2.1.4 运行实时荧光 PCR 反应。反应程序为 95℃、5 min;95℃、5 s,60℃、30 s,循环数 40;在第二阶段的退火延伸(60℃)时段收集荧光信号。

注:不同仪器可根据仪器要求将反应参数作适当调整。

7.5.2.2 对照 PCR 反应

在试样 PCR 反应的同时,应设置阳性对照、阴性对照和空白对照。

以水稻基因组 DNA 质量分数为 0.1%～1.0% 的植物 DNA 作为阳性对照;以不含水稻基因组 DNA 的 DNA 样品(如鲑鱼精 DNA)为阴性对照;以水作为空白对照。

各对照 PCR 反应体系中,除模板外,其余组分及 PCR 反应条件与 7.5.2.1 相同。

表 2 实时荧光 PCR 反应体系

试剂	终浓度	体积
水		—
10×PCR 缓冲液	1×	2.5 μL
25 mmol/L 氯化镁溶液	2.5 mmol/L	2.5 μL
dNTPs 混合溶液(各 2.5 mmol/L)	各 0.2 mmol/L	2.0 μL
10 μmol/L 上游引物	0.4 μmol/L	1.0 μL
10 μmol/L 下游引物	0.4 μmol/L	1.0 μL
10 μmol/L 探针	0.2 μmol/L	0.5 μL
Taq DNA 聚合酶	0.04 U/μL	—
25 mg/LDNA 模板	2 mg/L	2.0 μL
总体积		25.0 μL

"—"表示体积不确定。如果 PCR 缓冲液中含有氯化镁,则不加氯化镁溶液,根据 Taq 酶的浓度确定其体积,并相应调整水的体积,使反应体系总体积达到 25.0 μL。

注:SPS 基因 PCR 检测反应体系中,上下游引物分别为 SPS-F 和 SPS-R,探针为 SPS-P;PEPC 基因 PCR 检测反应体系中,上下游引物分别为 PEPC-F 和 PEPC-R,探针为 PEPC-P。

8 结果分析与表述

8.1 普通 PCR 方法

8.1.1 对照检测结果分析

阳性对照的 PCR 反应中,内标准基因特异性序列得到扩增,且扩增片段大小与预期片段大小一致,而阴性对照及空白对照中未扩增出目的 DNA 片段,表明 PCR 反应体系正常工作,否则重新检测。

8.1.2 样品检测结果分析和表述

8.1.2.1 内标准基因特异性序列得到扩增,且扩增片段大小与预期片段大小一致,表明样品中检测出水稻成分,表述为"样品中检测出水稻成分"。

8.1.2.2 内标准基因特异性序列未得到扩增,或扩增片段大小与预期片段大小不一致,表明样品中未检测出水稻成分,表述为"样品中未检测出水稻成分"。

8.2 实时荧光 PCR 方法

8.2.1 阈值设定

实时荧光 PCR 反应结束后,以 PCR 刚好进入指数期扩增来设置荧光信号阈值,并根据仪器噪声情况进行调整。

8.2.2 对照检测结果分析

阴性对照和空白对照无典型扩增曲线,荧光信号低于设定的阈值,而阳性对照出现典型扩增曲线,且 Ct 值小于或等于 36,表明反应体系工作正常,否则重新检测。

8.2.3 样品检测结果分析和表述

8.2.3.1 内标准基因出现典型扩增曲线,且 Ct 值小于或等于 36,表明样品中检测出水稻成分,表述为"样品中检测出水稻成分"。

8.2.3.2 内标准基因无典型扩增曲线,荧光信号低于设定的阈值,表明样品中未检测出水稻成分,表述为"样品中未检测出水稻成分"。

8.2.3.3 内标准基因出现典型扩增曲线,但 Ct 值在 36～40 之间,应进行重复实验。如重复实验结果符合 8.2.3.1 或 8.2.3.2 的情况,依照 8.2.3.1 或 8.2.3.2 进行判断;如重复实验内标准基因出现典型扩增曲线,但 Ct 值仍在 36～40 之间,表明样品中检测出水稻成分,表述为"样品中检测出水稻成分"。

9 检出限

本标准方法未确定绝对检测下限,相对检测下限为 1 g/kg(含预期 DNA 片段的样品/总样品)。

附　录　A

（规范性附录）

引物和探针

A.1　普通 PCR 方法引物

A.1.1　*SPS* 基因：

SPS - F：5′- ATCTGTTTACTCGTCAAGTGTCATCTC - 3′

SPS - R：5′- GCCATGGATTACATATGGCAAGA - 3′

预期扩增片段大小为 287bp（参见附录 B）。

A.1.2　*PEPC* 基因：

PEPC - F：5′- TCCCTCCAGAAGGTCTTTGTGTC - 3′

PEPC - R：5′- GCTGGCAACTGGTTGGTAATG - 3′

预期扩增片段大小 271bp（参见附录 B）。

A.1.3　用 TE 缓冲液（pH8.0）或水分别将上述引物稀释到 10 μmol/L。

A.2　实时荧光 PCR 方法引物/探针

A.2.1　*SPS* 基因：

SPS - F：5′- TTGCGCCTGAACGGATAT - 3′

SPS - R：5′- CGGTTGATCTTTTCGGGATG - 3′

SPS - P：5′- TCCGAGCCGTCCGTGCGTC - 3′

预期扩增片段大小为 81bp（参见附录 B）。

A.2.2　*PEPC* 基因：

PEPC - F：5′- TAGGAATCACGGATACGCA - 3′

PEPC - R：5′- TGAACTCAGGTTGCTGGAC - 3′

PEPC - P：5′- AGGGAGATCCTTACTTGAGGCAGAGAC - 3′

预期扩增片段大小为 80bp（参见附录 B）。

A.2.3　探针的 5′端标记荧光报告基团（如 FAM、HEX 等），3′端标记荧光淬灭基团（如 TAMRA、BHQ1 等）。

A.2.4　用 TE 缓冲液（pH8.0）或水分别将引物和探针稀释到 10 μmol/L。

附　录　B
（资料性附录）
水稻内标准基因特异性序列

B. 1　*SPS* 基因特异性序列（Accession No. U33175）

B. 1.1　普通 PCR 扩增产物核苷酸序列

```
  1    ATCTGTTTACTCGTCAAGTGTCATCTCCTGAAGTGGACTGGAGCTATGGGGAGCCTACTG
 61    AAATGTTAACTCCGGTTCCACTGACGGAGAGGGAAGCGGTGAGAGTGCTGGTGCGTACAT
121    TGTGCGCATTCCGTGCGGTCCAAGGGACAAGTACCTCCGTAAAGAGCCCTGTGGCCTTAC
181    CTCCAAGAGTTTGTCGACGGAGCTCTCGCGCATATCTGAACATGTCCAAGGCTCTGGGGG
241    AACAGGTTAGCAATGGGAAGCTGGTCTTGCCATATGTAATCCATGGC
```

注：划线部分为引物序列。

B. 1.2　实时荧光 PCR 扩增产物核苷酸序列

```
  1    TTGCGCCTGAACGGATATCTTTCAGTTTGTAACCACCGGATGACGCACGGACGGCTCGGA
 61    TCATCCCGAAAAGATCAACCG
```

注：划线部分为引物序列；框内为探针序列。

B. 2　*PEPC* 基因特异性序列（Accession No. AP003409）

B. 2.1　普通 PCR 扩增产物核苷酸序列

```
  1    TCCCTCCAGAAGGTCTTTGTGTCCAGCAACCTGAGTTCACATAGCAGTGAGTGGGCAGAT
 61    ATAGTTAAAAAAAAAGATCAGTAGTTCGGGACTAGTGATAAATATGTTTTTTAGACACTA
121    ATTTGGAGATACATTTCTGTGCAGCATTTTCTAGAAGTATCTGGAGCTTAATTATTGCCA
181    ATATATAAAAGATGCTTGATCATTTAGTCAGACAAATGCAGGATATACAGCTTGGTAAAT
241    TGAAGGAAAACATTACCAACCAGTTGCCAGC
```

注：划线部分为引物序列。

B. 2.2　实时荧光 PCR 扩增产物核苷酸序列

```
  1    TAGGAATCACGGATACGCAGTCTCTGCCTCAAGTAAGGATCTCCCTCCAGAAGGTCTTTG
 61    TGTCCAGCAACCTGAGTTCA
```

注：划线部分为引物序列；框内为探针序列。

ICS 65.020
B 04

中华人民共和国国家标准

农业部 2031 号公告－7－2013

转基因植物及其产品成分检测
抗虫水稻科丰 2 号及其衍生品种
定性 PCR 方法

Detection of genetically modified plants and derived products—
Qualitative PCR method for insect−resistant rice Kefeng 2 and its derivates

2013-12-04 发布

2013-12-04 实施

中华人民共和国农业部 发布

前　言

本标准按照 GB/T 1.1—2009 给出的规则起草。

请注意本文件的某些内容可能涉及专利。本文件的发布机构不承担识别这些专利的责任。

本标准由中华人民共和国农业部提出。

本标准由全国农业转基因生物安全管理标准化技术委员会(SAC/TC 276)归口。

本标准起草单位:农业部科技发展中心、中国农业科学院生物技术研究所。

本标准主要起草人:金芜军、沈平、张秀杰、刘信、宛煜嵩、梁丽霞。

转基因植物及其产品成分检测
抗虫水稻科丰 2 号及其衍生品种定性 PCR 方法

1 范围

本标准规定了转基因抗虫水稻科丰 2 号转化体特异性的定性 PCR 检测方法。

本标准适用于转基因抗虫水稻科丰 2 号及其衍生品种以及制品中科丰 2 号转化体成分的定性 PCR 检测。

2 规范性引用文件

下列文件对于本文件的应用是必不可少的。凡是注日期的引用文件,仅注日期的版本适用于本文件。凡是不注日期的引用文件,其最新版本(包括所有的修改单)适用于本文件。

GB/T 6682 分析实验室用水规格和试验方法

NY/T 672 转基因植物及其产品检测 通用要求

农业部 2031 号公告—19—2013 转基因植物及其产品检测 抽样

农业部 1485 号公告—4—2010 转基因植物及其产品成分检测 DNA 提取和纯化

3 术语和定义

下列术语和定义适用于本文件。

3.1

SPS 基因 SPS gene

蔗糖磷酸合酶(sucrose phosphate synthase)基因。

3.2

PEPC 基因 phosphoenolpyruvate carboxylase gene

编码烯醇丙酮酸磷酸羧化酶的基因。

3.3

科丰 2 号转化体特异性序列 event-specific sequence of Kefeng 2

科丰 2 号外源插入片段 3′端与水稻基因组的连接区序列,包括整合序列 3′端部分序列和水稻基因组的部分序列。

4 原理

根据转基因抗虫水稻科丰 2 号转化体特异性序列设计特异性引物,对试样 DNA 进行 PCR 扩增检测。依据是否扩增获得预期的 DNA 片段,判断样品中是否含有科丰 2 号转化体成分。

5 试剂和材料

除非另有说明,仅使用分析纯试剂和重蒸馏水或符合 GB/T 6682 规定的一级水。

5.1 琼脂糖。

5.2 10 g/L 溴化乙锭溶液:称取 1.0 g 溴化乙锭(EB),溶解于 100 mL 水中,避光保存。

警告——溴化乙锭有致癌作用,配制和使用时应戴一次性手套操作并妥善处理废液。

5.3 10 mol/L 氢氧化钠溶液:在 160 mL 水中加入 80.0 g 氢氧化钠(NaOH),溶解后再加水定容到 200 mL。

5.4 500 mmol/L 乙二铵四乙酸二钠溶液(pH 8.0):称取 18.6 g 乙二铵四乙酸二钠(EDTA-Na$_2$),加入 70 mL 水中,再加入适量氢氧化钠溶液(5.3),加热至完全溶解后,冷却至室温,用氢氧化钠溶液(5.3)调 pH 至 8.0,加水定容至 100 mL。在 103.4 kPa(121 ℃)条件下灭菌 20 min。

5.5 1 mol/L 三羟甲基氨基甲烷—盐酸溶液(pH 8.0):称取 121.1 g 三羟甲基氨基甲烷(Tris)溶解于 800 mL 水中,用盐酸(HCl)调 pH 至 8.0,加水定容至 1 000 mL。在 103.4 kPa(121 ℃)条件下灭菌 20 min。

5.6 TE 缓冲液(pH 8.0):分别量取 10 mL 三羟甲基氨基甲烷—盐酸溶液(5.5)和 2 mL 乙二铵四乙酸二钠溶液(5.4),加水定容至 1 000 mL。在 103.4 kPa(121 ℃)条件下灭菌 20 min。

5.7 50×TAE 缓冲液:称取 242.2 g 三羟甲基氨基甲烷(Tris),先用 500 mL 水加热搅拌溶解后,加入 100 mL 乙二铵四乙酸二钠溶液(5.4),用冰乙酸调 pH 至 8.0,然后加水定容到 1 000 mL。使用时,用水稀释成 1×TAE。

5.8 加样缓冲液:称取 250.0 mg 溴酚蓝,加入 10 mL 水,在室温下溶解 12 h;称取 250.0 mg 二甲基苯腈蓝,加 10 mL 水溶解;称取 50.0 g 蔗糖,加 30 mL 水溶解。混合以上三种溶液,加水定容至 100 mL,在 4℃下保存。

5.9 DNA 分子量标准:可以清楚地区分 100 bp～1 000 bp 的 DNA 片段。

5.10 dNTPs 混合溶液:将浓度为 10 mmol/L 的 dATP、dTTP、dGTP、dCTP 四种脱氧核糖核苷酸溶液等体积混合。

5.11 Taq DNA 聚合酶、PCR 反应缓冲液及 25 mmol/L 氯化镁溶液。

5.12 SPS 基因引物:
  SPS-F:5′- ATCTGTTTACTCGTCAAGTGTCATCTC - 3′;
  SPS-R:5′- GCCATGGATTACATATGGCAAGA - 3′;
  预期扩增片段大小为 287 bp。

5.13 PEPC 基因引物:
  PEPC-F:5′- TCCCTCCAGAAGGTCTTTGTGTC - 3′;
  PEPC-R:5′- GCTGGCAACTGGTTGGTAATG - 3′;
  预期扩增片段大小为 271 bp。

5.14 科丰 2 号转化体特异性序列引物:
  KF2 - F:5′- TAGAGCAGCTTGAGCTTGGATC - 3′;
  KF2 - R:5′- GCACGGACTATACAAGTTGTGATGT - 3′;
  预期扩增片段大小为 201 bp(参见附录 A)。

5.15 引物溶液:用 TE 缓冲液(5.6)或水分别将上述引物稀释到 10 μmol/L。

5.16 石蜡油。

5.17 DNA 提取试剂盒。

5.18 定性 PCR 反应试剂盒。

5.19 PCR 产物回收试剂盒。

6 仪器和设备

6.1 分析天平:感量 0.1 g 和 0.1 mg。

6.2 PCR 扩增仪:升降温速度＞1.5℃/s,孔间温度差异＜1.0℃。

6.3 实时荧光 PCR 仪。

6.4 电泳槽、电泳仪等电泳装置。

6.5 紫外透射仪。

6.6 凝胶成像系统或照相系统。

6.7 重蒸馏水发生器或纯水仪。

6.8 其他相关仪器设备。

7 分析步骤

7.1 抽样

按 NY/T 672 和农业部 2031 号公告—19—2013 的规定执行。

7.2 制样

按 NY/T 672 和农业部 2031 号公告—19—2013 的规定执行。

7.3 试样预处理

按农业部 1485 号公告—4—2010 的规定执行。

7.4 DNA 模板制备

按农业部 1485 号公告—4—2010 的规定执行。

7.5 PCR 反应

7.5.1 试样 PCR 反应

7.5.1.1 每个试样 PCR 反应设置 3 次平行。

7.5.1.2 在 PCR 反应管中按表 1 依次加入反应试剂,混匀,再加 25 μL 石蜡油(有热盖功能的 PCR 仪可不加)。也可采用经验证的、等效的定性 PCR 反应试剂盒配制反应体系。

7.5.1.3 将 PCR 管放在离心机上,500 g~3 000 g 离心 10 s,然后取出 PCR 管,放入 PCR 仪中。

7.5.1.4 进行 PCR 反应。反应程序为:94 ℃变性 5 min;94℃变性 30 s,58 ℃退火 30 s,72 ℃延伸 30 s,共进行 35 次循环;72℃延伸 2 min。

7.5.1.5 反应结束后取出 PCR 管,对 PCR 反应产物进行电泳检测。

7.5.2 对照 PCR 反应

在试样 PCR 反应的同时,应设置阴性对照、阳性对照和空白对照。

以非转基因水稻基因组 DNA 作为阴性对照;以转基因水稻科丰 2 号质量分数为 0.1%~1.0% 的水稻基因组 DNA,或采用科丰 2 号转化体特异性序列与非转基因水稻基因组相比的拷贝数分数为 0.1%~1.0% 的 DNA 溶液作为阳性对照;以水作为空白对照。

各对照 PCR 反应体系中,除模板外,其余组分及 PCR 反应条件与 7.5.1 相同。

表 1 PCR 检测反应体系

试　　剂	终浓度	体积
水		—
10×PCR 缓冲液	1×	2.5 μL
25 mmol/L 氯化镁溶液	1.5 mmol/L	1.5 μL
dNTPs 混合溶液(各 2.5 mmol/L)	各 0.2 mmol/L	2 μL
10 μmol/L 上游引物	0.2 μmol/L	0.5 μL
10 μmol/L 下游引物	0.2 μmol/L	0.5 μL
Taq DNA 聚合酶	0.025 U/μL	—
25 mg/L DNA 模板	2 mg/L	2.0 μL
总体积		25.0 μL

"—"表示体积不确定。如果 PCR 缓冲液中含有氯化镁,则不加氯化镁溶液,根据 Taq DNA 聚合酶的浓度确定其体积,并相应调整水的体积,使反应体系总体积达到 25.0 μL。

注:水稻内标准基因 PCR 检测反应体系中,上、下游引物分别为 SPS-F 和 SPS-R 或 PEPC-F 和 PEPC-R;科丰 2 号转化体特异性 PCR 检测反应体系中,上、下游引物分别为 KF2-F 和 KF2-R。

7.6 PCR 产物电泳检测

按 20 g/L 的质量浓度称量琼脂糖，加入 1×TAE 缓冲液中，加热溶解，配制成琼脂糖溶液。每 100 mL 琼脂糖溶液中加入 5 μL EB 溶液，混匀。稍适冷却后，将其倒入电泳板上，插上梳板。室温下凝固成凝胶后，放入 1×TAE 缓冲液中，垂直向上轻轻拔去梳板。取 12 μL PCR 产物与 3 μL 加样缓冲液混合后加入凝胶点样孔，同时在其中一个点样孔中加入 DNA 分子量标准，接通电源在 2 V/cm～5 V/cm 条件下电泳检测。

7.7 凝胶成像分析

电泳结束后，取出琼脂糖凝胶，置于凝胶成像仪上或紫外透射仪上成像。根据 DNA 分子量标准估计扩增条带的大小，将电泳结果形成电子文件存档或用照相系统拍照。如需通过序列分析确认 PCR 扩增片段是否为目的 DNA 片段，按照 7.8 和 7.9 的规定执行。

7.8 PCR 产物回收

按 PCR 产物回收试剂盒说明书，回收 PCR 扩增的 DNA 片段。

7.9 PCR 产物测序验证

将回收的 PCR 产物克隆测序，与抗虫水稻科丰 2 号转化体特异性序列（参见附录 A）进行比对，确定 PCR 扩增的 DNA 片段是否为目的 DNA 片段。

8 结果分析与表述

8.1 对照检测结果分析

阳性对照 PCR 反应中，*SPS* 或 *PEPC* 内标准基因和科丰 2 号转化体特异性序列得到扩增，且扩增片段大小与预期片段大小一致；而阴性对照中仅扩增出内标准基因片段；空白对照中没有预期扩增片段，表明 PCR 反应体系正常工作。否则，重新检测。

8.2 样品检测结果分析和表述

8.2.1 *SPS* 或 *PEPC* 内标准基因和科丰 2 号转化体特异性序列得到扩增，且扩增片段大小与预期片段大小一致，表明样品中检测出科丰 2 号转化体成分，表述为"样品中检测出转基因抗虫水稻科丰 2 号转化体成分，检测结果为阳性"。

8.2.2 *SPS* 或 *PEPC* 内标准基因片段得到扩增，且扩增片段大小与预期片段大小一致，而科丰 2 号转化体特异性序列未得到扩增，或扩增片段大小与预期片段大小不一致，表明样品中未检测出科丰 2 号转化体成分，表述为"样品中未检测出转基因抗虫水稻科丰 2 号转化体成分，检测结果为阴性"。

8.2.3 *SPS* 或 *PEPC* 内标准基因片段未得到扩增，或扩增片段大小与预期片段大小不一致，表明样品中未检出水稻成分，结果表述为"样品中未检测出水稻成分，检测结果为阴性"。

9 检出限

本标准方法的检出限为 0.5 g/kg。

附　录　A
（资料性附录）
抗虫水稻科丰 2 号转化体特异性序列

```
  1  TAGAGCAGCT TGAGCTTGGA TCAGATTGTT TGCTCTAGTT GCGAATCGCG CATATGAAAT
 61  CACACCATGT AGTGTATTGA CCGATTCCTT GCGGTCCGAA TGGGCCGAAC CCGCTCGTCT
121  GGCTAAGATC GGCCGCAGCG ATCGCATCCT TAGGTCAAAG CGGTTTGTTT GCTCTAACAT
181  CACAACTTGT ATAGTCCGTG C
```

注：划线部分为引物序列。

ICS 65.020.01
B 04

中华人民共和国国家标准

农业部 2122 号公告－8－2014

转基因植物及其产品成分检测
抗虫水稻 TT51-1 及其衍生品种
定量 PCR 方法

Detection of genetically modified plants and derived products—
Quantitative PCR method for insect-resistant rice TT51-1 and its derivates

2014-07-07 发布

2014-08-01 实施

中华人民共和国农业部 发布

农业部 2122 号公告—8—2014

前　言

本标准按照 GB/T 1.1—2009 给出的规则起草。

请注意本文件的某些内容可能涉及专利。本文件的发布机构不承担识别这些专利的责任。

本标准由中华人民共和国农业部提出。

本标准由全国农业转基因生物安全管理标准化技术委员会(SAC/TC 276)归口。

本标准起草单位:农业部科技发展中心、中国农业科学院油料作物研究所、上海交通大学、中国农业科学院生物技术研究所、中国农业大学、中国农业科学院植物保护研究所、中国检验检疫科学研究院食品安全研究所、江苏出入境检验检疫局、上海出入境检验检疫局。

本标准主要起草人:武玉花、宋贵文、吴刚、沈平、卢长明、朱莉、李允静、沈旻伟、李俊、杨立桃、金芜军、黄昆仑、谢家建、黄文胜、祝常青、潘良文。

转基因植物及其产品成分检测
抗虫水稻 TT51-1 及其衍生品种定量 PCR 方法

1 范围

本标准规定了转基因抗虫水稻 TT51-1 转化体特异性定量 PCR 检测方法。

本标准适用于转基因抗虫水稻 TT51-1 及其衍生品种,以及制品中 TT51-1 转化体的定量 PCR 检测。

2 规范性引用文件

下列文件对于本文件的应用是必不可少的。凡是注日期的引用文件,仅注日期的版本适用于本文件。凡是不注日期的引用文件,其最新版本(包括所有的修改单)适用于本文件。

GB/T 6682 分析实验室用水规格和试验方法

农业部 1485 号公告—4—2010 转基因植物及其产品成分检测 DNA 提取和纯化

农业部 2031 号公告—19—2013 转基因植物及其产品成分检测 抽样

NY/T 672 转基因植物及其产品检测 通用要求

3 术语和定义

下列术语和定义适用于本文件。

3.1

PLD 基因 phospholipase D gene

编码磷脂酶 D 的基因,在水稻基因组中单倍体的拷贝数为 1,在本标准中作为水稻的内标准基因。

3.2

TT51-1 转化体特异性序列 event-specific sequence of TT51-1

TT51-1 外源插入片段 3′端与水稻基因组的连接区序列,包括转化载体的部分序列和水稻基因组的部分序列。

3.3

检测极限 limit of detection (LOD)

样品中能被稳定检出的最低 DNA 模板含量或浓度(不需定量)。

3.4

定量极限 limit of quantification (LOQ)

在可接受的精度和准确度水平上,样品中能被定量检测的最低 DNA 模板含量或浓度。

4 原理

根据 TT51-1 转化体和 PLD 内标基因特异性序列设计引物和 TaqMan 荧光探针,对标准样品和试样同时进行实时荧光 PCR 扩增。根据标准样品模板拷贝数与 Ct 值间的线性关系,分别绘制 TT51-1 转化体和 PLD 内标基因的标准曲线。计算试样中 TT51-1 转化体和 PLD 内标基因的拷贝数及其比值。

5 试剂和材料

除非另有说明,仅使用分析纯试剂和重蒸馏水或符合 GB/T 6682 规定的一级水。

5.1 TaqMan 荧光定量 PCR 反应试剂盒。

5.2 引物和探针。

5.2.1 PLD 基因。

KVM159:5'-TGGTGAGCGTTTTGCAGTCT-3'

KVM160:5'-CTGATCCACTAGCAGGAGGTCC-3'

TM013:5'-TGTTGTGCTGCCAATGTGGCCTG-3'

预期扩增片段大小为 68bp(参见附录 A 中的 A.1)。

5.2.2 TT51-1 转化体特异性序列。

TT51-1F:5'-AGAGACTGGTGATTTCAGCGGG-3'

TT51-1R:5'-GCGTCCAGAAGGAAAAGGAATA-3'

TT51-1P:5'-ATCTGCCCCAGCACTCGTCCG-3'

预期扩增片段大小为 120 bp(参见附录 A 中的 A.2)。

注:TM013 为 PLD 基因的 TaqMan 探针,TT51-1P 为 TT51-1 转化体的 TaqMan 探针,其 5'端标记荧光报告基团(如 FAM、HEX 等),3'端标记对应的荧光淬灭基团(如 TAMRA、BHQ1 等)。

5.3 引物和探针溶液。

用水分别将上述引物和探针稀释到 10 μmol/L。

注:探针需避光保存。

6 主要仪器和设备

6.1 分析天平,感量 0.1 g 和 0.1 mg。

6.2 荧光定量 PCR 扩增仪。

6.3 核酸定量仪。

6.4 重蒸馏水发生器或纯水仪。

7 操作步骤

7.1 抽样

按 NY/T 672 和农业部 2031 号公告—19—2013 的规定执行。

7.2 试样制备

按 NY/T 672 和农业部 2031 号公告—19—2013 的规定执行。

7.3 试样预处理

按农业部 1485 号公告—4—2010 的规定执行。

7.4 DNA 模板制备

7.4.1 试样 DNA 模板制备

按农业部 1485 号公告—4—2010 的规定执行。

7.4.2 标准样品 DNA 模板制备

7.4.2.1 标准曲线样品制备

采用相同的标准样品绘制 TT51-1 转化体和 PLD 内标基因的标准曲线。提取 TT51-1 标准样品基因组 DNA,用 0.1×TE 或水稀释至 $4×10^4$ copies/μL～$2×10^5$ copies/μL(相当于 20 ng/μL～100 ng/μL),作为初始模板。然后,再用 0.1×TE 梯度稀释初始模板,制备不同浓度的 TT51-1 标准溶液。标准溶液至少涵盖 5 个 TT51-1 浓度梯度,最低浓度等于或小于 50 copies/μL,最高浓度等于或大于 4×10⁴copies/μL。

7.4.2.2 定量极限对照样品制备

将 TT51-1 标准样品基因组 DNA 用 0.1×TE 稀释到平均 50 copies/μL,作为定量极限对照样品。

7.4.2.3 检测极限对照样品制备

将 TT51-1 标准样品基因组 DNA 用 0.1×TE 稀释到平均 2.5 copies/μL,作为检测极限对照样品。

7.4.2.4 阴性对照样品制备

提取非转基因水稻材料的 DNA,作为 TT51-1 转化体检测的阴性对照;提取非水稻材料的 DNA(如鲑鱼精子 DNA),作为 *PLD* 基因检测的阴性对照。

7.4.2.5 空白对照样品制备

用纯水作为空白对照。

7.5 PCR 反应

7.5.1 同时进行标准样品和试样的 PCR 反应,每个 PCR 反应设置 3 次平行。

7.5.2 TT51-1 转化体实时荧光 PCR 反应按表 1 在 PCR 反应管中依次加入反应试剂,混匀;*PLD* 基因实时荧光 PCR 反应按表 2 在 PCR 反应管中依次加入反应试剂,混匀。

表 1 TT51-1 转化体 PCR 反应体系

试　剂	终浓度	体积
TaqMan 反应缓冲液	1×	—
10 μmol/L TT51-1F	0.8 μmol/L	2.0 μL
10 μmol/L TT51-1R	0.8 μmol/L	2.0 μL
10 μmol/L TT51-1P	0.4 μmol/L	1.0 μL
DNA 模板		2.0 μL
无菌水		—
总体积		25.0 μL
根据仪器要求,可对反应体系做适当调整。"—"表示体积不确定。根据 TaqMan 反应液的浓度确定其体积,并相应调整水的体积,使反应体系总体积达到 25.0 μL。		

7.5.3 将 PCR 管放在离心机上,500 *g*～3 000 *g* 离心 10 s,然后取出 PCR 管,放入 PCR 仪中。

7.5.4 运行实时荧光 PCR 反应。反应程序为:95℃、2 min;95℃、15 s,60℃、60 s,循环数 45;在第二阶段的退火延伸(60℃)时段收集荧光信号。

注:可根据仪器和试剂要求对反应参数做适当调整。

表 2 *PLD* 基因 PCR 反应体系

试　剂	终浓度	体积
TaqMan 反应缓冲液	1×	—
10 μmol/L KVM159	0.2 μmol/L	0.5 μL
10 μmol/L KVM160	0.2 μmol/L	0.5 μL
10 μmol/L TM013	0.2 μmol/L	0.5 μL
DNA 模板		2.0 μL
无菌水		—
总体积		25.0 μL
根据仪器要求,可对反应体系做适当调整。"—"表示体积不确定。根据 TaqMan 反应液的浓度确定其体积,并相应调整水的体积,使反应体系总体积达到 25.0 μL。		

7.6 数据分析

7.6.1 设定阈值

实时荧光 PCR 反应结束后,以 PCR 刚好进入指数期扩增来设置荧光信号阈值,并根据仪器噪声情况进行调整。

7.6.2 记录 Ct 值

设定阈值后,荧光定量 PCR 仪的数据分析软件自动计算每个反应的 Ct 值,并记录。

7.6.3 绘制标准曲线

根据标准溶液的扩增 Ct 值和初始模板拷贝数的对数间的线性关系,分别绘制 TT51-1 转化体和 *PLD* 基因的标准曲线。测试样品的 Ct 值按式(1)计算。

$$y = ax + b \cdots\cdots (1)$$

式中:

y——测试样品的 Ct 值;

a——标准曲线的斜率;

x——模板拷贝数以 10 为底数的对数;

b——标准曲线的截距。

7.6.4 数据可接受的标准

7.6.4.1 TT51-1 转化体和 *PLD* 基因的阴性对照和空白对照无典型扩增曲线,或 Ct 值≥40。

7.6.4.2 TT51-1 转化体和 *PLD* 基因的检测极限对照有典型扩增曲线,且 Ct 值≤38。

7.6.4.3 标准曲线的 R^2≥0.98,标准曲线斜率≥-3.6 且≤-3.1。

7.6.4.4 同时满足 7.6.4.1~7.6.4.3 的条件,进行结果计算;否则,重新进行 PCR 反应。

7.6.5 含量计算

7.6.5.1 试样中模板拷贝数的计算

当 TT51-1 转化体和 *PLD* 基因的 Ct 值小于或等于定量极限对照样品的 Ct 值时,按式(2)计算试样中 TT51-1 转化体和 *PLD* 基因的模板拷贝数。

$$n = 10^{\frac{y-b}{a}} \cdots\cdots (2)$$

式中:

n——模板拷贝数;

y——测试样品的 Ct 值;

a——标准曲线的斜率;

b——标准曲线的截距。

7.6.5.2 试样中 TT51-1 转化体含量的计算

按式(3)计算试样中 TT51-1 转化体的百分含量。

$$C = \frac{n_{TT51}}{n_{PLD}} \times 100 \cdots\cdots (3)$$

式中:

C ——试样中 TT51-1 的百分含量,单位为百分率(%);

n_{TT51}——TT51-1 转化体拷贝数;

n_{PLD}——*PLD* 基因拷贝数。

7.6.5.3 定量结果不确定度的计算

按式(4)计算不确定度。

$$U = 2 \times \sqrt{0.0481^2 + (0.1829 \times C)^2} \cdots\cdots (4)$$

式中：

U ——扩展不确定度；

C ——试样中 TT51-1 的百分含量，单位为百分率（%）。

8 结果分析与表述

8.1 *PLD* 基因和 TT51-1 转化体均出现典型扩增曲线，且 Ct 值均小于或等于定量极限对照样品的 Ct 值，表明样品中检出抗虫水稻 TT51-1 转化体，表述为"样品中检测出 TT51-1 转化体，TT51-1 转化体含量为 $C\pm U$"。

8.2 *PLD* 基因和 TT51-1 转化体出现典型扩增曲线，*PLD* 内标基因 Ct 值小于或等于检测极限对照样品的 Ct 值，TT51-1 转化体 Ct 值大于定量极限对照样品的 Ct 值且小于或等于检测极限对照样品的 Ct 值，表明样品中检出抗虫水稻 TT51-1 转化体，表述为"样品中检测出 TT51-1 转化体，TT51-1 转化体含量低于定量极限"。

8.3 TT51-1 转化体未出现典型扩增曲线，或 Ct 值大于检测极限对照样品的 Ct 值，表明样品中抗虫水稻 TT51-1 转化体含量低于检测极限，表述为"样品中未检出 TT51-1 转化体，检测结果为阴性"。

9 检出限

本标准方法的检测极限（LOD）为 5 个拷贝。

在定量误差 Bias≤25%（准确度），实验室内重复性 RSD_r≤25%、实验室间再现性 RSD_R<35%（精确度）的条件下，本标准方法的定量极限（LOQ）为 100 个拷贝。

附 录 A

(资料性附录)

水稻 *PLD* 内标基因序列和抗虫水稻 **TT51－1** 转化体特异性序列

A.1 水稻内标基因 *PLD* 基因序列(Accession No. AB001919)

    1 TGGTGAGCGT TTTGCAGTCT ATGTTGTGCT GCCAATGTGG CCTGAAGGAC
51 CTCCTGCTAG TGGATCAG

注:划线部分为 KVM159 和 KVM160 引物位置,方框内为探针 TM013 位置。

A.2 抗虫水稻 TT51－1 转化体特异性序列 (Accession No. EU880444)

    1 AGAGACTGGT GATTTCAGCG GGCATGCCTG CAGGTCGACT CTAGAGGATC
 51 CCGGACGAGT GCTGGGGCAG ATAAGCAGTA GTGGTGGGGC TACGAACATA
101 TTCCTTTTCC TTCTGGACGC

注 1:划线部分为 TT51－1F 和 TT51－1R 引物位置,方框内为探针 TT51－1P 位置。
注 2:1～67 为外源插入片段部分序列,68～120 为水稻基因组部分序列。

ICS 65.020.01
B 04

中华人民共和国国家标准

农业部 2259 号公告－11－2015

转基因植物及其产品成分检测
抗虫耐除草剂水稻 **G6H1** 及其衍生品种
定性 **PCR** 方法

Detection of genetically modified plants and derived products—
Qualitative PCR method for insect–resistant and herbicide–tolerant rice G6H1 and
its derivates

2015-05-21 发布

2015-08-01 实施

中华人民共和国农业部 发布

农业部 2259 号公告—11—2015

前　言

本标准按照 GB/T 1.1—2009 给出的规则起草。

请注意本文件的某些内容可能涉及专利。本文件的发布机构不承担识别这些专利的责任。

本标准由中华人民共和国农业部提出。

本标准由全国农业转基因生物安全管理标准化技术委员会(SAC/TC 276)归口。

本标准起草单位:农业部科技发展中心、浙江省农业科学院、中国农业科学院油料作物研究所、安徽省农业科学院水稻研究所。

本标准主要起草人:徐俊锋、沈平、陈笑芸、宋贵文、汪小福、吴刚、刘慧、武玉花、马卉、朱姝晴、缪青梅、赵紫斌、李昂、秦瑞英。

转基因植物及其产品成分检测
抗虫耐除草剂水稻 G6H1 及其衍生品种定性 PCR 方法

1 范围

本标准规定了转基因抗虫耐除草剂水稻 G6H1 转化体特异性定性 PCR 检测方法。

本标准适用于转基因抗虫耐除草剂水稻 G6H1 及其衍生品种，以及制品中 G6H1 转化体成分的定性 PCR 检测。

2 规范性引用文件

下列文件对于本文件的应用是必不可少的。凡是注日期的引用文件，仅注日期的版本适用于本文件。凡是不注日期的引用文件，其最新版本（包括所有的修改单）适用于本文件。

GB/T 6682　分析实验室用水规格和试验方法

农业部 1485 号公告—4—2010　转基因植物及其产品成分检测　DNA 提取和纯化

农业部 1861 号公告—1—2012　转基因植物及其产品成分检测　水稻内标准基因定性 PCR 方法

农业部 2031 号公告—19—2013　转基因植物及其产品成分检测　抽样

NY/T 672　转基因植物及其产品检测　通用要求

3 术语和定义

农业部 1861 号公告—1—2012 界定的以及下列术语和定义适用于本文件。

3.1

G6H1 转化体特异性序列　event-specific sequence of G6H1

G6H1 中水稻基因组与外源插入片段 5′ 端的连接区序列，包括水稻基因组序列与转化载体部分序列。

4 原理

根据转基因抗虫耐除草剂水稻 G6H1 转化体特异性序列设计特异性引物，对试样进行 PCR 扩增。依据是否扩增获得预期的 DNA 片段，判断样品中是否含有 G6H1 转化体成分。

5 试剂和材料

除非另有说明，仅使用分析纯试剂和重蒸馏水或符合 GB/T 6682 规定的一级水。

5.1 琼脂糖。

5.2 10 g/L 溴化乙锭溶液：称取 1.0 g 溴化乙锭（EB），溶解于 100 mL 水中，避光保存。

　　警告——溴化乙锭有致癌作用，配制和使用时应戴一次性手套操作并妥善处理废液。

5.3 10 mol/L 氢氧化钠溶液：在 160 mL 水中加入 80.0 g 氢氧化钠（NaOH），溶解后，冷却至室温，再加水定容到 200 mL。

5.4 500 mmol/L 乙二铵四乙酸二钠溶液（pH 8.0）：称取 18.6 g 乙二铵四乙酸二钠（EDTA-Na$_2$），加入 70 mL 水中，缓慢滴加氢氧化钠溶液直至 EDTA-Na$_2$ 完全溶解，用氢氧化钠溶液调 pH 至 8.0，加水定容至 100 mL。在 103.4 kPa（121℃）条件下灭菌 20 min。

5.5 1 mol/L 三羟甲基氨基甲烷—盐酸溶液(pH 8.0):称取 121.1 g 三羟甲基氨基甲烷(Tris)溶解于 800 mL 水中,用盐酸(HCl)调 pH 至 8.0,加水定容至 1 000 mL。在 103.4 kPa(121 ℃)条件下灭菌 20 min。

5.6 TE 缓冲液(pH 8.0):分别量取 10 mL 三羟甲基氨基甲烷—盐酸溶液和 2 mL 乙二铵四乙酸二钠溶液,加水定容至 1 000 mL。在 103.4 kPa(121 ℃)条件下灭菌 20 min。

5.7 50×TAE 缓冲液:称取 242.2 g 三羟甲基氨基甲烷(Tris),先用 500 mL 水加热搅拌溶解后,加入 100 mL 乙二铵四乙酸二钠溶液,用冰乙酸调 pH 至 8.0,然后加水定容到 1 000 mL。使用时用水稀释成 1×TAE。

5.8 加样缓冲液:称取 250.0 mg 溴酚蓝,加入 10 mL 水,在室温下溶解 12 h;称取 250.0 mg 二甲基苯腈蓝,加 10 mL 水溶解;称取 50.0 g 蔗糖,加 30 mL 水溶解。混合以上 3 种溶液,加水定容至 100 mL,在 4 ℃下保存。

5.9 DNA 分子量标准:可以清楚区分 100 bp~1 000 bp 的 DNA 片段。

5.10 dNTPs 混合溶液:将浓度为 10 mmol/L 的 dATP、dTTP、dGTP、dCTP 4 种脱氧核糖核苷酸溶液等体积混合。

5.11 Taq DNA 聚合酶、PCR 缓冲液及 25 mmol/L 氯化镁溶液。

5.12 *SPS* 基因引物:
  SPS-F:5′- ATCTGTTTACTCGTCAAGTGTCATCTC - 3′
  SPS-R:5′- GCCATGGATTACATATGGCAAGA - 3′
  预期扩增片段大小为 287 bp。

5.13 *PEPC* 基因引物:
  PEPC-F:5′- TCCCTCCAGAAGGTCTTTGTGTC - 3′
  PEPC-R:5′- GCTGGCAACTGGTTGGTAATG - 3′
  预期扩增片段大小 271 bp。

5.14 G6H1 转化体特异性序列引物:
  G6H1-F:5′- GCTGGTGGCGATACATCC - 3′
  G6H1-R:5′- GTTTCGCTCATGTGTTGAGCATATA - 3′
  预期扩增片段大小为 247 bp(参见附录 A)。

5.15 引物溶液:用 TE 缓冲液或水分别将上述引物稀释到 10 μmol/L。

5.16 石蜡油。

5.17 DNA 提取试剂盒。

5.18 定性 PCR 试剂盒。

5.19 PCR 产物回收试剂盒。

6 主要仪器和设备

6.1 分析天平:感量 0.1 g 和 0.1 mg。

6.2 PCR 扩增仪:升降温速度>1.5℃/s,孔间温度差异<1.0℃。

6.3 电泳槽、电泳仪等电泳装置。

6.4 紫外透射仪。

6.5 凝胶成像系统或照相系统。

7 分析步骤

7.1 抽样

按 NY/T 672 和农业部 2031 号公告—19—2013 的规定执行。

7.2 试样制备

按 NY/T 672 和农业部 2031 号公告—19—2013 的规定执行。

7.3 试样预处理

按农业部 1485 号公告—4—2010 的规定执行。

7.4 DNA 模板制备

按农业部 1485 号公告—4—2010 的规定执行。

7.5 PCR 扩增

7.5.1 试样 PCR 扩增

7.5.1.1 水稻内标准基因 PCR 扩增

按农业部 1861 号公告—1—2012 中 7.5.1.1.1 的规定执行。

7.5.1.2 转化体特异性序列 PCR 扩增

7.5.1.2.1 每个试样 PCR 设置 3 次平行。

7.5.1.2.2 在 PCR 管中按表 1 依次加入反应试剂,混匀,再加 25 μL 石蜡油(有热盖功能的 PCR 仪可不加)。也可采用经验证的、等效的定性 PCR 试剂盒配制反应体系。

表 1 PCR 检测反应体系

试 剂	终浓度	体积
水		—
10×PCR 缓冲液	1×	2.5 μL
25 mmol/L 氯化镁溶液	1.5 mmol/L	1.5 μL
dNTPs 混合溶液(各 2.5 mmol/L)	各 0.2 mmol/L	2.0 μL
10 μmol/L G6H1 - F	0.4 μmol/L	1.0 μL
10 μmol/L G6H1 - R	0.4 μmol/L	1.0 μL
Taq DNA 聚合酶	0.025 U/μL	—
25 mg/L DNA 模板	2 mg/L	2.0 μL
总体积		25.0 μL
"—"表示体积不确定,如果 PCR 缓冲液中含有氯化镁,则不加氯化镁溶液,根据 Taq DNA 聚合酶的浓度确定其体积,并相应调整水的体积,使反应体系总体积达到 25.0 μL。		

7.5.1.2.3 将 PCR 管放在离心机上,500 g~3 000 g 离心 10 s,然后取出 PCR 管,放入 PCR 仪中。

7.5.1.2.4 进行 PCR 扩增。反应程序为:94 ℃变性 5 min;94 ℃变性 30 s,58 ℃退火 45 s,72 ℃延伸 60 s,共进行 35 次循环;72 ℃延伸 7 min。

7.5.1.2.5 PCR 结束后取出 PCR 管,对 PCR 产物进行电泳检测。

7.5.2 对照 PCR 扩增

在试样 PCR 扩增的同时,应设置阴性对照、阳性对照和空白对照。

以非转基因水稻基因组 DNA 作为阴性对照;以转基因水稻 G6H1 质量分数为 0.1%~1.0%的基因组 DNA,或采用转基因水稻 G6H1 转化体特异性序列与非转基因水稻基因组相比的拷贝数分数为 0.1%~1.0%的 DNA 溶液作为阳性对照;以水作为空白对照。

除模板外,对照 PCR 扩增与 7.5.1 相同。

7.6 PCR 产物电泳检测

按 20 g/L 的质量浓度称量琼脂糖,加入 1×TAE 缓冲液中,加热溶解,配制成琼脂糖溶液。每 100 mL 琼脂糖溶液中加入 5 μL EB 溶液,混匀,稍适冷却后,将其倒入电泳板上,插上梳板,室温下凝固成凝胶后,放入 1×TAE 缓冲液中,垂直向上轻轻拔去梳板。取 12 μL PCR 产物与 3 μL 加样缓冲液混合后加入凝胶点样孔,同时在其中一个点样孔中加入 DNA 分子量标准,接通电源在 2 V/cm～5 V/cm 条件下电泳检测。

7.7 凝胶成像分析

电泳结束后,取出琼脂糖凝胶,置于凝胶成像仪上或紫外透射仪上成像。根据 DNA 分子量标准估计扩增条带的大小,将电泳结果形成电子文件存档或用照相系统拍照。如需通过序列分析确认 PCR 扩增片段是否为目的 DNA 片段,按照 7.8 和 7.9 的规定执行。

7.8 PCR 产物回收

按 PCR 产物回收试剂盒说明书,回收 PCR 扩增的 DNA 片段。

7.9 PCR 产物测序验证

将回收的 PCR 产物克隆测序,与转基因抗虫耐除草剂水稻 G6H1 转化体特异性序列(参见附录 A)进行比对,确定 PCR 扩增的 DNA 片段是否为目的 DNA 片段。

8 结果分析与表述

8.1 对照检测结果分析

阳性对照 PCR 中,水稻内标准基因和 G6H1 转化体特异性序列得到扩增,且扩增片段大小与预期片段大小一致,而阴性对照中仅扩增出水稻内标准基因片段,空白对照中没有预期扩增片段,表明 PCR 检测反应体系正常工作;否则,重新检测。

8.2 样品检测结果分析和表述

8.2.1 水稻内标准基因和 G6H1 转化体特异性序列均得到扩增,且扩增片段大小与预期片段大小一致,表明样品中检测出 G6H1 转化体成分,表述为"样品中检测出转基因抗虫耐除草剂水稻 G6H1 转化体成分,检测结果为阳性"。

8.2.2 水稻内标准基因片段得到扩增,且扩增片段大小与预期片段大小一致,而 G6H1 转化体特异性序列未得到扩增,或扩增片段大小与预期片段大小不一致,表明样品中未检测出 G6H1 转化体成分,表述为"样品中未检测出转基因抗虫耐除草剂水稻 G6H1 转化体成分,检测结果为阴性"。

8.2.3 水稻内标准基因片段未得到扩增,或扩增片段大小与预期片段大小不一致,表明样品中未检测出水稻成分,结果表述为"样品中未检测出水稻成分,检测结果为阴性"。

9 检出限

本标准方法的检出限为 0.1 ％(含靶序列样品 DNA/总样品 DNA)。

注:本标准的检出限是以 PCR 检测反应体系中加入 50 ng DNA 模板进行测算的。

附 录 A
（资料性附录）
抗虫耐除草剂水稻 G6H1 转化体特异性序列

```
  1   GCTGGTGGCG   ATACATCCAT   CGATCCATCA   TCTTATATAT   TGTGGTGTAA   ACAAATTGAC
 61   GCTTAGACAA   CTTAATAACA   CATTGCGGAC   GTTTTTAATG   TACTGAATTA   ACGCCGAATT
121   AATTCGGGGG   ATCTGGATTT   TAGTACTGGA   TTTTGGTTTT   AGGAATTAGA   AATTTTATTG
181   ATAGAAGTAT   TTTACAAATA   CAAATACATA   CTAAGGGTTT   CTTATATGCT   CAACACATGA
241   GCGAAAC
```

注 1：划线部分为引物序列。

注 2：1～34 为水稻基因组部分序列，35～247 为外源插入片段部分序列。

第九部分　苜　蓿

ICS 65.020.01
B 04

中华人民共和国国家标准

农业部 2122 号公告－6－2014

转基因植物及其产品成分检测
耐除草剂苜蓿 J163 及其衍生品种定性
PCR 方法

Detection of genetically modified plants and derived products—
Qualitative PCR method herbicide-resistant alfalfa J163 and its derivates

2014-07-07 发布

2014-08-01 实施

中华人民共和国农业部 发布

农业部 2122 号公告—6—2014

前　言

本标准按照 GB/T 1.1—2009 给出的规则起草。

请注意本文件的某些内容可能涉及专利。本文件的发布机构不承担识别这些专利的责任。

本标准由中华人民共和国农业部提出。

本标准由全国农业转基因生物安全管理标准化技术委员会(SAC/TC 276)归口。

本标准起草单位:农业部科技发展中心、农业部环境保护科研监测所。

本标准主要起草人:修伟明、沈平、杨殿林、尹全、赵建宁、章秋艳、李刚、王慧。

转基因植物及其产品成分检测
耐除草剂苜蓿 J163 及其衍生品种定性 PCR 方法

1 范围

本标准规定了转基因耐除草剂苜蓿 J163 转化体特异性定性 PCR 检测方法。

本标准适用于转基因耐除草剂苜蓿 J163 及其衍生品种，以及制品中 J163 转化体成分的定性 PCR 检测。

2 规范性引用文件

下列文件对于本文件的应用是必不可少的。凡是注日期的引用文件，仅注日期的版本适用于本文件。凡是不注日期的引用文件，其最新版本（包括所有的修改单）适用于本文件。

GB/T 6682 分析实验室用水规格和试验方法

农业部 1485 号公告—4—2010 转基因植物及其产品成分检测 DNA 提取和纯化

农业部 2031 号公告—19—2013 转基因植物及其产品成分检测 抽样

NY/T 672 转基因植物及其产品检测 通用要求

3 术语和定义

下列术语和定义适用于本文件。

3.1

***Acc* 基因 *Acc* gene**

编码乙酰辅酶 A 羧化酶（acetyl CoA carboxylase）的基因，在苜蓿基因组中单倍体的拷贝数为 2，本标准中作为苜蓿内标准基因。

3.2

J163 转化体特异性序列 event‐specific sequence of J163

外源插入片段 3′端与苜蓿基因组的连接区序列，包括外源插入片段的部分载体序列和苜蓿基因组的部分序列。

4 原理

根据转基因耐除草剂苜蓿 J163 转化体特异性序列设计特异性引物，对试样进行 PCR 扩增。依据是否扩增获得预期的 DNA 片段，判断样品中是否含有 J163 转化体成分。

5 试剂和材料

除非另有说明，仅使用分析纯试剂和重蒸馏水或符合 GB/T 6682 规定的一级水。

5.1 琼脂糖。

5.2 10 g/L 溴化乙锭溶液：称取 1.0 g 溴化乙锭（EB），溶解于 100 mL 水中，避光保存。

警告——溴化乙锭有致癌作用，配制和使用时应戴一次性手套操作并妥善处理废液。

5.3 10 mol/L 氢氧化钠溶液：在 160 mL 水中加入 80.0 g 氢氧化钠（NaOH），溶解后，冷却至室温，再加水定容到 200 mL。

5.4 500 mmol/L 乙二铵四乙酸二钠溶液(pH 8.0):称取 18.6 g 乙二铵四乙酸二钠(EDTA－Na₂),加入 70 mL 水中,缓慢滴加氢氧化钠溶液(5.3)直至 EDTA－Na₂完全溶解,用氢氧化钠溶液(5.3)调 pH 至 8.0,加水定容至 100 mL。在 103.4 kPa(121℃)条件下灭菌 20 min。

5.5 1 mol/L 三羟甲基氨基甲烷—盐酸溶液(pH 8.0):称取 121.1 g 三羟甲基氨基甲烷(Tris)溶解于 800 mL 水中,用盐酸(HCl)调 pH 至 8.0,加水定容至 1 000 mL。在 103.4 kPa(121℃)条件下灭菌 20 min。

5.6 TE 缓冲液(pH 8.0):分别量取 10 mL 三羟甲基氨基甲烷—盐酸溶液(5.5)和 2 mL 乙二铵四乙酸二钠溶液(5.4),加水定容至 1 000 mL。在 103.4 kPa(121℃)条件下灭菌 20 min。

5.7 50×TAE 缓冲液:称取 242.2 g 三羟甲基氨基甲烷(Tris),先用 500 mL 水加热搅拌溶解后,加入 100 mL 乙二铵四乙酸二钠溶液(5.4),用冰乙酸调 pH 至 8.0,然后加水定容至 1 000 mL。使用时,用水稀释成 1×TAE。

5.8 加样缓冲液:称取 250.0 mg 溴酚蓝,加入 10 mL 水,在室温下溶解 12 h;称取 250.0 mg 二甲基苯腈蓝,加 10 mL 水溶解;称取 50.0 g 蔗糖,加 30 mL 水溶解。混合以上三种溶液,加水定容至 100 mL,在 4℃下保存。

5.9 DNA 分子量标准:可以清楚地区分 100 bp~1 000 bp 的 DNA 片段。

5.10 dNTPs 混合溶液:将浓度为 10 mmol/L 的 dATP、dTTP、dGTP、dCTP 四种脱氧核糖核苷酸溶液等体积混合。

5.11 Taq DNA 聚合酶、PCR 反应缓冲液及 25 mmol/L 氯化镁溶液。

5.12 *Acc* 基因引物:

    Acc－F:5′－GATCAGTGAACTTCGCAAAGTAC－3′

    Acc－R:5′－GAGGGATGCTGCTACTTTGATG－3′

    预期扩增片段大小为 154 bp(参见附录 A 中 A.1)。

5.13 J163 转化体特异性序列引物:

    J163－F:5′－CCCCATTTGGACGTGAATGTAGAC－3′

    J163－R:5′－CACGTGGTGTGTTAATTATCATGGT－3′

    预期扩增片段大小为 241 bp(参见附录 A 中 A.2)。

5.14 引物溶液:用 TE 缓冲液(5.6)或水分别将上述引物稀释到 10 μmol/L。

5.15 石蜡油。

5.16 DNA 提取试剂盒。

5.17 定性 PCR 反应试剂盒。

5.18 PCR 产物回收试剂盒。

6 主要仪器和设备

6.1 分析天平:感量 0.1 g 和 0.1 mg。

6.2 PCR 扩增仪:升降温速度>1.5℃/s,孔间温度差异<1.0℃。

6.3 电泳槽、电泳仪等电泳装置。

6.4 紫外透射仪。

6.5 凝胶成像系统或照相系统。

6.6 重蒸馏水发生器或纯水仪。

7 分析步骤

7.1 抽样

按 NY/T 672 和农业部 2031 号公告—19—2013 的规定执行。

7.2 试样制备

按 NY/T 672 和农业部 2031 号公告—19—2013 的规定执行。

7.3 试样预处理

按农业部 1485 号公告—4—2010 的规定执行。

7.4 DNA 模板制备

按农业部 1485 号公告—4—2010 的规定执行。

7.5 PCR 反应

7.5.1 试样 PCR 反应

7.5.1.1 每个试样 PCR 反应设置 3 次平行。

7.5.1.2 在 PCR 反应管中按表 1 依次加入反应试剂,混匀,再加 25 μL 石蜡油(有热盖功能的 PCR 仪可不加)。也可采用经验证的、等效的定性 PCR 反应试剂盒配制反应体系。

表 1 PCR 检测反应体系

试剂	终浓度	体积
水		—
10×PCR 缓冲液	1×	2.5 μL
25 mmol/L 氯化镁溶液	1.5 mmol/L	1.5 μL
dNTPs 混合溶液(各 2.5 mmol/L)	各 0.2 mmol/L	2.0 μL
10 μmol/L 上游引物	0.6 μmol/L	1.5 μL
10 μmol/L 下游引物	0.6 μmol/L	1.5 μL
Taq DNA 聚合酶	0.025 U/μL	—
25 mg/L DNA 模板	2 mg/L	2.0 μL
总体积		25.0 μL

"—"表示体积不确定。如果 PCR 缓冲液中含有氯化镁,则不加氯化镁溶液。根据 Taq DNA 聚合酶的浓度确定其体积,并相应调整水的体积,使反应体系总体积达到 25.0 μL。

注:苜蓿内标准基因 PCR 检测反应体系中,上、下游引物分别为 Acc-F 和 Acc-R;J163 转化体 PCR 检测反应体系中,上、下游引物分别为 J163-F 和 J163-R。

7.5.1.3 将 PCR 管放在离心机上,500 g~3 000 g 离心 10 s,然后取出 PCR 管,放入 PCR 扩增仪中。

7.5.1.4 进行 PCR 反应。反应程序为:94℃变性 3 min;94℃变性 30 s,58℃退火 30 s,72℃延伸 30 s,共进行 35 次循环;72℃延伸 5 min。

7.5.1.5 反应结束后取出 PCR 管,对 PCR 反应产物进行电泳检测。

7.5.2 对照 PCR 反应

在试样 PCR 反应的同时,应设置阴性对照、阳性对照和空白对照。

以非转基因苜蓿基因组 DNA 作为阴性对照;以含有转基因耐除草剂苜蓿 J163 质量分数为0.1%~1.0%的苜蓿基因组 DNA 作为阳性对照,或采用耐除草剂苜蓿 J163 转化体特异性序列与非转基因苜蓿基因组相比的拷贝数分数为 0.1%~1.0%的 DNA 溶液作为阳性对照;以水作为空白对照。

各对照 PCR 反应体系中,除模板外,其余组分及 PCR 反应条件与 7.5.1 相同。

7.6 PCR 产物电泳检测

按 20 g/L 的质量浓度称量琼脂糖,加入 1×TAE 缓冲液中,加热溶解,配制成琼脂糖溶液。每 100 mL 琼脂糖溶液中加入 5 μL EB 溶液,混匀,稍适冷却后,将其倒入电泳板上,插上梳板,室温下凝固成凝胶后,放入 1×TAE 缓冲液中,垂直向上轻轻拔去梳板。取 12 μL PCR 产物与 3 μL 加样缓冲液混合后加入凝胶点样孔,同时在其中一个点样孔中加入 DNA 分子量标准,接通电源在 2 V/cm~5 V/cm 条件下电泳检测。

7.7 凝胶成像分析

电泳结束后,取出琼脂糖凝胶,置于凝胶成像系统或紫外透射仪上成像。根据 DNA 分子量标准估计扩增条带的大小,将电泳结果形成电子文件存档或用照相系统拍照。如需通过序列分析确认 PCR 扩增片段是否为目的 DNA 片段,按照 7.8 和 7.9 的规定执行。

7.8 PCR 产物回收

按 PCR 产物回收试剂盒说明书,回收 PCR 扩增的 DNA 片段。

7.9 PCR 产物测序验证

将回收的 PCR 产物克隆测序,与抗除草剂苜蓿 J163 转化体特异性序列(参见附录 A 中 A.2)进行比对,确定 PCR 扩增的 DNA 片段是否为目的 DNA 片段。

8 结果分析与表述

8.1 对照检测结果分析

阳性对照的 PCR 反应中,Acc 内标准基因和 J163 转化体特异性序列得到扩增,且扩增片段大小与预期片段大小一致,而阴性对照中仅扩增出 Acc 内标准基因片段,空白对照中没有预期扩增片段,表明 PCR 反应体系正常工作;否则,重新检测。

8.2 样品检测结果分析和表述

8.2.1 Acc 内标准基因和 J163 转化体特异性序列均得到扩增,且扩增片段大小与预期片段大小一致,表明样品中检测出 J163 转化体成分,表述为"样品中检测出转基因耐除草剂苜蓿 J163 转化体成分,检测结果为阳性"。

8.2.2 Acc 内标准基因得到扩增,且扩增片段大小与预期片段大小一致,而 J163 转化体特异性序列未得到扩增,或扩增片段大小与预期片段大小不一致,表明样品中未检测出 J163 转化体成分,表述为"样品中未检测出转基因耐除草剂苜蓿 J163 转化体成分,检测结果为阴性"。

8.2.3 Acc 内标准基因片段未得到扩增,或扩增片段大小与预期片段大小不一致,表明样品中未检测出苜蓿成分,结果表述为"样品中未检测出苜蓿成分,检测结果为阴性"。

9 检出限

本标准方法的检出限为 1 g/kg。

附 录 A
（资料性附录）
Acc 基因序列和耐除草剂苜蓿 J163 转化体特异性序列

A.1 *Acc* 基因（GenBank accession No. L25042）

```
  1 GATCAGTGAA CTTCGCAAAG TACTCGGTTA GTAGACAGTG AATGCTCCTG TGATCTGCCC
 61 ATGCACTCAT GTTGTAGTGT TCACGTCGTT GATACATGAC CATATAGAAA TGTATCCATT
121 TTACGATGTT ATCATCAAAG TAGCAGCATC CCTC
```

注：划线部分为引物序列。

A.2 抗除草剂苜蓿 J163 转化体特异性序列

```
  1 CCCCATTTGG ACGTGAATGT AGACACGTCG AAATAAAGAT TTCCGAATTA
 51 GAATAATTTG TTTATTGCTT TCGCCTATAA ATACGACGGA TCGTAATTTG
101 TCGTTTTATC AAAATGTACT TTCATTTTAT AATAACTTCC ATTTTTTTTT
151 TCTTTTTCTT TTATAATAAC AGAAAAGAAA AAGAAAGAT GATGAAAAGA
201 GAAAAGAGAA AACCGAACCA TGATAATTAA CACACCACGT G
```

注 1：划线部分为引物序列。
注 2：1～136 为外源插入片段的部分载体序列；137～241 为苜蓿基因组部分序列。

ICS 65.020.01
B 04

中华人民共和国国家标准

农业部 2122 号公告－7－2014

转基因植物及其产品成分检测
耐除草剂苜蓿 J101 及其衍生品种定性
PCR 方法

Detection of genetically modified plants and derived products—
Qualitative PCR method for herbicide–resistant alfalfa J101 and its derivates

2014-07-07 发布   2014-08-01 实施

中华人民共和国农业部 发布

前　言

本标准按照 GB/T 1.1—2009 给出的规则起草。

请注意本文件的某些内容可能涉及专利。本文件的发布机构不承担识别这些专利的责任。

本标准由中华人民共和国农业部提出。

本标准由全国农业转基因生物安全管理标准化技术委员会(SAC/TC 276)归口。

本标准起草单位:农业部科技发展中心、中国农业科学院植物保护研究所。

本标准主要起草人:谢家建、赵欣、彭于发、宋贵文、苏长青、章秋艳、孙爻。

转基因植物及其产品成分检测
耐除草剂苜蓿 J101 及其衍生品种定性 PCR 方法

1　范围

本标准规定了转基因耐除草剂苜蓿 J101 转化体特异性定性 PCR 检测方法。

本标准适用于转基因耐除草剂苜蓿 J101 及其衍生品种,以及制品中 J101 转化体成分的定性 PCR 检测。

2　规范性引用文件

下列文件对于本文件的应用是必不可少的。凡是注日期的引用文件,仅注日期的版本适用于本文件。凡是不注日期的引用文件,其最新版本(包括所有的修改单)适用于本文件。

GB/T 6682　分析实验室用水规格和试验方法

农业部 1485 号公告—4—2010　转基因植物及其产品成分检测　DNA 提取和纯化

农业部 2031 号公告—19—2013　转基因植物及其产品成分检测　抽样

NY/T 672　转基因植物及其产品检测　通用要求

3　术语和定义

下列术语和定义适用于本文件。

3.1

Acc 基因　*Acc* gene

编码乙酰辅酶 A 羧化酶(acetyl CoA carboxylase)的基因,在苜蓿基因组中单倍体的拷贝数为 2,本标准中作为苜蓿内标准基因。

3.2

J101 转化体特异性序列　event-specific sequence of J101

耐除草剂苜蓿 J101 中苜蓿基因组序列与外源片段 5′端的连接区序列,包括苜蓿基因组部分序列和转化载体 T-DNA 右边界区域序列。

4　原理

根据耐除草剂苜蓿 J101 转化体特异性序列设计特异性引物,对试样进行 PCR 扩增。依据是否扩增获得预期的 DNA 片段,判断样品中是否含有耐除草剂苜蓿 J101 转化体成分。

5　试剂和材料

除非另有说明,仅使用分析纯试剂和重蒸馏水或符合 GB/T 6682 规定的一级水。

5.1　琼脂糖。

5.2　10 g/L 溴化乙锭溶液:称取 1.0 g 溴化乙锭(EB),溶解于 100 mL 水中,避光保存。

警告——溴化乙锭有致癌作用,配制和使用时应戴一次性手套操作并妥善处理废液。

5.3　10 mol/L 氢氧化钠溶液:在 160 mL 水中加入 80.0 g 氢氧化钠(NaOH),溶解后,冷却至室温,再加水定容到 200 mL。

5.4 500 mmol/L乙二铵四乙酸二钠溶液(pH 8.0):称取 18.6 g 乙二铵四乙酸二钠(EDTA - Na₂),加入 70 mL 水中,缓慢滴加氢氧化钠溶液(5.3)直至 EDTA - Na₂ 完全溶解,用氢氧化钠溶液(5.3)调 pH 至 8.0,加水定容至 100 mL。在 103.4 kPa(121 ℃)条件下灭菌 20 min。

5.5 1 mol/L 三羟甲基氨基甲烷—盐酸溶液(pH 8.0):称取 121.1 g 三羟甲基氨基甲烷(Tris)溶解于 800 mL 水中,用盐酸(HCl)调 pH 至 8.0,加水定容至 1 000 mL。在 103.4 kPa(121℃)条件下灭菌 20 min。

5.6 TE 缓冲液(pH 8.0):分别量取 10 mL 三羟甲基氨基甲烷—盐酸溶液(5.5)和 2 mL 乙二铵四乙酸二钠溶液(5.4),加水定容至 1 000 mL。在 103.4 kPa(121℃)条件下灭菌 20 min。

5.7 50×TAE 缓冲液:称取 242.2 g 三羟甲基氨基甲烷(Tris),先用 500 mL 水加热搅拌溶解后,加入 100 mL 乙二铵四乙酸二钠溶液(5.4),用冰乙酸调 pH 至 8.0,然后加水定容到 1 000 mL。使用时,用水稀释成 1×TAE。

5.8 加样缓冲液:称取 250.0 mg 溴酚蓝,加入 10 mL 水,在室温下溶解 12 h;称取 250.0 mg 二甲苯腈蓝,加 10 mL 水溶解;称取 50.0 g 蔗糖,加 30 mL 水溶解。混合以上三种溶液,加水定容至 100 mL,在 4℃下保存。

5.9 DNA 分子量标准:可以清楚地区分 100 bp～1 000 bp 的 DNA 片段。

5.10 dNTPs 混合溶液:将浓度为 10 mmol/L 的 dATP、dTTP、dGTP、dCTP 四种脱氧核糖核苷酸溶液等体积混合。

5.11 Taq DNA 聚合酶、PCR 反应缓冲液及 25 mmol/L 氯化镁溶液。

5.12 *Acc* 基因引物:
Acc - F:5′- GATCAGTGAACTTCGCAAAGTAC - 3′
Acc - R:5′- GAGGGATGCTGCTACTTTGATG - 3′
预期扩增片段大小为 154 bp(参见附录 A 中 A.1)。

5.13 J101 转化体特异性序列引物:
J101 - F:5′- CACAACTAATTGTGTGTACGG - 3′
J101 - R:5′- GCTTTGGACTGAGAATTAGCTTCCA - 3′
预期扩增片段大小为 265 bp(参见附录 A 中 A.2)。

5.14 引物溶液:用 TE 缓冲液(5.6)或水分别将上述引物稀释到 10 μmol/L。

5.15 石蜡油。

5.16 DNA 提取试剂盒。

5.17 定性 PCR 反应试剂盒。

5.18 PCR 产物回收试剂盒。

6 主要仪器和设备

6.1 分析天平:感量 0.1 g 和 0.1 mg。

6.2 PCR 扩增仪:升降温速度>1.5℃/s,孔间温度差异<1.0℃。

6.3 电泳槽、电泳仪等电泳装置。

6.4 紫外透射仪。

6.5 凝胶成像系统或照相系统。

6.6 重蒸馏水发生器或纯水仪。

7 分析步骤

7.1 抽样

農業部2122号公告—7—2014

按NY/T 672和农业部2031号公告—19—2013的规定执行。

7.2 试样制备

按NY/T 672和农业部2031号公告—19—2013的规定执行。

7.3 试样预处理

按农业部1485号公告—4—2010的规定执行。

7.4 DNA模板制备

按农业部1485号公告—4—2010的规定执行。

7.5 PCR反应

7.5.1 试样PCR反应

7.5.1.1 每个试样PCR反应设置3次平行。

7.5.1.2 在PCR反应管中按表1依次加入反应试剂,混匀,再加25 μL石蜡油(有热盖功能的PCR仪可不加)。也可采用经验证的、等效的定性PCR反应试剂盒配制反应体系。

表1 PCR检测反应体系

试 剂	终浓度	体积
水		—
10×PCR缓冲液	1×	2.5 μL
25 mmol/L氯化镁溶液	1.5 mmol/L	1.5 μL
dNTPs混合溶液(各2.5 mmol/L)	各0.2 mmol/L	2.0 μL
10 μmol/L上游引物	0.4 μmol/L	1.0 μL
10 μmol/L下游引物	0.4 μmol/L	1.0 μL
Taq DNA聚合酶	0.025 U/μL	—
25 mg/L DNA模板	2 mg/L	2.0 μL
总体积		25.0 μL

"—"表示体积不确定。如果PCR缓冲液中含有氯化镁,则不加氯化镁溶液。根据Taq DNA聚合酶的浓度确定其体积,并相应调整水的体积,使反应体系总体积达到25.0 μL。

注:苜蓿内标准基因PCR检测反应体系中,上、下游引物分别为Acc-F和Acc-R;J101转化体特异性序列PCR检测反应体系中,上、下游引物分别为J101-F和J101-R。

7.5.1.3 将PCR管放在离心机上,500 g~3 000 g离心10 s,然后取出PCR管,放入PCR扩增仪中。

7.5.1.4 进行PCR反应。反应程序为:94℃变性5 min;94℃变性30 s,56℃退火30 s,72℃延伸30 s,共进行35次循环;72℃延伸7 min。

7.5.1.5 反应结束后取出PCR管,对PCR反应产物进行电泳检测。

7.5.2 对照PCR反应

在试样PCR反应的同时,应设置阴性对照、阳性对照和空白对照。

以非转基因苜蓿基因组DNA作为阴性对照;以耐除草剂苜蓿J101质量分数为0.1%~1.0%的苜蓿基因组DNA,或采用耐除草剂苜蓿J101转化体特异性序列与非转基因苜蓿基因组相比的拷贝数分数为0.1%~1.0%的DNA溶液作为阳性对照;以水作为空白对照。

各对照PCR反应体系中,除模板外,其余组分及PCR反应条件与7.5.1相同。

7.6 PCR产物电泳检测

按20 g/L的质量浓度称量琼脂糖,加入1×TAE缓冲液中,加热溶解,配制成琼脂糖溶液。每100 mL琼脂糖溶液中加入5 μL EB溶液,混匀,稍适冷却后,将其倒入电泳板上,插上梳板,室温下凝固成凝胶后,放入1×TAE缓冲液中,垂直向上轻轻拔去梳板。取12 μL PCR产物与3 μL加样缓冲液混合后加入凝胶点样孔,同时在其中一个点样孔中加入DNA分子量标准,接通电源在2 V/cm~5 V/cm条件下电泳检测。

7.7　凝胶成像分析

电泳结束后,取出琼脂糖凝胶,置于凝胶成像仪上或紫外透射仪上成像。根据 DNA 分子量标准估计扩增条带的大小,将电泳结果形成电子文件存档或用照相系统拍照。如需通过序列分析确认 PCR 扩增片段是否为目的 DNA 片段,按照 7.8 和 7.9 的规定执行。

7.8　PCR 产物回收

按 PCR 产物回收试剂盒说明书,回收 PCR 扩增的 DNA 片段。

7.9　PCR 产物测序验证

将回收的 PCR 产物克隆测序,与抗除草剂苜蓿 J101 转化体特异性序列(参见附录 A 中 A.2)进行比对,确定 PCR 扩增的 DNA 片段是否为目的 DNA 片段。

8　结果分析与表述

8.1　对照检测结果分析

阳性对照 PCR 反应中,Acc 内标准基因和 J101 转化体特异性序列得到扩增,且扩增片段大小与预期片段大小一致,而阴性对照中仅扩增出 Acc 内标准基因片段,空白对照中没有预期扩增片段,表明 PCR 反应体系正常工作;否则,重新检测。

8.2　样品检测结果分析和表述

8.2.1　Acc 内标准基因和 J101 转化体特异性序列均得到扩增,且扩增片段大小与预期片段大小一致,表明样品中检测出耐除草剂苜蓿 J101 转化体成分,表述为"样品中检测出耐除草剂苜蓿 J101 转化体成分,检测结果为阳性"。

8.2.2　Acc 内标准基因片段得到扩增,且扩增片段大小与预期片段大小一致,而 J101 转化体特异性序列未得到扩增,或扩增片段大小与预期片段大小不一致,表明样品中未检测出 J101 转化体成分,表述为"样品中未检测出转基因耐除草剂苜蓿 J101 转化体成分,检测结果为阴性"。

8.2.3　Acc 内标准基因片段未得到扩增,或扩增片段大小与预期片段大小不一致,表明样品中未检出苜蓿成分,结果表述为"样品中未检测出苜蓿成分,检测结果为阴性"。

9　检出限

本标准方法的检出限为 1 g/kg。

附　录　A
（资料性附录）
Acc 基因序列和耐除草剂苜蓿 J101 特异性序列

A.1　*Acc* 基因（GenBank accession No. L25042）

```
  1 GATCAGTGAA CTTCGCAAAG TACTCGGTTA GTAGACAGTG AATGCTCCTG TGATCTGCCC
 61 ATGCACTCAT GTTGTAGTGT TCACGTCGTT GATACATGAC CATATAGAAA TGTATCCATT
121 TTACGATGTT ATCATCAAAG TAGCAGCATC CCTC
```

注:划线部分为引物序列。

A.2　耐除草剂苜蓿 J101 转化体特异性序列

```
  1 CACAACTAAT TGTGTGTACG GATACAAAGT CAAACATGAT TTATTGACGG TGTAAAAAAT
 61 CTTTACAGTG ACAATGTATA TGGATTAAAT CGATTTTATA TTAGTTATTT TATGTTATAT
121 CGTATTCATG TCATGTGTTT TGTACTGATC TTGTGTCATA GTTTCAAACA CTGATAGTTT
181 AAACTGAAGG CGGGAAACGA CAATCTGATC CCCATCAAGC TTCTGCAGGT CCTGCTCGAG
241 TGGAAGCTAA TTCTCAGTCC AAAGC
```

注 1:划线部分为引物序列。
注 2:1～163 为苜蓿基因组序列,164～265 为转化载体 T - DNA 右边界区域序列。

第十部分　番　茄

ICS 65.020.01
B 04

中华人民共和国国家标准

农业部 1193 号公告－1－2009

转基因植物及其产品成分检测 耐贮藏番茄 D2 及其衍生品种 定性 PCR 方法

Detection of genetically modified plants and derived products
Qualitative PCR method for ripen-delay tomato D2 and its derivates

2009-04-23 发布　　　　　　　　　　　　2009-04-23 实施

中华人民共和国农业部 发布

前　言

本标准由农业部科技教育司提出。

本标准由全国农业转基因生物安全管理标准化技术委员会归口。

本标准起草单位:农业部科技发展中心、上海交通大学。

本标准主要起草人:杨立桃、沈平、张大兵、宋贵文、李想。

转基因植物及其产品成分检测
耐贮藏番茄 D2 及其衍生品种定性 PCR 方法

1 范围

本标准规定了转基因耐贮藏番茄 D2 转化体特异性定性 PCR 检测方法。

本标准适用于转基因耐贮藏番茄 D2 及其衍生品种,以及制品中 D2 的定性 PCR 检测。

2 规范性引用文件

下列文件中的条款通过本标准的引用而成为本标准的条款。凡是注日期的引用文件,其随后所有的修改单(不包括勘误的内容)或修订版均不适用于本标准,然而,鼓励根据本标准达成协议的各方研究是否可使用这些文件的最新版本。凡是不注明日期的引用文件,其最新版本适合于本标准。

NY/T 672 转基因植物及其产品检测 通用要求

NY/T 673 转基因植物及其产品检测 抽样

NY/T 674 转基因植物及其产品检测 DNA 提取和纯化

3 术语和定义

下列术语和定义适用于本标准。

3.1

LAT52 基因 LAT52 gene

编码富含半胱氨酸蛋白的基因,在番茄花粉中特异性表达。

3.2

D2 转化体特异性序列 event-specific sequence of D2

外源插入片段 3′端与番茄基因组的连接区序列,包括外源插入载体 3′端 NOS 终止子序列和番茄基因组的部分序列。

4 原理

根据转基因耐贮藏番茄 D2 转化体特异性序列设计特异性引物,对试样进行 PCR 扩增。依据是否扩增获得预期 228 bp 的特异性 DNA 片段,判断样品中是否含有 D2 转化体成分。

5 试剂和材料

使用分析纯试剂和重蒸馏水。

5.1 琼脂糖。

5.2 10 g/L 溴化乙锭溶液:称取 1.0 g 溴化乙锭(EB),溶于 100 mL 水中。

注:溴化乙锭有致癌作用,配制和使用时应戴一次性手套操作并妥善处理废液。

5.3 10 mol/L 氢氧化钠溶液:称取氢氧化钠(NaOH)80.0 g,先用 160 mL 水溶解后,再加水定容到 200 mL。

5.4 500 mmol/L 乙二铵四乙酸二钠溶液(pH 8.0):称取 18.6 g 乙二铵四乙酸二钠(EDTA - Na$_2$),加入 70 mL 水中,再加入适量氢氧化钠溶液(5.3),加热至完全溶解后,冷却至室温,用氢氧化钠溶液(5.3)

调 pH 至 8.0,加水定容至 100 mL。在 103.4 kPa(121℃)条件下灭菌 20 min。

5.5　1 mol/L 三羟甲基氨基甲烷—盐酸溶液(pH 8.0):称取 121.1 g 三羟甲基氨基甲烷(Tris)溶解于 800 mL 水中,用盐酸调 pH 至 8.0,加水定容至 1 000 mL。在 103.4 kPa(121℃)条件下灭菌 20 min。

5.6　TE 缓冲液(pH 8.0):分别量取 10 mL 三羟甲基氨基甲烷—盐酸溶液(5.5)和 2 mL 乙二铵四乙酸二钠溶液(5.4),加水定容至 1 000 mL。在 103.4 kPa(121℃)条件下灭菌 20 min。

5.7　50×TAE 缓冲液:称取 242.2 g 三羟甲基氨基甲烷(Tris),先用 300 mL 水加热搅拌溶解后,加入 100 mL 乙二铵四乙酸二钠溶液(5.4),用冰乙酸调 pH 至 8.0,然后加水定容到 1 000 mL。使用时用水稀释成 1×TAE。

5.8　加样缓冲液:称取 250.0 mg 溴酚蓝,加 10 mL 水,在室温下溶解 12 h;称取 250.0 mg 二甲基苯腈蓝,用 10 mL 水溶解;称取 50.0 g 蔗糖,用 30 mL 水溶解,混合三种溶液,加水定容至 100 mL,在 4℃下保存。

5.9　DNA 分子量标准:可以清楚的区分 50 bp~1 000 bp 的 DNA 片段。

5.10　dNTPs 混合溶液:将浓度为 10 mmol/L 的 dATP、dTTP、dGTP、dCTP 四种脱氧核糖核苷酸溶液等体积混合。

5.11　Taq DNA 聚合酶(5 U/μL)及 PCR 反应缓冲液。

5.12　引物。

5.12.1　*LAT*52 基因

　　LAT-F:5′-AGACCACGAGAACGATATTTGC-3′

　　LAT-R:5′-TTCTTGCCTTTTCATATCCAGACA-3′

　　预期扩增片段大小为 92 bp。

5.12.2　D2 转化体特异性序列

　　HF-F:5′-CTGTTGCCCGTCTCACTG-3′

　　HF-R:5′-AATCGTGTATGACCTTTTAG-3′

　　预期扩增片段大小为 228 bp。

5.13　引物溶液

　　用 TE 缓冲液(5.6)分别将上述引物稀释到 10 μmol/L。

5.14　石蜡油。

5.15　PCR 产物回收试剂盒。

6　仪器

6.1　分析天平,感量 0.1 mg。

6.2　PCR 扩增仪。

6.3　电泳槽、电泳仪等电泳装置。

6.4　紫外透射仪。

6.5　凝胶成像系统或照相系统。

6.6　重蒸馏水发生器或超纯水仪。

6.7　其他相关仪器设备。

7　操作步骤

7.1　抽样

　　按 NY/T 672 和 NY/T 673 规定执行。

7.2 制样

按 NY/T 672 和 NY/T 673 规定执行。

7.3 试样预处理

按 NY/T 674 规定执行。

7.4 DNA 模板制备

按 NY/T 674 规定执行。

7.5 PCR 反应

7.5.1 试样 PCR 反应

7.5.1.1 每个试样 PCR 反应设置 3 次重复。

7.5.1.2 在 PCR 反应管中按表 1 依次加入反应试剂,用手指轻弹混匀,再加 50 μL 石蜡油(有热盖设备的 PCR 仪可不加)。

7.5.1.3 将 PCR 管放入台式离心机中离心 10 s 后插入 PCR 仪中。

7.5.1.4 运行 PCR 反应。反应程序为:95℃变性 7 min;94℃变性 30 s,56℃退火 30 s,72℃延伸 30 s,共进行 35 次循环;72℃延伸 7 min。

7.5.1.5 反应结束后取出 PCR 反应管,对 PCR 反应产物进行电泳检测。

表 1 PCR 检测反应体系

试 剂	终 浓 度	体 积
重蒸馏水		31.75 μL
10×PCR 缓冲液	1×	5 μL
25 mmol/L 氯化镁溶液	2.5 mmol/L	5 μL
dNTPs	0.2 mmol/L	1 μL
10 μmol/L 上游引物	0.5 μmol/L	2.5 μL
10 μmol/L 下游引物	0.5 μmol/L	2.5 μL
5 U/μL Taq 酶	0.025 U/μL	0.25 μL
25 mg/L DNA 模板	1 mg/L	2.0 μL
总体积		50 μL

注 1:如果 PCR 缓冲液中含有氯化镁,则不加氯化镁溶液,加等体积重蒸馏水。

注 2:番茄内标准基因 PCR 检测反应体系中,上、下游引物分别为 LAT-F 和 LAT-R;转基因番茄 D2 转化体 PCR 检测反应体系中,上、下游引物分别为 HF-F 和 HF-R。

7.5.2 对照 PCR 反应

在试样 PCR 反应的同时,应设置阴性对照、阳性对照和空白对照。以非转基因番茄材料中提取的 DNA 作为阴性对照 PCR 反应体系的模板;以转基因番茄 D2DNA 含量为 0.1%～1.0% 的番茄 DNA 作为阳性对照 PCR 反应体系的模板;空白对照中用重蒸馏水代替 PCR 反应体系模板。各对照 PCR 反应体系中,除模板外,其余组分及 PCR 反应条件与 7.5.1 相同。

7.6 PCR 产物电泳检测

按 20 g/L 的浓度称取琼脂糖,加入 1×TAE 缓冲液中,加热溶解,配制成琼脂糖溶液。每 100 mL 琼脂糖溶液中加入 5 μL EB 溶液,混匀,适当冷却后,将其倒入电泳板上,插上梳板,室温下凝固成凝胶后,放入 1×TAE 缓冲液中,垂直向上轻轻拔去梳板。取 7 μL PCR 产物与 3 μL 加样缓冲液混合后加入点样孔中,同时在其中一个点样孔中加入 DNA 分子量标准,接通电源在 2 V/cm～5 V/cm 条件下电泳。

7.7 凝胶成像分析

电泳结束后,取出琼脂糖凝胶,置于凝胶成像仪或紫外透射仪上成像。根据 DNA 分子量标准估计扩增条带的大小,将电泳结果形成电子文件存档或用照相系统拍照。根据琼脂糖凝胶电泳结果,按照 8

的规定对 PCR 扩增结果进行分析。如需通过序列分析确认 PCR 扩增片段是否为目的 DNA 片段,按照 7.8 和 7.9 的规定执行。

7.8 PCR 产物回收

按 PCR 产物回收试剂盒说明书回收 PCR 扩增的 DNA 片段。

7.9 PCR 产物的测序验证

将回收的 PCR 产物克隆测序,确定 PCR 扩增的 DNA 片段是否为目的 DNA 片段。

8 结果分析与表述

8.1 对照检测结果分析

阳性对照 PCR 反应中,$LAT52$ 内标准基因和 D2 转化体特异性序列均得到扩增,且扩增片段大小与预期片段大小一致,而阴性对照中仅扩增出 $LAT52$ 基因片段,空白对照中除引物二聚体外,没有其他扩增片段,表明 PCR 反应体系正常工作,否则重新检测。

8.2 样品检测结果分析和表述

a) $LAT52$ 内标准基因和 D2 转化体特异性序列均得到扩增,且扩增片段大小与预期片段大小一致,表明试样中检测出转基因耐贮藏番茄 D2,表述为"样品中检测出转基因耐贮藏番茄 D2 转化体成分,检测结果为阳性"。

b) $LAT52$ 内标准基因片段得到扩增,且扩增片段大小与预期片段大小一致,而 D2 转化体特异性序列未得到扩增,或扩增片段大小与预期片段大小不一致,表明试样中未检测出转基因耐贮藏番茄 D2,表述为"样品中未检测出转基因耐贮藏番茄 D2 转化体成分,检测结果为阴性"。

c) $LAT52$ 内标准基因片段未得到扩增,或扩增片段大小与预期片段大小不一致,表明试样中未检测出番茄成分,表述为"样品中未检测出番茄成分,检测结果为阴性"。

第十一部分　甜　菜

ICS 65.020.01

B 04

中华人民共和国国家标准

农业部 1485 号公告－3－2010

转基因植物及其产品成分检测
耐除草剂甜菜 H7-1 及其衍生品种
定性 PCR 方法

Detection of genetically modified plants and derived products—
Qualitative PCR method for herbicide-tolerant sugar beet H7-1
and its derivates

2010-11-15 发布

2011-01-01 实施

中华人民共和国农业部 发布

农业部 1485 号公告—3—2010

前　言

本标准按照 GB/T 1.1—2009 给出的规则起草。

本标准由农业部科技教育司提出。

本标准由全国农业转基因生物安全管理标准化技术委员会(SAC/TC 276)归口。

本标准起草单位:农业部科技发展中心、吉林省农业科学院。

本标准主要起草人:张明、厉建萌、李飞武、邵改革、刘信、李葱葱、康岭生、刘娜、宋新元。

580

转基因植物及其产品成分检测
耐除草剂甜菜 H7-1 及其衍生品种定性 PCR 方法

1 范围

本标准规定了转基因耐除草剂甜菜 H7－1 转化体特异性的定性 PCR 检测方法。

本标准适用于转基因耐除草剂甜菜 H7－1 及其衍生品种，以及制品中 H7－1 转化体成分的定性 PCR 检测。

2 规范性引用文件

下列文件对于本文件的应用是必不可少的。凡是注日期的引用文件，仅注日期的版本适用于本文件。凡是不注日期的引用文件，其最新版本（包括所有的修改单）适用于本文件。

GB/T 6682　分析实验室用水规格和试验方法

NY/T 672　转基因植物及其产品检测　通用要求

NY/T 673　转基因植物及其产品检测　抽样

NY/T 674　转基因植物及其产品检测　DNA 提取和纯化

3 术语和定义

下列术语和定义适用于本文件。

3.1

GluA 基因　GluA gene

编码甜菜谷氨酰胺合成酶的基因。

3.2

H7－1 转化体特异性序列　event-specific sequence of H7－1

H7－1 外源插入片段 5′端与甜菜基因组的连接区序列，包括 FMV 35S 启动子 5′端部分序列和甜菜基因组的部分序列。

4 原理

根据耐除草剂甜菜 H7－1 转化体特异性序列设计特异性引物，对试样 DNA 进行 PCR 扩增。依据是否扩增获得预期 254 bp 的特异性 DNA 片段，判断样品中是否含有 H7－1 转化体成分。

5 试剂和材料

除非另有说明，仅使用分析纯试剂和重蒸馏水或符合 GB/T 6682 规定的一级水。

5.1　琼脂糖。

5.2　10 g/L 溴化乙锭溶液：称取 1.0 g 溴化乙锭（EB），溶解于 100 mL 水中，避光保存。

注：溴化乙锭有致癌作用，配制和使用时宜戴一次性手套操作并妥善处理废液。

5.3　10 mol/L 氢氧化钠溶液：在 160 mL 水中加入 80.0 g 氢氧化钠（NaOH），溶解后再加水定容至 200 mL。

5.4　500 mmol/L 乙二铵四乙酸二钠溶液（pH 8.0）：称取 18.6 g 乙二铵四乙酸二钠（EDTA－Na₂），加

入 70 mL 水中,加入适量氢氧化钠溶液(5.3),加热溶解后,冷却至室温,再用氢氧化钠溶液(5.3)调 pH 至 8.0,加水定容至 100 mL。在 103.4 kPa(121℃)条件下灭菌 20 min。

5.5 1 mol/L 三羟甲基氨基甲烷—盐酸溶液(pH 8.0):称取 121.1 g 三羟甲基氨基甲烷(Tris)溶解于 800 mL 水中,用盐酸(HCl)调 pH 至 8.0,加水定容至 1 000 mL。在 103.4 kPa(121℃)条件下灭菌 20 min。

5.6 TE 缓冲液(pH 8.0):分别量取 10 mL 三羟甲基氨基甲烷—盐酸溶液(5.5)和 2 mL 乙二铵四乙酸二钠溶液(5.4)溶液,加水定容至 1 000 mL。在 103.4 kPa(121℃)条件下灭菌 20 min。

5.7 50×TAE 缓冲液:称取 242.2 g 三羟甲基氨基甲烷,加入 500 mL 水加热搅拌溶解后,加入 100 mL 乙二铵四乙酸二钠溶液(5.4),用冰乙酸调 pH 至 8.0,然后加水定容至 1 000 mL。使用时用水稀释成 1×TAE。

5.8 加样缓冲液:称取 250.0 mg 溴酚蓝,加入 10 mL 水,在室温下溶解 12 h;称取 250.0 mg 二甲基苯腈蓝,加 10 mL 水溶解;称取 50.0 g 蔗糖,加 30 mL 水溶解。混合以上三种溶液,加水定容至 100 mL,在 4℃下保存。

5.9 DNA 分子量标准:可以清楚地区分 100 bp～1 000 bp 的 DNA 片段。

5.10 dNTPs 混合溶液:将浓度为 10 mmol/L 的 dATP、dTTP、dGTP、dCTP 四种脱氧核糖核苷酸溶液等体积混合。

5.11 Taq DNA 聚合酶及 PCR 反应缓冲液。

5.12 引物。

5.12.1 *GluA* 基因

GS-F:5′-GACCTCCATATTACTGAAAGGAAG-3′
GS-R:5′-GAGTAATTGCTCCATCCTGTTCA-3′
预期扩增片段大小为 118 bp。

5.12.2 *H7-1 转化体特异性序列*

H7-1-F:5′-AGGTGATGGTGGCTGTTATG-3′
H7-1-R:5′-ATGGGAGTTCCTTCTTGGTT-3′
预期扩增片段大小为 254 bp。

5.13 引物溶液:用 TE 缓冲液(5.6)或水分别将上述引物稀释到 10 μmol/L。

5.14 石蜡油。

5.15 PCR 产物回收试剂盒。

5.16 DNA 提取试剂盒。

6 仪器

6.1 分析天平:感量 0.1 g 和 0.1 mg。

6.2 PCR 扩增仪:升降温速度＞1.5℃/s,孔间温度差异＜1.0℃。

6.3 电泳槽、电泳仪等电泳装置。

6.4 紫外透射仪。

6.5 凝胶成像系统或照相系统。

6.6 重蒸馏水发生器或超纯水仪。

6.7 其他相关仪器和设备。

7 操作步骤

7.1 抽样

按 NY/T 672 和 NY/T 673 的规定执行。

7.2 制样

按 NY/T 672 和 NY/T 673 的规定执行。

7.3 试样预处理

按 NY/T 674 的规定执行。

7.4 DNA 模板制备

按 NY/T 674 的规定执行,或使用经验证适用于甜菜 DNA 提取与纯化的 DNA 提取试剂盒。

7.5 PCR 反应

7.5.1 试样 PCR 反应

7.5.1.1 每个试样 PCR 反应设置 3 次重复。

7.5.1.2 在 PCR 反应管中按表 1 依次加入反应试剂,混匀,再加 25 μL 石蜡油(有热盖设备的 PCR 仪可不加)。

表 1 PCR 检测反应体系

试　剂	终　浓　度	体　积
水		—
10×PCR 缓冲液	1×	2.5 μL
25 mmol/L 氯化镁溶液	1.5 mmol/L	1.5 μL
dNTPs 混合溶液(各 2.5 mmol/L)	各 0.2 mmol/L	2 μL
10 μmol/L 上游引物	0.2 μmol/L	0.5 μL
10 μmol/L 下游引物	0.2 μmol/L	0.5 μL
Taq 酶	0.025 U/μL	—
25 mg/L DNA 模板	2 mg/L	2.0 μL
总体积		25.0 μL
注1:根据 Taq 酶的浓度确定其体积,并相应调整水的体积,使反应体系总体积达到 25.0 μL。如果 PCR 缓冲液中含有氯化镁,则不加氯化镁溶液,加等体积水。		
注2:甜菜内标准基因 PCR 检测反应体系中,上、下游引物分别为 GS-F 和 GS-R;H7-1 转化体 PCR 检测反应体系中,上、下游引物分别为 H7-1-F 和 H7-1-R。		

7.5.1.3 将 PCR 管放在离心机上,500 g～3 000 g 离心 10 s,然后取出 PCR 管,放入 PCR 仪中。

7.5.1.4 进行 PCR 反应。反应程序为:94℃变性 5 min;94℃变性 30 s,56℃退火 30 s,72℃延伸 30 s,共进行 35 次循环;72℃延伸 7 min。

7.5.1.5 反应结束后取出 PCR 管,对 PCR 反应产物进行电泳检测。

7.5.2 对照 PCR 反应

在试样 PCR 反应的同时,应设置阴性对照、阳性对照和空白对照。

以非转基因甜菜材料提取的 DNA 作为阴性对照;以转基因甜菜 H7-1 质量分数为 0.1%～1.0% 的甜菜基因组 DNA 作为阳性对照;以水作为空白对照。

各对照 PCR 反应体系中,除模板外,其余组分及 PCR 反应条件与 7.5.1 相同。

7.6 PCR 产物电泳检测

按 20 g/L 的质量浓度称量琼脂糖,加入 1×TAE 缓冲液中,加热溶解,配制成琼脂糖溶液。每 100 mL 琼脂糖溶液中加入 5 μL EB 溶液,混匀,稍适冷却后,将其倒入电泳板上,插上梳板,室温下凝固成凝胶后,放入 1×TAE 缓冲液中,垂直向上轻轻拔去梳板。取 12 μL PCR 产物与 3 μL 加样缓冲液混合后加入凝胶点样孔,同时在其中一个点样孔中加入 DNA 分子量标准,接通电源在 2 V/cm～5 V/cm 条件下电泳检测。

7.7 凝胶成像分析

电泳结束后,取出琼脂糖凝胶,置于凝胶成像仪上或紫外透射仪上成像。根据 DNA 分子量标准估计扩增条带的大小,将电泳结果形成电子文件存档或用照相系统拍照。如需通过序列分析确认 PCR 扩增片段是否为目的 DNA 片段,按照 7.8 和 7.9 的规定执行。

7.8 PCR 产物回收

按 PCR 产物回收试剂盒说明书,回收 PCR 扩增的 DNA 片段。

7.9 PCR 产物测序验证

将回收的 PCR 产物克隆测序,与耐除草剂甜菜 H7－1 转化体特异性序列(参见附录 A)进行比对,确定 PCR 扩增的 DNA 片段是否为目的 DNA 片段。

8 结果分析与表述

8.1 对照检测结果分析

阳性对照的 PCR 反应中,*GluA* 内标准基因和 H7－1 转化体特异性序列均得到扩增,且扩增片段大小与预期片段大小一致,而阴性对照中仅扩增出 *GluA* 基因片段,空白对照没有任何扩增片段,表明 PCR 反应体系正常工作,否则重新检测。

8.2 样品检测结果分析和表述

8.2.1 *GluA* 内标准基因和 H7－1 转化体特异性序列均得到扩增,且扩增片段大小与预期片段大小一致,表明样品中检测出转基因耐除草剂甜菜 H7－1 转化体成分,表述为"样品中检测出转基因耐除草剂甜菜 H7－1 转化体成分,检测结果为阳性"。

8.2.2 *GluA* 内标准基因片段得到扩增,且扩增片段大小与预期片段大小一致,而 H7－1 转化体特异性序列未得到扩增,或扩增片段大小与预期片段大小不一致,表明样品中未检测出耐除草剂甜菜 H7－1 转化体成分,表述为"样品中未检测出耐除草剂甜菜 H7－1 转化体成分,检测结果为阴性"。

8.2.3 *GluA* 内标准基因片段未得到扩增,或扩增片段大小与预期片段大小不一致,表明样品中未检测出甜菜成分,表述为"样品中未检测出甜菜成分,检测结果为阴性"。

附　录　A

（资料性附录）

耐除草剂甜菜 H7－1 转化体特异性序列

　　1 <u>AGGTGATGGT GGCTGTTATG</u> AGCATTTTGT GTTTGATGTT TCTTTCTTCT
 51 CATTACGGTT TTATTGGGAT CTGGGTGGCT CTAACTATTT ACATGAGCCT
101 CCGCGCGTTT GCTGAAGGCG GGAAACGACA ATCTGATCCC CATCAAGCTT
151 GAGCTCAGGA TTTAGCAGCA TTCCAGATTG GGTTCAATCA ACAAGGTACG
201 AGCCATATCA CTTTGTTCAA ATTGGTATCG CCAA<u>AACCAA GAAGGAACTC
251 CCAT</u>

注：划线部分为引物序列。

第十二部分　小　麦

ICS 65.020
B 04

中华人民共和国国家标准

农业部 2031 号公告－10－2013

转基因植物及其产品成分检测
普通小麦内标准基因定性 PCR 方法

Detection of genetically modified plants and derived products—
Target-taxon-specific qualitative PCR method for *Triticum aestivum* L.

2013-12-04 发布

2013-12-04 实施

中华人民共和国农业部 发布

前　言

本标准按照 GB/T 1.1—2009 给出的规则起草。

请注意本文件的某些内容可能涉及专利。本文件的发布机构不承担识别这些专利的责任。

本标准由中华人民共和国农业部提出。

本标准由全国农业转基因生物安全管理标准化技术委员会(SAC/TC 276)归口。

本标准起草单位:农业部科技发展中心、上海交通大学。

本标准主要起草人:杨立桃、刘信、张大兵、郭金超、沈平。

转基因植物及其产品成分检测
普通小麦内标准基因定性 PCR 方法

1 范围

本标准规定了普通小麦内标准基因 *Waxy-D1* 的定性 PCR 检测方法。

本标准适用于转基因植物及其制品中普通小麦成分的定性 PCR 检测。

2 规范性引用文件

下列文件对于本文件的应用是必不可少的。凡是注日期的引用文件,仅注日期的版本适用于本文件。凡是不注日期的引用文件,其最新版本(包括所有的修改单)适用于本文件。

GB/T 6682 分析实验室用水规格和试验方法

NY/T 672 转基因植物及其产品检测 通用要求

农业部 2031 号公告—19—2013 转基因植物及其产品检测 抽样

农业部 1485 号公告—4—2010 转基因植物及其产品成分检测 DNA 提取和纯化

3 术语和定义

下列术语和定义适用于本文件。

3.1

Waxy-D1 基因 _Waxy-D1_ gene

编码小麦颗粒结合淀粉合成酶的 *D1* 亚基。

4 原理

根据 *Waxy-D1* 基因序列设计特异性引物,对试样进行 PCR 扩增。依据是否扩增获得预期的 DNA 片段或典型的荧光扩增曲线,判断样品中是否含有普通小麦成分。

5 试剂和材料

除非另有说明,仅使用分析纯试剂和符合 GB/T 6682 规定的一级水。

5.1 琼脂糖。

5.2 10 g/L 溴化乙锭溶液:称取 1.0 g 溴化乙锭(EB),溶解于 100 mL 水中,避光保存。

警告——溴化乙锭有致癌作用,配制和使用时应戴一次性手套操作并妥善处理废液。

5.3 10 mol/L 氢氧化钠溶液:在 160 mL 水中加入 80.0 g 氢氧化钠(NaOH),溶解后,冷却至室温,再加水定容到 200 mL。

5.4 500 mmol/L 乙二铵四乙酸二钠溶液(pH 8.0):称取 18.6 g 乙二铵四乙酸二钠(EDTA-Na$_2$),加入 70 mL 水中,再加入适量氢氧化钠溶液(5.3),加热至完全溶解后,冷却至室温,用氢氧化钠溶液(5.3)调 pH 至 8.0,加水定容至 100 mL。在 103.4 kPa(121℃)条件下灭菌20 min。

5.5 1 mol/L 三羟甲基氨基甲烷—盐酸溶液(pH 8.0):称取 121.1 g 三羟甲基氨基甲烷(Tris)溶解于 800 mL 水中,用盐酸(HCl)调 pH 至 8.0,加水定容至 1 000 mL。在 103.4 kPa(121℃)条件下灭菌 20 min。

5.6　TE 缓冲液(pH 8.0):分别量取 10 mL 三羟甲基氨基甲烷—盐酸溶液(5.5)和 2 mL 乙二铵四乙酸二钠溶液(5.4),加水定容至 1 000 mL。在 103.4 kPa(121℃)条件下灭菌 20 min。

5.7　50×TAE 缓冲液:称取 242.2 g 三羟甲基氨基甲烷(Tris),先用 500 mL 水加热搅拌溶解后,加入 100 mL 乙二铵四乙酸二钠溶液(5.4),用冰乙酸调 pH 至 8.0,然后加水定容到 1 000 mL。使用时,用水稀释成 1×TAE。

5.8　加样缓冲液:称取 250.0 mg 溴酚蓝,加入 10 mL 水,在室温下溶解 12 h;称取 250.0 mg 二甲基苯腈蓝,加 10 mL 水溶解;称取 50.0 g 蔗糖,加 30 mL 水溶解。混合以上三种溶液,加水定容至 100 mL,在 4℃下保存。

5.9　DNA 分子量标准:可以清楚地区分 100 bp～1 000 bp 的 DNA 片段。

5.10　dNTPs 混合溶液:将浓度为 10 mmol/L 的 dATP、dTTP、dGTP、dCTP 四种脱氧核糖核苷酸溶液等体积混合。

5.11　Taq DNA 聚合酶、PCR 反应缓冲液及 25 mmol/L 氯化镁溶液。

5.12　普通 PCR 引物:

　　Waxy-D1-1F:5'-GTC GCG GGA ACA GAG GTG T-3';

　　Waxy-D1-2R:5'-GGT GTT CCT CCA TTG CGA AA-3';

　　预期扩增片段大小为 101 bp(参见附录 A)。

5.13　实时荧光 PCR 引物和探针:

　　Waxy-D1-1F:5'-GTC GCG GGA ACA GAG GTG T-3';

　　Waxy-D1-2R:5'-GGT GTT CCT CCA TTG CGA AA-3';

　　Waxy-D1-P:5'-FAM-CAA GGC GGC CGA AT AAG TTG CC-BHQ1-3';

　　预期扩增片段大小为 101 bp(参见附录 A)。

5.14　引物溶液:用 TE 缓冲液(pH 8.0)或水分别将引物稀释到 10 μmol/L。

5.15　石蜡油。

5.16　DNA 提取试剂盒。

5.17　定性 PCR 反应试剂盒。

5.18　实时荧光 PCR 反应试剂盒。

5.19　PCR 产物回收试剂盒。

6　仪器和设备

6.1　分析天平:感量 0.1 g 和 0.1 mg。

6.2　PCR 扩增仪:升降温速度＞1.5℃/s,孔间温度差异＜1.0℃。

6.3　荧光定量 PCR 仪。

6.4　电泳槽、电泳仪等电泳装置。

6.5　紫外透射仪。

6.6　凝胶成像系统或照相系统。

6.7　纯水仪。

6.8　其他相关仪器设备。

7　分析步骤

7.1　抽样

　　按 NY/T 672 和农业部 2031 号公告—19—2013 的规定执行。

7.2 试样制备

按 NY/T 672 和农业部 2031 号公告—19—2013 的规定执行。

7.3 试样预处理

按农业部 1485 号公告—4—2010 的规定执行。

7.4 DNA 模板制备

按农业部 1485 号公告—4—2010 的规定执行。

7.5 PCR 方法

7.5.1 普通 PCR 方法

7.5.1.1 PCR 反应

7.5.1.1.1 试样 PCR 反应

7.5.1.1.1.1 每个试样 PCR 反应设置 3 次平行。

7.5.1.1.1.2 在 PCR 反应管中按表 1 依次加入反应试剂，混匀，再加 25 μL 石蜡油（有热盖功能的 PCR 仪可不加）。也可采用经验证的、等效的定性 PCR 反应试剂盒配制反应体系。

表 1　PCR 检测反应体系

试　剂	终浓度	体积
水		—
10×PCR 缓冲液	1×	2.5 μL
25 mmol/L 氯化镁溶液	1.5 mmol/L	1.5 μL
dNTPs 混合溶液（各 2.5 mmol/L）	各 0.2 mmol/L	2.0 μL
10 μmol/L Waxy-D1-1F	0.4 μmol/L	1.0 μL
10 μmol/L Waxy-D1-2R	0.4 μmol/L	1.0 μL
Taq DNA 聚合酶	0.025 U/μL	—
25 mg/L DNA 模板	2 mg/L	2.0 μL
总体积		25.0 μL
"—"表示体积不确定。如果 PCR 缓冲液中含有氯化镁，则不加氯化镁溶液，根据 Taq DNA 聚合酶的浓度确定其体积，并相应调整水的体积，使反应体系总体积达到 25.0 μL。		

7.5.1.1.1.3 将 PCR 管放在离心机上，500 g～3 000 g 离心 10 s；然后，取出 PCR 管，放入 PCR 仪中。

7.5.1.1.1.4 进行 PCR 反应。反应程序为：94℃变性 5 min；94℃变性 30 s，60℃退火 30 s，72℃延伸 30 s，共进行 35 次循环；72℃延伸 5 min。

7.5.1.1.1.5 反应结束后取出 PCR 管，对 PCR 反应产物进行电泳检测。

7.5.1.1.2 对照 PCR 反应

在试样 PCR 反应的同时，应设置阳性对照、阴性对照和空白对照。

以普通小麦基因组 DNA 质量分数为 0.1%～1.0% 的植物 DNA 作为阳性对照；以不含普通小麦基因组 DNA 的 DNA 样品（如鲑鱼精 DNA）作为阴性对照；以水作为空白对照。

各对照 PCR 反应体系中，除模板外，其余组分及 PCR 反应条件与 7.5.1.1.1 相同。

7.5.1.2 PCR 产物电泳检测

按 20 g/L 的质量浓度称量琼脂糖，加入 1×TAE 缓冲液中，加热溶解，配制成琼脂糖溶液。每 100 mL 琼脂糖溶液中加入 5 μL EB 溶液，混匀。稍适冷却后，将其倒入电泳板上，插上梳板。室温下凝固成凝胶后，放入 1×TAE 缓冲液中，垂直向上轻轻拔去梳板。取 12 μL PCR 产物与 3 μL 加样缓冲液混合后加入凝胶点样孔，同时在其中一个点样孔中加入 DNA 分子量标准，接通电源在 2 V/cm～5 V/cm 条件下电泳检测。

7.5.1.3 凝胶成像分析

电泳结束后,取出琼脂糖凝胶,置于凝胶成像仪上或紫外透射仪上成像。根据 DNA 分子量标准估计扩增条带的大小,将电泳结果形成电子文件存档或用照相系统拍照。如需通过序列分析确认 PCR 扩增片段是否为目的 DNA 片段,按照 7.5.1.4 和 7.5.1.5 的规定执行。

7.5.1.4 PCR 产物回收

按 PCR 产物回收试剂盒说明书,回收 PCR 扩增的 DNA 片段。

7.5.1.5 PCR 产物测序验证

将回收的 PCR 产物克隆测序,与普通小麦内标准基因 $Waxy$-$D1$ 的核苷酸序列(参见附录 A)进行比对,确定 PCR 扩增的 DNA 片段是否为目的 DNA 片段。

7.5.2 实时荧光 PCR 方法

7.5.2.1 试样 PCR 反应

7.5.2.1.1 每个试样 PCR 反应设置 3 次平行。

7.5.2.1.2 在 PCR 反应管中按表 2 依次加入反应试剂,混匀。也可采用经验证的、等效的实时荧光 PCR 反应试剂盒配制反应体系。

7.5.2.1.3 将 PCR 管放在离心机上,500 g～3 000 g 离心 10 s;然后,取出 PCR 管,放入 PCR 仪中。

7.5.2.1.4 运行实时荧光 PCR 反应。反应程序为:95℃、5 min;95℃、15 s,60℃、60 s,循环数 40;在第二阶段的退火延伸(60℃)时段收集荧光信号。

注:可根据仪器要求将反应参数做适当调整。

7.5.2.2 对照 PCR 反应

在试样 PCR 反应的同时,应设置阳性对照、阴性对照和空白对照。

以普通小麦基因组 DNA 质量分数为 0.1%～1.0% 的植物 DNA 作为阳性对照;以不含普通小麦基因组 DNA 的 DNA 样品(如鲑鱼精 DNA)作为阴性对照;以水作为空白对照。

各对照 PCR 反应体系中,除模板外,其余组分及 PCR 反应条件与 7.5.2.1 相同。

表 2 实时荧光 PCR 反应体系

试　　剂	终浓度	体积
水	—	—
10×PCR 缓冲液	1×	2.5 μL
25 mmol/L 氯化镁溶液	6 mmol/L	6.0 μL
dNTPs 混合溶液(各 10 mmol/L)	0.2 mmol/L	0.5 μL
10 μmol/L Waxy-D1-1F	1.0 μmol/L	2.5 μL
10 μmol/L Waxy-D1-2R	1.0 μmol/L	2.5 μL
10 μmol/L Waxy-D1-2R	0.4 μmol/L	1.0 μL
Taq DNA 聚合酶	0.04 U/μL	—
25 mg/L DNA 模板	2 mg/L	2.0 μL
总体积		25.0 μL
"—"表示体积不确定。如果 PCR 缓冲液中含有氯化镁,则不加氯化镁溶液,根据 Taq DNA 聚合酶的浓度确定其体积,并相应调整水的体积,使反应体系总体积达到 25.0 μL。		

8 结果分析与表述

8.1 普通 PCR 方法

8.1.1 对照检测结果分析

阳性对照的 PCR 反应中,$Waxy$-$D1$ 基因特异性序列得到扩增,且扩增片段大小与预期片段大小一致;而阴性对照和空白对照中没有预期扩增片段,表明 PCR 反应体系正常工作。否则,重新检测。

8.1.2 样品检测结果分析和表述

8.1.2.1 *Waxy-D1* 基因特异性序列获得扩增,且扩增片段与预期片段大小一致,表明样品中检测出普通小麦成分,表述为"样品中检测出普通小麦成分"。

8.1.2.2 *Waxy-D1* 基因特异性序列未得到扩增,或扩增片段大小与预期片段大小不一致,表明样品中未检测出普通小麦成分,表述为"样品中未检测出普通小麦成分"。

8.2 实时荧光 PCR 方法

8.2.1 阈值设定

实时荧光 PCR 反应结束后,以 PCR 刚好进入指数期扩增来设置荧光信号阈值,并根据仪器噪声情况进行调整。

8.2.2 对照检测结果分析

阴性对照和空白对照无典型扩增曲线,荧光信号低于设定的阈值;而阳性对照出现典型扩增曲线,且 Ct 值小于或等于 37,表明反应体系工作正常。否则,重新检测。

8.2.3 样品检测结果分析和表述

8.2.3.1 *Waxy-D1* 基因出现典型扩增曲线,且 Ct 值小于或等于 37,表明样品中检测出普通小麦成分,表述为"样品中检测出普通小麦成分"。

8.2.3.2 *Waxy-D1* 基因无典型扩增曲线,荧光信号低于设定的阈值,表明样品中未检测出普通小麦成分,表述为"样品中未检测出普通小麦成分"。

8.2.3.3 *Waxy-D1* 基因出现典型扩增曲线,但 Ct 值在 $37\sim40$ 之间,应进行重复实验。如重复实验结果符合 8.2.3.1～8.2.3.2 的情形,依照 8.2.3.1～8.2.3.2 进行判断。如重复实验内标准基因出现典型扩增曲线,但 Ct 值仍在 $37\sim40$ 之间,表明样品中检测出普通小麦成分,表述为"样品中检测出普通小麦成分"。

9 检出限

9.1 本标准中的普通 PCR 方法的检出限为 $5\,g/kg$。

9.2 本标准中的实时荧光 PCR 方法的检出限为 $1\,g/kg$。

附 录 A

（资料性附录）

小麦内标准基因特异性序列

A.1 *Waxy - D1* 基因普通 PCR 扩增产物核苷酸序列

```
  1  GTCGCAGGAA CAGAGGTGTT CAAGGCGGCC GAAATAGGTT GCCGCCTGCG
 51  GCGGAATCGC CACCCACCGT GAAGTTCACC GTTTCGCAAT GGAGGAACAC
101  C
```

注：划线部分为普通 PCR 引物序列。

A.2 *Waxy - D1* 基因实时荧光 PCR 扩增产物核苷酸序列

```
  1  GTCGCAGGAA CAGAGGTGTT CAAGGCGGCC GAAATAGGTT GCCGCCTGCG
 51  GCGGAATCGC CACCCACCGT GAAGTTCACC GTTTCGCAAT GGAGGAACAC
101  C
```

注：划线部分为实时荧光 PCR 引物序列；框内为探针序列。

第十三部分　猪

ICS 65.020.01
B 04

中华人民共和国国家标准

农业部 2122 号公告—1—2014

转基因动物及其产品成分检测
猪内标准基因定性 PCR 方法

Detection of genetically modified animals and derived products—
Target-taxon-specific qualitative PCR method for *Sus scrofa*

2014-07-07 发布

2014-08-01 实施

中华人民共和国农业部 发布

前　言

本标准按照 GB/T 1.1—2009 给出的规则起草。

请注意本文件的某些内容可能涉及专利。本文件的发布机构不承担识别这些专利的责任。

本标准由中华人民共和国农业部提出。

本标准由全国农业转基因生物安全管理标准化技术委员会(SAC/TC 276)归口。

本标准起草单位:农业部科技发展中心、中国农业科学院北京畜牧兽医研究所。

本标准主要起草人:敖红、宋贵文、李奎、沈平、崔文涛、赵为民、赵拴平。

转基因动物及其产品成分检测
猪内标准基因定性 PCR 方法

1 范围

本标准规定了猪（*Sus scrofa*）内标准基因 *Linc_CAB* 的定性 PCR 检测方法。

本标准适用于转基因动物及其产品中猪成分的定性 PCR 检测。

2 规范性引用文件

下列文件对于本文件的应用是必不可少的。凡是注日期的引用文件，仅注日期的版本适用于本文件。凡是不注日期的引用文件，其最新版本（包括所得的修改单）适用于本文件。

GB/T 6682　分析实验室用水规格和试验方法

3 术语和定义

下列术语和定义适用于本文件。

3.1

猪　*Sus scrofa*

哺乳纲（Mammalia）、偶蹄目（Artiodactyla）、猪科（Suidee）、猪属（*Sus*）、猪种（*Sus scrofa*）。

3.2

Linc_CAB

钙结合蛋白基因旁序列（calcium binding protein 39 linking-sequence）。

4 原理

根据猪 *Linc_CAB* 基因序列设计特异性引物，对试样进行 PCR 扩增。依据是否扩增获得预期的 DNA 片段，判断试样中是否含有猪成分。

5 试剂和材料

除非另有说明，仅使用分析纯试剂和重蒸馏水或符合 GB/T 6682 规定的一级水。

5.1　琼脂糖。

5.2　10 g/L 溴化乙锭溶液：称取 1.0 g 溴化乙锭（EB），溶于 100 mL 水中，避光保存。

警告——溴化乙锭有致癌作用，配制和使用时应戴一次性手套操作并妥善处理废液。

5.3　10 mol/L 氢氧化钠溶液：在 160 mL 水中加入 80.0 g 氢氧化钠（NaOH），溶解后再加水定容至 200 mL。

5.4　500 mmol/L 乙二铵四乙酸二钠溶液（pH 8.0）：称取 18.6 g 乙二铵四乙酸二钠（EDTA - Na$_2$），加入 70 mL 水中，再加入适量氢氧化钠溶液（5.3），至完全溶解后，用氢氧化钠溶液（5.3）调 pH 至 8.0，加水定容至 100 mL。在 103.4 kPa（121℃）条件下灭菌 20 min。

5.5　1 mol/L 三羟甲基氨基甲烷—盐酸溶液（pH 8.0）：称取 121.1 g 三羟甲基氨基甲烷（Tris）溶解于 800 mL 水中，用盐酸（HCl）调 pH 至 8.0，加水定容至 1 000 mL。在 103.4 kPa（121℃）条件下灭菌 20 min。

5.6　5 mol/L 氯化钠溶液:称取 29.22 g 氯化钠(NaCl)溶于 80 mL 水中,加水定容至 100 mL。在 103.4 kPa 蒸汽压(121℃)条件下灭菌 20 min。

5.7　10% 十二烷基磺酸钠溶液:称取 10 g 十二烷基磺酸钠($C_{12}H_{25}O_4SNa$,SDS),加入 80 mL 水中,加热至完全溶解后,冷却至室温,加水定容至 100 mL。在 103.4 kPa 蒸汽压(121℃)条件下灭菌 20 min。

5.8　DNA 提取细胞裂解液:量取 200 mL 乙二铵四乙酸二钠溶液(5.4),200 mL 三羟甲基氨基甲烷—盐酸溶液(5.5),40 mL 氯化钠溶液(5.6),200 mL 十二烷基磺酸钠溶液(5.7),混合后用水定容至 1 000 mL,室温保存,备用。

5.9　20 mg/mL 蛋白酶 K 溶液:将 200 mg 蛋白酶 K(Proteinase K)溶于 9.5 mL 水中,轻摇至完全溶解后,加水定容至 10 mL。于−20℃保存备用。

5.10　Tris-饱和酚。

5.11　氯仿/异戊醇(24:1):将氯仿和异戊醇按照 24:1 的比例配制。

5.12　TE 缓冲液(pH 8.0):分别量取 10 mL 三羟甲基氨基甲烷—盐酸溶液(5.5)和 2 mL 乙二铵四乙酸二钠溶液(5.4),加水定容至 1 000 mL。在 103.4 kPa(121℃)条件下灭菌 20 min。

5.13　50×TAE 缓冲液:称取 242.2 g 三羟甲基氨基甲烷(Tris),先用 500 mL 水加热搅拌溶解后,加入 100 mL 乙二铵四乙酸二钠溶液(5.4),用冰乙酸调 pH 至 8.0,然后加水定容到 1 000 mL。使用时,用水稀释成 1×TAE。

5.14　加样缓冲液:称取 250.0 mg 溴酚蓝,加入 10 mL 水,在室温下溶解 12 h;称取 250.0 mg 二甲基苯腈蓝,加 10 mL 水溶解;称取 50.0 g 蔗糖,加 30 mL 水溶解。混合以上三种溶液,加水定容至 100 mL,在 4℃下保存。

5.15　DNA 分子量标准:可以清楚地区分 100 bp~1 000 bp 的 DNA 片段。

5.16　dNTPs 混合溶液:将浓度为 10 mmol/L 的 dATP、dTTP、dGTP、dCTP 四种脱氧核糖核苷酸等体积混合。

5.17　Taq DNA 聚合酶、PCR 反应缓冲液及 25 mmol/L 氯化镁溶液。

5.18　猪 *Linc_CAB* 基因引物:
　　Linc_CAB-F:5′-GCCCATCATAAAAGGTGATG-3′
　　Linc_CAB-R:5′-CAAGGCCAGGACATACAAAG-3′
　　预期扩增片段大小为 200bp(参见附录 A)。

5.19　引物溶液:用 TE 缓冲液(5.12)分别将上述引物稀释到 10 μmol/L。

5.20　石蜡油。

5.21　基因组 DNA 提取试剂盒。

5.22　定性 PCR 反应试剂盒。

5.23　PCR 产物回收试剂盒。

6　主要仪器和设备

6.1　分析天平:感量 0.1 g 和 0.1 mg。

6.2　PCR 扩增仪:升降温速度>1.5℃/s,孔间温度差异<1.0℃。

6.3　电泳槽、电泳仪等电泳装置。

6.4　紫外透射仪。

6.5　凝胶成像系统或照相系统。

6.6　重蒸馏水发生器或纯水仪。

7 分析步骤

7.1 抽样

静脉采血 5 mL,采集组织样(肌肉、皮肤等)或动物加工产品,称取 1 g,保存备用。

7.2 试样预处理

7.2.1 血液样品

取 300 μL 血样于 1.5 mL 离心管中,加入等体积 DNA 提取细胞裂解液(5.8),20 μL 蛋白酶 K 溶液(5.9),混匀,55℃水浴消化过夜。

7.2.2 组织样品和动物加工产品

取适量样品在液氮中充分碾磨成粉末,称取 0.05 g 转移至 1.5 mL 离心管中,加入 10 倍体积 DNA 提取细胞裂解液,20 μL 蛋白酶 K 溶液,混匀,55℃水浴消化过夜。

7.3 DNA 模板制备

7.3.1 将消化后的血样裂解液或组织裂解液加入等体积的 Tris -饱和酚(5.10),缓慢颠倒混匀 10 min,4℃,12 000 g 离心 10 min,将上清液移至新的 1.5 mL 离心管中。

7.3.2 加入 0.5 倍体积的 Tris -饱和酚和 0.5 倍体积的氯仿/异戊醇(24：1),缓慢颠倒混匀 10 min,4℃,12 000 g 离心 10 min,将上清液移至新的 1.5 mL 离心管中。

7.3.3 加入等体积的氯仿/异戊醇(24：1),缓慢颠倒混匀 10 min,4℃,12 000 g 离心 10 min。

7.3.4 将上清液吸至 1.5 mL 离心管,加入 2 倍体积的低温无水乙醇,轻轻颠倒离心管至完全混匀,可见白色絮状沉淀析出。

7.3.5 4℃下 12 000 g 离心 5 min,加入 500 μL 70％乙醇洗涤沉淀,弃去乙醇洗涤液。

7.3.6 室温下放置使残余乙醇完全挥发,加入 50 μL TE 缓冲液(5.12)溶解 DNA 沉淀。

7.3.7 将 DNA 适当稀释或浓缩,使其 OD_{260} 值在 0.1～0.8 的区间内,测定并记录其在 260 nm 和 280 nm 的吸光度。以一个 OD_{260} 值相当于 50 ng/μL DNA 浓度来计算纯化 DNA 的浓度,并进行 DNA 凝胶电泳检测 DNA 完整性。DNA 溶液 OD_{260}/OD_{280} 值应在 1.7～2.0,或质量能符合检测要求。

7.3.8 依据测得的浓度将 DNA 溶液用 TE 缓冲液稀释到 25 ng/μL,−20℃保存。

注:以上为 SDS 法提取基因组 DNA 的操作步骤,亦可使用经验证的适合转基因动物及其产品检测 DNA 提取和纯化的其他方法,如试剂盒方法等完成 DNA 模板的制备步骤。

7.4 PCR 反应

7.4.1 试样 PCR 反应

7.4.1.1 每个试样 PCR 反应设置 3 次平行。

7.4.1.2 在 PCR 反应管中按表 1 依次加入反应试剂,混匀,再加 25 μL 石蜡油(有热盖设备的 PCR 仪可以不加)。也可采用经验证的、等效的定性 PCR 反应试剂盒配制反应体系。

7.4.1.3 将 PCR 管放在离心机上,500 g～3 000 g 离心 10 s 后取出 PCR 管,放入 PCR 仪中。

7.4.1.4 进行 PCR 反应。反应程序为:94℃变性 5 min;94℃变性 30 s,60℃退火 30 s,72℃延伸 30 s,共进行 35 次循环;72℃延伸 5 min。

7.4.1.5 反应结束后取出 PCR 反应管,对 PCR 反应产物进行电泳检测。

表 1 PCR 检测反应体系

试剂	终浓度	体积
水		—
10×PCR 缓冲液	1×	2.5 μL
25 mmol/L 氯化镁溶液	1.5 mmol/L	1.5 μL

表 1 （续）

试剂	终浓度	体积
dNTPs 混合溶液（各 2.5 mmol/L）	各 0.2 mmol/L	2.0 μL
10 μmol/L Linc_CAB-F	0.2 μmol/L	0.5 μL
10 μmol/L Linc_CAB-R	0.2 μmol/L	0.5 μL
Taq DNA 聚合酶	0.025 U/μL	—
25 mg/L DNA 模板	2 mg/L	2.0 μL
总体积		25.0 μL

"—"表示体积不确定。如果 PCR 缓冲液中含有氯化镁，则不加氯化镁溶液。根据 Taq 酶的浓度确定其体积，并相应调整水的体积，使反应体系总体积达到 25.0 μL。

7.4.2 对照 PCR 反应

在试样 PCR 反应的同时，应设置阴性对照、阳性对照和空白对照。

以不含猪源性材料提取的 DNA 样品（如小鼠、鸭 DNA）作为阴性对照；以含有猪源性材料提取的质量分数为 0.1%～1.0% 的动物 DNA 作为阳性对照；以水作为空白对照。

各对照 PCR 反应体系中，除模板外其余组分及 PCR 反应条件与 7.4.1 相同。

7.5 PCR 产物电泳检测

按 20 g/L 的质量浓度称量琼脂糖，加入 1×TAE 缓冲液中，加热溶解，配制成琼脂糖溶液。每 100 mL 琼脂糖溶液中加入 5 μL EB 溶液，混匀，稍适冷却后，将其倒入电泳板上，插上梳板，室温下凝固成凝胶后，放入 1×TAE 缓冲液中，垂直向上轻轻拔去梳板。取 12 μL PCR 产物与 3 μL 加样缓冲液混合后加入凝胶点样孔，同时在其中一个点样孔中加入 DNA 分子量标准，接通电源在 2 V/cm～5 V/cm 条件下电泳检测。

7.6 凝胶成像分析

电泳结束后，取出琼脂糖凝胶，置于凝胶成像仪上或紫外透射仪上成像。根据 DNA 分子量标准估计扩增条带的大小，将电泳结果形成电子文件存档或用照相系统拍照。如需通过序列分析确认 PCR 扩增片段是否为目的 DNA 片段，按照 7.7 和 7.8 的规定执行。

7.7 PCR 产物回收

按 PCR 产物回收试剂盒说明书回收 PCR 扩增的 DNA 片段。

7.8 PCR 产物测序验证

将回收的 PCR 产物克隆测序，与猪内标准基因序列（参见附录 A）进行比对，确定 PCR 扩增的 DNA 片段是否为目的 DNA 片段。

8 结果分析与表述

8.1 对照试样结果分析

阳性对照 PCR 反应中，猪 Linc_CAB 内标准基因特异性序列得到了扩增，且扩增片段大小与预期片段大小一致，而阴性对照和空白对照中没有任何扩增片段，表明 PCR 反应体系正常工作；否则，重新检测。

8.2 试样检测结果分析和表述

8.2.1 猪 Linc_CAB 内标准基因特异性序列得到了扩增，且扩增片段大小与预期片段大小一致，表明试样中检测出猪成分，结果表述为"样品中检测出猪成分"。

8.2.2 猪 Linc_CAB 内标准基因特异性序列未得到扩增，或扩增片段大小与预期片段大小不一致，表明试样中未检测出猪成分，结果表述为"样品中未检测出猪成分"。

9 检出限

本标准方法的检出限为 1 g/kg。

附 录 A
（资料性附录）
猪内标准基因特异性序列

1   <u>GCCCATCATA AAAGGTGATG</u> GCAAGAAGGG CCATTCTGTA GAAAGTCGTT

51   GGAGCCATAC CACGGCCCCC CACCCCTGCT GAGCATCCCA CCAACCTGGG

101   AGCATCATTT ATTGAAATAT TAACTTGGGG TTCCTCTCTC CTTTGGCCTG

151   CCTGCACCCC CTTGCCAGCA CAGCACCCTG <u>CTTTGTATGT CCTGGCCTTG</u>

注：划线部分为 Linc_CAB-F 和 Linc_CAB-R 引物序列。

第十四部分　牛

ICS 65.020
B 04

中 华 人 民 共 和 国 国 家 标 准

农业部 2031 号公告—14—2013

转基因动物及其产品成分检测
普通牛（*Bos taurus*）内标准基因
定性 PCR 方法

Detection of genetically modified animals and derived products—
Target–taxon–specific qualitative PCR method for *Bos taurus*

2013-12-04 发布   2013-12-04 实施

中华人民共和国农业部 发布

前　言

本标准按照 GB/T 1.1—2009 给出的规则起草。

请注意本文件的某些内容可能涉及专利。本文件的发布机构不承担识别这些专利的责任。

本标准由中华人民共和国农业部提出。

本标准由全国农业转基因生物安全管理标准化技术委员会(SAC/TC 276)归口。

本标准起草单位:农业部科技发展中心、华中农业大学。

本标准主要起草人:刘榜、宋贵文、孙亚奇、张庆德、赵欣、陶晨雨、齐梓羽。

转基因动物及其产品成分检测
普通牛(*Bos taurus*)内标准基因定性 PCR 方法

1 范围

本标准规定了普通牛(*Bos taurus*)内标准基因 *TNFRSF10A* 的定性 PCR 检测方法。

本标准适用于转基因动物及其产品中普通牛(*Bos taurus*)成分的定性 PCR 检测。

2 规范性引用文件

下列文件对于本文件的应用是必不可少的。凡是注日期的引用文件,仅注日期的版本适用于本文件。凡是不注日期的引用文件,其最新版本(包括所有的修改单)适用于本文件。

GB/T 6682 分析实验室用水规格和试验方法。

3 术语和定义

下列术语和定义适用于本文件。

3.1

***TNFRSF*10A 基因** *tumor necrosis factor receptor superfamily, member* 10A gene (Accession No. :XM_002699444)

编码肿瘤坏死因子受体超家族成员 10A 的基因。位于普通牛的 29 号染色体上,其第八外显子特异序列为单拷贝。

3.2

普通牛 *Bos taurus*

指哺乳纲(Mammalia)、偶蹄目(Artiodactyla)、牛科(Bovidae)、牛属(*Bos*)中的普通牛,包括黄牛、奶牛和肉牛。

4 原理

根据普通牛 *TNFRSF10A* 基因第八外显子序列设计特异性引物,对试样进行 PCR 扩增。依据是否扩增获得预期的特异性 DNA 片段,判断样品中是否含有普通牛成分。

5 试剂和材料

除非另有说明,仅使用分析纯试剂和重蒸馏水或符合 GB/T 6682 规定的一级水。

5.1 琼脂糖。

5.2 10 g/L 溴化乙锭溶液:称取 1.0 g 溴化乙锭(EB),溶解于 100 mL 水中,避光保存。

警告——溴化乙锭有致癌作用,配制和使用时应戴一次性手套操作,并妥善处理废液。

5.3 10 mol/L 氢氧化钠溶液:在 160 mL 水中加入 80.0 g 氢氧化钠(NaOH),溶解后,冷却至室温,再加水定容至 200 mL。

5.4 500 mmol/L 乙二铵四乙酸二钠溶液(pH 8.0):称取 18.6 g 乙二铵四乙酸二钠(EDTA - Na$_2$),加入 70 mL 水中,再加入适量氢氧化钠溶液(5.3),加热至完全溶解后,冷却至室温,用氢氧化钠溶液(5.3)调 pH 至 8.0,加水定容至 100 mL。在 103.4 kPa(121℃)条件下灭菌20 min。

5.5　1 mol/L 三羟甲基氨基甲烷—盐酸溶液(pH 8.0):称取 121.1 g 三羟甲基氨基甲烷(Tris)溶解于 800 mL 水中,用盐酸(HCl)调 pH 至 8.0,加水定容至 1 000 mL。在 103.4 kPa(121℃)条件下灭菌 20 min。

5.6　5 mol/L 氯化钠溶液:称取 29.22 g 氯化钠(NaCl)溶于 80 mL 水中,加水定容至 100 mL。在 103.4 kPa 蒸汽压(121℃)条件下灭菌 20 min。

5.7　10% 十二烷基磺酸钠溶液:称取 10 g 十二烷基磺酸钠($C_{12}H_{25}O_4SNa$,SDS),加入 80 mL 水中,加热至完全溶解后,冷却至室温,加水定容至 100 mL。在 103.4 kPa 蒸汽压(121℃)条件下灭菌 20 min。

5.8　DNA 提取细胞裂解液:量取 200 mL 乙二铵四乙酸二钠溶液(5.4),200 mL 三羟甲基氨基甲烷—盐酸溶液(5.5),40 mL 氯化钠溶液(5.6),200 mL 十二烷基磺酸钠溶液(5.7),混合后用水定容至 1 000 mL,室温保存,备用。

5.9　20 mg/mL 蛋白酶 K 溶液:将 200 mg 蛋白酶 K(Proteinase K)溶于 9.5 mL 水中,轻摇至完全溶解后,加水定容至 10 mL。于—20℃保存备用。

5.10　3 mol/L 乙酸钠溶液:称取 40.8 g 三水乙酸钠(NaAc·$3H_2O$)溶于 40 mL 水,用冰乙酸(HAc)调 pH 至 5.2,加水定容至 100 mL。在 103.4 kPa 蒸汽压(121℃)条件下灭菌 20 min。

5.11　Tris-饱和酚。

5.12　氯仿/异戊醇(24:1):将氯仿和异戊醇按照 24:1 的比例配制。

5.13　TE 缓冲液(pH 8.0):分别量取 10 mL 三羟甲基氨基甲烷—盐酸溶液(5.5)和 2 mL 乙二铵四乙酸二钠溶液(5.4),加水定容至 1 000 mL。在 103.4 kPa(121℃)条件下灭菌 20 min。

5.14　50×TAE 缓冲液:称取 242.2 g 三羟甲基氨基甲烷(Tris),先用 500 mL 水加热搅拌溶解后,加入 100 mL 乙二铵四乙酸二钠溶液(5.4),用冰乙酸调 pH 至 8.0,然后加水定容到 1 000 mL。使用时,用水稀释成 1×TAE。

5.15　加样缓冲液:称取 250.0 mg 溴酚蓝,加入 10 mL 水,在室温下溶解 12 h;称取 250.0 mg 二甲基苯腈蓝,加 10 mL 水溶解;称取 50.0 g 蔗糖,加 30 mL 水溶解。混合以上三种溶液,加水定容至 100 mL,在 4℃下保存。

5.16　DNA 分子量标准:可清楚地区分 100 bp～1 000 bp 的 DNA 片段。

5.17　dNTPs 混合溶液:将浓度为 10 mmol/L 的 dATP、dTTP、dGTP、dCTP 四种脱氧核糖核苷酸溶液等体积混合。

5.18　Taq DNA 聚合酶、PCR 反应缓冲液及 25 mmol/L 氯化镁溶液。

5.19　*TNFRSF*10A 基因引物:

TNFR-F:5′-CAGTGAGGACATCAGCCTAGAGT-3′;

TNFR-R:5′-CTGCTCCTAGCCATCAGTGGA-3′;

预期扩增片段大小为 190 bp(参见附录 A)。

5.20　引物溶液:用 TE 缓冲液(5.13)或水分别将引物稀释到 10 μmol/L。

5.21　石蜡油。

5.22　DNA 提取试剂盒。

5.23　定性 PCR 反应试剂盒。

5.24　PCR 产物回收试剂盒。

6　仪器和设备

6.1　分析天平:感量 0.1 mg。

6.2 PCR 扩增仪：升降温速度＞1.5℃/s，孔间温度差异＜1.0℃。

6.3 电泳槽、电泳仪等电泳装置。

6.4 紫外透射仪。

6.5 紫外分光光度计。

6.6 凝胶成像系统或照相系统。

6.7 重蒸馏水发生器或纯水仪。

6.8 其他相关仪器设备。

7 分析步骤

7.1 试样

静脉血、组织样或其他送检样品，保存备用。

7.2 DNA 模板制备

7.2.1 根据样品类型不同，按以下方式之一进行预处理：

 a) 样品为血液时，取 300 μL 血样于 1.5 mL 离心管中，加入等体积 DNA 提取细胞裂解液（5.8），20 μL 蛋白酶 K 溶液（5.9），混匀，55℃水浴消化过夜；

 b) 样品为组织样或加工产品时，取适量试样在液氮中充分碾磨成粉末，称取 0.05 g 转移至 1.5 mL 离心管中，加入 10 倍体积 DNA 提取细胞裂解液，20 μL 蛋白酶 K 溶液，混匀，55℃水浴消化过夜。

7.2.2 将裂解液加入等体积的 Tris 饱和酚，缓慢颠倒混匀 10 min，4℃，12 000 g 离心 10 min，将上清液移至新的 1.5 mL 离心管中。

7.2.3 加入 0.5 倍体积的 Tris 饱和酚和 0.5 倍体积的氯仿/异戊醇（24∶1），缓慢颠倒混匀 10 min，4℃，12 000 g 离心 10 min，将上清液移至新的 1.5 mL 离心管中。

7.2.4 加入等体积的氯仿/异戊醇（24∶1），缓慢颠倒混匀 10 min，4℃，12 000 g 离心 10 min。

7.2.5 将上清液吸至 1.5 mL 离心管，加入 0.1 倍体积的乙酸钠溶液（5.10）和 2.5 倍体积 4℃预冷的无水乙醇，轻轻颠倒至完全混匀，可见白色 DNA 絮状沉淀析出。

7.2.6 4℃下 12 000 g 离心 5 min，加入 500 μL 70％乙醇洗涤沉淀，弃去乙醇洗涤液。

7.2.7 室温下放置使残余乙醇完全挥发，加入 50 μL TE 缓冲液溶解 DNA 沉淀。

7.2.8 将 DNA 适当稀释或浓缩，使其 OD_{260} 值在 0.1～0.8 的区间内，测定并记录其在 260 nm 和 280 nm 的吸光度。以一个 OD_{260} 值相当于 50 ng/μL DNA 浓度来计算纯化 DNA 的浓度，并进行 DNA 凝胶电泳检测 DNA 完整性。DNA 溶液 OD_{260}/OD_{280} 值应在 1.7～2.0 之间，或质量能符合检测要求。

7.2.9 依据测得的浓度将 DNA 溶液用 TE 缓冲液稀释到 20 ng/μL，-20℃保存。

 注：以上为 SDS 法提取基因组 DNA 的操作步骤，亦可使用经验证的适合转基因动物及其产品检测 DNA 提取和纯化的其他方法，如试剂盒方法等完成 DNA 模板的制备步骤。

7.3 PCR 反应

7.3.1 试样 PCR 反应

7.3.1.1 每个试样 PCR 反应设置 3 次平行。

7.3.1.2 在 PCR 反应管中按表 1 依次加入反应试剂，混匀，再加 25 μL 石蜡油（有热盖功能的 PCR 仪可不加）。也可采用经验证的、等效的定性 PCR 反应试剂盒配制反应体系。

表 1　PCR 检测反应体系

试　　剂	体积	终浓度
水	—	
10×PCR 缓冲液	2.5 μL	1×
25 mmol/L 氯化镁溶液	2.5 μL	2.5 mmol/L
dNTPs 混合溶液(各 2.5 mmol/L)	2.0 μL	各 0.2 mmol/L
10 μmol/L TNFR - F	0.5 μL	0.2 μmol/L
10 μmol/L TNFR - R	0.5 μL	0.2 μmol/L
Taq DNA 聚合酶	—	0.05 U/μL
20 ng/μL DNA 模板	2.5 μL	2.0 μmg/L
总体积	25.0 μL	

"—"表示体积不确定,如果 PCR 缓冲液中含有氯化镁,则不加氯化镁溶液,根据 Taq DNA 聚合酶的浓度确定其体积,并相应调整水的体积,使反应体系总体积达到 25.0 μL。

7.3.1.3　将 PCR 管放在离心机上,500 g~3 000 g 离心 10 s,然后取出 PCR 管,放入 PCR 仪中。

7.3.1.4　进行 PCR 反应。反应程序为:94℃预变性 5 min;94℃变性 30 s,64℃退火 30 s,72℃延伸 10 s,共进行 35 次循环;72℃延伸 3 min。

7.3.1.5　反应结束后取出 PCR 管,对 PCR 反应产物进行电泳检测。

7.3.2　对照 PCR 反应

在试样 PCR 反应的同时,应设置阴性对照、阳性对照和空白对照。以牛科牛属普通牛(奶牛、肉牛、黄牛)基因组 DNA 作为阳性对照;以非牛属动物或非牛科哺乳动物基因组 DNA 作为阴性对照;以水作为空白对照。

各对照 PCR 反应体系中,除模板外,其余组分及 PCR 反应条件与 7.3.1 相同。

7.4　PCR 产物电泳检测

按 20 g/L 的质量浓度称量琼脂糖,加入 1×AE 缓冲液中,加热溶解,配制成琼脂糖溶液。每 100 mL 琼脂糖溶液中加入 5 μL EB 溶液,混匀,稍适冷却后,将其倒入电泳板上,插上梳板,室温下凝固成凝胶后,放入 1×TAE 缓冲液中,垂直向上轻轻拔去梳板。取 12 μL PCR 产物与 3 μL 加样缓冲液混合后加入凝胶点样孔,同时在其中一个点样孔中加入 DNA 分子量标准,接通电源在 2 V/cm~5 V/cm 条件下电泳检测。

7.5　凝胶成像分析

电泳结束后,取出琼脂糖凝胶,置于凝胶成像仪上或紫外透射仪上成像。根据 DNA 分子量标准判断扩增条带的大小,将电泳结果形成电子文件存档或用照相系统拍照。如需通过序列分析确认 PCR 扩增片段是否为目的 DNA 片段,按照 7.6 和 7.7 的规定执行。

7.6　PCR 产物回收

按 PCR 产物回收试剂盒说明书,回收 PCR 扩增的 DNA 片段。

7.7　PCR 产物测序验证

将回收的 PCR 产物克隆测序,与普通牛内标准基因 *TNFRSF10A* 的序列(参见附录 A)进行比对,确定 PCR 扩增的 DNA 片段是否为目的 DNA 片段。

8　结果分析与表述

8.1　对照检测结果分析

阳性对照的 PCR 反应中,普通牛内标准基因 *TNFRSF10A* 特异性序列得到扩增,且扩增片段大小与预期片段大小一致,而阴性对照及空白对照中没有预期扩增片段,表明 PCR 反应体系正常工作,否则重新检测。

8.2 样品检测结果分析和表述

8.2.1 *TNFRSF*10*A* 基因特异性序列得到扩增,且扩增片段大小与预期片段大小一致,表明样品中检测出普通牛成分,表述为"样品中检测出普通牛成分"。

8.2.2 *TNFRSF*10*A* 基因特异性序列未得到扩增,或扩增片段大小与预期片段大小不一致,表明样品中未检测出普通牛成分,表述为"样品中未检测出普通牛成分"。

9 检出限

本标准方法的检出限为 0.1%。

附 录 A
（资料性附录）
普通牛内标准基因 *TNFRSF*10A 特异性核苷酸序列

```
  1 CAGTGAGGAC ATCAGCCTAG AGTCGGTGGG GAGCTCCGCC CTGCTGGTCT CCACRGGCCC
 61 TGGAGGTGCT GAGCTGCTGC AGGGGGCCAA CGGAAGTGTA GCAGTGCCGG GGGAGCAGGA
121 GAGCAGACCC GAAYGCTCGA GACCACCGGG CCAGGCAGGG CCATCCACCT CCACTGATGG
181 CTAGGAGCAG
```

注：划线部分为引物序列。

第十五部分 羊

ICS 65.020.01
B 04

中华人民共和国国家标准

农业部 2122 号公告－2－2014

转基因动物及其产品成分检测
羊内标准基因定性 PCR 方法

Detection of genetically modified animals and derived products—
Target-taxon-specific qualitative PCR method for *Ovis aries* and
Capra aegagrus hircus

2014-07-07 发布

2014-08-01 实施

中华人民共和国农业部 发布

前　言

本标准按照 GB/T 1.1—2009 给出的规则起草。

请注意本文件的某些内容可能涉及专利。本文件的发布机构不承担识别这些专利的责任。

本标准由中华人民共和国农业部提出。

本标准由全国农业转基因生物安全管理标准化技术委员会(SAC/TC 276)归口。

本标准起草单位：农业部科技发展中心、中国农业科学院北京畜牧兽医研究所。

本标准主要起草人：敖红、宋贵文、李奎、沈平、崔文涛、周荣、赵拴平、赵为民。

转基因动物及其产品成分检测
羊内标准基因定性 PCR 方法

1 范围

本标准规定了羊内标准基因 *PHPAP* 的定性 PCR 检测方法。

本标准适用于转基因动物及其产品中羊成分的定性 PCR 检测。

2 规范性引用文件

下列文件对于本文件的应用是必不可少的。凡是注日期的引用文件，仅注日期的版本适用于本文件。凡是不注日期的引用文件，其最新版本（包括所得的修改单）适用于本文件。

GB/T 6682　分析实验室用水规格和试验方法

3 术语和定义

下列术语和定义适用于本文件。

3.1

绵羊　ovis aries

哺乳纲（Mammalia）、偶蹄目（Artiodactyla）、牛科（Bovidae）、羊亚科（Caprinae）、绵羊属（*Ovis*）、家养绵羊种（*Ovis aries*）

3.2

山羊　capra aegagrus hircus

哺乳纲（Mammalia）、偶蹄目（Artiodactyla）、牛科（Bovidae）、羊亚科（Caprinae）、山羊属（*Capra*）、山羊种（*Capra aegagrus*）、家山羊亚种（*Capra aegagrus hircus*）

3.3

***PHPAP* 基因　*PHPAP* gene**

编码类远古内源性逆转录病毒基因（putative HERV-K_5q13.3 provirus ancestral Env polyprotein-like）。

4 原理

根据羊 *PHPAP* 基因序列设计特异性引物，对试样进行 PCR 扩增。依据是否扩增获得预期的 DNA 片段，判断试样中是否含有羊成分。

5 试剂和材料

除非另有说明，仅使用分析纯试剂和重蒸馏水或符合 GB/T 6682 规定的一级水。

5.1　琼脂糖。

5.2　10 g/L 溴化乙锭溶液：称取 1.0 g 溴化乙锭（EB），溶于 100 mL 水中，避光保存。

警告——溴化乙锭有致癌作用，配制和使用时应戴一次性手套操作并妥善处理废液。

5.3　10 mol/L 氢氧化钠溶液：在 160 mL 水中加入 80.0 g 氢氧化钠（NaOH），溶解后再加水定容至 200 mL。

5.4　500 mmol/L 乙二铵四乙酸二钠溶液(pH 8.0):称取 18.6 g 乙二铵四乙酸二钠(EDTA - Na$_2$),加入 70 mL 水中,再加入适量氢氧化钠溶液(5.3),加热至完全溶解后,冷却至室温,用氢氧化钠溶液(5.3)调 pH 至 8.0,加水定容至 100 mL。在 103.4 kPa(121℃)条件下灭菌 20 min。

5.5　1 mol/L 三羟甲基氨基甲烷—盐酸溶液(pH 8.0):称取 121.1 g 三羟甲基氨基甲烷(Tris)溶解于 800 mL 水中,用盐酸(HCl)调 pH 至 8.0,加水定容至 1 000 mL。在 103.4 kPa(121℃)条件下灭菌 20 min。

5.6　5 mol/L 氯化钠溶液:称取 29.22 g 氯化钠(NaCl)溶于 80 mL 水中,加水定容至 100 mL。在 103.4 kPa 蒸汽压(121℃)条件下灭菌 20 min。

5.7　10% 十二烷基磺酸钠溶液:称取 10 g 十二烷基磺酸钠(C$_{12}$H$_{25}$O$_4$SNa,SDS),加入 80 mL 水中,加热至完全溶解后,冷却至室温,加水定容至 100 mL。在 103.4 kPa 蒸汽压(121℃)条件下灭菌 20 min。

5.8　DNA 提取细胞裂解液:量取 200 mL 乙二铵四乙酸二钠溶液(5.4),200 mL 三羟甲基氨基甲烷—盐酸溶液(5.5),40 mL 氯化钠溶液(5.6),200 mL 十二烷基磺酸钠溶液(5.7),混合后用水定容至 1 000 mL,室温保存,备用。

5.9　20 mg/mL 蛋白酶 K 溶液:将 200 mg 蛋白酶 K(Proteinase K)溶于 9.5 mL 水中,轻摇至完全溶解后,加水定容至 10 mL。于—20℃保存备用。

5.10　Tris -饱和酚。

5.11　氯仿/异戊醇(24∶1):将氯仿和异戊醇按照 24∶1 的比例配制。

5.12　TE 缓冲液(pH 8.0):分别量取 10 mL 三羟甲基氨基甲烷—盐酸溶液(5.5)和 2 mL 乙二铵四乙酸二钠溶液(5.4),加水定容至 1 000 mL。在 103.4 kPa(121℃)条件下灭菌 20 min。

5.13　50×TAE 缓冲液:称取 242.2 g 三羟甲基氨基甲烷(Tris),先用 500 mL 水加热搅拌溶解后,加入 100 mL 乙二铵四乙酸二钠溶液(5.4),用冰乙酸调 pH 至 8.0,然后加水定容到 1 000 mL。使用时,用水稀释成 1×TAE。

5.14　加样缓冲液:称取 250.0 mg 溴酚蓝,加入 10 mL 水,在室温下溶解 12 h;称取 250.0 mg 二甲基苯腈蓝,加 10 mL 水溶解;称取 50.0 g 蔗糖,加 30 mL 水溶解。混合以上三种溶液,加水定容至 100 mL,在 4℃下保存。

5.15　DNA 分子量标准:可以清楚地区分 100 bp～1 000 bp 的 DNA 片段。

5.16　dNTPs 混合溶液:将浓度为 10 mmol/L 的 dATP、dTTP、dGTP、dCTP 四种脱氧核糖核苷酸等体积混合。

5.17　Taq DNA 聚合酶、PCR 反应缓冲液及 25 mmol/L 氯化镁溶液。

5.18　羊 *PHPAP* 基因引物:

　　　PHPAP - F:5′- CGGTGTATCGGCAAGTAATC - 3′

　　　PHPAP - R:5′- CAAAAGGGGTGTCCTCCTAT - 3′

　　　预期扩增片段大小为 237 bp(参见附录 A)。

5.19　引物溶液:用 TE 缓冲液(5.12)分别将上述引物稀释到 10 μmol/L。

5.20　石蜡油。

5.21　基因组 DNA 提取试剂盒。

5.22　定性 PCR 反应试剂盒。

5.23　PCR 产物回收试剂盒。

6　主要仪器和设备

6.1　分析天平:感量 0.1 g 和 0.1 mg。

6.2 PCR 扩增仪:升降温速度>1.5℃/s,孔间温度差异<1.0℃。

6.3 电泳槽、电泳仪等电泳装置。

6.4 紫外透射仪。

6.5 凝胶成像系统或照相系统。

6.6 重蒸馏水发生器或纯水仪。

7 分析步骤

7.1 抽样

静脉采血 5 mL,采集组织样(肌肉、皮肤等)或动物加工产品,称取 1 g ,保存备用。

7.2 试样预处理

7.2.1 血液样品

取 300 μL 血样于 1.5 mL 离心管中,加入等体积 DNA 提取细胞裂解液(5.8),20 μL 蛋白酶 K 溶液(5.9),混匀,55℃水浴消化过夜。

7.2.2 组织样品和动物加工产品

取适量样品在液氮中充分碾磨成粉末,称取 0.05 g 转移至 1.5 mL 离心管中,加入 10 倍体积 DNA 提取细胞裂解液,20 μL 蛋白酶 K 溶液,混匀,55℃水浴消化过夜。

7.3 DNA 模板制备

7.3.1 将消化后的试样加入等体积的 Tris -饱和酚(5.10),缓慢颠倒离心管 10 min,4℃,12 000 g 离心 10 min,将上清液移至另一 1.5 mL 离心管中。

7.3.2 加入 0.5 倍体积的 Tris -饱和酚和 0.5 倍体积的氯仿/异戊醇(24:1),缓慢颠倒离心管 10 min,4℃,12 000 g 离心 10 min,将上清液移至另一 1.5 mL 离心管。

7.3.3 加入等体积的氯仿/异戊醇(24:1),缓慢颠倒离心管 10 min,4℃,12 000 g 离心 10 min。

7.3.4 将上清液吸至 1.5 mL 离心管,加入 2 倍体积的低温无水乙醇,轻轻颠倒离心管至完全混匀,可见白色絮状沉淀析出。

7.3.5 4℃,12 000 g 离心 5 min,加入 500 μL70%乙醇洗 2 次,直接倾倒。

7.3.6 室温下放置使残余乙醇完全挥发,加入 50 μL TE 缓冲液(5.12)溶解 DNA 沉淀。

7.3.7 将 DNA 适当稀释或浓缩,使其 OD_{260} 值在 0.1~0.8 的区间内,测定并记录其在 260 nm 和 280 nm 的吸光度。以一个 OD_{260} 值相当于 50 ng/μL DNA 浓度来计算纯化 DNA 的浓度,并进行 DNA 凝胶电泳检测 DNA 完整性。DNA 溶液 OD_{260}/OD_{280} 值应在 1.7~2.0,或质量能符合检测要求。

7.3.8 依据测得的浓度将 DNA 溶液用 TE 缓冲液稀释到 25 ng/μL,−20℃保存。

注:以上为 SDS 法提取基因组 DNA 的操作步骤,亦可使用经验证的适合转基因动物及其产品检测 DNA 提取和纯化的其他方法,如试剂盒方法等完成 DNA 模板的制备步骤。

7.4 PCR 反应

7.4.1 试样 PCR 反应

7.4.1.1 每个试样 PCR 反应设置 3 次平行。

7.4.1.2 在 PCR 反应管中按表 1 依次加入反应试剂,混匀,再加 25 μL 石蜡油(有热盖设备的 PCR 仪可以不加)。也可采用经验证的、等效的定性 PCR 反应试剂盒配制反应体系。

表 1 PCR 检测反应体系

试剂	终浓度	体积
水		—

表 1 （续）

试剂	终浓度	体积
10×PCR 缓冲液	1×	2.5 μL
25 mmol/L 氯化镁溶液	1.5 mmol/L	1.5 μL
dNTPs 混合溶液（各 2.5 mmol/L）	各 0.2 mmol/L	2.0 μL
10 μmol/L PHPAP-F	0.2 μmol/L	0.5 μL
10 μmol/L PHPAP-R	0.2 μmol/L	0.5 μL
Taq DNA 聚合酶	0.025 U/μL	—
25 mg/L DNA 模板	2 mg/L	2.0 μL
总体积		25.0 μL

　　"—"表示体积不确定。如果 PCR 缓冲液中含有氯化镁，则不加氯化镁溶液。根据 Taq 酶的浓度确定其体积，并相应调整水的体积，使反应体系总体积达到 25.0 μL。

7.4.1.3　将 PCR 管放在离心机上，500 g～3 000 g 离心 10 s 后取出 PCR 管，放入 PCR 仪中。

7.4.1.4　进行 PCR 反应。反应程序为：94℃变性 5 min；94℃变性 30 s，60℃退火 30 s，72℃延伸 30 s，共进行 35 次循环；72℃延伸 5 min。

7.4.1.5　反应结束后取出 PCR 反应管，对 PCR 反应产物进行电泳检测。

7.4.2　对照 PCR 反应

　　在试样 PCR 反应的同时，应设置阴性对照、阳性对照和空白对照。

　　以不含羊源性材料提取的 DNA 样品（如小鼠、鸭 DNA）作为阴性对照；以含有羊源性材料提取的质量分数为 0.1%～1.0% 的动物 DNA 作为阳性对照；以水作为空白对照。

　　各对照 PCR 反应体系中，除模板外其余组分及 PCR 反应条件与 7.4.1 相同。

7.5　PCR 产物电泳检测

　　按 20 g/L 的质量浓度称量琼脂糖，加入 1×TAE 缓冲液中，加热溶解，配制成琼脂糖溶液。每 100 mL 琼脂糖溶液中加入 5 μL EB 溶液，混匀，稍适冷却后，将其倒入电泳板上，插上梳板，室温下凝固成凝胶后，放入 1×TAE 缓冲液中，垂直向上轻轻拔去梳板。取 12 μL PCR 产物与 3 μL 加样缓冲液混合后加入凝胶点样孔，同时在其中一个点样孔中加入 DNA 分子量标准，接通电源在 2 V/cm～5 V/cm 条件下电泳检测。

7.6　凝胶成像分析

　　电泳结束后，取出琼脂糖凝胶，置于凝胶成像仪上或紫外透射仪上成像。根据 DNA 分子量标准估计扩增条带的大小，将电泳结果形成电子文件存档或用照相系统拍照。如需通过序列分析确认 PCR 扩增片段是否为目的 DNA 片段，按照 7.7 和 7.8 的规定执行。

7.7　PCR 产物回收

　　按 PCR 产物回收试剂盒说明书回收 PCR 扩增的 DNA 片段。

7.8　PCR 产物测序验证

　　将回收的 PCR 产物克隆测序，与羊内标准基因序列（参见附录 A）进行比对，确定 PCR 扩增的 DNA 片段是否为目的 DNA 片段。

8　结果分析与表述

8.1　对照试样结果分析

　　阳性对照 PCR 反应中，羊 PHPAP 内标准基因得到了扩增，且扩增片段大小与预期片段大小一致，而阴性对照和空白对照中没有任何扩增片段，表明 PCR 反应体系正常工作；否则，重新检测。

8.2　试样检测结果分析和表述

8.2.1　羊 PHPAP 内标准基因序列得到了扩增，且扩增片段大小与预期片段大小一致，表明样品中检测出羊成分,结果表述为"样品中检测出羊成分"。

8.2.2 羊 *PHPAP* 内标准基因片段未得到扩增,或扩增片段大小与预期片段大小不一致,表明样品中未检测出羊成分,结果表述为"样品中未检测出羊成分"。

9 检出限

本标准方法的检出限为 1 g/kg。

附 录 A
（资料性附录）
羊内标准基因特异性序列

```
  1  CGGTGTATCG GCAAGTAATC ATACATATTG GGCATATATA CCTAATCCCC
 51  CATTAGTAAG AGCAGTTTCC TGGGGGGAAC CAGAAGTGCA GGTATGTACT
101  AATGAGACTG CCTTCTTTCC CCCGCCAGCT TGCGGGGGAA TAGAACAACT
151  ATCTCATCAT AAACAACAAT ATAATATTAG TAATTTGACC ATTGCAGTGG
201  AAGGTATTCC TTTGTGCATA GGAGGACACC CCTTTTG
```

注：划线部分为 PHPAP-F 和 PHPAP-R 引物序列。

第十六部分　水生动物

ICS 67.120.30
B 52

中华人民共和国国家标准

农业部953号公告—5—2007

转基因动物及其产品成分检测
促生长转*ScGH*基因鲤鱼
定性PCR方法

Detection of genetically modified animals and derived products
Qualitative PCR method for growth promoting common carp

2007-12-18发布　　　　　　　　　　　　　　　2008-03-01实施

中华人民共和国农业部 发布

前　言

本标准由中华人民共和国农业部科技教育司提出。

本标准归口全国农业转基因生物安全管理标准化技术委员会。

本标准起草单位：农业部科技发展中心、中国水产科学研究院黑龙江水产研究所。

本标准主要起草人：梁利群、历建萌、孙效文、沈平、闫学春、常玉梅。

本标准为首次发布。

转基因动物及其产品成分检测
促生长转 *ScGH* 基因鲤鱼定性 PCR 方法

1 范围

本标准规定了转 ScGH 基因促生长鲤鱼基因特异性定性 PCR 检测方法。

本标准适用于转 ScGH 基因促生长鲤鱼中转基因成分的定性 PCR 检测。

2 规范性引用文件

下列文件中的条款通过本标准的引用而成为本标准的条款。凡是注日期的引用文件，其随后所有的修改单（不包括勘误的内容）或修订版均不适用于本标准，然而，鼓励根据本标准达成协议的各方研究是否可使用这些文件的最新版本。凡是不注日期的引用文件，其最新版本适用于本标准。

GB/T 18654.2 养殖鱼类种质检验 第 2 部分：抽样方法

NY/T 672 转基因植物及其产品检测 通用要求

SC/T 3016 水产品抽样方法

3 术语和定义

下列术语和定义适用于本标准。

3.1

cytb 基因 *cytb* gene

编码鲤鱼细胞色素 b 的基因。

3.2

ScGH 基因 *ScGH* gene

大麻哈鱼生长激素基因。

4 原理

针对转 *ScGH* 基因促生长鲤鱼含有的 *ScGH* 基因序列，设计基因特异性引物进行 PCR 扩增，以检测试样中是否含有 *ScGH* 基因。

5 试剂与材料

除非另有说明，仅使用分析纯试剂和重蒸馏水。对实验室的要求按 NY/T 672 执行。

5.1 Taq DNA 聚合酶（5 U/μL）及 PCR 反应缓冲液（含 25 mmol/L Mg^{2+}）。

5.2 DNA 分子量标准：能够区分 50 bp～1 000 bp 的 DNA 片段。

5.3 dNTPs 混合溶液：将浓度为 10 mmol/L 的 dATP、dTTP、dGTP、dCTP 四种脱氧核糖核苷酸等体积混合。

5.4 氯仿：异戊醇（24∶1，v/v）。

5.5 酚：氯仿：异戊醇（25∶24∶1，v/v）。

5.6 琼脂糖。

5.7 10 g/L 溴化乙锭溶液：称取 1.0 g 溴化乙锭（EB），溶于 100 mL 水中。

注:EB有致癌作用,配制和使用时应戴一次性手套操作并妥善处理废液。

5.8　10 mol/L氢氧化钠溶液:称取80.0 g氢氧化钠(NaOH),加入160 mL水中完全溶解,加水定容至200 mL。

5.9　500 mmol/L乙二铵四乙酸二钠溶液(pH 8.0):称取18.6 g乙二铵四乙酸二钠(EDTA-Na₂),加入70 mL水中,再加入适量氢氧化钠溶液(5.8),加热至完全溶解后,冷却至室温,用氢氧化钠溶液(5.8)调pH至8.0,加水定容至100 mL。在103.4 kPa(121℃)条件下灭菌20 min。

5.10　1 mol/L三羟甲基氨基甲烷-盐酸溶液(pH 8.0):称取121.1 g三羟甲基氨基甲烷(Tris)溶解于800 mL水中,用盐酸调pH至8.0,加水定容至1 L。在103.4 kPa(121℃)条件下灭菌20 min。

5.11　1 mol/L三羟甲基氨基甲烷-盐酸溶液(pH 7.5):称取121.1 g三羟甲基氨基甲烷(Tris)溶解于800 mL水中,用盐酸调pH至7.5,加水定容至1 L。

5.12　TE缓冲液(pH 8.0):分别量取10 mL三羟甲基氨基甲烷-盐酸溶液(5.10)和2 mL乙二铵四乙酸二钠溶液(5.9),加水定容至1 L。在103.4 kPa(121℃)条件下灭菌20 min。

5.13　TE缓冲液(pH 7.5):分别量取10 mL三羟甲基氨基甲烷-盐酸溶液(5.11)和2 mL乙二铵四乙酸二钠溶液(5.9),加水定容至1 L。在103.4 kPa(121℃)条件下灭菌20 min。

5.14　5×TBE缓冲液:称取54 g Tris,27.5 g硼酸,加500 mL水搅拌溶解后,加入20 mL乙二铵四乙酸二钠溶液(5.9),然后用水定容到1 L。

5.15　加样缓冲液:称取250.0 mg溴酚蓝,加10 mL水,在室温下溶解12 h;称取250.0 mg二甲基苯腈蓝,用10 mL水溶解;称取50.0 g蔗糖,用30 mL水溶解。混合三种溶液,加水定容至100 mL,在4℃下保存。

5.16　DNA裂解液:0.5 mol/L EDTA(pH 8.0),200 mg/L蛋白酶K(Proteinase K),0.5%十二烷基硫酸钠(SDS)。

5.17　透析液:50 mL 1 mol/L三羟甲基氨基甲烷-盐酸溶液(5.10),20 mL 500 mmol/L乙二铵四乙酸二钠溶液(5.9),加水定容至1 L。

5.18　1 mg/mL无DNA的RNA酶:将2 mg RNA酶A溶于2 mL TE(5.13)中,于100℃加热15 min,缓慢冷却至室温,保存于-20℃。

5.19　70%乙醇溶液:取700 mL无水乙醇,加水定容至1 L。

5.20　引物

5.20.1　*ScGH*基因。

GH-F: 5'-AGGATGAAACGGGTGGGT-3';

GH-R: 5'-GGGTAGGAGGTCGCCAAAA-3';

预期扩增片段 152 bp。

5.20.2　*cytb*基因。

L: 5'-GACTTGAAAAACCACCGTTG-3';

H: 5'-CCTCAGAAGGATATTTGTCCTC-3';

预期扩增片段 475 bp。

5.21　引物溶液:用1×TE缓冲液(5.12)分别将上述引物稀释到25 μmol/L。

6　仪器

6.1　PCR扩增仪。

6.2　电泳槽、电泳仪等电泳装置。

6.3　凝胶成像系统或紫外透射仪。

6.4 重蒸馏水发生器或超纯水仪。

6.5 其他分子生物学实验室仪器设备。

7 操作步骤

7.1 抽样

按 GB/T 18654.2 和 SC/T 3016 执行。

7.2 制样

将待测样品(鱼肌肉、鳍条等组织)用消毒剪刀剪碎,颗粒大小在 4 mm 以下进行 DNA 提取。

7.3 DNA 模板制备

7.3.1 DNA 模板的提取

将剪碎样品 30 mg 放入 1.5 mL 离心管中,加入 300 μL DNA 裂解液,50℃消化过夜,加入等体积的酚:氯仿:异戊醇溶液,震荡混匀,室温 2 500 g 离心 5 min,吸取上层水相,重复抽提两次。将上清液转入透析袋中进行数次透析,直到透析液 OD_{270}<0.05,将透析袋中的液体转入离心管中,加入无 DNA 的RNA 酶,终浓度为 100 mg/L,37℃温浴 30 min。先用冰预冷的无水乙醇沉淀,4℃,15 000 g 离心20 min,弃上清液,用 70％乙醇洗涤沉淀,15 000 g 离心,2 次～3 次,室温干燥后加 TE(pH 8.0)溶解,并保存于 4℃备用。

7.3.2 DNA 溶液纯度的测定和保存

将 DNA 适当稀释,测定并记录其在 260 nm 和 280 nm 的紫外分光吸收率,以一个 OD_{260} 值相当于50 mg/L DNA 浓度来计算纯化的 DNA 浓度。要求 DNA 溶液 OD_{260}/OD_{280} 的比值在 1.7～1.8 之间。依据测得的浓度将 DNA 溶液稀释至 25 mg/L～50 mg/L,于－20℃保存。

> 注:由于基因组 DNA 不宜反复冻融,建议多管分装保存,融化后应立即使用。剩余的 DNA 应在 4℃冰箱中短期保存,存放时间不宜超过 14 d。

7.4 PCR 反应

7.4.1 试样的 PCR 反应

7.4.1.1 每个试样 PCR 反应设置三次重复。

7.4.1.2 在 PCR 反应管中按表 1 依次加入反应试剂,用手指轻弹混匀,再加 50 μL 石蜡油(有热盖设备的 PCR 仪可以不加)。

表 1 PCR 检测反应体系　　　　　　　　　　　单位为微升

试　剂	体　积
无菌水	18.3
10×PCR 缓冲液	2.5
dNTPs 混合溶液	1
25 μmol/L 上游引物	1
25 μmol/L 下游引物	1
5 U/μL Taq 酶	0.2
25 mg/L DNA 模板	1.0
总体积	25
注:鲤鱼内标准基因 PCR 检测反应体系中上、下游引物分别为 L 和 H;ScGH 基因 PCR 检测反应体系上、下游引物分别为 GH-F 和 GH-R。	

7.4.1.3 将 PCR 管在台式离心机上离心 10 s 后插入 PCR 仪中。

7.4.1.4 进行 PCR 反应。反应程序为:94℃变性 3 min;进行 35 次循环扩增反应(93℃变性 30 s,55℃(ScGH 引物)或 58℃(cytb 引物)退火 30 s,72℃延伸 40 s。根据不同型号的 PCR 仪,可将 PCR 反

应的退火和延伸时间适当延长）；72℃延伸 5 min。

7.4.1.5 反应结束后取出 PCR 反应管,对 PCR 反应产物进行电泳检测。

7.4.2 对照 PCR 反应

在试样 PCR 反应的同时,应设置阴性对照、阳性对照和空白对照。各对照 PCR 反应体系中,除模板外其余组分及 PCR 反应条件与 7.4.1 相同。以非转基因鲤鱼 DNA 作为阴性对照 PCR 反应体系的模板;以转 ScGH 基因促生长鲤鱼材料中提取的 DNA 作为阳性对照 PCR 反应体系的模板;以无菌水代替空白对照 PCR 反应体系的模板。

7.5 PCR 产物的电泳检测

按 15 g/L 的浓度称取琼脂糖加入 0.5×TBE 缓冲液中,加热溶解,配制成琼脂糖溶液。按每100 mL 琼脂糖溶液中加入 5 μL EB 溶液的比例加入 EB 溶液,混匀,适当冷却后,将其倒入电泳板上,插上梳板,室温下凝固成凝胶后,放入 0.5×TBE 缓冲液中,垂直向上轻轻拔去梳板。取 7 μL PCR 产物与3 μL 加样缓冲液混合后加入凝胶点样孔中,其中一个泳道中加入 DNA 分子量标准,接通电源在2 V/cm～5 V/cm 条件下电泳。

7.6 凝胶成像分析

电泳结束后,取出琼脂糖凝胶,置于凝胶成像仪或紫外透射仪上成像。根据 DNA 分子量标准估计扩增条带的大小,将电泳结果形成电子文件存档或用照相系统拍照。根据琼脂糖凝胶电泳结果,按照 8 的规定对 PCR 扩增结果进行分析。如需确认 PCR 扩增片段是否为目的 DNA 片段,按照 7.7 和 7.8 执行。

7.7 PCR 产物回收

按 PCR 产物回收试剂盒说明书回收 PCR 扩增的 DNA 片段。

7.8 PCR 产物的测序验证

将回收的 PCR 产物克隆测序,确定 PCR 扩增的 DNA 片段是否为目的 DNA 片段。

8 结果分析与表述

8.1 对照样品结果分析

阳性对照 PCR 反应中,cytb 内标准基因和 ScGH 基因均得到了扩增,且扩增片段大小与预期片段大小一致,而阴性对照中仅扩增出 cytb 基因片段,空白对照中没有任何扩增片段,表明 PCR 反应体系正常工作,否则重新检测。

8.2 试样检测结果分析和表述

a) cytb 内标准基因和 ScGH 基因均得到了扩增,且扩增片段大小与预期片段大小一致,表明试样中检测出 ScGH 基因,表述为"试样中检测出 ScGH 基因,检测结果为阳性"。

b) cytb 内标准基因片段得到扩增,且扩增片段大小与预期片段大小一致,而 ScGH 基因未得到扩增,或扩增片段大小与预期片段大小不一致,表明试样中未检测出 ScGH 基因,表述为"试样中未检测出 ScGH 基因,检测结果为阴性"。

第十七部分　微生物

ICS 65.020.01
B 04

中华人民共和国国家标准

农业部 1485 号公告—2—2010

转基因微生物及其产品成分检测
猪伪狂犬 TK⁻/gE⁻/gI⁻毒株（SA215 株）
及其产品定性 PCR 方法

Detection of genetically modified microorganisms and derived products—
Qualitative PCR method for TK⁻/gE⁻/gI⁻ deleted porcine pseudorabies
virus(SA215 strain)and its derived products

2010-11-15 发布　　　　　　　　　　　　　　2011-01-01 实施

中华人民共和国农业部 发布

农业部 1485 号公告—2—2010

前　言

本标准按照 GB/T 1.1—2009 给出的规则起草。

本标准由中华人民共和国农业部科技教育司提出。

本标准由全国农业转基因生物安全管理标准化技术委员会(SAC/TC 276)归口。

本标准起草单位:农业部科技发展中心、中国兽医药品监察所、四川农业大学。

本标准主要起草人:沈青春、段武德、宁宜宝、郭万柱、李飞武、刘信。

转基因微生物及其产品成分检测
猪伪狂犬 TK⁻/gE⁻/gI⁻毒株(SA215 株)及其产品定性 PCR 方法

1 范围

本标准规定了猪伪狂犬 TK⁻/gE⁻/gI⁻毒株(SA215 株)及其产品的定性 PCR 检测方法。

本标准适用于猪伪狂犬疫苗中 TK⁻/gE⁻/gI⁻毒株(SA215 株)的检测。

2 规范性引用文件

下列文件对于本文件的应用是必不可少的。凡是注日期的引用文件,仅注日期的版本适用于本文件。凡是不注日期的引用文件,其最新版本(包括所有的修改单)适用于本文件。

GB 2828　计数抽样检验程序

GB/T 6682　分析实验室用水规格和试验方法

3 术语和定义

下列术语和定义适用于本文件。

3.1

野毒株　**wild strain**

从田间自然感染动物或动物尸体内分离的病毒毒株。

3.2

亲本毒株　**parental strain**

某病毒毒株经物理、化学或基因工程方式改造而得到了具有新的病毒学特性的新毒株,则该毒株为新毒株的亲本毒株。

3.3

***TK* 基因**　**thymidine kinase gene**

编码猪伪狂犬病毒胸苷激酶的基因。

3.4

***gE* 基因**　**envelope glycoprotein E gene**

编码猪伪狂犬病毒囊膜糖蛋白 E 的基因。

3.5

***gI* 基因**　**envelope glycoprotein I gene**

编码猪伪狂犬病毒囊膜糖蛋白 I 的基因。

4 原理

根据猪伪狂犬疫苗毒株 SA215 与其亲本毒株之间的两处序列(包含 TK、gE 和 gI 三个基因)上的差异,设计三对引物进行 PCR 扩增,通过比较扩增条带的差异,确定猪伪狂犬疫苗中是否含有 SA215 株,参见附录 A。

5 试剂和材料

除非另有说明,仅使用分析纯试剂和重蒸馏水或符合 GB/T 6682 规定的一级水。

5.1 无水乙醇。

5.2 氯仿。

5.3 异戊醇。

5.4 Tris 平衡酚(pH 8.0)。

5.5 平衡酚—氯仿—异戊醇溶液(25+24+1)。

5.6 体积分数为 70% 的乙醇溶液。

5.7 琼脂糖。

5.8 10 g/L 溴化乙锭溶液:称取 1.0 g 溴化乙锭(EB),溶于 100 mL 水中,避光保存。

注:溴化乙锭有致癌作用,配制和使用时宜戴一次性手套操作并妥善处理废液。

5.9 10 mol/L 氢氧化钠溶液:在 160 mL 水中加入 80.0 g 氢氧化钠(NaOH),溶解后再加水定容至 200 mL。

5.10 1 mol/L 三羟甲基氨基甲烷—盐酸溶液(pH 8.0):称取 121.1 g 三羟甲基氨基甲烷(Tris)溶解于 800 mL 水中,用盐酸调 pH 至 8.0,加水定容至 1 000 mL,在 103.4 kPa(121℃)条件下灭菌 20 min。

5.11 500 mmol/L 乙二胺四乙酸二钠溶液(pH 8.0):称取 18.6 g 乙二胺四乙酸二钠(EDTA-Na$_2$),加入 70 mL 水中,再加入适量氢氧化钠溶液(5.9),加热至完全溶解后,冷却至室温,用氢氧化钠溶液(5.9)调 pH 至 8.0,加水定容至 100 mL。在 103.4 kPa(121℃)条件下灭菌 20 min。

5.12 TE 缓冲液(pH 8.0):分别量取 10 mL 三羟甲基氨基甲烷—盐酸溶液(5.10)和 2 mL 乙二铵四乙酸二钠溶液(5.11),加水定容至 1 000 mL。在 103.4 kPa(121℃)条件下灭菌 20 min。

5.13 50×TAE 缓冲液:称取 242.2 g 三羟甲基氨基甲烷(Tris),先用 300 mL 水加热搅拌溶解后,加入 100 mL 乙二铵四乙酸二钠溶液(5.11),用冰乙酸调 pH 至 8.0,然后加水定容到 1 000 mL。使用时用水稀释成 1×TAE。

5.14 加样缓冲液:称取 250.0 mg 溴酚蓝,加 10 mL 水,在室温下溶解 12 h;称取 250.0 mg 二甲基苯腈蓝,用 10 mL 水溶解;称取 50.0 g 蔗糖,用 30 mL 水溶解。混合以上三种溶液,加水定容至 100 mL,在 4℃下保存。

5.15 病毒 DNA 提取试剂盒。

5.16 引物序列:见表 1。

5.17 Taq DNA 聚合酶及 PCR 反应缓冲液:适用于高 GC 含量的 DNA 片段扩增。

5.18 DNA 分子量标准:可以清楚地区分 200 bp~3 000 bp 的 DNA 片段。

5.19 dNTPs 混合溶液:将浓度为 10 mmol/L 的 dATP、dTTP、dGTP、dCTP 四种脱氧核糖核苷酸溶液等体积混合。

5.20 引物溶液:用 TE 缓冲液(5.12)分别将上述引物稀释到 10 μmol/L。

5.21 石蜡油。

5.22 PCR 产物回收试剂盒。

表 1 PCR 引物序列及目的片段长度

引物名称	引物序列	扩增产物预期片段大小,bp		目的基因名称
		猪伪狂犬 SA215 的亲本毒株和野毒株	猪伪狂犬 SA215 株	
TK-F	5'-CATCCTCCGGATCTACCTCGACGGC-3'	957	681	TK
TK-R	5'-CACACCCCCATCTCCGACGTGAAGG-3'			
gIE-F	5'-CCCTGGACGCGAACGGCACGAT-3'	2 948	296	gI、gE
gIE-R	5'-CTCCGAGGAGCGCAGCACCACGTGTT-3'			
gIME-F	5'-CATGGTGCTGGGGCCCACGATCGTC-3'	531	—	gI、gE
gIME-R	5'-CGTTGAGGTCGCCGTCGAGGTCAT-3'			

6 仪器和设备

6.1 分析天平:感量 0.1 g 和 0.1 mg。

6.2 重蒸馏水发生器或超纯水仪。

6.3 PCR 扩增仪:升降温速度>1.5℃/s,孔间温度差异<1.0℃。

6.4 电泳槽、电泳仪等电泳装置。

6.5 紫外透射仪。

6.6 凝胶成像系统或照相系统。

6.7 其他相关仪器和设备。

7 操作步骤

7.1 抽样

按 GB 2828 的规定执行。

7.2 DNA 模板制备

7.2.1 采用下述方法,或经验证适用于病毒 DNA 提取的试剂盒方法

取 1.0 mL 疫苗样品稀释物或细胞培养液置于 2.5 mL 离心管中,反复冻融三次后,4℃下 12 000 g 离心 5 min,取上清液,加入 0.5 mL Tris 平衡酚,颠倒震摇 2 min,4℃下 8 000 g 离心 2 min,取上清液,加入 0.5 mL 平衡酚—氯仿—异戊醇溶液,颠倒震摇 2 min,4℃下 12 000 g 离心 5 min,取上清液,加入等体积的异丙醇混匀,置于—20℃沉淀 1 h,4℃下 12 000 g 离心 10 min,弃上清,加入 1.0 mL 70%乙醇溶液洗涤一次后晾干,加入 50 μL TE 缓冲液溶解 DNA,置于—20℃冻存。

7.2.2 DNA 溶液纯度测定和保存

将 DNA 适当稀释或浓缩,使其 OD_{260} 值应在 0.1～0.8 的区间内,测定并记录其在 260 nm 和 280 nm 的吸光度。以 1 个 OD_{260} 值相当于 50 mg/L DNA 浓度来计算纯化 DNA 的浓度,DNA 溶液的 OD_{260}/OD_{280} 值应在 1.7～2.0 之间。依据测得的浓度将 DNA 溶液稀释到 25 mg/L,—20℃保存备用。

7.3 PCR 反应

7.3.1 试样 PCR 反应

7.3.1.1 每个试样 PCR 反应设置 3 次重复。

7.3.1.2 在 PCR 反应管中按表 2 依次加入反应试剂,混匀,再加 25 μL 石蜡油(有热盖设备的 PCR 仪可不加)。

表 2 PCR 反应体系

试 剂	终 浓 度	体 积
水		—
PCR 缓冲液	1×	—
25 mmol/L 氯化镁溶液	2.5 mmol/L	2.5 μL
dNTPs 混合溶液(各 2.5 mmol/L)	各 0.2 mmol/L	2 μL
10 μmol/L 上游引物	0.8 μmol/L	2 μL
10 μmol/L 下游引物	0.8 μmol/L	2 μL
Taq 酶	0.05 U/μL	—
25 mg/L DNA 模板	2 mg/L	2.0 μL
总体积		25.0 μL
注:根据 Taq 酶的浓度和 PCR 缓冲液的倍数分别确定其体积,相应调整水的体积,使反应体系总体积达到 25.0 μL。如果 PCR 缓冲液中含有氯化镁,则不加氯化镁溶液,加等体积水。		

7.3.1.3 将 PCR 管放在台式离心机上,500 g～3 000 g 离心 10 s,然后取出 PCR 管,放入 PCR 仪中,设定热盖温度为 99℃。

7.3.1.4 进行 PCR 反应。引物 TK-F/R 和 gIME-F/R 反应程序为:95℃预变性 5 min;94℃变性 40 s,68.5℃退火 40 s,72.0℃延伸 55 s,共进行 35 个循环;72℃延伸 5 min。引物 gIE-F/R 反应程序为:95℃预变性 5 min;94.0℃变性 30 s,67.0℃退火 30 s,72.0℃延伸 30 s,共进行 35 个循环;72℃延伸 5 min。

7.3.1.5 反应结束后取出 PCR 管,对 PCR 反应产物进行电泳检测。

7.3.2 对照 PCR 反应

在试样 PCR 反应的同时,应设置阴性对照、阳性对照和空白对照。

以猪伪狂犬 SA215 株的亲代 Fa 株 SPF 鸡成纤维细胞毒(蚀斑数≥10^4 PFU/mL)冻干制品提取的 DNA 作为阴性对照;以猪伪狂犬 SA215 株 SPF 鸡成纤维细胞毒(蚀斑数≥10^4 PFU/mL)冻干制品提取的 DNA 作为阳性对照;以 SPF 鸡成纤维细胞培养物制备成冻干制品作为空白对照。

各对照 PCR 反应体系中,除模板外,其余组分及 PCR 反应条件与 7.3.1 相同。

7.4 PCR 产物电泳检测

按 10 g/L 的质量浓度称取琼脂糖,加入 1×TAE 缓冲液中,加热溶解,配制成琼脂糖溶液。每 100 mL 琼脂糖溶液中加入 5 μL EB 溶液,混匀,适当冷却后,将其倒入电泳板上,插上梳板,室温下凝固成凝胶后,放入 1×TAE 缓冲液中,垂直向上轻轻拔去梳板。取 12 μL PCR 产物与 3 μL 加样缓冲液混合后加入点样孔中,同时在其中一个点样孔中加入 DNA 分子量标准,接通电源在 2 V/cm～5 V/cm 条件下电泳检测。

7.5 凝胶成像分析

电泳结束后,取出琼脂糖凝胶,置于凝胶成像仪或紫外透射仪上成像。根据 DNA 分子量标准估计扩增条带的大小,将电泳结果形成电子文件存档或用照相系统拍照。如需通过序列分析确认 PCR 扩增片段是否为目的 DNA 片段,按照 7.6 和 7.7 的规定执行。

7.6 PCR 产物回收

按 PCR 产物回收试剂盒说明书,回收 PCR 扩增的 DNA 片段。

7.7 PCR 产物测序验证

将回收的 PCR 产物克隆测序,与猪伪狂犬病毒 SA215 株相应序列(参见附录 B)进行比对,确定 PCR 扩增的 DNA 片段是否为目的 DNA 片段。

8 结果分析与表述

8.1 对照检测结果分析

阳性对照 PCR 反应中,TK-F/R 和 gIE-F/R 分别扩增出 681 bp 和 296 bp 的片段,gIME-F/R 引物没有扩增片段,阴性对照中 TK-F/R 扩增出 957 bp 片段,gIME-F/R 扩增出 531 bp 片段;空白对照三对引物均没有任何扩增片段,表明 PCR 反应体系正常工作,否则需重新检测。

8.2 样品检测结果分析和表述

8.2.1 TK-F/R 引物扩增出 681 bp 的条带,gIE-F/R 引物扩增出 296 bp 的条带,表明样品中检测出猪伪狂犬病毒 SA215 株,检测结果为阳性。

8.2.2 TK-F/R 引物未扩增出 681 bp 的条带,gIE-F/R 引物未扩增出 296 bp 的条带,表明样品中未检测出猪伪狂犬病毒 SA215 株,检测结果为阴性。

8.2.3 TK-F/R 引物扩增出 957 bp 的条带,gIME-F/R 引物扩增出 531 bp 条带,表明样品中检测出猪伪狂犬 SA215 的亲本毒株或野毒株。

附 录 A
（资料性附录）
猪伪狂犬病毒 SA215 株和其亲本毒株基因结构及检测引物所在位置示意图

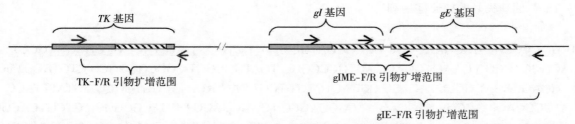

注:"◁◁◁"部分为猪伪狂犬病毒 SA215 株不具有而其亲本毒株和野毒株具有的序列,即缺失部分的序列,SA215 株在 TK 基因处的缺失长度为 276 bp,而在 gI 和 gE 基因处缺失长度为 2 652 bp。

附　录　B

（资料性附录）

猪伪狂犬病毒 SA215 株缺失部分核苷酸序列及其在亲本毒株 Fa 株的相应序列

B.1 *TK* 基因缺失处的核苷酸序列

```
   1 GGATCCCCGC CCGGAAGCGC GCCGGGATGC GCATCCTCCG GATCTACCTC GACGGCGCCT
  61 ACGGCACCGG CAAGAGCACC ACTGCCCGGG TGATGGCGCT CGGCGGGGCG CTGTACGTGC
 121 CCGAGCCGAT GGCGTACTGG CGCACTCTGT TCGACACGGA CACGGTGGCC GGTATTTACG
 181 ATGCGCAGAC CCGGAAGCAG AACGGCAGCC TGAGCGAGGA GGACGCGGCC CTCGTCACGG
 241 CGCAGCACCA GGCCGCCTTC GCGACGCCGT ACCTGCTGCT GCACACGCGC CTGGTCCCGC
 301 TCTTCGGGCC CGCGGTCGAG GGCCCGCCCG AGATGACGGT CGTCTTTGAC CGCCACCCGG
 361 TGGCCGCGAC GGTGTGCTTC CCGCTGGCGC GCTTCATCGT CGGGGACATC AGCGCGGCGG
 421 CCTTCGTGGG CCTGGCGGCC ACGCTGCCCG GGGAGCCCCC CGGCGGCAAC CTGGTGGTGG
 481 CCTCGCTGGA CCCGGACGAG CACCTGCGGC GCCTGCGCGC CCGCGCGCGC GCCGGGGAGC
 541 ACGTGGACGC GCGCCTGCTC ACGGCCCTGC GCAACGTC TA CGCCATGCTG GTCAACACGT
 601 CGCGCTACCT GAGCTCGGGG CGCCGCTGGC GCGACGACTG GGGGCGCGCG CCGCGCTTCG
 661 ACCAGACCGT GCGCGACTGC CTCGCGCTCA ACGAGCTCTG CCGCCCGCGC GACGACCCCG
 721 AGCTCCAGGA CACCCTCTTC GGCGCGTACA AGGCGCCCGA GCTCTGCGAC CGGCGCGGGC
 781 GCCCGCTCGA GGTGCACGCG TGGGCGATGG ACGCGCTCGT GGCCAAGCTG CTGCCGCTGC
 841 GCGTCTCCAC CGTC GACCTG GGGCCCTCGC CGCGCGTCTG CGCCGCGGCC GTGGCGGCGC
 901 AGACGCGCGG CATGGAGGTG ACGGAGTCCG CGTACGGCGA CCACATCCGG CAGTGCGTGT
 961 GCGCCTTCAC GTCGGAGATG GGGGTGTGAC CCTCGCCCCT CCCACCCGCG CCGCGGCCAG
1021 ATGGAGACCGCGACGGAGGCAACGACGACGGCGTGGGAGG GGGCTCGGGG CGCGTATAAA
1081 GCTATGTGTA TGTCATCCCA ATAAAGTTTG CCGTGCCCGT CACCATGCCC GCGTCGTCCG
1141 TGCGCCTCCC GCTGCGCCTC CTGACCCTCG CGGGCCTCCT GGCCCTCGCG GGGGCCGCCG
1201 CCCTCGCCCG CGGCGCGCCG CAGGGTGGGC CGCCCT
```

注：单下划线为 TK－F/R 引物所在位置；

　　□部分的序列为猪伪狂犬病毒 SA215 株缺失部分的序列。

B.2 *gI* 和 *gE* 基因缺失处的核苷酸序列

```
  1 ATGATGATGG TGGCGCGCGA CGTGACCCGG CTCCCCGCGG GGCTCCTCCT CGCCGCCCTG
 61 ACCCTGGCCG CCCTGACCCC GCGCGTCGGG GGCGTCCTCT TCAGGGGCGC CGGCGTCAGC
121 GTGCACGTCG CCGGCAGCGC CGTCCTCGTG CCCGGCGACG CGCCCAACCT GACGATCGAC
181 GGGACGCTGC TGTTTCTGGA GGGGCCCTCG CCGAGCAACT ACAGCGGGCG CGTGGAGCTG
241 CTGCGCCTCG ACCCCAAGCG CGCCTGCTAC ACGCGCGAGT ACGCCGCCGA GTACGACCTC
301 TGCCCCCGCG TGCACCACGA GGCCTTCCGC GGCTGTCTGC GCAAGCGCGA GCCGCTCGCC
361 CGGCGCGCGT CCGCCGCGGT GGAGGCGCGC CGGCTGCTGT TCGTCTCGCG CCCGGCCCCG
421 CCGGACGCGG GGTCGTACGT GCTGCGGGTC CGCGTGAACG GGACCACGGA CCTCTTTGTG
481 CTGACGGCCC TGGTGCCGCC CAGGGGGCGC CCCCACCACC CCACGCCGTC GTCCGCGGAC
```
```
```

541 GAGTGCCGGC CCGTCGTCGG ATCGTGGCAC GACAGCCTGC GCGTCGTGGA CCCCGCCGAG
601 GACGCCGTGT TCACCACGCC GCCCCCGATC GAGCCAGAGC CGCCGACGAC CCCCGCGCCC
661 CCCCGGGGGGA CCGGCGCCAC CCCCGAGCCC CGCTCCGACG AAGAGGAGGA GGACGAGGAG
721 GGGGCGACGA CGGCGATGAC CCCGGTGCCC GGGACCCTGG ACGCGAACGG CACGATGGTG
781 CTGAACGCCA GCGTCGTGTC GCGCGTCCTG CTCGCCGCCG CCAACGCCAC GGCGGGCGCC
841 CGGGGCCCCG GGAAGATAGC CATGGTGCTG GGGCCCACGA TCGTCGTCCT CCTGATCTTC
901 TTGGGCGGGG TCGCCTGCGC GGCCCGGCGC TGCGCGCGGA ATCGCATCTA CCGGCCGCGA
961 CCCGGGCGCG GCCCGGCGGT CCACGCGCCG CCCCCGCGGC GCCCGCCCCC CAGCCCCGTC
1021 GCCGGGGCGC CCGTCCCCCA GCCCAAGATG ACGTTGGCCG AGCTTCGCCA GAAGCTGGCC
1081 ACCATCGCAG AGGAACAATA AAAAGGTGGT GTTTGCATAA TTTTGTGGGT GGCGTTTTAT
1141 CTCCGTCCGC GCCGTTTTAA ACCTGGGCAC CCCCGCGAGT CTCGCACACA CCGGGGGTTGA
1201 GACCATGCGG CCCTTTCTGC TGCGCGCCGC GCAGCTCCTG GCGCTGCTGG CCCTGGCGCT
1261 CTCCACCGAG GCCCCGAGCC TCTCCGCCGA GACGACCCCG GCCCCGTCA CCGAGGTCCC
1321 GAGTCCCTCGGCCGAGGTCT GGGACCTCTC CACCGAGGCC GGCGACGATG ACCTCGACGG
1381 CGACCTCAACGGCGACGACC GCCGCGCGGG CTTCGGCTCG CCCTCGCCT CCCTGAGGGA
1441 GGCACCCCCG GCCCATCTGG TGAACGTGTC CGAGGGCGCC AACTTCACCC TCGACGCGCG
1501 CGGCGACGGC GCCGTGGTGG CCGGGATCTG GACGTTCCTG CCCGTCCGCG GCTGCGACGC
1561 CGTGGCGGTG ACCATGGTGT GCTTCGAGAC CGCCTGCCAC CCGGACCTGG TGCTGGGCCG
1621 CGCCTGCGTC CCCGAGGCCCCGGAGCGGGG CATCGGCGAC TACCTGCCGC CGAGGTGCC
1681 GCGGCTCCAG CGCGAGCCGC CCATCGTCAC CCCGGAGCGG TGGTCGCCGC ACCTGACCGT
1741 CCGGCGGGCC ACGCCCAACGACACGGGCCTCTACACGCTG CACGACGCCT CGGGGCCGCG
1801 GGCCGTGTTC TTTGTGGCGG TGGGCGACCG GCCGCCCGCG CCGCTGGCCC CGGTGGGCCC
1861 CGCGCGCCAC GAGCCCCGCT TCCACGCGCT CGGCTTCCAC TCGCAGCTCT TCTCGCCCGG
1921 GGACACGTTC GACCTGATGC CGCGCGTGGT CTCGGACATG GGCGACTCGC GCGAGAACTT
1981 CACCGCCACG CTGGACTGGT ACTACGCGCG CGCGCCCCCG CGGTGCCTGC TGTACTACGT
2041 GTACGAGCCC TGCATCTACC ACCCGCGCGC GCCCGAGTGC CTGCGCCCGG TGGACCCGGC
2101 GTGCAGCTTC ACCTCGCCGG CGCGCGCGCG GCTGGTGGCG CGCCGCGCGT ACGCCTCGTG
2161 CAGCCCGCTG CTCGGGGACC GGTGGCTGAC CGCCTGCCCC TTCGACGCCT TCGGCGAGGA
2221 GGTGCACACG AACGCCACCG CGGACGAGTC GGGGCTGTAC GTGCTCGTGA TGACCCACAA
2281 CGGCCACGTC GCCACCTGGG ACTACACGCT CGTCGCCACC GCGGCCGAGT ACGTCACGGT
2341 CATCAAGGAGCTGACGGCCCCGGCCCGGGC CCCGGGCACC CCGTGGGGCC CCGGCGGCGG
2401 CGACGACGCGATCTACGTGGACGGCGTCAC GACGCCGGCG CCGCCCGCGC GCCCGTGGAA
2461 CCCGTACGGC CGGACGACGC CCGGGCGGCT GTTTGTGCTG GCGCTGGGCT CCTTCGTGAT
2521 GACGTGCGTC GTCGGGGGGG CCGTCTGGCT CTGCGTGCTG TGCTCCCGCC GCCGGTGCGGC
2581 CTCGCGGCCG TTCCGGGTGC CGACGCGGGC GGGGACGCGC ATGCTCTCGC CGGTGTACAC
2641 CAGCCTGCCCACGCACGAGGACTACTACGACGGCGACGAC GACGACGAGG AGGCGGGCGA
2701 CGCCCGCCGGCGGCCCTCCT CCCCCGGCGG GGACAGCGGC TACGAGGGGC CGTACGTGAG
2761 CCTGGACGCCGAGGACGAGTTCAGCAGCGACGAGGACGAC GGGCTGTACG TGCGCCCCGA
2821 GGAGGCGCCC CGCTCCGGCTTCGACGTCTG GTTCCGCGAT CCGGAGAAAC CGGAAGTGAC
2881 GAATGGGCCC AACTATGGCG TGACCGCCAG CCGCCTGTTG AATGCCCGCC CCGCTTAAAT
2941 ACCGGGAGAA CCGGCCCGCC CGCATTCCGA CATGCCCGCC GCCGCCCCCG CCGACATGGA
3001 CACGTTCGAC CCCAGCGCCC CCGTCCCGAC GAGCGTCTCT AACCCGGCCG CCGACGTCCT
3061 GCTGGCCCCC AAGGGACCCC GCTCCCCGCT GCGCCCCCAG GACGACTCGG ACTGCTACTA

3121 CAGCGAGAGCGACAACGAGACGCCCAGCGAGTTCCTGCGCCGCGTGGGAC GCCGGCAGGC
3181 GGCGCGCCGG AGACGCCGCC GCTGCCTGAT GGGCGTCGCG ATCAGCGCCG CCGCGCTGGT
3241 CATCTGCTCG CTGTCGGCGC TGATCGGGGG CATCATCGCC CGGCACGTGT AGCGAGCGGG
3301 TGGTGGCCGCCCGCCCCGCCGCGCCCAGGAGGGGGGGGTCCGGGGGGGCGA AGCGGGCGGA
3361 GGAGAGCGAG CCACGTGGTT GTGGGCTCGG ACTTGTCACA ATAAATGGGC CCCGGCGCAC
3421 CCGGGCGCAC ACAGCAGCCT TCCTCGTCTC CGCGTCTCTG CTGTTCCTCT CGTCGGTCTT
3481 CTCCCACTCC GCCGTCGCGA ACGCGCTCGC GC CATGGGGG TGACGGCCAT CACCGTGGTC
3541 ACGCTGATGG ACGGGTCCGG GCGCATCCCC GCCTTCGTGG GCGAGGCGCA CCCCGGACCTG
3601 TGGAAGGTGC TCACCGAGTG GTGCTACGCG TCGCTGGTGC AGCAGCGGCG GCCGCCGAC
3661 GAGGACACGC CGCGGC<u>AACA CGTGGTGCTG CGCTCCTCGG AG</u>ATCGCCCC CGGCTCGCTG
3721 GCCCTGCTGCCGCGCGCCAC GCGCCCCGTC GTGCGGACAC GGTCCGACCC CACGGCGCCG
3781 TTCTACATCA CCACCGAGAC GCACGAGCTG ACGCGGCGCC CCCCGGCGGA CGGCTCGAAG
3841 CCCGGGGAGC CCCTCCGTAT CAGCCCGCCC CCGCGGCTGG ACACGGAGTG GTCCTCCGTC
3901 ATCAACGGGA TCC

注:单下划线为 gIE‐F/R 引物所在位置;
   双下划线为 gIME‐F/R 引物所在位置;
   □ 部分的序列为猪伪狂犬病毒 SA215 株缺失部分的序列。

───────────────

第二类
环境安全检测

第一部分　玉　米

ICS 65.020.99
B 20

中华人民共和国农业行业标准

NY/T 720.1—2003

转基因玉米环境安全检测技术规范
第 1 部分：生存竞争能力检测

Environmental impact testing of genetically modified maize—
Part 1:Testing the survival and competitive abilities

2003-12-01 发布

2004-03-01 实施

中华人民共和国农业部 发布

前　言

NY/T 720《转基因玉米环境安全检测技术规范》分为以下三个部分：

——第 1 部分：生存竞争能力检测；

——第 2 部分：外源基因流散的生态风险检测；

——第 3 部分：对生物多样性影响的检测。

本部分是 NY/T 720 的第 1 部分。

本部分由中华人民共和国农业部提出并归口。

本部分起草单位：中国农业科学院植物保护研究所、农业部科技发展中心。

本部分主要起草人：彭于发、王振营、李宁、杨崇良、董英山、路兴波、付仲文。

转基因玉米环境安全检测技术规范
第1部分:生存竞争能力检测

1 范围

NY/T 720 的本部分规定了转基因玉米生存竞争能力的检测方法。

NY/T 720 的本部分适用于转基因玉米变为杂草的可能性、转基因玉米与非转基因玉米及杂草在荒地和农田中竞争能力的检测。

2 规范性引用文件

下列文件中的条款通过 NY/T 720 本部分的引用而成为本部分的条款。凡是注日期的引用文件,其随后所有的修改单(不包括勘误的内容)或修订版均不适用于本部分,然而,鼓励根据本部分达成协议的各方研究是否可使用这些文件的最新版本。凡是不注日期的引用文件,其最新版本适用于本部分。

GB/T 3543.4 农作物种子检验规程 发芽试验

GB 4404.1 粮食作物种子 禾谷类

3 要求

3.1 试验材料

转基因玉米品种、受体玉米品种、当地推广的非转基因玉米品种。

上述材料的质量应达到 GB 4404.1 中不低于二级玉米种子的要求。

3.2 资料记录

3.2.1 试验地名称与位置

记录试验的具体地点、试验地的名称、地址经纬度或全球地理定位系统(GPS)地标。绘制小区示意图。

3.2.2 土壤资料

记录土壤类型、土壤肥力、排灌情况和土壤覆盖物等内容。描述试验地近三年种植情况。

3.2.3 试验地周围生态类型

3.2.3.1 自然生态类型

记录与农业生态类型地区的距离及周边植被情况。

3.2.3.2 农业生态类型

记录试验地周围的主要栽培作物及其他植被情况,以及当地玉米田常见病、虫、草害的名称及危害情况。

3.2.4 气象资料

记录试验期间试验地降雨(降雨类型、日降雨量、以毫米表示)和温度(日平均温度、最高和最低温度、积温,以摄氏度表示)的资料。记录影响整个试验期间试验结果的恶劣气候因素,例如严重或长期的干旱、暴雨、冰雹等。

3.3 试验安全控制措施

3.3.1 隔离条件

试验地四周有 500 m 以上非玉米作物为隔离带,或 500 m 范围内与其他玉米花期隔离 30 d 以上。

3.3.2 隔离措施

以非玉米作物作为隔离带,面积较小的试验地设围栏,设专人监管。

3.3.3 试验过程的安全管理

试验过程中如发生试验材料被盗、被毁等意外事故,应立即报告行政主管部门和当地公安部门,依法处理。

3.3.4 试验后的材料处理

转基因玉米材料应单收、单藏,由专人运输和保管。试验结束后,除需要保留的材料外,剩余的试验材料一律焚毁。

3.3.5 试验结束后试验地的监管

保留试验地边界标记。当年和第二年不再种植玉米,由专人负责监管,及时拔除并销毁转基因玉米自生苗。

4 试验方法

4.1 荒地生存竞争能力检测

每个小区面积为 6 m²(2 m×3 m),四次重复。

4.1.1 播种

从 4 月至 6 月,分期播种三次,分地表撒播和 5 cm 深度播种两种方式,每小区播种 150 粒。

4.1.2 管理

播种后不进行任何栽培管理。

4.1.3 调查时期

在播前调查 1 次试验小区的杂草种类、数量,按植株垂直投影面积占小区面积的比例估算出覆盖率。玉米播种后 30 d 开始,至玉米成熟,每月调查一次,调查内容同播前。

4.1.4 调查方法

采用对角线 5 点取样,杂草调查每点 0.25 m²。

4.2 转基因玉米自生苗数量

在种植后第二年 5 月和 6 月,各调查一次前一年种植转基因玉米的试验小区内自生苗情况,记录每小区自生苗的数量,并对自生苗进行生物学测定或分子生物学检测,然后用人工或除草剂将转基因玉米自生苗完全清除。

4.3 栽培地生存竞争能力检测

小区面积不小于 25 m²(5 m×5 m),三次以上重复,随机排列,按当地常规耕作管理的模式进行。

4.3.1 播种

按当地春玉米或夏玉米常规播种时间、播种方式和播种量进行播种。

4.3.2 调查记录

在玉米苗期(定苗后 7 d)、心叶中期(即小喇叭口期)、心叶末期(即大喇叭口期)、抽雄期以及吐丝期,每点调查 10 株玉米的株高,并估算出覆盖率。在成熟期每小区收获 20 株玉米果穗,比较转基因玉米与受体玉米在种子产量方面的差异,并对收获种子进行发芽率检测,按 GB/T 3543.4 规定的方法进行。

4.4 结果分析

用方差分析方法比较转基因玉米、受体玉米和杂草之间的生存竞争能力的差异。

ICS 65.020.99
B 20

中华人民共和国农业行业标准

NY/T 720.2—2003

转基因玉米环境安全检测技术规范
第2部分：外源基因流散的生态风险检测

Environmental impact testing of genetically modified maize—
Part 2：Testing the ecological risk of gene flow

2003-12-01 发布　　　　　　　　　　　　　　2004-03-01 实施

中华人民共和国农业部 发布

前　言

NY/T 720《转基因玉米环境安全检测技术规范》分为以下三个部分：
——第1部分：生存竞争能力检测；
——第2部分：外源基因流散的生态风险检测；
——第3部分：对生物多样性影响的检测。
本部分是 NY/T 720 的第2部分。
本部分由中华人民共和国农业部提出并归口。
本部分起草单位：中国农业科学院植物保护研究所、农业部科技发展中心。
本部分主要起草人：彭于发、王振营、李宁、杨崇良、董英山、路兴波、付仲文。

转基因玉米环境安全检测技术规范
第2部分:外源基因流散的生态风险检测

1 范围

NY/T 720 的本部分规定了转基因玉米外源基因流散的生态风险检测方法。

NY/T 720 的本部分适用于转基因玉米基因流散距离和不同距离的流散率的检测。

2 规范性引用文件

下列文件中的条款通过 NY/T 720 本部分的引用而成为本部分的条款。凡是注日期的引用文件,其随后所有的修改单(不包括勘误的内容)或修订版均不适用于本部分,然而,鼓励根据本部分达成协议的各方研究是否可使用这些文件的最新版本。凡是不注日期的引用文件,其最新版本适用于本部分。

GB 4404.1　粮食作物种子　禾谷类

NY/T 720.1—2003　转基因玉米环境安全检测技术规范　第1部分:生存竞争能力检测

3 术语和定义

下列术语和定义适用于 NY/T 720 的本部分。

3.1

基因流散　gene flow

转基因玉米中的外源基因向其他玉米栽培品种自然转移的行为。

3.2

流散率　outcrossing rate

转基因玉米与普通栽培玉米或相关野生种发生自然杂交的比率。

4 要求

4.1 试验品种

——转基因玉米品种。

——与供试转基因玉米籽粒颜色不同、生育期相当的当地普通玉米品种或甜(糯)玉米品种。

4.2 其他要求

按 NY/T 720.1—2003 中第 3 章的要求。

5 试验方法

5.1 试验设计

选择一面积不小于 10 000 m²(100 m×100 m)的试验地,在试验地中心,划出一个 25 m²(5 m×5 m)小区种植转基因玉米,周围种植非转基因玉米。

5.2 播种

转基因玉米原则上应分期播种,使之与非转基因玉米花期相遇,按常规播种量播种。

5.3 调查方法

沿试验地对角线的四个方向,分别用 A、B、C、D 标记,距转基因玉米种植区 5 m、15 m、30 m 和

60 m,每点随机收获 10 株玉米(第 1 果穗)。并按照 A1,A2,A3,……的顺序作上标记,晒干后储存用进一步检测。

5.4 检测方法

5.4.1 和 5.4.2 任选其一。

5.4.1 胚乳检测

用胚乳显隐性性状进行鉴别。根据不同方向、距转基因玉米不同距离收获的玉米籽粒中表现转基因玉米胚乳性状的数量,初步确定转基因玉米花粉传播距离和不同距离的流散率。

5.4.2 生物测定

根据相应的转基因玉米目标基因类型,用相应的生物学鉴定方法,测定不同方向、距转基因玉米不同距离收获的玉米籽粒中表现转基因玉米特性的数量,初步确定花粉传播距离和不同距离的流散率。

5.4.3 分子生物学检测

对 5.4.1 和 5.4.2 中初步确认的含外源基因的籽粒或植株进行检测,确定花粉传播的距离和不同距离的流散率。

5.5 调查和记录

记录收获的每个玉米果穗的籽粒总数及其中的含外源基因的玉米籽粒数。

5.6 结果表述

流散率按式(1)计算:

$$P = \frac{N}{T} \times 100 \quad\cdots\cdots\cdots (1)$$

式中:

P——流散率,单位为百分率(%);

N——每穗玉米中含外源基因的玉米籽粒数量,单位为粒;

T——每穗籽粒总量,单位为粒。

5.7 结果分析

用方差分析方法分析转基因玉米花粉传播距离和不同距离的流散率。

ICS 65.020.99
B 20

中华人民共和国农业行业标准

NY/T 720.3—2003

转基因玉米环境安全检测技术规范
第3部分：对生物多样性影响的检测

Environmental impact testing of genetically modified maize—
Part 3：Testing the effects on biodiversity

2003-12-01 发布
2004-03-01 实施

中华人民共和国农业部 发布

前　言

NY/T 720《转基因玉米环境安全检测技术规范》分为以下三个部分:

——第 1 部分:生存竞争能力检测;

——第 2 部分:外源基因流散的生态风险检测;

——第 3 部分:对生物多样性影响的检测。

本部分是 NY/T 720 的第 3 部分。

附录 A 为规范性附录。

本部分由中华人民共和国农业部提出并归口。

本部分起草单位:中国农业科学院植物保护研究所、农业部科技发展中心。

本部分主要起草人:彭于发、王振营、李宁、杨崇良、董英山、路兴波、付仲文。

转基因玉米环境安全检测技术规范
第3部分:对生物多样性影响的检测

1 范围

NY/T 720 的本部分规定了转基因玉米对玉米田生物多样性影响的检测方法。

NY/T 720 的本部分适用于转基因玉米对玉米田主要害虫及优势天敌种群数量、节肢动物群落结构及玉米病害影响的检测。

2 规范性引用文件

下列文件中的条款通过 NY/T 720 本部分的引用而成为本部分的条款。凡是注日期的引用文件,其随后所有的修改单(不包括勘误的内容)或修订版均不适用于本部分,然而,鼓励根据本部分达成协议的各方研究是否可使用这些文件的最新版本。凡是不注日期的引用文件,其最新版本适用于本部分。

GB 4404.1—1996 粮食作物种子 禾谷类

NY/T 720.1—2003 转基因玉米环境安全检测技术规范 第1部分:生存竞争能力的检测

3 术语和定义

下列术语和定义适用于 NY/T 720 的本部分。

3.1

靶标生物 target organisms

转基因玉米中目的基因所针对的目标生物。

3.2

非靶标生物 non-target organisms

转基因玉米中目的基因所针对的目标生物以外的其他生物。

4 要求

4.1 试验品种

——转基因玉米品种;

——转基因受体玉米品种;

——当地普通栽培玉米品种。

4.2 其他要求

按 NY/T 720.1—2003 中第3章的要求。

5 试验方法

5.1 试验设计

小区面积不小于 150 m²(10 m×15 m),三次以上重复,常规耕作管理,全生育期不应喷施杀虫剂。

5.2 播种

按当地春玉米或夏玉米常规播种时间、播种方式和播种量进行播种。

5.3 调查记录

5.3.1 对玉米田节肢动物多样性的影响

5.3.1.1 调查方法

直接调查观察法：从定苗后 10 d 到成熟，每 7 d 调查一次，每小区采用对角线 5 点取样，每点固定 5 株玉米。记载整株玉米（蚜虫、叶螨记载上、中、下 3 叶）及其地面各种昆虫和蜘蛛的数量、种类和发育阶段。开始调查时，首先要快速观察活泼易动的昆虫和（或）蜘蛛的数量。对田间不易识别的种类进行编号，带回室内鉴定。

吸虫器调查法：在玉米定苗 15 d 后调查第一次，以后在玉米心叶中期、心叶末期、花丝盛期和灌浆后期各调查一次，共计五次，每小区采用对角线五点取样。每点用吸虫器抽取 5 株玉米（全株）及其地面 1 m² 范围内的所有节肢动物种类。将抽取的样品带回室内清理和初步分类后，放入 75% 乙醇溶液保存，供进一步鉴定。

5.3.1.2 结果记录

记录所有直接观察到和用吸虫器抽取的节肢动物的名称、发育阶段和数量。

5.3.2 转基因抗虫玉米对靶标害虫（亚洲玉米螟）的抗虫作用

5.3.2.1 调查方法

每小区采用对角线五点取样，每点连续调查相邻四行的 20 株玉米，在心叶末期和穗期（收获前）各调查一次。心叶末期调查玉米心叶被害情况，收获前剖秆（包括雌穗）调查玉米植株被害情况。

5.3.2.2 结果记录

调查玉米心叶受玉米螟危害程度，其判断标准见表 A.1，计算各小区心叶期玉米螟对叶片为害级别（食叶级别）的平均值，然后按表 A.2 的规定判定玉米对玉米螟抗性水平。穗期调查记录玉米螟蛀孔数量、活虫数和蛀孔隧道长度（cm）。

5.3.3 转基因抗虫玉米对其他主要鳞翅目非靶标害虫的抗虫作用

方法同 5.3.2，具体调查对象为棉铃虫（*Helicoverpa armigera* Hübner）、甜菜夜蛾（*Spodoptera exigua*）、黏虫[*Mythimna separata*（Walker）]、高粱条螟[*Proceras vennosatum*（Walker）]、桃蛀螟[*Dichocrocis punciferalis*（Guénee）]等主要鳞翅目害虫。对于高粱条螟和桃蛀螟的植株被害率、蛀孔数和幼虫存活数可结合 5.3.2 调查亚洲玉米螟危害时一同调查。

5.3.4 对玉米病害的影响

5.3.4.1 调查方法

在玉米心叶末期和穗期各调查一次，每小区采用五点取样，每点连续调查相邻的两行 20 株玉米，对玉米主要病害发生情况进行调查，具体病害的分级标准按表 A.3、表 A.4、表 A.5 和表 A.6 执行。

5.3.4.2 结果表述

对玉米茎腐病、玉米粗缩病、玉米瘤黑粉病和丝黑穗病的发病情况用发病率 D 表示，按式（1）计算。

$$D = \frac{N}{T} \times 100 \cdots\cdots\cdots\cdots\cdots\cdots\cdots\cdots\cdots\cdots\cdots\cdots\cdots (1)$$

式中：

D——发病率，单位为百分率（%）；

N——病株数，单位为株；

T——调查总株数，单位为株。

对玉米叶斑类病害（玉米大斑病、玉米小斑病和玉米弯孢菌叶斑病）、玉米矮花叶病、玉米纹枯病和玉米穗腐病的发病情况，通过对玉米鉴定材料群体中个体植株发病程度的综合计算，确定各鉴定材料的病情指数。病情指数计算见式（2）：

$$I = \frac{\sum (N \times R)}{M \times T} \times 100 \cdots\cdots\cdots\cdots\cdots\cdots\cdots\cdots\cdots\cdots (2)$$

式中：

I——病情指数；

$\sum$——调查病害相对病级数值及其株数乘积的总和；

N——病害某一级别的植株数，单位为株；

R——病害的相对病级数值；

M——病害的最高病级数值；

T——调查总株数，单位为株。

5.4 结果分析

采用方差分析方法分析比较转基因玉米与非转基因玉米对主要害虫及天敌种群数量、节肢动物群落结构以及主要病害的影响。

附　录　A
（规范性附录）
分 级 评 价 标 准

表 A.1　玉米心叶受玉米螟危害程度的分级标准

食叶级别	症 状 描 述
1	仅个别心叶上有少量针刺状(≤1 mm)虫孔
2	仅个别心叶上有中等数量针刺状(≤1 mm)虫孔
3	少数心叶上有大量针刺状(≤1 mm)虫孔
4	个别心叶上有少量绿豆大小(≤2 mm)虫孔
5	少数心叶上有中等数量绿豆大小(≤2 mm)虫孔
6	部分心叶上有大量绿豆大小(≤2 mm)虫孔
7	少数心叶上有少量直径大于2 mm的虫孔
8	部分心叶上有中等数量直径大于2 mm的虫孔
9	大部心叶上有大量直径大于2 mm的虫孔

表 A.2　玉米对玉米螟的抗性评价标准

虫害级别	心叶期食叶级别平均值	抗 性 类 型
1	1.0～2.0	高抗 HR
3	2.1～4.0	抗 R
5	4.1～6.0	中抗 MR
7	6.1～8.0	感 S
9	8.1～9.0	高感 HS

表 A.3　叶斑病分级标准

病情分级	症 状 描 述
1	叶片上无病斑或仅在穗位下部叶片上有少量病斑,病斑占叶面积少于5%
3	穗位下部叶片上有少量病斑,占叶面积6%～10%,穗位上部叶片有零星病斑
5	穗位下部叶片上病斑较多,占叶面积11%～30%,穗位上部叶片有少量病斑
7	穗位下部叶片有大量病斑,病斑相连,占叶面积31%～70%,穗位上部叶片病斑较多
9	全株叶片基本为病斑覆盖,叶片枯死

表 A.4　玉米纹枯病分级标准

病情分级	症 状 描 述
0	全株无症状
1	果穗下第4叶鞘及以下叶鞘发病
3	果穗下第3叶鞘及以下叶鞘发病
5	果穗下第2叶鞘及以下叶鞘发病
7	果穗下第1叶鞘及以下叶鞘发病
9	果穗及其以上叶鞘发病

表 A.5 玉米穗腐病分级标准

病情分级	症 状 描 述
1	发病面积占果穗总面积 0%～1%
3	发病面积占果穗总面积 2%～10%
5	发病面积占果穗总面积 11%～25%
7	发病面积占果穗总面积 26%～50%
9	发病面积占果穗总面积 51%～100%

表 A.6 玉米矮花叶病分级标准

病情分级	症 状 描 述
0	全株无症状
1	少数叶片出现轻微花叶症状
3	较多叶片出现轻微花叶症状
5	穗位以上叶片出现典型花叶症状,植株略矮,果穗略小
7	全株叶片出现典型花叶症状,植株矮化,果穗小
9	全株花叶症状显著,病株严重矮化,果穗不结实

ICS 65.020
B 04

中华人民共和国国家标准

农业部 953 号公告－10.1－2007

转基因植物及其产品环境安全检测
抗虫玉米
第 1 部分：抗虫性

Evaluation of environmental impact of genetically modified plants
and its derived products—
Insect–resistant maize
Part 1：Evaluation of insect pests resistance

2007-12-18 发布

2008-03-01 实施

中华人民共和国农业部 发布

前　言

本标准由农业部科技教育司提出。

本标准由全国农业转基因生物安全管理标准化技术委员会归口。

本标准附录 A 为规范性附录。

本标准起草单位:中国农业科学院植物保护研究所、农业部科技发展中心。

本标准主要起草人:王振营、刘信、彭于发、何康来、白树雄、厉建萌。

本标准为首次发布。

转基因植物及其产品环境安全检测　抗虫玉米
第 1 部分:抗虫性

1　范围

本标准规定了转基因抗虫玉米对鳞翅目靶标害虫抗性的检测方法。

本标准适用于转基因抗虫玉米对鳞翅目靶标害虫的抗性水平检测,不适用于进口用作加工原料的转基因抗虫玉米的环境安全检测。

2　规范性引用文件

下列文件中的条款通过本标准的引用而成为本标准的条款。凡是注日期的引用文件,其随后所有的修改单(不包括勘误的内容)或修订版均不适用于本标准。然而,鼓励根据本标准达成协议的各方研究是否可使用这些文件的最新版本。凡是不注日期的引用文件,其最新版本适用于本标准。

GB 4404.1　粮食作物种子　禾谷类

NY/T 720.1—2003　转基因玉米环境安全检测技术规范　第 1 部分:生存竞争能力检测

NY/T 1248.5　玉米抗病虫性鉴定技术规范　第 5 部分:玉米抗玉米螟鉴定技术规范

3　术语和定义

下列术语和定义适用于本标准。

3.1

转基因抗虫玉米　transgenic insect-resistant maize

通过基因工程技术将外源抗虫基因导入玉米基因组而培育出的抗虫玉米自交系及其衍生品种。

3.2

靶标生物　target organism

转基因抗虫玉米中的目的蛋白所针对的目标生物,在本标准中特指亚洲玉米螟等鳞翅目害虫。

4　要求

4.1　试验材料

转基因抗虫玉米品种(系),对应的非转基因玉米品种(系)和普通栽培玉米品种感虫对照。

上述材料的质量应达到 GB 4404.1 中不低于二级玉米种子的要求。

4.2　隔离措施(4.2.1 和 4.2.2 任选其一)

4.2.1　空间隔离

试验地四周有 200 m 以上非玉米为隔离带;若实验区域周边有玉米制种田,则隔离带应在 300 m 以上。

4.2.2　时间隔离

转基因抗虫玉米田周围 200 m 范围内与其他玉米错期播种,使花期隔离,夏玉米错期在 30 d 以上,春玉米错期在 40 d 以上。

4.3　其他要求

按 NY/T 720.1—2003 中"3　要求"执行。

5 抗虫性检测

5.1 试验设计

随机区组设计,三次重复,小区面积为 30 m²(5 m×6 m),行距 60 cm,株距 25 cm,常规栽培管理,全生育期不应喷施杀虫剂。不同害虫接虫试验小区之间有 2 m 的间隔,避免害虫在不同小区之间的扩散。

5.2 亚洲玉米螟[*Ostinia furnacalis* (Guénee)]

5.2.1 接虫时期

分别在玉米心叶期和吐丝期人工接虫。每小区人工接虫不少于 40 株。

5.2.2 接虫方法

分别在玉米心叶期(小喇叭口期,玉米植株发育至展 6 叶~8 叶期)和吐丝期接虫,各接虫 2 次。

心叶期接虫按 NY/T 1248.5 执行。

吐丝期除接虫部位为玉米花丝丛外,其他按 NY/T 1248.5 执行。

5.2.3 调查时间

分别在接虫 14 d~21 d 后,逐株调查玉米被害情况。心叶期接虫调查玉米植株中上部叶片被玉米螟取食情况;吐丝期接虫后,调查雌穗被害程度及植株被害情况。

5.2.4 调查方法

心叶期接虫后调查按 NY/T 1248.5 执行。

吐丝期接虫后调查玉米雌穗被害情况、蛀孔数量、蛀孔隧道长度(cm)以及存活幼虫龄期和存活数量。

5.2.5 结果表述

玉米心叶期抗虫性评价按 NY/T 1248.5 执行。

玉米穗期抗虫性评价根据雌穗被害情况、蛀孔数量、蛀孔隧道长度(cm)以及存活幼虫龄期和存活数量,计算各小区穗期玉米螟对雌穗的抗性被害级别平均值。判断标准见附录 A 表 A1,然后按附录 A 表 A2 的规定判别玉米穗期对玉米螟的抗性水平。

5.3 黏虫[*Mythimna separate* (Walker)]

5.3.1 接虫时期

玉米植株发育至展 4 叶~6 叶期进行,每小区人工接虫不少于 40 株。

5.3.2 接虫方法

每株接人工饲养的初孵幼虫 30 头~40 头,用毛笔接种到玉米心叶中,接虫 3 d 后,第二次接虫,接虫数量同第一次。

5.3.3 调查记录

在接虫 14 d 后进行,调查玉米叶片受黏虫的为害程度和幼虫存活数。

5.3.4 结果表述

根据玉米叶片受黏虫的为害程度,计算各小区黏虫对玉米叶片为害级别(食叶级别)的平均值,其判断标准见附录 A 表 A3,然后按附录 A 表 A4 的规定判定转基因抗虫玉米对黏虫的抗性水平。

5.4 棉铃虫(*Helicoverpa armigera* Hübner)

5.4.1 接虫时期

在玉米吐丝期进行,每小区人工接虫不少于 40 株。

5.4.2 接虫方法

每株接初孵幼虫 20 头~30 头,接于玉米花丝上,接虫 3 d 后,第二次接虫,接虫数量同第一次。

5.4.3 调查记录

对棉铃虫的抗虫性调查在人工接虫第 14 d～21 d 进行，逐株调查雌穗被害率、每个雌穗存活幼虫数、雌穗被害长度。

5.4.4 结果表述

根据雌穗被害率、存活幼虫数、雌穗被害长度(cm)，计算各小区玉米穗期棉铃虫对雌穗的为害级别平均值，判断标准见附录 A 表 A5，按附录 A 表 A6 的规定判别玉米穗期对棉铃虫的抗性水平。

附 录 A

（规范性附录）

表 A.1 玉米穗期受亚洲玉米螟为害程度的分级标准

雌穗被害级别	症 状 描 述
1	雌穗没有受害
2	花丝被害＜50％
3	大部花丝被害≥50％；有幼虫存活，龄期≤2 龄
4	穗尖被害≤1 cm；有幼虫存活，龄期≤3 龄
5	穗尖被害≤2 cm；或有幼虫存活，龄期≤4 龄；隧道长度≤2 cm
6	穗尖被害≤3 cm；或有幼虫存活，龄期＞4 龄，隧道长度≤4 cm
7	穗尖被害≤4 cm；隧道长度≤6 cm
8	穗尖被害≤5 cm；隧道长度≤8 cm
9	穗尖被害＞5 cm；隧道长度＞8 cm

表 A.2 玉米雌穗对亚洲玉米螟的抗性评价标准

雌穗被害级别平均值	抗性类型
1～2.0	高抗 HR
2.1～3.0	抗 R
3.1～5.0	中抗 MR
5.1～7.0	感 S
≥7.1	高感 HS

表 A.3 玉米叶片受黏虫为害程度的分级标准

食叶级别	症 状 描 述
1	叶片无被害，或仅叶片上有针刺状（≤1 mm）虫孔
2	仅个别叶片上有少量弹孔大小（≤5 mm）虫孔
3	少数叶片上有弹孔大小（≤5 mm）虫孔
4	个别叶片上缺刻（≤10 mm）
5	少数叶片上有缺刻（≤10 mm）
6	部分叶片上有缺刻（≤10 mm）
7	个别叶片部分被取吃，少数叶片上有大片缺刻（≤10 mm）
8	少数叶片被取吃，部分叶片上有大片缺刻（≤10 mm）
9	大部叶片被取吃

表 A.4 玉米对黏虫的抗性评价标准

心叶期食叶级别平均值	抗性类型
1.0～2.0	高抗 HR
2.1～4.0	抗 R
4.1～6.0	中抗 MR
6.1～8.0	感 S
8.1～9.0	高感 HS

表 A.5　玉米雌穗受棉铃虫为害程度的分级标准

雌穗被害级别	症 状 描 述
0	雌穗没有被害
1	仅花丝被害
2	穗顶被害 1 cm
3+	穗顶下被害每增加 1 cm,相应的被害级别增加 1 级
…N	

表 A.6　玉米雌穗对棉铃虫的抗性评价标准

雌穗被害级别平均值	抗性类型
0～1.0	高抗 HR
1.1～3.0	抗 R
3.1～5.0	中抗 MR
5.1～7.0	感 S
≥7.1	高感 HS

ICS 65.020
B 04

中华人民共和国国家标准

农业部 953 号公告－10.2－2007

转基因植物及其产品环境安全检测
抗虫玉米
第 2 部分：生存竞争能力

Evaluation of environmental impact of genetically modified plants and
its derived products—
Insect-resistant maize
Part 2:Survival and competitiveness

2007-12-18 发布　　　　　2008-03-01 实施

中华人民共和国农业部 发布

农业部 953 号公告—10.2—2007

前　言

本标准由中华人民共和国农业部科技教育司提出。

本标准由全国农业转基因生物安全管理标准化技术委员会归口。

本标准起草单位：中国农业科学院植物保护研究所、农业部科技发展中心。

本标准主要起草人：王振营、刘信、彭于发、何康来、白树雄、厉建萌。

本标准为首次发布。

转基因植物及其产品环境安全检测
抗虫玉米
第 2 部分：生存竞争能力

1 范围

本标准规定了转基因抗虫玉米生存竞争能力的检测方法。

本标准适用于转基因抗虫玉米变为杂草的可能性、转基因抗虫玉米与非转基因玉米及杂草在荒地和农田中生存竞争能力的检测。

2 规范性引用文件

下列文件中的条款通过本标准的引用而成为本标准的条款。凡是注日期的引用文件，其随后所有的修改单（不包括勘误的内容）或修订版均不适用于本标准。然而，鼓励根据本标准达成协议的各方研究是否可使用这些文件的最新版本。凡是不注日期的引用文件，其最新版本适用于本标准。

GB/T 3543.4 农作物种子检验规程 发芽试验

GB 4404.1 粮食作物种子 禾谷类

NY/T 720.1—2003 转基因玉米环境安全检测技术规范 第 1 部分：生存竞争能力检测

农业部 953 号公告—10.1—2007 转基因植物及其产品环境安全检测 抗虫玉米 第 1 部分：抗虫性

3 术语和定义

下列术语和定义适用于本部分。

3.1

生存竞争能力 survival and competitiveness

转基因抗虫玉米品种与杂草在其自然群落中的竞争性。

4 要求

4.1 试验材料

转基因抗虫玉米品种（系）、对应的非转基因抗虫玉米品种（系）。

上述材料的质量应达到 GB 4404.1 中不低于二级玉米种子的要求。

4.2 隔离措施

按农业部 953 号公告—10.1—2007 中"4.2 隔离措施"执行。

4.3 其他要求

按 NY/T 720.1—2003 中"3 要求"执行。

5 检测方法

按 NY/T 720.1—2003 中"4 试验方法"执行。

ICS 65.020
B 04

中华人民共和国国家标准

农业部 953 号公告－10.3－2007

转基因植物及其产品环境安全检测
抗虫玉米
第 3 部分：外源基因漂移

Evaluation of environmental impact of genetically modified plants and
its derived products—
Insect−resistant maize
Part 3:Gene flow

2007-12-18 发布　　　　　　　　　　　　　　2008-03-01 实施

中华人民共和国农业部 发布

前　言

本标准由中华人民共和国农业部科技教育司提出。

本标准由全国农业转基因生物安全管理标准化技术委员会归口。

本标准起草单位：中国农业科学院植物保护研究所、农业部科技发展中心。

本标准主要起草人：王振营、刘信、彭于发、何康来、白树雄、厉建萌。

本标准为首次发布。

转基因植物及其产品环境安全检测
抗虫玉米
第 3 部分:外源基因漂移

1 范围

本标准规定了转基因抗虫玉米外源基因漂移的检测方法。

本标准适用于转基因抗虫玉米与栽培玉米的异交率以及基因漂移距离和频率的检测。

2 规范性引用文件

下列文件中的条款通过本标准的引用而成为本标准的条款。凡是注日期的引用文件,其随后所有的修改单(不包括勘误的内容)或修订版均不适用于本标准。然而,鼓励根据本标准达成协议的各方研究是否可使用这些文件的最新版本。凡是不注日期的引用文件,其最新版本适用于本标准。

GB 4404.1 粮食作物种子 禾谷类

NY/T 720.1—2003 转基因玉米环境安全检测技术规范 第 1 部分:生存竞争能力检测

农业部 953 号公告—10.1—2007 转基因植物及其产品环境安全检测 抗虫玉米 第 1 部分:抗虫性

3 术语和定义

下列术语和定义适用于本部分。

3.1

异交率 outcrossing rate
转基因抗虫玉米与非转基因玉米品种自然杂交的比率。

3.2

基因漂移 gene flow
转基因抗虫玉米中的外源基因通过花粉扩散向其他栽培玉米品种自然转移的行为。

4 要求

4.1 试验材料

转基因抗虫玉米品种(系),对应的非转基因玉米品种(系)或与转基因抗虫玉米生育期相当的当地普通栽培品种。

上述材料的质量应达到 GB 4404.1 中不低于二级玉米种子的要求。

4.2 隔离措施

按农业部 953 号公告—10.1—2007 中"4.2 隔离措施"执行。

4.3 其他要求

按 NY/T 720.1—2003 中"4 要求"执行。

5 试验方法

5.1 试验设计

试验地面积不小于 10 000 m²(100 m×100 m),在其中央划出一个 25 m²(5 m×5 m)小区种植转基因抗虫玉米,周围种植非转基因玉米。

5.2 播种

转基因抗虫玉米原则上应分 2 次播种,隔一行种一行,使之散粉期与非转基因玉米抽丝期相遇,按常规播种量播种。

5.3 去雄

在抽雄期,及时拔掉非转基因玉米露出顶叶尚未散粉的雄穗,去雄要及时、干净、彻底,不要留残枝,在抽雄期每天清晨拔除一次,不能间断。拔除的雄穗要带出距试验地 200 m 以外,以防散粉。当转基因抗虫玉米是显性胚乳性状,如黄色籽粒或非糯,而非转基因玉米是白色籽粒或甜、糯玉米时,或为转基因抗虫玉米同时具有耐除草剂基因时,相应的非转基因玉米可不必去雄。

5.4 调查方法

在玉米成熟后收获时,沿试验地对角线的 4 个方向,分别用 A、B、C、D 标记,沿对角线方向距转基因抗虫玉米种植区 15 m、30 m 和 60 m,每点随机收获 10 株玉米(第 1 果穗)。并按照 A1,A2,A3,…,A10 的顺序作上标记,晒干后储存待进一步检测。记录收获的每个玉米果穗的籽粒总数。

5.5 检测方法(5.5.1、5.5.2 或 5.5.3 任选其一)

5.5.1 直接观测

当非转基因玉米去雄后,根据非转基因玉米在不同方向、距转基因抗虫玉米不同距离收获的玉米籽粒数量,确定花粉传播距离和不同距离的异交率。

5.5.2 胚乳检测

用胚乳显隐性性状进行鉴别。根据不同方向、距转基因抗虫玉米不同距离收获的玉米籽粒中表现转基因抗虫玉米胚乳性状的数量,确定转基因抗虫玉米花粉传播距离和不同距离的异交率。只有当转基因抗虫玉米是显性胚乳性状,如黄色籽粒或非糯,适用该方法。

5.5.3 生物测定

当转基因抗虫玉米同时具备耐除草剂性能时,将不同距离收获的 10 个果穗的玉米籽粒在温室或田间条件下分区全部播种。在玉米出苗后,调查出苗数。待玉米长至 3 片~4 片叶时,按规定浓度喷施转基因抗虫耐除草剂玉米所耐除草剂,7 d 后对存活植株再喷一次除草剂,喷第二次除草剂,14 d 后调查不同处理正常存活的玉米株数,测定不同方向、不同距离收获的玉米籽粒中耐除草剂的数量,确定花粉传播距离和不同距离的异交率。

5.6 结果表述

5.6.1 异交率

异交率按公式(1)计算:

$$P = \frac{N}{T} \times 100 \quad\cdots\cdots\cdots\cdots\cdots\cdots\cdots\cdots\cdots\cdots\cdots\cdots\cdots\cdots\cdots (1)$$

式中:

P——异交率,单位为百分率(%);

N——每穗玉米中含外源基因的玉米籽粒数量,单位为粒;

T——每穗籽粒总量,单位为粒;若非转基因玉米为人为去雄的,此时的 T 为相应非转基因玉米在距转基因抗虫玉米 1 m 处 10 个果穗的平均籽粒数量。

计算结果保留 2 位小数。

5.6.2 基因漂移距离和频率

根据检测结果,确定外源基因在不同方向和不同距离的异交率,进而确定漂移距离。

ICS 65.020
B 04

中华人民共和国国家标准

农业部 953 号公告－10.4－2007

转基因植物及其产品环境安全检测
抗虫玉米
第 4 部分：生物多样性影响

Evaluation of environmental impact of genetically modified plants and
its derived products — Insect–resistant maize
Part 4: Impact on biodiversity

2007-12-18 发布

2008-03-01 实施

中华人民共和国农业部 发布

前　言

本标准由中华人民共和国农业部科技教育司提出。

本标准由全国农业转基因生物安全管理标准化技术委员会归口。

本标准起草单位：中国农业科学院植物保护研究所、农业部科技发展中心。

本标准主要起草人：王振营、刘信、彭于发、何康来、白树雄、厉建萌。

本标准为首次发布。

转基因植物及其产品环境安全检测 抗虫玉米
第 4 部分：生物多样性影响

1 范围

本标准规定了转基因抗虫玉米对生物多样性及家蚕和柞蚕的影响的检测方法。

本标准适用于转基因抗虫玉米对玉米田主要靶标和非靶标害虫、优势天敌种群动态、地上节肢动物群落结构、玉米病害以及家蚕和柞蚕影响的检测,其中对家蚕和柞蚕影响的检测不适用于进口用做加工原料的转基因抗虫玉米的环境安全检测。

2 规范性引用文件

下列文件中的条款通过本标准的引用而成为本标准的条款。凡是注日期的引用文件,其随后所有的修改单(不包括勘误的内容)或修订版均不适用于本标准。然而,鼓励根据本标准达成协议的各方研究是否可使用这些文件的最新版本。凡是不注日期的引用文件,其最新版本适用于本标准。

GB 4404.1 粮食作物种子 禾谷类

NY/T 720.1—2003 转基因玉米环境安全检测技术规范 第 1 部分：生存竞争能力检测

NY/T 720.3—2003 转基因玉米环境安全检测技术规范 第 3 部分：对生物多样性影响的检测

农业部 953 号公告—10.1—2007 转基因植物及其产品环境安全检测 抗虫玉米 第 1 部分：抗虫性

3 术语和定义

下列术语和定义适用于本标准。

3.1

非靶标生物 non-target organism

转基因抗虫玉米中的目的基因所针对的目标生物以外的其他生物。

4 要求

4.1 试验材料

转基因抗虫玉米品种(系)和对应的非转基因玉米品种(系)。

上述材料的质量应达到 GB 4404.1 中不低于二级玉米种子的要求。

4.2 隔离措施

按农业部 953 号公告—10.1—2007 中"4.2 隔离措施"执行。

4.3 其他要求

按 NY/T 720.1—2003 中"3 要求"执行。

5 检测方法

5.1 试验设计

试验设计和播种按 NY/T 720.3—2003 的规定执行。

5.2 对玉米田节肢动物群落结构的影响

5.2.1 调查方法

5.2.1.1 直接调查观察法

按 NY/T 720.3—2003 的规定执行。

5.2.1.2 吸虫器调查法

按 NY/T 720.3—2003 的规定执行。

5.2.1.3 陷阱调查法

用于地表节肢动物多样性比较。在玉米定苗后 10 d 开始到成熟,每 10 d 调查一次,每小区采用对角线 5 点取样,每点埋设 3 个塑料杯(Φ15 cm×10 cm),杯中放有 5% 的洗涤剂水,不超过杯容积的 1/3,间隔 0.5 m,在埋杯的第二天,调查杯中的节肢动物种类和数量,不易识别的种类进行编号,放入 75% 乙醇溶液中保存,供进一步鉴定。

5.2.2 调查记录

记录所有直接观察到的、用吸虫器抽取或陷阱法得到的节肢动物的名称、发育阶段和数量。

5.2.3 结果表述

用节肢动物群落的多样性指数、均匀性指数和优势集中性指数 3 个指标,分析比较转基因抗虫玉米田昆虫群落、害虫和天敌亚群落的稳定性。

节肢动物群落的多样性指数按公式(1)计算。

$$H = -\sum_{i=1}^{n} P_i \ln P_i \quad\cdots\cdots\cdots\cdots\cdots\cdots\cdots\cdots\cdots\cdots\cdots\cdots\cdots\cdots (1)$$

式中:

H——多样性指数;

P_i——N_i / N;

N_i——第 i 个物种的个体数;

N——总个体数。

计算结果保留 2 位小数。

节肢动物群落的均匀性指数按公式(2)计算。

$$J = H / \ln S \quad\cdots\cdots\cdots\cdots\cdots\cdots\cdots\cdots\cdots\cdots\cdots\cdots\cdots\cdots\cdots\cdots\cdots (2)$$

式中:

J——均匀性指数;

H——多样性指数;

S——物种数。

计算结果保留 2 位小数。

节肢动物群落的优势集中性指数按公式(3)计算。

$$C = \sum_{i=1}^{n} (N_i / N)^2 \quad\cdots\cdots\cdots\cdots\cdots\cdots\cdots\cdots\cdots\cdots\cdots\cdots\cdots (3)$$

式中:

C——优势集中性指数;

N_i——第 i 个物种的个体数;

N——总个体数。

计算结果保留 2 位小数。

5.3 对玉米田主要鳞翅目害虫的影响

5.3.1 调查方法

每小区采用对角线 5 点取样,每点连续调查相邻 4 行的 20 株玉米,在心叶初期、心叶末期和穗期

（收获前）各调查 1 次。具体调查对象为靶标害虫亚洲玉米螟，其他鳞翅目害虫棉铃虫、甜菜夜蛾[*Spodoptera exigua*（Hübner）]、黏虫、高粱条螟[*Proceras vennosatum*（Walker）]、桃蛀螟[*Conogethes punciferalis*（Guenée）]等主要鳞翅目害虫。心叶初期分别调查玉米心叶被棉铃虫、甜菜夜蛾或黏虫为害情况，心叶末期调查玉米心叶被亚洲玉米螟为害情况，收获前剖秆（包括雌穗）调查玉米植株被害情况。对于亚洲玉米螟、高粱条螟和桃蛀螟还应调查蛀孔数和幼虫存活数。

5.3.2 调查记录

记录不同时期观察到的鳞翅目害虫的种类、数量和玉米被害株数和被害情况。

5.3.3 结果表述

确定转基因抗虫玉米对主要鳞翅目害虫的影响，按公式（4）计算。

$$E=\frac{D-T}{D}\times100 \quad\cdots\cdots\cdots\cdots\cdots\cdots\cdots\cdots\cdots\cdots\cdots\cdots\cdots\cdots \quad(4)$$

式中：

E——控制效果，单位为百分率（%）；

D——非转基因对照玉米小区受害植株数或虫数；

T——转基因抗虫玉米小区受害植株数或虫数。

计算结果保留 2 位小数。

5.4 对玉米田主要非靶标害虫玉米蚜的影响

5.4.1 调查方法

5.4.1.1 直接调查观察法

从定苗后 10 d 到成熟，每 7 d 调查一次，每小区采用对角线 5 点取样，每点固定 5 株玉米。记载整株玉米蚜（*Rhopalosiphum maidis* Fitch）的数量。

5.4.1.2 吸虫器调查法

在玉米定苗 15 d 后调查第一次，以后在玉米心叶中期、心叶末期、花丝盛期和灌浆后期各调查 1 次，共计 5 次，每小区采用对角线 5 点取样。每点用吸虫器抽取 5 株玉米（全株）及其地面 1 m² 范围内的所有节肢动物种类。将抽取的样品带回室内清理和初步分类后，记录其中玉米蚜的数量。

5.4.2 调查记录

记录不同蚜虫的种类和数量。

5.4.3 结果表述

根据转基因抗虫玉米和对照玉米不同生育期玉米蚜的数量，评价转基因抗虫玉米对玉米蚜的种群数量动态的影响。

5.5 对玉米病害的影响

按 NY/T 720.3—2003 中"5.3.4"的规定执行。

5.6 对家蚕和柞蚕的影响

5.6.1 玉米花粉的采集

在玉米雄穗抽出、尚未散粉前，用授粉袋将玉米雄穗套住，每小区套 10 株玉米。在玉米散粉盛期，分别将转基因抗虫玉米和非转基因对照玉米花粉取回到实验室中。采集的花粉用 200 目的分样筛过筛，除去花药等杂质，放入 50 mL 离心管中，迅速用液氮冷冻后放入－20℃冰箱中保存备用。

5.6.2 不同浓度玉米花粉叶片的制备

将转基因抗虫玉米和非转基因抗虫玉米花粉按每毫升蒸馏水 0 mg、1 mg、5 mg 和 10 mg 的花粉量分别制成不同花粉浓度的悬浮液，将新鲜桑叶或柞树叶片分别放入不同浓度的花粉悬浮液中，并充分摇动，使花粉均匀分布在叶片上，然后取出晾干，制备成 0、100、500 和 1 000 粒/cm² 花粉浓度桑叶或柞树叶片，以对应的非转基因玉米花粉作对照。

5.6.3 检测方法

取直径 20 cm 的培养皿,底部铺一湿润的滤纸,放入沾有玉米花粉的新鲜桑树或柞树叶片,然后接入 20 头家蚕(*Bombyx mori* L.)或柞蚕(*Antheraea pernyi* Guérin - Mèneville)的初孵幼虫(蚁蚕),每 2 d 更换一次新鲜叶片,检测在 25℃,光照周期 16 L:8 D 条件下进行,到第七天结束,每处理重复 5 次。

5.6.4 调查记录

每二天检查取食沾有玉米花粉叶片的家蚕或柞蚕初孵幼虫的存活率,检查时用毛笔尖轻触虫体无反应为死亡判断标准,第七天对存活的幼虫称重。

5.6.5 结果表述

根据在取食沾有不同浓度转基因抗虫玉米花粉和对应的非转基因玉米花粉桑叶或柞树叶家蚕或柞蚕初孵幼虫第七天的死亡数和幼虫体重是否存在显著差异,评价转基因抗虫玉米花粉对家蚕和柞蚕的影响。

6 结果分析

采用方差分析方法比较转基因抗虫玉米与非转基因玉米对主要鳞翅目害虫、非靶标害虫蚜虫的种群动态、优势天敌种群数量、地上节肢动物多样性、群落结构以及主要病害的影响。

ICS 65.020
B 04

中华人民共和国国家标准

农业部 953 号公告－11.1－2007

转基因植物及其产品环境安全检测
抗除草剂玉米
第 1 部分：除草剂耐受性

Evaluation of environmental impact of genetically modified plants and
its derived products—Herbicide–tolerant maize
Part 1: Evaluation of the tolerance to herbicides

2007-12-18 发布　　　　　　　　　　2008-03-01 实施

中华人民共和国农业部 发布

前　言

本标准由中华人民共和国农业部科技教育司提出。

本标准由全国农业转基因生物安全管理标准化技术委员会归口。

本标准起草单位：中国农业科学院植物保护研究所、农业部科技发展中心。

本标准主要起草人：王锡锋、宋贵文、彭于发、李香菊、谢家建、周广和、沈平。

转基因植物及其产品环境安全检测
抗除草剂玉米
第 1 部分:除草剂耐受性

1 范围

本标准规定了转基因抗除草剂玉米对除草剂耐受性的检测方法。

本标准适用于转基因抗除草剂玉米对除草剂的耐受性水平的检测。

2 规范性引用文件

下列文件中的条款通过本标准的引用而成为本标准的条款。凡是注日期的引用文件,其随后所有的修改单(不包括勘误的内容)或修订版均不适用于本标准。然而,鼓励根据本标准达成协议的各方研究是否可使用这些文件的最新版本。凡是不注日期的引用文件,其最新版本适用于本标准。

GB 4404.1　粮食作物种子　禾谷类

NY/T 720.1—2003　转基因玉米环境安全检测技术规范　第 1 部分:生存竞争能力检测

GB/T 19780.42　农药田间药效试验准则　(一)除草剂防治玉米地杂草

3 术语和定义

下列术语和定义适用于本标准。

3.1

转基因抗除草剂玉米　transgenic herbicide-tolerant maize

通过基因工程技术将抗除草剂基因导入玉米基因组而培育出的抗除草剂玉米品种(品系)。

3.2

目标除草剂　target herbicide

转基因抗除草剂玉米中的目的蛋白所耐受的除草剂。

4 要求

4.1 试验材料

转基因抗除草剂玉米品种(品系)和对应的非转基因玉米品种(品系)。

上述材料的质量应达到 GB 4404.1 中不低于二级玉米种子的要求。

4.2 隔离措施(4.2.1 和 4.2.2 选一)

4.2.1 空间隔离

试验地四周有 200 m 以上非玉米为隔离带,若试验区域周边有玉米制种田,则隔离带应在 300 m 以上。

4.2.2 时间隔离

转基因抗除草剂玉米田周围 200 m 范围内与其他玉米错期播种,使花期隔离,夏玉米错期在 30 d 以上,春玉米错期在 40 d 以上。

4.3 其他要求

按 NY/T 720.1—2003 中"3　要求"执行。

5 试验方法

5.1 试验设计

随机区组设计,3 次重复。小区间设有 1.0 m 宽隔离带,小区面积不小于 24 m²,处理包括:

转基因玉米不喷施除草剂;

转基因玉米喷施目标除草剂;

对应的非转基因玉米不喷施除草剂;

对应的非转基因玉米喷施目标除草剂;

所有除草剂的施用剂量分为:农药登记标签的中剂量和中剂量的倍量。

用药时间:按抗除草剂玉米推荐时间施用。

5.2 播种

按当地春玉米或夏玉米常规播种时间、播种方式和播种量进行播种。

5.3 管理

播种后按当地常规栽培方式进行田间管理。

5.4 调查和记录

分别在用药后 1 周、2 周和 4 周调查和记录成苗率、植株高度(选取最高的 5 株)、药害症状(选取药害症状最轻的 5 株)。药害症状分级按 GB/T 19780.42 执行。

5.5 结果表述

除草剂受害率按公式(1)计算。

$$X = \frac{\sum(N \times S)}{T \times M} \times 100 \quad \cdots\cdots\cdots\cdots\cdots\cdots\cdots\cdots\cdots\cdots\cdots\cdots\cdots (1)$$

式中:

X ——受害率,单位为百分率(%);

N ——同级受害株数;

S ——级别数;

T ——总株数;

M ——最高级别。

5.6 结果分析

用方差分析方法比较不同处理的转基因抗除草剂玉米、对应的非转基因玉米在出苗率、成苗率和受害率方面的差异。判别转基因抗除草剂玉米对除草剂的耐受水平。

———————————

ICS 65.020
B 04

中华人民共和国国家标准

农业部 953 号公告－11.2－2007

转基因植物及其产品环境安全检测
抗除草剂玉米
第 2 部分：生存竞争能力

Evaluation of environmental impact of genetically modified plants and
its derived products—Herbicide–tolerant maize
Part 2: Survival and competitiveness

2007-12-18 发布　　　　　　　　　　　　　　　　　2008-03-01 实施

中华人民共和国农业部 发布

前　言

本标准由中华人民共和国农业部科技教育司提出。

本标准由全国农业转基因生物安全管理标准化技术委员会归口。

本标准起草单位：中国农业科学院植物保护研究所、农业部科技发展中心。

本标准主要起草人：王锡锋、宋贵文、彭于发、李香菊、谢家建、周广和、沈平。

转基因植物及其产品环境安全检测
抗除草剂玉米
第 2 部分:生存竞争能力

1 范围

本标准规定了转基因抗除草剂玉米生存竞争能力的检测方法。

本标准适用于转基因抗除草剂玉米变为杂草的可能性、转基因抗除草剂玉米与非转基因玉米、杂草在荒地和农田中竞争能力的检测。

2 规范性引用文件

下列文件中的条款通过本标准的引用而成为本标准的条款。凡是注日期的引用文件,其随后所有的修改单(不包括勘误的内容)或修订版均不适用于本标准。然而,鼓励根据本标准达成协议的各方研究是否可使用这些文件的最新版本。凡是不注日期的引用文件,其最新版本适用于本标准。

GB/T 3543.4 农作物种子检验规程 发芽试验

GB 4404.1 粮食作物种子 禾谷类

NY/T 720.1—2003 转基因玉米环境安全检测技术规范 第 1 部分:生存竞争能力检测

农业部 953 号公告—11.1—2007 转基因植物及其产品环境安全检测 抗除草剂玉米 第 1 部分:除草剂耐受性

3 要求

3.1 试验材料

转基因抗除草剂玉米品种(品系)和对应的非转基因抗除草剂玉米品种(品系)。

上述材料的质量应达到 GB 4404.1 中不低于二级玉米种子的要求。

3.2 隔离措施

按农业部 953 号公告—11.1—2007 中"4.2 隔离措施"执行。

3.3 其他要求

按 NY/T 720.1—2003 中"3 要求"执行。

4 检测方法

按 NY/T 720.1—2003 中"4 试验方法"的规定执行。

ICS 65.020
B 04

中华人民共和国国家标准

农业部 953 号公告－11.3－2007

转基因植物及其产品环境安全检测
抗除草剂玉米
第 3 部分：外源基因漂移

Evaluation of environmental impact of genetically modified plants and
its derived products—Herbicide-tolerant maize
Part 3: Gene flow

2007-12-18 发布　　　　　　　　　　　　　　2008-03-01 实施

中华人民共和国农业部 发布

前　言

本标准由中华人民共和国农业部科技教育司提出。

本标准由全国农业转基因生物安全管理标准化技术委员会归口。

本标准起草单位：中国农业科学院植物保护研究所、农业部科技发展中心。

本标准主要起草人：王锡锋、宋贵文、彭于发、李香菊、谢家建、周广和、沈平。

转基因植物及其产品环境安全检测
抗除草剂玉米
第 3 部分:外源基因漂移

1 范围

本标准规定了转基因抗除草剂玉米外源基因漂移的检测方法。

本标准适用于转基因抗除草剂玉米与栽培玉米的异交率以及基因漂移的距离和频率的检测。

2 规范性引用文件

下列文件中的条款通过本标准的引用而成为本标准的条款。凡是注日期的引用文件,其随后所有的修改单(不包括勘误的内容)或修订版均不适用于本标准。然而,鼓励根据本标准达成协议的各方研究是否可使用这些文件的最新版本。凡是不注日期的引用文件,其最新版本适用于本标准。

GB 4404.1 粮食作物种子 禾谷类

NY/T 720.1—2003 转基因玉米环境安全检测技术规范 第 1 部分:生存竞争能力检测

农业部 953 号公告—11.1—2007 转基因植物及其产品环境安全检测 抗除草剂玉米 第 1 部分:除草剂耐受性

3 术语和定义

下列术语和定义适用于本标准。

3.1

异交率 outcrossing rate

转基因抗除草剂玉米和非转基因玉米品种自然杂交的比率。

3.2

基因漂移 gene flow

转基因抗除草剂玉米中的目的基因向其他品种或物种自然转移的行为。

4 要求

4.1 试验材料

转基因抗除草剂玉米品种(品系),与供试转基因抗除草剂玉米品种(品系)生育期相当的当地普通玉米品种。

上述材料的质量应达到 GB 4404.1 中不低于二级玉米种子的要求。

4.2 隔离措施

按农业部 953 号公告—11.1—2007 中"4.2 隔离措施"执行。

4.3 其他要求

按 NY/T 720.1—2003 中"3 要求"执行。

5 试验方法

5.1 试验设计

试验地面积不小于 10 000 m²(100 m×100 m),在试验地中心,划出一个 25 m²(5 m×5 m)小区种植转基因抗除草剂玉米,周围种植非转基因玉米。转基因抗除草剂玉米分两次播种,隔 2 行种 2 行。

5.2 播种时间

转基因抗除草剂玉米第 1 次播种与非转基因玉米同期播种,第 2 次在第 1 次播种后 7 d 进行。

5.3 播种量

按常规播种量。

5.4 调查方法

将试验地的对角线四个方向分别用 A,B,C,D 标记。在玉米成熟时,沿上述标记方向,距种植转基因抗除草剂玉米种植区 5 m、15 m、30 m 和 60 m,每个方向随机收获 10 株玉米(第 1 果穗)。并按照 A 1,A 2,A 3,A 4……的顺序作上标记,晒干后储存待进一步检测。

5.5 检测方法

5.5.1 基因漂移的发生距离和频率确定

按不同方向、距转基因抗除草剂玉米不同距离收获的玉米种子,当年在温室条件下进行单穗种植(田间种植在第二年进行),按试验用转基因抗除草剂玉米相应的除草剂规定用量和时期进行喷雾。根据存活下的植株数量,结合玉米开花授粉期当时的天气记录,特别是风向和风力,确定不同方向上基因漂移的发生距离和频率。

5.5.2 异交率

异交率按公式(1)计算。

$$P = \frac{N}{T} \times 100 \cdots\cdots (1)$$

式中:

P——基因漂移异交率,单位为百分率(%);

N——每穗转基因玉米植株数量,单位为株;

T——每穗籽粒出苗总数,单位为株。

5.6 结果表述

计算异交率平均数,转基因漂移的发生距离和频率。结合玉米开花授粉期的天气记录等,进行综合分析。

ICS 65.020
B 04

中华人民共和国国家标准

农业部 953 号公告—11.4—2007

转基因植物及其产品环境安全检测
抗除草剂玉米
第 4 部分：生物多样性影响

Evaluation of environmental impact of genetically modified plants and
its derived products—Herbicide-tolerant maize
Part 4: Impacts on biodiversity

2007-12-18 发布

2008-03-01 实施

中华人民共和国农业部 发布

农业部 953 号公告—11.4—2007

前　言

附录 A 为资料性附录。

本标准由中华人民共和国农业部科技教育司提出。

本标准由全国农业转基因生物安全管理标准化技术委员会归口。

本标准起草单位：中国农业科学院植物保护研究所、农业部科技发展中心。

本标准主要起草人：王锡锋、宋贵文、彭于发、李香菊、谢家建、周广和、沈平。

转基因植物及其产品环境安全检测
抗除草剂玉米
第 4 部分:生物多样性影响

1 范围

本标准规定了转基因抗除草剂玉米对生物多样性影响的检测方法。

本标准适用于转基因抗除草剂玉米对玉米田节肢动物多样性、玉米病虫害及玉米田植物多样性影响的检测。

2 规范性引用文件

下列文件中的条款通过本标准的引用而成为本标准的条款。凡是注日期的引用文件,其随后所有的修改单(不包括勘误的内容)或修订版均不适用于本标准。然而,鼓励根据本标准达成协议的各方研究是否可使用这些文件的最新版本。凡是不注日期的引用文件,其最新版本适用于本标准。

GB 4404.1 粮食作物种子 禾谷类

NY/T 720.3—2003 转基因玉米环境安全检测技术规范 第 3 部分:对生物多样性影响的检测

GB/T 19780.42 农药田间药效试验准则 (一)除草剂防治玉米地杂草

农业部 953 号公告—11.1—2007 转基因植物及其产品环境安全检测 抗除草剂玉米 第 1 部分:除草剂耐受性

3 术语和定义

下列术语和定义适用于本标准。

3.1

非靶标生物 non-target organism

转基因抗除草剂玉米中的目的基因所针对的目标生物以外的其他生物。

4 要求

4.1 试验材料

转基因抗除草剂玉米品种(品系)和对应的非转基因玉米品种(品系)。

上述材料的质量应达到 GB 4404.1 中不低于二级玉米种子的要求。

4.2 隔离措施

按农业部 953 号公告—11.1—2007 中"4.2 隔离措施"执行。

4.3 其他要求

按 NY/T 720.1—2003 中"3 要求"执行。

5 试验方法

5.1 试验设计

小区采用随机排列,小区间设有 1.0 m 宽隔离带,面积不小于 150 m^2,3 次重复。处理包括:

——处理 1:转基因抗除草剂玉米不喷施除草剂;

——处理 2:转基因抗除草剂玉米喷施目标除草剂;

——处理 3:对应的非转基因玉米不喷施除草剂。

5.2 播种

按当地春玉米或夏玉米常规播种时间、播种方式和播种量进行播种。

5.3 调查方法

5.3.1 对玉米田节肢动物多样性的影响

采用对角线 5 点取样。未使用除草剂的处理从出苗到成熟,每 7 d 调查 1 次,使用除草剂的处理分别在用药后 2 周和 4 周调查 2 次。使用下列两种调查方法。

　　a) 直接调查观察法

每点固定 10 株玉米。记载整株玉米(蚜虫、叶螨记载上、中、下 3 叶)及其地面所有节肢动物的种类及其发育阶段。调查时记载主要节肢动物包括各种昆虫和蜘蛛的数量和种类,田间不能识别的种类编号,带回室内鉴定。开始调查时,首先要快速观察活泼易动的昆虫/蜘蛛的数量。观察记录参见附录 A 表 A.1。

　　b) 吸虫器调查法

每点用吸虫器抽取 5 株玉米(全株)及其地面 1 m² 范围内的所有节肢动物种类。在玉米定苗 10 d 后调查第 1 次,以后在玉米心叶中期、末期、花丝盛期和灌浆后期各调查 1 次,共计 5 次。将抽取的样品带回室内清理和初步分类后,放入 75% 乙醇溶液中保存,供进一步鉴定。观察记录参照附录 A 表 A.2。

5.3.2 对玉米田主要鳞翅目害虫的影响

心叶末期调查玉米心叶被鳞翅目害虫为害情况,包括植株被害率,穗期调查雌穗被害率以及幼虫存活数,必要时调查蛀孔数并剖秆调查隧道长度。方法同 NY/T 720.3—2003,调查研究应包括亚洲玉米螟[*Ostinia furnacalis*(Guénee)]、棉铃虫(*Helicoverpa armigera* Hübner)、甜菜夜蛾[*Spodoptera exigua*(Hübner)]、黏虫[*Mythimna separata*(Walker)]、高粱条螟[*Proceras vennosatum*(Walker)]、桃蛀螟[*Dichocrocis punciferalis*(Guénee)]等主要鳞翅目害虫。观察记录参见附录 A 表 A.3 和表 A.4。

5.3.3 对玉米主要病害发生的影响

按 NY/T 720.3—2003 中"5.3.4"执行。

5.3.4 对玉米田主要杂草发生的影响

按 GB/T 19780.42 执行。

5.4 结果表述

采用方差分析方法对试验数据进行统计,判定转基因抗除草剂玉米对节肢动物多样性及玉米病虫害的影响。

附 录 A
（资料性附录）
观察记录调查表

表 A.1 玉米田节肢动物种类、数量调查表

调查日期	小区	样点	株号	昆虫及蜘蛛名称			
				发育时期			
				卵块或粒	幼(若)虫(头)	蛹期(头)	成虫(头)

表 A.2 玉米田节肢动物种类、数量调查表（吸虫器法）

调查日期	小区	样点	昆虫及蜘蛛名称	
			发育时期	
			幼(若)虫(头)	成虫(头)

表 A.3 玉米心叶末期抗螟性调查结果

调查日期	品种	样点	株号	受害食叶级别

表 A.4 收获前玉米植株被害调查表

调查日期	小区	株号	蛀孔数(个)	活虫数(头)	隧道长度(cm)

ICS 65.020.01
B 04

中华人民共和国国家标准

农业部 2122 号公告－10.1－2014

转基因植物及其产品环境安全检测
耐旱玉米
第 1 部分：干旱耐受性

Evaluation of environmental impact of genetically modified plants and its
derived products—
Drought-tolerant maize—
Part 1:Evaluation of the tolerance to drought

2014-07-07 发布

2014-08-01 实施

中华人民共和国农业部 发布

前　言

农业部 2122 号公告—10—2014《转基因植物及其产品环境安全检测　耐旱玉米》分为四个部分：
——第 1 部分：干旱耐受性；
——第 2 部分：生存竞争能力；
——第 3 部分：外源基因漂移；
——第 4 部分：生物多样性影响。
本部分是农业部 2122 号公告—10—2014 的第 1 部分。
本部分按照 GB/T 1.1—2009 给出的规则起草。
请注意本文件的某些内容可能涉及专利。本文件的发布机构不承担识别这些专利的责任。
本部分由中华人民共和国农业部提出。
本部分由全国农业转基因生物安全管理标准化技术委员会（SAC/TC 276）归口。
本部分起草单位：农业部科技发展中心、吉林省农业科学院、中国农业科学院作物科学研究所。
本部分主要起草人：张明、沈平、宋新元、尹全、李飞武、李昂、李新海、郝转芳、于壮、刘娜、龙丽坤、武奉慈。

转基因植物及其产品环境安全检测
耐旱玉米　　第 1 部分:干旱耐受性

1　范围

本部分规定了转基因耐旱玉米对干旱耐受性的检测方法。

本部分适用于转基因耐旱玉米对干旱的耐受性水平检测。

2　规范性引用文件

下列文件对于本文件的应用是必不可少的。凡是注日期的引用文件,仅注日期的版本适用于本文件。凡是不注日期的引用文件,其最新版本(包括所有的修改单)适用于本文件。

GB 4404.1　粮食作物种子　禾谷类

NY/T 720.1—2003　转基因玉米环境安全检测技术规范　第 1 部分:生存竞争能力检测

3　术语和定义

下列术语和定义适用于本文件。

3.1

转基因耐旱玉米　transgenic drought-tolerant maize

通过基因工程技术将耐旱基因导入玉米基因组而培育出的耐旱玉米品种(系)。

3.2

胚芽长伤害率　injuring rate of sprout length

玉米萌发时受干旱胁迫对胚芽长度造成的伤害率。

3.3

苗期生物学产量　biomass of seedling

玉米幼苗两次干旱复水后地上部分的干重。

3.4

对照品种　control variety

同一区域的国家区域试验和省级区域试验的对照品种(系),一般选鉴定地区同熟期的高耐玉米品种(系)。

4　要求

4.1　试验材料

转基因耐旱玉米品种(系)和对应的非转基因玉米品种(系)、对照品种(系)。

上述材料的质量应达到 GB 4404.1 中不低于二级玉米种子的要求。

4.2　隔离措施

4.2.1　空间隔离

试验地四周有 200 m 以上非玉米为隔离带,若试验区域周边有玉米制种田,则隔离带应在 300 m 以上。

4.2.2　时间隔离

转基因耐旱玉米田周围 200 m 范围内与其他玉米错期播种,使花期隔离,夏玉米错期在 30 d 以上,春玉米错期在 40 d 以上。

4.3 其他要求

4.3.1 资料记录

按 NY/T 720.1—2003 中 3.2 的规定执行。

4.3.2 试验过程中意外事故的处理

试验过程中如发生试验材料被盗、被毁等意外事故,应立即报告行政主管部门和当地公安部门,依法处理。

4.3.3 试验后材料处理与试验地监管

试验材料应单收、单藏,由专人运输与保管。试验结束后,除需要保留的试验材料外,一律销毁。试验地保留边界标记,由专人负责监管,及时拔除并销毁自生苗。

5 耐旱性鉴定

5.1 耐旱性时期的划分

耐旱性鉴定时期分为种子萌发期、苗期、开花期、灌浆期。根据转基因玉米品种(系)外源基因作用机理,通过玉米生长发育的四个关键时期来评价转基因耐旱玉米品种(系)的耐旱性水平。

5.2 种子萌发期耐旱性鉴定

5.2.1 试验环境

种子萌发期耐旱性鉴定采用高渗溶液法,在实验室内进行。

5.2.2 待测品种

转基因耐旱玉米品种(系)和对应的非转基因玉米品种(系)。

5.2.3 样品准备

在培养皿(Φ 9 cm)内放置两层灭菌滤纸作为发芽床,转基因耐旱玉米品种(系)和对应的非转基因玉米品种(系)各选取 800 粒饱满度一致的消毒种子(70% 乙醇溶液浸泡 3 min,3% 次氯酸钠溶液浸泡 20 min,灭菌去离子水洗净)。

5.2.4 干旱胁迫处理

转基因耐旱玉米品种(系)和对应的非转基因玉米品种(系)各四次重复,每个重复 100 粒,每培养皿放 20 粒,加入 20 mL −0.3 MPa 的聚乙二醇-6000(PEG-6000)水溶液(150 g 聚乙二醇-6000 溶解在 1 000 mL 去离子水中)作为干旱胁迫处理,用透气保水的保鲜膜封口,防止水分蒸发。将培养皿放入人工气候箱中,25 ℃暗培养,7 d 后调查种子发芽的胚芽长度。

5.2.5 正常水分处理

转基因耐旱玉米品种(系)和对应的非转基因玉米品种(系)各四次重复,每个重复 100 粒,每培养皿放 20 粒,加入 20 mL 灭菌去离子水作为正常水分处理,用透气保水的保鲜膜封口,使种子保持正常生长状态。将培养皿放入人工气候箱中,25 ℃暗培养,7 d 后调查种子发芽的胚芽长度。

5.2.6 胚芽长伤害率

胚芽长伤害率按式(1)进行计算。

$$DG_{SL} = \frac{IR_{ww} - IR_{ws}}{IR_{ww}} \times 100 \quad \cdots\cdots\cdots\cdots\cdots\cdots\cdots\cdots\cdots\cdots \quad (1)$$

式中:

DG_{SL}——胚芽长伤害率,单位为百分率(%);

IR_{ww}——正常水分处理四个重复在 7 d 后萌发种子的胚芽长度平均值;

IR_{ws}——干旱胁迫处理四个重复在 7 d 后萌发种子的胚芽长度平均值。

5.2.7 种子萌发期耐旱性结果表述

比较转基因耐旱玉米品种(系)和对应的非转基因玉米品种(系)在胚芽长伤害率方面的差异,按附录 A 的表 A.1 判别种子萌发期的耐旱性水平。

5.3 苗期耐旱性鉴定

5.3.1 试验环境

苗期耐旱性鉴定在日平均气温为(25±5)℃条件下的可移动旱棚内进行。

5.3.2 待测品种

转基因耐旱玉米品种(系)和对应的非转基因玉米品种(系)。

5.3.3 样品准备

在长×宽×高=60 cm×40 cm×15 cm 的塑料箱中装入 8 cm 厚的中等肥力水平的耕层土(田间待播种耕层土壤过筛后壤土),灌水至土壤相对含水量达到(85±5)%,每箱等分成 6 个小区,每小区播 30 粒(最后定苗 20 株),覆土 3 cm。

5.3.4 干旱胁迫处理

转基因耐旱玉米品种(系)和对应的非转基因玉米品种(系)各三次重复,每个重复在玉米幼苗长至三叶一心时定苗 60 株。采用反复干旱法,玉米幼苗长至三叶一心时停止供水,开始进行干旱胁迫,当土壤相对含水量保持在(20±5)%时复水,使土壤相对含水量达到(80±5)%;第一次复水后即停止供水,进行第二次干旱胁迫,当土壤相对含水量保持在(20±5)%时,第二次复水,24 h 后取地上部植株,105℃烘箱中杀青 1.0 h,然后 72℃烘至恒重,称干重,计算苗期生物学产量。

5.3.5 正常水分处理

转基因耐旱玉米品种(系)和对应的非转基因玉米品种(系)各三次重复,每个重复在玉米幼苗长至三叶一心时定苗 60 株。土壤相对含水量始终保持在(80±5)%,与对应的干旱胁迫处理同时取地上部植株,105 ℃烘箱中杀青 1.0 h,然后 72 ℃烘至恒重,称干重,计算苗期生物学产量。

5.3.6 苗期生物学产量耐旱指数

苗期生物学产量耐旱指数按式(2)进行计算。

$$DS_{BB} = 1 - \frac{BB_{ww} - BB_{ws}}{BB_{ww}} \dots\dots\dots\dots\dots\dots\dots\dots (2)$$

式中:

DS_{BB} ——苗期生物学产量耐旱指数;

BB_{ww} ——正常对照处理三个重复平均生物学产量;

BB_{ws} ——干旱胁迫处理三个重复平均生物学产量。

5.3.7 苗期耐旱性结果表述

比较转基因耐旱玉米品种(系)和对应的非转基因玉米品种(系)苗期生物学产量耐旱指数的差异,按附录 A 的表 A.2 判别转基因耐旱玉米品种(系)苗期的耐旱性水平。

5.4 开花期耐旱性鉴定

5.4.1 试验环境

开花期耐旱性鉴定在可移动旱棚内或玉米生育期内自然降水量小于 150 mm 的田间条件下进行。

5.4.2 待测品种

转基因耐旱玉米品种(系)和对应的非转基因玉米品种(系)、对照品种(系)。

5.4.3 小区设计

小区面积为 20 m²(5 m×4 m),播种密度与大田相同。

5.4.4 干旱胁迫处理

转基因耐旱玉米品种(系)和对应的非转基因玉米品种(系)、对照品种(系)各三次重复,随机区组分布。播种前浇底墒水，保证出全苗，前期保证植株正常生长，自抽雄期前一周停止供水，使 0 cm～50 cm 土层土壤相对含水量保持在 40%～50%，直至吐丝期，植株吐丝以后恢复正常浇水。在成熟期每小区随机收获 60 株玉米果穗（边际行与边际列不做采样），风干后脱粒，称其籽粒干重，按标准水分（14%）折算，用 kg 表示。

5.4.5 正常水分处理

转基因耐旱玉米品种（系）和对应的非转基因玉米品种（系）、对照品种（系）各三次重复，随机区组分布。播种前浇底墒水，保证出全苗，一直保持土壤相对含水量 70% 以上满足玉米正常生长，直至成熟。在成熟期每小区随机收获 60 株玉米果穗（边际行与边际列不做采样），风干后脱粒，称其籽粒干重，按标准水分（14%）折算，用 kg 表示。

5.4.6 开花期耐旱指数

开花期耐旱指数按式（3）进行计算。

$$DI_{YF} = \frac{GY_{WS}^2 \times GY_{CK.WW}}{GY_{WW} \times GY_{CK.WS}^2} \quad\quad\quad\quad (3)$$

式中：

DI_{YF} ——开花期耐旱指数；

GY_{WS} ——干旱胁迫处理下转基因或非转基因品种（系）三个重复的平均籽粒产量；

GY_{WW} ——正常灌溉处理下转基因或非转基因品种（系）三个重复的平均籽粒产量；

$GY_{CK.WW}$——正常灌溉处理下对照品种三个重复的平均籽粒产量；

$GY_{CK.WS}$ ——干旱胁迫处理下对照品种三个重复的平均籽粒产量。

5.4.7 开花期耐旱性结果表述

比较转基因耐旱玉米品种（系）和对应的非转基因玉米品种（系）在开花期耐旱指数方面的差异，按附录 A 的表 A.3 判别转基因耐旱玉米品种（系）在开花期的耐旱性水平。

5.5 灌浆期耐旱性鉴定

5.5.1 试验环境

灌浆期耐旱性鉴定在可移动旱棚内或玉米生育期内自然降水量小于 150 mm 的田间条件下进行。

5.5.2 待测品种

转基因耐旱玉米品种（系）和对应的非转基因玉米品种（系）、对照品种（系）。

5.5.3 试验小区设计

小区面积为 20 m²（5 m×4 m），播种密度与当地大田相同。

5.5.4 干旱胁迫处理

转基因耐旱玉米品种（系）和对应的非转基因玉米品种（系）、对照品种（系）各三次重复，随机区组分布。播种前浇底墒水，保证出全苗，至吐丝期前的灌水量与正常灌溉处理相同，自大约吐丝期前一周停止供水，使 0 cm～50 cm 土层土壤相对含水量保持在 40%～50%，直至乳熟期结束，然后恢复正常浇水。在成熟期每小区随机收获 60 株玉米果穗（边际行与边际列不做采样），风干后脱粒，称其籽粒干重，按标准水分（14%）折算，用 kg 表示。

5.5.5 正常水分处理

转基因耐旱玉米品种（系）和对应的非转基因玉米品种（系）、对照品种（系）各三次重复，随机区组分布。播种前浇底墒水，保证出全苗，一直保持土壤相对含水量 70% 以上满足玉米正常生长，直至成熟。在成熟期每小区随机收获 60 株玉米果穗（边际行与边际列不做采样），风干后脱粒，称其籽粒干重，按标准水分（14%）折算，用 kg 表示。

5.5.6 灌浆期耐旱指数

灌浆期耐旱指数（以 DI_{YG} 表示）计算方法同 5.4.6。

5.5.7 灌浆期耐旱性结果表述

比较转基因耐旱玉米品种(系)和对应的非转基因玉米品种(系)在灌浆期耐旱指数方面的差异,按附录 A 的表 A.3 判别转基因耐旱玉米品种(系)在灌浆期的耐旱性水平。

附 录 A
（规范性附录）
玉米各时期耐旱性水平评价指标

A.1 玉米种子萌发期耐旱性评价指标

见表 A.1。

表 A.1 玉米种子萌发期耐旱性评价指标

胚芽长伤害率,%	耐旱性水平
≤49.9	极强（HT）
50.0～59.9	强（T）
60.0～69.9	中等（MT）
70.0～79.9	弱（S）
≥80.0	极弱（HS）

A.2 玉米苗期耐旱性评价指标

见表 A.2。

表 A.2 玉米苗期耐旱性评价指标

苗期生物学产量耐旱指数	耐旱性水平
≥0.90	极强（HT）
0.70～0.89	强（T）
0.50～0.69	中等（MT）
0.30～0.49	弱（S）
≤0.29	极弱（HS）

A.3 玉米开花期与灌浆期耐旱性评价指标

见表 A.3。

表 A.3 玉米开花期与灌浆期耐旱性评价指标

开花期与灌浆期耐旱指数	耐旱性水平
≥1.30	极强（HT）
1.10～1.29	强（T）
0.90～1.09	中等（MT）
0.70～0.89	弱（S）
≤0.69	极弱（HS）

ICS 65.020.01
B 04

中华人民共和国国家标准

农业部 2122 号公告－10.2－2014

转基因植物及其产品环境安全检测
耐旱玉米
第 2 部分：生存竞争能力

Evaluation of environmental impact of genetically modified plants and its
derived products—
Drought-tolerant maize—
Part 2:Survival and competitiveness

2014-07-07 发布

2014-08-01 实施

中华人民共和国农业部 发布

前　言

农业部 2122 号公告—10—2014《转基因植物及其产品环境安全检测　耐旱玉米》分为四个部分：
——第 1 部分：干旱耐受性；
——第 2 部分：生存竞争能力；
——第 3 部分：外源基因漂移；
——第 4 部分：生物多样性影响。

本部分是农业部 2122 号公告—10—2014 的第 2 部分。

本部分按照 GB/T 1.1—2009 给出的规则起草。

请注意本文件的某些内容可能涉及专利。本文件的发布机构不承担识别这些专利的责任。

本部分由中华人民共和国农业部提出。

本部分由全国农业转基因生物安全管理标准化技术委员会(SAC/TC 276)归口。

本部分起草单位：农业部科技发展中心、吉林省农业科学院、中国农业科学院作物科学研究所。

本部分主要起草人：张明、沈平、宋新元、尹全、李飞武、李新海、郝转芳、于壮、刘娜、龙丽坤、武奉慈。

转基因植物及其产品环境安全检测
耐旱玉米　第 2 部分:生存竞争能力

1　范围

本部分规定了转基因耐旱玉米生存竞争能力的检测方法。

本部分适用于转基因耐旱玉米变为杂草的可能性、转基因耐旱玉米与非转基因玉米及杂草在荒地和农田中竞争能力的检测。

2　规范性引用文件

下列文件对于本文件的应用是必不可少的。凡是注日期的引用文件,仅注日期的版本适用于本文件。凡是不注日期的引用文件,其最新版本(包括所有的修改单)适用于本文件。

GB 4404.1　粮食作物种子　禾谷类

农业部 2122 号公告—10.1—2014　转基因植物及其产品环境安全检测　耐旱玉米　第 1 部分:干旱耐受性

NY/T 720.1—2003　转基因玉米环境安全检测技术规范　第 1 部分:生存竞争能力检测

3　要求

3.1　试验材料

转基因耐旱玉米品种(系)和对应的非转基因玉米品种(系)。

上述材料的质量应达到 GB 4404.1 中不低于二级玉米种子的要求。

3.2　隔离措施

按农业部 2122 号公告—10.1—2014 中 4.2 的规定执行。

3.3　其他要求

按农业部 2122 号公告—10.1—2014 中 4.3 的规定执行。

4　检测方法

4.1　田间自然环境下生存竞争能力检测

按 NY/T 720.1—2003 中第 4 章的规定执行。

4.2　干旱环境下生存竞争能力检测

4.2.1　干旱环境条件

在可移动旱棚(根据转基因耐旱玉米外源基因作用机理选择干旱胁迫时期,胁迫时期使 0 cm～50 cm 土层土壤相对含水量保持在 40%～50%)或玉米生育期内自然降水量小于 150 mm 的田间条件下进行。

4.2.2　试验方法

按 NY/T 720.1—2003 中第 4 章的规定执行。

ICS 65.020.01
B 04

中华人民共和国国家标准

农业部 2122 号公告－10.3－2014

转基因植物及其产品环境安全检测
耐旱玉米
第 3 部分：外源基因漂移

Evaluation of environmental impact of genetically modified plants and its derived
products—
Drought-tolerant maize—
Part 3:Gene flow

2014-07-07 发布

2014-08-01 实施

中华人民共和国农业部 发布

农业部 2122 号公告—10.3—2014

前　言

农业部 2122 号公告—10—2014《转基因植物及其产品环境安全检测　耐旱玉米》分为四个部分：
——第 1 部分：干旱耐受性；
——第 2 部分：生存竞争能力；
——第 3 部分：外源基因漂移；
——第 4 部分：生物多样性影响。
本部分是农业部 2122 号公告—10—2014 的第 3 部分。
本部分按照 GB/T 1.1—2009 给出的规则起草。
请注意本文件的某些内容可能涉及专利。本文件的发布机构不承担识别这些专利的责任。
本部分由中华人民共和国农业部提出。
本部分由全国农业转基因生物安全管理标准化技术委员会（SAC/TC 276）归口。
本部分起草单位：农业部科技发展中心、吉林省农业科学院、中国农业科学院作物科学研究所。
本部分主要起草人：张明、沈平、宋新元、尹全、李飞武、李新海、郝转芳、于壮、刘娜、龙丽坤、武奉慈。

转基因植物及其产品环境安全检测
耐旱玉米　第 3 部分：外源基因漂移

1　范围

本部分规定了转基因耐旱玉米外源基因漂移的检测方法。

本部分适用于转基因耐旱玉米与栽培玉米的异交率以及基因漂移距离和频率的检测。

2　规范性引用文件

下列文件对于本文件的应用是必不可少的。凡是注日期的引用文件，仅注日期的版本适用于本文件。凡是不注日期的引用文件，其最新版本（包括所有的修改单）适用于本文件。

GB 4404.1　粮食作物种子　禾谷类

农业部 953 号公告—10.3—2007　转基因植物及其产品环境安全检测　抗虫玉米　第 3 部分：外源基因漂移

农业部 2122 号公告—10.1—2014　转基因植物及其产品环境安全检测　耐旱玉米　第 1 部分：干旱耐受性

3　要求

3.1　试验材料

转基因耐旱玉米品种（系），对应的非转基因玉米品种（系）或与转基因耐旱玉米生育期相当的当地普通栽培品种。

上述材料的质量应达到 GB 4404.1 中不低于二级玉米种子的要求。

3.2　隔离措施

按农业部 2122 号公告—10.1—2014 中 4.2 的规定执行。

3.3　其他要求

按农业部 2122 号公告—10.1—2014 中 4.3 的规定执行。

4　检测方法

按农业部 953 号公告—10.3—2007 中第 5 章规定的检测方法执行。

ICS 65.020.01
B 04

中华人民共和国国家标准

农业部 2122 号公告 — 10.4 — 2014

转基因植物及其产品环境安全检测
耐旱玉米
第 4 部分：生物多样性影响

Evaluation of environmental impact of genetically modified plants and its
derived products—
Drought–tolerant maize—
Part 4:Impacts on biodiversity

2014-07-07 发布

2014-08-01 实施

中华人民共和国农业部 发布

前　言

农业部 2122 号公告—10—2014《转基因植物及其产品环境安全检测　耐旱玉米》分为四个部分：
——第 1 部分：干旱耐受性；
——第 2 部分：生存竞争能力；
——第 3 部分：外源基因漂移；
——第 4 部分：生物多样性影响。

本部分是农业部 2122 号公告—10—2014 的第 4 部分。

本部分按照 GB/T 1.1—2009 给出的规则起草。

请注意本文件的某些内容可能涉及专利。本文件的发布机构不承担识别这些专利的责任。

本部分由中华人民共和国农业部提出。

本部分由全国农业转基因生物安全管理标准化技术委员会(SAC/TC 276)归口。

本部分起草单位：农业部科技发展中心、吉林省农业科学院、中国农业科学院作物科学研究所。

本部分主要起草人：张明、沈平、宋新元、尹全、李飞武、李新海、郝转芳、于壮、刘娜、龙丽坤、武奉慈。

转基因植物及其产品环境安全检测
耐旱玉米 第 4 部分:生物多样性影响

1 范围

本部分规定了转基因耐旱玉米对生物多样性影响的检测方法。

本部分适用于转基因耐旱玉米对玉米田节肢动物群落结构、主要鳞翅目害虫及玉米病害影响的检测。

2 规范性引用文件

下列文件对于本文件的应用是必不可少的。凡是注日期的引用文件,仅注日期的版本适用于本文件。凡是不注日期的引用文件,其最新版本(包括所有的修改单)适用于本文件。

GB 4404.1 粮食作物种子 禾谷类

农业部 953 号公告—10.4—2007 转基因植物及其产品环境安全检测 抗虫玉米 第 4 部分:生物多样性影响

农业部 953 号公告—11.4—2007 转基因植物及其产品环境安全检测 抗除草剂玉米 第 4 部分:生物多样性影响

农业部 2122 号公告—10.1—2014 转基因植物及其产品环境安全检测 耐旱玉米 第 1 部分:干旱耐受性

NY/T 720.3—2003 转基因玉米环境安全检测技术规范 第 3 部分:对生物多样性影响的检测

3 要求

3.1 试验材料

转基因耐旱玉米品种(系)和对应的非转基因玉米品种(系)。

上述材料的质量应达到 GB 4404.1 中不低于二级玉米种子的要求。

3.2 隔离措施

按农业部 2122 号公告—10.1—2014 中 4.2 的规定执行。

3.3 其他要求

按农业部 2122 号公告—10.1—2014 中 4.3 的规定执行。

4 检测方法

4.1 试验设计

小区面积不小于 150 m²(10 m×15 m),三次以上(包含三次)重复。

4.2 播种与管理

按当地春玉米或夏玉米常规播种时间、播种方式和播种量进行播种;按当地常规农事操作进行管理。

4.3 对玉米田节肢动物的影响

4.3.1 对玉米田节肢动物群落结构的影响

4.3.1.1 调查方法

按农业部 953 号公告—10.4—2007 中 5.2.1 的规定执行。

4.3.1.2　调查记录

记录所有调查得到的节肢动物的名称、发育阶段和数量。

4.3.1.3　结果表述

利用节肢动物群落的多样性指数、均匀度指数和优势集中性指数 3 个参数,以及主要害虫、天敌及中性种的种群动态,综合分析转基因耐旱玉米对玉米田节肢动物群落结构的影响。

4.3.2　对玉米田主要鳞翅目害虫的影响

按农业部 953 号公告—11.4—2007 中 5.3.2 的规定执行。

4.4　对玉米主要病害发生的影响

按 NY/T 720.3—2003 中 5.3.4 的规定执行。

5　结果分析

采用方差分析法比较转基因耐旱玉米与对应的非转基因玉米对节肢动物群落结构、主要鳞翅目害虫及玉米主要病害发生的影响。

第二部分　水　稻

ICS 65.020
B 04

中华人民共和国国家标准

农业部 953 号公告－8.1－2007

转基因植物及其产品环境安全检测
抗虫水稻
第 1 部分：抗虫性

Evaluation of environmental impact of genetically modified plants and
its derived products—Insect-resistant rice
Part 1: Evaluation of insect pests resistance

2007-12-18 发布

2008-03-01 实施

中华人民共和国农业部 发布

前　言

本标准附录 A 为资料性附录。

本标准由中华人民共和国农业部科技教育司提出。

本标准由全国农业转基因生物安全管理标准化技术委员会归口。

本标准起草单位：中国农业科学院植物保护研究所、农业部科技发展中心。

本标准主要起草人：彭于发、张永军、刘信、谢家建、厉建萌、傅强、叶恭银。

转基因植物及其产品环境安全检测
抗虫水稻
第 1 部分：抗虫性

1 范围

本标准规定了转基因抗虫水稻对靶标害虫的抗虫性的室内检测方法。

本标准适用于转基因抗虫水稻对主要鳞翅目靶标害虫的室内抗虫性检测。

2 规范性引用文件

下列文件中的条款通过本标准的引用而成为本标准的条款。凡是注日期的引用文件，其随后所有的修改单（不包括勘误的内容）或修订版均不适用于本标准。然而，鼓励根据本标准达成协议的各方研究是否可使用这些文件的最新版本。凡是不注日期的引用文件，其最新版本适用于本标准。

GB 4404.1 粮食作物种子 禾谷类

3 术语和定义

下列术语和定义适用于本标准。

3.1

转基因抗虫水稻 transgenic insect-resistant rice

通过基因工程技术将外源抗虫基因导入水稻基因组而培育出的抗虫水稻品种（系）。

4 要求

4.1 试验材料

转基因抗虫水稻品种（系）、对应的非转基因水稻品种（系）和感虫对照水稻品种。

上述材料的质量应达到 GB 4404.1 中不低于二级水稻种子的要求。

4.2 资料记录

4.2.1 试验地名称与位置

记录试验地的名称、地址、经纬度或全球地理定位系统（GPS）地标。绘制小区示意图。

4.2.2 土壤资料

记录土壤类型、土壤肥力、排灌情况和土壤覆盖物等内容。描述试验地近 3 年种植情况。

4.2.3 试验地周围生态类型

4.2.3.1 自然生态类型

记录与农业生态类型地区的距离及周边植被情况。

4.2.3.2 农田生态类型

记录试验地周围的主要栽培作物及其他植被情况，以及当地稻田常见病、虫、草害的名称及危害情况。

4.2.4 气象资料

记录试验期间试验地降雨（降雨类型、日降雨量，以 mm 表示）和温度（日平均温度、最高和最低温度，以 ℃ 表示）的资料。记录影响整个试验期间试验结果的恶劣气候因素，例如严重或长期的干旱、暴雨、台风、冰雹等。

4.3 试验安全控制措施

4.3.1 试验地选择

方圆 10 km 不应有普通野生稻分布。

4.3.2 隔离措施(4.3.2.1 和 4.3.2.2 选一)

4.3.2.1 空间隔离

试验地四周有 100 m 以上非水稻为隔离带。若试验区周边有水稻制种田,隔离距离为 200 m 以上。

4.3.2.2 时间隔离

100 m 范围内与其他水稻花期间隔 30 d 以上。

4.3.3 试验过程的安全管理

试验地设专人管理。试验过程中如发生试验材料被盗、被毁等意外事故,应立即报告行政主管部门和当地公安部门,依法处理。

4.3.4 试验后的材料处理

转基因抗虫水稻材料应单收、单贮,由专人运输和保管。试验结束后,除需要保留的材料外,剩余的试验材料一律焚毁。

4.3.5 试验结束后试验地的监管

保留试验地的边界标记。当年和第二年不再种植水稻,由专人负责监管,及时拔除并销毁转基因抗虫水稻自生苗和再生苗。

5 试验方法

5.1 供试材料准备

水稻材料按当地单季水稻播种(或按水稻品种特性确定),25 d～30 d 秧龄(或按水稻品种推荐秧龄)时单本移栽于田间,每份材料栽种 500 株,按当地常规栽插密度或供试品种推荐密度进行栽插。常规耕作管理,全生育期不喷施针对靶标害虫的杀虫剂。

5.2 对靶标害虫的抗虫性室内检测

5.2.1 对二化螟、三化螟的抗虫性

5.2.1.1 检测方法

分别在分蘖期、拔节期、孕穗期、灌浆期,每份水稻材料随机抽取 30 株,每株重复测定 4 次。每株选取倒 1 叶 3 片～4 片,剪取中间约 6 cm 的一段,两端用浸过 1‰苯并咪唑保鲜液的滤纸保湿,放于小试管中(长 10 cm,直径 1.2 cm),每管接 1 日龄幼虫 12 头后用棉球塞紧管口,平放,试管两端约 2 cm 用黑布遮光,置于环境温度 27℃±1℃的养虫室内。第 3 d 添加同一株的新鲜叶片 2 片～3 片,6 d 后检查试虫的存活与发育情况,称量存活幼虫的体重。

5.2.1.2 结果表述

分别按公式(1)和(2)计算各处理的幼虫平均校正死亡率和平均体重抑制百分率。采用方差分析法比较转基因抗虫水稻品种(系)、对应的非转基因水稻品种(系)的幼虫平均校正死亡率和平均体重抑制百分率的差异。供试水稻品种(系)的总体抗二化螟或三化螟抗性级别按照附录 A 中表 A.1 抗虫性级别评价标准进行表述。

平均校正死亡率按公式(1)计算:

$$M = \frac{M_t - M_c}{1 - M_c} \times 100 \quad\cdots\cdots\cdots\cdots\cdots\cdots\cdots\cdots\cdots\cdots\cdots (1)$$

式中:

M——平均校正死亡率,单位为百分率(%);

M_t——供试水稻材料试虫平均死亡率,单位为百分率(%);

M_c——感虫对照试虫平均死亡率,单位为百分率(%)。

平均体重抑制百分率按公式(2)计算:

$$P = 1 - \frac{T}{C} \times 100\% \quad\cdots\cdots\cdots\cdots\cdots\cdots\cdots\cdots\cdots\cdots\cdots\cdots\cdots\cdots \quad (2)$$

式中:

P——平均体重抑制百分率,单位为百分率(%);

T——处理存活幼虫平均体重,单位为毫克(mg);

C——对照存活幼虫平均体重,单位为毫克(mg)。

5.2.2 对稻纵卷叶螟的抗虫性

5.2.2.1 检测方法

在分蘖期,每份水稻材料随机抽取 30 株,每株重复测定 4 次。取水稻倒 1 叶,在水中剪成 6 cm 长的叶段,取出,晾去多余水分;然后将叶段疏松地放在玻璃培养皿(直径 10 cm)中,共放 2 层,每层 3 片~4 片叶段,叶片平行放置,下层叶面向上,而上层叶面向下,上层覆盖下层,叶段两端剪口紧靠脱脂棉条或滤纸条并加适量水保湿。在上、下两层叶片之间每培养皿接入 1 日龄稻纵卷叶螟幼虫 12 头,置于环境温度 27℃±1℃的养虫室内。第 4 d 调查,记录幼虫存活与发育情况,称量存活幼虫的体重。

5.2.2.2 结果表述

分别按公式(1)和(2)计算各处理的幼虫平均校正死亡率和平均体重抑制百分率。采用方差分析法比较转基因抗虫水稻品种(系)、对应的非转基因水稻品种(系)的幼虫平均校正死亡率和平均体重抑制百分率的差异。供试水稻品种(系)的总体抗稻纵卷叶螟抗性级别按照附录 A 中表 A.1 抗虫性级别评价标准进行表述。

5.2.3 对大螟的抗虫性

5.2.3.1 检测方法

分别在分蘖期、孕穗期,每份水稻材料随机抽取 30 株,每株重复测定 4 次。水稻材料植株去外层黄叶后,选取新鲜叶鞘 2 片~3 片,剪取中间约 6 cm 的一段,两端用浸过 1%苯并咪唑保鲜液的滤纸保湿,放于中号试管中(长 15 cm,直径 1.5 cm),每管接 1 日龄幼虫 12 头后用棉球塞紧管口,平放,试管两端约 2 cm 用黑布遮光,置于环境温度 27℃±1℃的养虫室内。第 3 d 添加同一株的新鲜叶鞘 2 段~3 段,6 d 后检查试虫的存活与发育情况,称量存活幼虫的体重。

5.2.3.2 结果表述

分别按公式(1)和(2)计算各处理的幼虫平均校正死亡率和平均体重抑制百分率。采用方差分析法比较转基因抗虫水稻品种(系)、对应的非转基因水稻品种(系)的幼虫平均校正死亡率和平均体重抑制百分率的差异。供试水稻品种(系)的总体抗大螟抗性级别按照附录 A 中表 A.1 抗虫性级别评价标准进行表述。

附　录　A

（资料性附录）

抗性级别评价标准

表 A.1　转基因抗虫水稻对二化螟、三化螟、稻纵卷叶螟和大螟的抗性级别评价标准

级　别	校正死亡率（%），发育情况
HR（高抗）	85.1~100,存活试虫几乎不发育
R（抗虫）	60.1~85,或存活试虫的发育明显延缓
MR（中抗）	40.1~60,或存活试虫虽发育但有所延缓
MS（中感）	20.1~40,且存活试虫发育基本正常
S（感虫）	<20,且存活试虫发育正常

ICS 65.020
B 04

中华人民共和国国家标准

农业部 953 号公告－8.2－2007

转基因植物及其产品环境安全检测
抗虫水稻
第 2 部分：生存竞争能力

Evaluation of environmental impact of genetically modified plants and
its derived products—Insect-resistant rice
Part 2: Survival and competitiveness

2007-12-18 发布

2008-03-01 实施

中华人民共和国农业部 发布

前　言

本标准由中华人民共和国农业部科技教育司提出。

本标准由全国农业转基因生物安全管理标准化技术委员会归口。

本标准起草单位：中国农业科学院植物保护研究所、农业部科技发展中心。

本标准主要起草人：彭于发、刘信、张永军、谢家建、厉建萌、傅强、叶恭银。

转基因植物及其产品环境安全检测
抗虫水稻
第 2 部分：生存竞争能力

1 范围

本标准规定了转基因抗虫水稻生存竞争能力的检测方法。

本标准适用于转基因抗虫水稻变为杂草的可能性、转基因抗虫水稻与非转基因水稻及杂草在稻田中竞争能力的检测。

2 规范性引用文件

下列文件中的条款通过本标准的引用而成为本标准的条款。凡是注日期的引用文件，其随后所有的修改单（不包括勘误的内容）或修订版均不适用于本标准。然而，鼓励根据本标准达成协议的各方研究是否可使用这些文件的最新版本。凡是不注日期的引用文件，其最新版本适用于本标准。

GB 4404.1 粮食作物种子 禾谷类

农业部 953 号公告—8.1—2007 转基因植物及其产品环境安全检测 抗虫水稻 第 1 部分：抗虫性

GB/T 3543.4 农作物种子检验规程 发芽试验

3 要求

3.1 试验材料

转基因抗虫水稻品种（系）和对应的非转基因水稻品种（系）。

上述材料的质量应达到 GB 4404.1 中不低于二级水稻种子的要求。

3.2 其他要求

按农业部 953 号公告—8.1—2007 中"4 要求"执行。

4 试验方法

4.1 竞争性

4.1.1 试验设计

试验在稻田进行，分为两种处理类型。处理 1 除正常灌溉外不进行农事操作；处理 2 按当地常规栽培管理方式进行。小区采用随机区组设计，4 次重复。处理 1 小区面积为 6 m²（2 m×3 m），处理 2 小区面积为 24 m²（4 m×6 m）。

4.1.2 播种与移栽

处理 1 采取直播方式，播种量：50 粒/m²。处理 2 采取育苗移栽方式，25 d～30 d 秧龄（或按水稻品种推荐秧龄）时单株移栽，按当地常规栽插密度或供试品种推荐密度进行栽插。

4.1.3 调查和记录

处理 1：播种后 30 d 记录每小区的水稻株数；分别在播种后 30 d 及以后每隔 20 d 采用对角线 5 点取样法调查记录每点（0.5 m×0.5 m）杂草种类、株数，按植株垂直投影面积占小区面积的比例估算出杂草相对覆盖率；同时每小区随机调查记录 10 株水稻的主茎株高、分蘖数、叶片数、生长发育期、相对覆盖率,成熟后穗数、每穗粒数及千粒重。

处理 2:分蘖期调查记录每小区水稻株数;分别在分蘖期、拔节期、齐穗期和黄熟期采用对角线 5 点取样法调查每点(1.0 m×1.0 m)杂草种类、株数,按植株垂直投影面积占小区面积的比例估算出杂草相对覆盖率;同时每小区随机调查记录 10 株水稻的主茎株高、分蘖数、叶片数、生长发育期、相对覆盖率,成熟后穗数、每穗粒数及千粒重。

4.1.4 结果分析

用方差分析方法比较转基因抗虫水稻和对应的非转基因水稻在成苗率、分蘖数、主茎株高、杂草覆盖率、每株穗数、每穗粒数及千粒重等指标的差异。

4.2 自生苗和再生苗

4.2.1 调查和记录

在稻田竞争性试验的同一块田中进行。水稻收获后调查试验小区的稻茬数。分别在收获后 20 d 和 40 d 调查试验小区内自生苗和再生苗情况,并在翌年当地水稻分蘖期调查 1 次。对出现的自生苗拔除后带回实验室验证,全部调查结束后翻耕田块。

4.2.2 自生苗的验证

对自生苗进行生物学测定或分子生物学检测,确认是否为转基因抗虫水稻。

4.2.3 结果表述

按公式(1)~(3)计算所得结果,用方差分析方法比较转基因抗虫水稻和对应的非转基因水稻、自生苗数及再生苗数的差异。

单位面积的自生苗或再生苗数按公式(1)计算:

$$X = \frac{n_1}{A_1} \quad\cdots\cdots\cdots\cdots\cdots\cdots\cdots\cdots\cdots\cdots\cdots\cdots\cdots\cdots\cdots\cdots\cdots\cdots\cdots\cdots\cdots (1)$$

式中:

X——单位面积出苗数,单位为株/m²;

n_1——出苗总数,单位为株;

A_1——调查的面积,单位为 m²。

自生苗的转基因植株检出率按公式(2)计算:

$$X = \frac{n_2}{N_2} \times 100 \quad\cdots\cdots\cdots\cdots\cdots\cdots\cdots\cdots\cdots\cdots\cdots\cdots\cdots\cdots\cdots\cdots\cdots (2)$$

式中:

X——自生苗的转基因植株检出率,单位为百分率(%);

n_2——自生苗的转基因植株检出数,单位为株;

N_2——自生苗的总数,单位为株。

转基因抗虫水稻自生苗产生率按公式(3)计算:

$$X = \frac{n_3}{N_3} \times 100 \quad\cdots\cdots\cdots\cdots\cdots\cdots\cdots\cdots\cdots\cdots\cdots\cdots\cdots\cdots\cdots\cdots\cdots (3)$$

式中:

X——转基因抗虫水稻自生苗产生率,单位为百分率(%);

n_3——单位面积自生苗中转基因抗虫水稻检出数,单位为株;

N_3——单位面积稻茬数,单位为株。

4.3 种子发芽率

4.3.1 试验设计

种子收获后 30 d 按 GB/T 3543.4 规定的方法进行发芽率检测。

4.3.2 调查和记录

记录转基因抗虫水稻和对应的非转基因水稻发芽种子数、未发芽种子数、正常幼苗数、不正常幼苗数。

4.3.3 结果分析

用新复极差法比较转基因抗虫水稻和对应的非转基因水稻发芽率的差异。

4.4 种子生存能力

4.4.1 试验设计

种子生存能力检测在种子收获后进行。按随机区组试验设计,设浅埋(3 cm)和深埋(20 cm)以及埋后 6 个月和 12 个月等 4 个处理,每个处理 4 次重复,小区面积 1 m²。待检测品种的种子 100 粒和品种名称或编号标签封装于 200 目尼龙网袋中,埋入土壤。分别于 6 个月和 12 个月后取出种子按 GB/T 3543.4 规定的方法检测发芽率。

4.4.2 结果分析

用方差分析法对发芽率进行分析。

ICS 65.020

B 04

中华人民共和国国家标准

农业部 953 号公告－8.3－2007

转基因植物及其产品环境安全检测
抗虫水稻
第 3 部分：外源基因漂移

Evaluation of environmental impact of genetically modified plants and
its derived products—Insect-resistant rice
Part 3: Gene flow

2007-12-18 发布

2008-03-01 实施

中华人民共和国农业部 发布

前 言

本标准由中华人民共和国农业部科技教育司提出。

本标准由全国农业转基因生物安全管理标准化技术委员会归口。

本标准起草单位:中国农业科学院植物保护研究所、农业部科技发展中心。

本标准主要起草人:彭于发、张永军、刘信、谢家建、厉建萌、傅强、叶恭银。

转基因植物及其产品环境安全检测
抗虫水稻
第 3 部分:外源基因漂移

1 范围

本标准规定了转基因抗虫水稻外源基因漂移的检测方法。

本标准适用于转基因抗虫水稻与普通栽培水稻、杂交稻及普通野生稻的异交率以及外源基因漂移距离和频率的检测。

2 规范性引用文件

下列文件中的条款通过本标准的引用而成为本标准的条款。凡是注日期的引用文件,其随后所有的修改单(不包括勘误的内容)或修订版均不适用于本标准。然而,鼓励根据本标准达成协议的各方研究是否可使用这些文件的最新版本。凡是不注日期的引用文件,其最新版本适用于本标准。

GB 4404.1 粮食作物种子 禾谷类

农业部 953 号公告—8.1—2007 转基因植物及其产品环境安全检测 抗虫水稻 第 1 部分:抗虫性

3 术语和定义

下列术语和定义适用于本标准。

3.1

基因漂移 gene flow

转基因抗虫水稻中的外源基因通过花粉向普通栽培水稻、杂交稻或相关普通野生稻自然转移的行为。

3.2

异交率 outcrossing rate

转基因抗虫水稻与普通栽培水稻、杂交稻或相关普通野生稻发生自然杂交的比率。

4 要求

4.1 试验材料

转基因抗虫水稻品种(系)、生育期相当的普通栽培水稻、杂交稻和普通野生稻。

上述材料的质量应达到 GB 4404.1 中不低于二级水稻种子的要求。

4.2 其他要求

按农业部 953 号公告—8.1—2007 中"4 要求"执行。

5 试验方法

5.1 与普通野生稻、杂交稻及常规栽培水稻不同基因型异交率

5.1.1 试验设计

按当地常规种植密度单行相间种植,按对比法顺序排列,受体材料不少于 10 个。试验小区面积不

少于 10 m²,4 次重复。

5.1.2 播种

转基因抗虫水稻宜分期播种,应使之与受体材料花期相遇,按常规播种量播种,常规栽培方式管理。

5.1.3 检测和记录

将收获的非转基因材料种子(每处理不少于 1 000 粒,少于 1 000 粒需要全部检测)在温室或田间种植,出苗后进行生物学测定或分子生物学方法检测,记录含有外源基因的植株数。

5.1.4 结果表述

异交率按公式(1)计算:

$$P = \frac{N}{T} \times 100 \cdots\cdots (1)$$

式中:

P——异交率,单位为百分率(%);

N——检测的含有外源基因的植株数,单位为株;

T——播种后出苗总数,单位为株。

5.1.5 结果分析

采用方差分析方法比较转基因抗虫水稻与普通野生稻、杂交稻及常规栽培水稻不同基因型异交率的差异。

5.2 基因漂移距离和漂移率

5.2.1 试验设计

试验地面积不小于 10 000 m²(100 m×100 m),在其中央划出一个 25 m²(5 m×5 m)小区种植转基因抗虫水稻,周围种植非转基因水稻。试验不设重复。

5.2.2 播种

转基因抗虫水稻宜分期播种,应使之与非转基因水稻花期相遇,按常规播种量播种,常规栽培方式管理。

5.2.3 调查方法

沿试验地对角线的 4 个方向,分别用 A,B,C,D 标记,距转基因抗虫水稻种植区 1 m、2 m、5 m、10 m、20 m 和 50 m,每点随机收获 10 株水稻种子。并按照 A1,A2,A3,……的顺序作上标记。记录每点收获的籽粒总数。

5.2.4 检测方法(5.2.4.1 和 5.2.4.2 任选其一)

5.2.4.1 生化检测

收获后的种子当年在温室条件下或次年田间种植,根据转基因抗虫水稻中筛选标记的生化特性(如抗生素抗性、除草剂抗性或显色反应等)对水稻幼苗进行检测,确定是否含有外源基因。

5.2.4.2 分子检测

采用分子生物学方法对水稻幼苗中 DNA 或蛋白质进行检测、验证,确定是否含外源基因。

5.2.5 结果表述

按公式(1)计算不同距离的外源基因漂移率。

用方差分析方法比较转基因抗虫水稻中外源基因的漂移距离和不同距离的漂移率。

ICS 65.020
B 04

中华人民共和国国家标准

农业部 953 号公告－8.4－2007

转基因植物及其产品环境安全检测
抗虫水稻
第 4 部分：生物多样性影响

Evaluation of environmental impact of genetically modified
plants and its derived products—
Insect-resistant rice
Part 4: Impacts on biodiversity

2007-12-18 发布　　　　　　　　　　　　　2008-03-01 实施

中华人民共和国农业部 发布

前　言

本标准附录 A 为资料性附录。

本标准由中华人民共和国农业部提出。

本标准由全国农业转基因生物安全管理标准化技术委员会归口。

本标准起草单位：中国农业科学院植物保护研究所、农业部科技发展中心。

本标准主要起草人：彭于发、刘信、张永军、谢家建、厉建萌、傅强、叶恭银。

转基因植物及其产品环境安全检测
抗虫水稻
第4部分:生物多样性影响

1 范围

本标准规定了转基因抗虫水稻对生物多样性影响的检测方法。

本标准适用于转基因抗虫水稻对家蚕、柞蚕及稻田主要害虫、优势天敌、节肢动物群落结构及主要水稻病害影响的检测。

2 规范性引用文件

下列文件中的条款通过本标准的引用而成为本标准的条款。凡是注日期的引用文件,其随后所有的修改单(不包括勘误的内容)或修订版均不适用于本标准。然而,鼓励根据本标准达成协议的各方研究是否可使用这些文件的最新版本。凡是不注日期的引用文件,其最新版本适用于本标准。

GB 4404.1 粮食作物种子 禾谷类

农业部953号公告—8.1—2007 转基因植物及其产品环境安全检测 抗虫水稻 第1部分:抗虫性

GB/T 15794.4 稻飞虱测报调查规范

3 要求

3.1 试验材料

转基因抗虫水稻品种(系)和对应的非转基因水稻品种(系)。

3.2 其他要求

按照农业部953号公告—8.1—2007中"4 要求"执行。

4 试验方法

4.1 试验设计

小区采用随机区组设计,小区面积不小于150 m²,4次重复,小区间设有1.0 m宽隔离带,处理包括:

转基因抗虫水稻品种(系)适时喷施化学农药防治非靶标害虫;

转基因抗虫水稻品种(系)不喷施任何化学农药;

对应的非转基因水稻品种(系)统一喷施化学农药;

对应的非转基因水稻品种(系)不喷施化学农药。

4.2 播种

水稻材料按当地单季水稻播种(或按水稻品种特性确定),25 d~30 d秧龄(或按水稻品种推荐秧龄)时单本移栽,按当地常规栽插密度或供试品种推荐密度进行栽插。

4.3 调查和记录

4.3.1 对稻田节肢动物群落结构的影响

4.3.1.1 调查方法

直接观察法：田间调查采用盆拍法平行跳跃式取 20 个～30 个样点，每个样点取 2 穴，瓷盘规格为 30 cm×40 cm，从水稻移栽以后，每隔 7 d 调查 1 次，记载整株水稻上各种昆虫和蜘蛛的数量、种类和发育阶段。开始调查时，首先要快速观察活泼易动的昆虫和（或）蜘蛛的数量。对田间不易识别的种类进行编号，带回室内鉴定。

吸虫器调查法：在水稻苗期、分蘖期、扬花期和乳熟期各调查 1 次，每小区采用对角线 5 点取样。每点用吸虫器抽取 0.5 m×0.5 m 面积的水稻（全株）及其地面上的所有节肢动物。将抽取的样品带回室内清理和初步分类后，放入 75%乙醇溶液中保存，供进一步鉴定。

4.3.1.2 结果记录

记录所有直接调查观察到的和吸虫器抽取到的节肢动物的名称、发育阶段和数量。

4.3.1.3 结果表述

采用节肢动物群落的多样性指数、均匀性指数和优势集中性指数 3 个指标，分析比较转基因抗虫水稻田靶标害虫、非靶标害虫和天敌亚群落，以及捕食性天敌和寄生性天敌功能团的稳定性。

节肢动物群落的多样性指数按公式（1）计算。

$$H' = -\sum_{i=1}^{N} P_i \ln P_i \cdots\cdots\cdots\cdots\cdots\cdots (1)$$

式中：

H'——多样性指数；

$P_i = N_i / N$；

N_i——第 i 个物种的个体数；

　N——总个体数。

节肢动物群落的均匀性指数按公式（2）计算。

$$J = H/\ln S \cdots\cdots\cdots\cdots\cdots\cdots (2)$$

式中：

　J——均匀性指数；

H——多样性指数；

　S——物种数。

节肢动物群落的优势集中性指数按公式（3）计算。

$$C = \sum_{i=1}^{n} (N_i/N)^2 \cdots\cdots\cdots\cdots\cdots\cdots (3)$$

式中：

C——优势集中性指数；

N_i——第 i 个物种的个体数；

　N——总个体数。

4.3.2 对稻田主要鳞翅目害虫的影响

4.3.2.1 调查方法

采用平行跳跃法取样，每点连续调查相邻 2 穴～4 穴水稻，每小区查 25 点，分别在移栽后 25 d～30 d（分蘖中期）、分蘖末期、齐穗期和乳熟期各调查 1 次。调查指标包括每穴水稻的分蘖数、叶片数，稻螟虫（二化螟、三化螟、大螟）造成的枯鞘、枯心或白穗数，稻纵卷叶螟造成的卷叶数及卷叶程度，其他鳞翅目害虫如稻弄蝶、稻眼蝶、稻螟蛉的数量。

4.3.2.2 结果表述

依公式（4）计算控制效果。确定转基因抗虫水稻对主要鳞翅目害虫的田间影响效果。

$$E = \frac{D-T}{D} \times 100 \cdots\cdots\cdots\cdots\cdots\cdots (4)$$

式中：

E——控制效果，单位为百分率（％）；

D——对照小区受害植株数或虫数；

T——供试小区受害植株数或虫数。

4.3.3 对稻田主要刺吸性害虫的影响

4.3.3.1 调查方法

调查每个小区飞虱（褐飞虱、灰飞虱、白背飞虱等）和叶蝉（黑尾叶蝉等）的种类和数量，下述两种方法任选 1 种。

方法 1：参照 GB/T 15794.4 中本田飞虱的调查方法，即采用平行双行跳跃式法取样。每小区用盆拍法调查 15 点～30 点（虫多选点少，虫少选点多），每点查 2 穴水稻，记录稻飞虱及叶蝉的种类、虫态和数量。分别在苗期、分蘖期、孕穗期和黄熟期各调查 1 次。记录稻飞虱及叶蝉的种类、虫态和数量。

方法 2：采用机动吸虫器取样法，用对角线 5 点取样法，分别在苗期、分蘖期、齐穗期和黄熟期各调查 1 次。每个样点用吸虫器吸取 0.25 m²（6 穴）范围内水稻全株及其地面的所有害虫。将抽取的样品带回室内清理并记录稻飞虱和叶蝉的种类、虫态和数量。

4.3.3.2 结果表述

按公式（4）计算转基因抗虫水稻对主要刺吸性害虫的田间影响效果。

4.4 对家蚕和柞蚕的影响

4.4.1 水稻花粉的采集

在水稻扬花盛期，采用拍打法将转基因抗虫水稻花粉收集到磁盘中。分别将转基因抗虫水稻和非转基因对照水稻花粉取回到实验室中。采集的花粉用 200 目的分样筛过筛，除去花药等杂质，放入 50 mL 离心管，迅速用液氮冷冻后放入－20℃冰箱中保存备用。

4.4.2 不同浓度水稻花粉叶片的制备

将转基因抗虫水稻和非转基因水稻花粉按每毫升蒸馏水 1 mg、5 mg 和 10 mg 的花粉量分别制成不同花粉浓度的悬浮液，将新鲜桑叶或柞树叶片分别放入不同浓度的花粉悬浮液中，并充分摇动，使花粉均匀分布在叶片上，然后取出晾干，制备成 0 粒/cm²、100 粒/cm²、500 粒/cm² 和 1 000 粒/cm² 花粉浓度桑叶或柞树叶片，以对应的非转基因水稻花粉作对照。

4.4.3 检测方法

取直径 20 cm 的培养皿，底部铺一湿润的滤纸，放入沾有水稻花粉的新鲜桑树或柞树叶片，然后接入 20 头家蚕或柞蚕的初孵幼虫（蚁蚕），每 2 d 更换一次新鲜叶片，检测在 25℃，L：D＝16：8 光照条件下进行，到第 7 d 结束。

4.4.4 调查记录

每 2 d 检查取食沾有水稻花粉叶片的家蚕或柞蚕初孵幼虫的存活率，检查时用毛笔尖轻触虫体无反应为死亡判断标准，第 7 d 对存活的幼虫称重。

4.4.5 结果表述

根据取食沾有不同浓度转基因抗虫水稻花粉和对应的非转基因水稻花粉桑叶或柞树叶家蚕或柞蚕初孵幼虫第 7 d 的死亡数和幼虫体重是否存在显著差异，评价转基因抗虫水稻花粉对家蚕和柞蚕的影响。

4.5 对水稻主要病害的影响

4.5.1 对水稻白叶枯病害的影响

在灌浆期调查 1 次，每小区采用 5 点取样，每点取 10 穴～20 穴水稻，对水稻白叶枯病发生情况进行调查，分级标准按附录 A 中表 A.1 执行。

水稻白叶枯病的发病情况用病情指数表示，按公式（5）计算。

$$I = \frac{\sum (N \times R)}{M \times T} \times 100 \quad \cdots\cdots\cdots\cdots\cdots\cdots\cdots\cdots\cdots\cdots\cdots\cdots\cdots\cdots \quad (5)$$

式中：

I——病情指数；

$\sum$—— 相应病级及其株数乘积的总和；

N——某一病级的植株数,单位为株；

R——病级；

M——最高病级；

T——调查总株数,单位为株。

4.5.2 对水稻稻瘟病的影响

苗瘟在 4 叶期调查 1 次,采用 5 点取样法,每点 10 穴～20 穴,病害的分级标准按附录 A 中表 A.2 执行。叶瘟在分蘖末期调查,采用 5 点取样法,每点 10 穴～20 穴,病害的分级标准按附录 A 中表 A.2 执行。穗瘟在灌浆期调查,采用平行双行跳跃式或棋盘式取样,每小区调查 50 穴～100 穴,病害的分级标准按附录 A 中表 A.3 执行。水稻稻瘟病的发病情况用病情指数表示,病情指数按公式(5)计算。

4.5.3 对水稻纹枯病的影响

分别在孕穗期、灌浆期各调查 1 次,每小区采用平行 10 点取样,每点 10 穴～20 穴。水稻纹枯病发病分级标准按附录 A 中表 A.4 执行。水稻纹枯病的发病情况用病情指数表示,病情指数按公式(5)计算。

4.5.4 对水稻条纹叶枯病的影响

在水稻分蘖盛期和孕穗期各调查 1 次,每小区采用 5 点取样,每点调查 10 穴～20 穴,调查总株数、病株数,计算病穴率及病情指数。调查结果记录按附录 A 中表 A.5 执行。

4.5.5 对稻曲病的影响

在水稻灌浆期调查 1 次,每小区采用 5 点取样,每点调查 10 穴～20 穴水稻,调查总株数、病株数,计算病穴率。调查结果记录按附录 A 中表 A.6 执行。

4.6 结果分析

采用方差分析方法比较转基因抗虫水稻与对应的非转基因水稻对主要鳞翅目害虫、主要刺吸性害虫、节肢动物群落结构、主要经济昆虫以及主要病害的影响。

附 录 A

（资料性附录）

病情田间调查及病情分级标准

表 A.1 水稻白叶枯病的病情分级标准

病级	抗 性 反 应	抗性评价
0	病斑长度小于接种叶片剩余长度 5.0%；或病斑面积小于 5.0%	高抗（HR）
1	病斑长度占接种叶片剩余长度 5.1%～12.0%；或病斑面积占叶面积 5.1%～12.0%	抗（R）
3	病斑长度占接种叶片剩余长度 12.1%～25.0%；或病斑面积占叶面积 12.1%～25.0%	中抗（MR）
5	病斑长度占接种叶片剩余长度 25.1%～50.0%；或病斑面积占叶面积 25.1%～50.0%	中感（MS）
7	病斑长度占接种叶片剩余长度 50.1%～75.0%；或病斑面积占叶面积 50.1%～75.0%	感（S）
9	病斑长度大于接种叶片剩余长度 75.1%；或病斑面积大于叶面积 75.1%	高感（HS）

表 A.2 水稻苗瘟、叶瘟的病情分级标准

病级	抗 性 反 应	抗性评价
0	叶片上无病斑，叶片受害面积为 0	高抗（HR）
1	病斑为针头状大小或稍大褐点，叶片受害面积 0.1%～1.0%	抗（R）
3	圆形至椭圆形灰色病斑，边缘褐色，病斑直径约 1 mm～2 mm，叶片受害面积 1.1%～10%	中抗（MR）
5	典型纺锤形病斑，叶片受害面积 10.1%～25%	中感（MS）
7	典型纺锤形病斑，叶片受害面积 25.1%～75%	感（S）
9	叶片受害面积≥75.1%或全部枯死	高感（HS）

表 A.3 水稻穗瘟的病情分级标准

病级	穗颈瘟受害情况	单穗受害情况	抗性评价
0	病穗率低于 1%	穗上无病	高抗（HR）
1	病穗率为 1%～5%	每穗损失率≤5%（个别小枝梗发病）	抗（R）
3	病穗率为 5.1%～10%	每穗损失率 5.1%～15%（1/10～1/5 左右枝梗发病）	中抗（MR）
5	病穗率为 10.1%～25%	每穗损失率 15.1%～30%（1/5～1/3 左右枝梗发病）	中感（MS）
7	病穗率为 25.1%～50%	每穗损失率 30.1%～50%（穗颈或主轴发病，谷粒半瘪）	感（S）
9	病穗率≥50.1%	每穗损失率≥50.1%（穗颈发病，大部分瘪谷或造成白穗）	高感（HS）

表 A.4 水稻纹枯病调查和分级标准

病害评级	症 状	病情指数
0 级（免疫，I）	植株叶鞘和叶片未见症状	0
1 级（抗病，R）	稻株基部有少数零星病斑	0.1～20
3 级（中抗，MR）	病斑延伸到倒 3 叶（剑叶为倒 0 叶）	20.1～40
5 级（中感，MS）	病斑延伸到倒 2 叶	40.1～60
7 级（感病，S）	病斑延伸到倒 1 叶	60.1～80
9 级（高感，HS）	病斑延伸到剑叶或全株枯死	80.1～100

表 A.5　水稻条纹叶枯病病情分级和调查记载标准

病害评级	病　害　症　状	相对病指
0 级(高抗,HR)	无症状	小于 0
1 级(抗病 R)	有轻微黄绿色斑驳,病叶不卷曲,植株生长正常	0～10%
2 级(中抗,MR)	病叶上褪绿扩展相连成不规则黄白色或黄绿色条斑,病叶不卷曲或略有卷曲,生长基本正常	10.1%～30%
3 级(中感,MS)	病叶严重褪绿,病叶卷曲呈捻转状,少数病叶出现黄化枯萎症状	30.1%～50%
4 级(感病,S)	大部分病叶卷曲呈捻转状,叶片黄化枯死,植株呈假枯心状或整株枯死	大于 50.1%

表 A.6　稻曲病田间调查表

调查日期	水稻品种	小区号	调查穴数	病穴丛数	病穴率%	调查总穗数	病穗数	病穗率%	总谷粒数	病粒数	病粒率%

ICS 65.020
B 04

中华人民共和国国家标准

农业部953号公告－9.1－2007

转基因植物及其产品环境安全检测
抗病水稻
第1部分：对靶标病害的抗性

Evaluation of environmental impact of genetically modified
plants and its derived products—
Disease–resistant rice
Part 1：Resistance to target disease

2007-12-18 发布　　　　　　　　　　　2008-03-01 实施

中华人民共和国农业部 发布

前　言

本标准附录 A 为资料性附录。

本标准由中华人民共和国农业部提出。

本标准由全国农业转基因生物安全管理标准化技术委员会归口。

本标准起草单位:中国农业科学院生物技术研究所、农业部科技发展中心、中国农业科学院植物保护研究所、中国水稻研究所。

本标准主要起草人:金芜军、宋贵文、黄世文、傅强、彭于发、王锡锋、张永军、宛煜嵩、沈平。

农业部953号公告—9.1—2007

转基因植物及其产品环境安全检测 抗病水稻
第1部分:对靶标病害的抗性

1 范围

本标准规定了转基因抗细菌病害白叶枯病水稻对靶标病害抗性的检测方法。

本标准适用于转基因抗白叶枯病水稻在人工接种的情况下对白叶枯病的抗性水平的检测。

2 规范性引用文件

下列文件中的条款通过本标准的引用而成为本标准的条款。凡是注日期的引用文件,其随后所有的修改单(不包括勘误的内容)或修订版均不适用于本标准。然而,鼓励根据本标准达成协议的各研究和检测单位使用这些文件的最新版本。凡是不注日期的引用文件,其最新版本适用于本标准。

GB 4404.1 粮食作物种子 禾谷类

3 术语和定义

下列术语和定义适用于本标准。

3.1

转基因抗病水稻 transgenic disease-resistant rice

通过基因工程技术将外源抗病基因导入水稻基因组而培育出的抗病水稻品种(系),本标准中特指转 $Xa21$ 基因或其他抗病基因的抗白叶枯病水稻。

4 要求

4.1 试验材料

——转基因抗病水稻品种(系);

——对应的非转基因水稻品种(系);

——籼稻抗病对照 IR26,粳稻抗病对照南粳15,或根据当地实际或检测要求设定的抗病对照品种;

——籼稻感病对照金刚30,粳稻感病对照金南风,或根据当地实际或检测要求设定的感病对照品种。

上述材料的质量应达到 GB 4404.1 中不低于二级水稻种子的要求。

4.2 资料记录

4.2.1 试验地名称与位置

记录试验地的名称、试验的具体地点、经纬度或全球地理定位系统(GPS)地标。绘制小区示意图。

4.2.2 土壤资料

记录土壤类型、土壤肥力、排灌情况和土壤覆盖物等内容。描述试验地近3年种植情况。

4.2.3 试验地周围生态类型

4.2.3.1 自然生态类型

记录与农田生态类型地区的距离及周边植被情况。

4.2.3.2 农田生态类型

记录试验地周围的主要栽培作物及其他植被情况,以及当地水稻田常见病、虫、草害的名称及危害情况。

4.2.4 气象资料

记录试验期间试验地降雨(降雨类型、日降雨量,以 mm 表示)和温度(日平均温度、最高和最低温度、积温,以℃表示)的资料。记录影响整个试验期间试验结果的恶劣气候因素,例如严重或长期的干旱、暴雨、冰雹等。

4.3 试验安全控制措施

4.3.1 隔离措施(4.3.1.1和4.3.1.2选一)

4.3.1.1 空间隔离

试验地四周有 100 m 以上非水稻为隔离带。若试验区周边有水稻制种田,隔离距离为 200 m 以上。

4.3.1.2 时间隔离

100 m 范围内与其他水稻花期间隔 15 d 以上。

4.3.2 试验过程的安全管理

试验过程中如发生试验材料被盗、被毁等意外事故,应立即报告行政主管部门和当地公安部门,依法处理。

4.3.3 试验后的材料处理

转基因抗病水稻材料应单收、单脱、单贮,由专人运输和保管。试验结束后,除需要保留的材料外,剩余的试验材料一律焚毁。

4.3.4 试验结束后试验地的监管

保留试验地的边界标记。当年和第二年不再种植水稻,由专人负责监管,及时拔除并销毁转基因抗病水稻自(再)生苗。

5 试验方法

5.1 育秧及移栽

参测品种经常规浸种催芽后,播于转基因稻种植区专用检测圃内。播种时间依检测地点和参测品种生育期不同灵活掌握,一般以水稻分蘖盛期后的 3 周内或孕穗期后的 3 周内的日平均气温 28～30℃为宜。播种 15 d 后每公顷施尿素 75 kg。在秧龄 25 d～30 d 时移栽。参测品种每小区移栽 4 行,每行 15 株,共 60 株,重复 3 次;株行距为 20 cm×20 cm;每 2 个参测品种间栽插抗、感品种各 2 行,参测品种间采用随机排列。在参测品种四周栽插不少于 5 行的保护行品种,株行距与参测品种相同。保护行品种选择高秆发病较轻的水稻品种,以避免保护行发病过重影响参测品种的发病。

5.2 接种时期

在水稻分蘖盛期或孕穗后期按下述接种方法进行人工剪叶接种。

5.3 接种

依据不同地区选用相应的白叶枯病菌株进行接种(北方粳稻区选用Ⅱ型菌,长江流域籼粳混栽区和南方籼稻区选用Ⅲ、Ⅳ型菌),或按要求接种不同致病力菌株(Ⅰ～Ⅶ型)。接种体在胁本哲氏马铃薯半合成培养基上培养 72 h,用麦法伦氏比浊法配成 $3×10^8$ CFU/mL 菌液。在水稻分蘖盛期或孕穗后期,用医用剪刀蘸菌液剪去植株新(剑)叶叶片顶部 2 cm 长(剪口要平),每株剪接主茎 3 片完全展开的新叶或剑叶,总接种叶片不少于 60 片。

5.4 管理

移栽至接种期间,田间水肥管理与常规生产一致;移栽后 20 d 和接种前 1 周各施尿素 1 次,用量为 75 kg/hm²。参测品种在全生育期内不使用杀菌剂,杀虫剂的使用根据检测圃内害虫发生种类和程度而定,接种前后避免施用任何药剂。接种时田间不积水,接种后使田间保持薄水层,3 d～4 d 后观察稻株,待大部分稻株出现初期侵染症状后,灌水保持 5 cm 左右水层。

5.5 病情调查

接种后 21 d,当感病对照品种的发病程度高于 7 级(含)时方可认为试验有效,并按附录 A 表 A.1 调查记录发病情况和进行病情分级。每小区随机调查剪叶接种过的叶片不少于 50 片,每参测品种调查叶片不少于 150 片。

病情指数按式(1)计算:

$$I = \frac{\sum (N \times R)}{M \times T} \times 100 \quad\cdots\cdots\cdots\cdots\cdots\cdots\cdots\cdots\cdots\cdots\cdots\cdots\cdots\cdots\cdots\cdots (1)$$

式中:

I——病情指数;

$\sum$—— 调查病害相对病级数值及其株数乘积的总和;

N——病害某一级别的植株数,单位为株;

R——病害的相对病级数值;

M——病害的最高病级数值;

T——调查总株数,单位为株。

5.6 结果分析与表述

按附录 A 相应的病害病情分级及调查记载标准进行调查、记载、评级。用文字和抗级表述评价转基因抗病水稻与对应水稻品种和相应抗、感品种对白叶枯病的抗性差异。

附 录 A
（资料性附录）
病 情 分 级 标 准

水稻白叶枯病的病情分级标准见表 A.1。

表 A.1 水稻白叶枯病病情分级和调查记载标准

病级	抗 性 反 应	抗性水平
0	病斑长度小于接种叶片剩余长度 5.0%；或病斑面积小于 5.0%	高抗（HR）
1	病斑长度占接种叶片剩余长度 5.1%～12.0%；或病斑面积占叶面积 5.1%～12.0%	抗（R）
3	病斑长度占接种叶片剩余长度 12.1%～25.0%；或病斑面积占叶面积 12.1%～25.0%	中抗（MR）
5	病斑长度占接种叶片剩余长度 25.1%～50.0%；或病斑面积占叶面积 25.1%～50.0%	中感（MS）
7	病斑长度占接种叶片剩余长度 50.1%～75.0%；或病斑面积占叶面积 50.1%～75.0%	感（S）
9	病斑长度大于接种叶片剩余长度 75.1%；或病斑面积大于叶面积 75.1%	高感（HS）

ICS 65.020
B 04

中华人民共和国国家标准

农业部 953 号公告—9.2—2007

转基因植物及其产品环境安全检测
抗病水稻
第 2 部分：生存竞争能力

Evaluation of environmental impact of genetically modified
plants and its derived products—
Disease–resistant rice
Part 2：Survival and competitiveness

2007-12-18 发布

2008-03-01 实施

中华人民共和国农业部 发布

前 言

本标准由中华人民共和国农业部提出。

本标准由全国农业转基因生物安全管理标准化技术委员会归口。

本标准起草单位:中国农业科学院生物技术研究所、农业部科技发展中心、中国农业科学院植物保护研究所、中国水稻研究所。

本标准主要起草人:金芜军、宋贵文、傅强、黄世文、彭于发、王锡锋、张永军、宛煜嵩、沈平。

转基因植物及其产品环境安全检测 抗病水稻
第 2 部分：生存竞争能力

1 范围

本标准规定了转基因抗细菌病害白叶枯病水稻生存竞争能力的检测方法。

本标准适用于转基因抗白叶枯病水稻变为杂草的可能性、转基因抗白叶枯病水稻与非转基因水稻及杂草竞争能力的检测。

2 规范性引用文件

下列文件中的条款通过本标准的引用而成为本标准的条款。凡是注日期的引用文件，其随后所有的修改单(不包括勘误的内容)或修订版均不适用于本标准。然而，鼓励根据本标准达成协议的各研究和检测单位使用这些文件的最新版本。凡是不注日期的引用文件，其最新版本适用于本标准。

GB/T 3543.4 农作物种子检验规程 发芽试验

GB 4404.1 粮食作物种子 禾谷类

农业部 953 号公告—9.1—2007 转基因植物及其产品环境安全检测 抗病水稻 第 1 部分：对靶标病害的抗性

3 要求

3.1 试验材料

转基因抗病水稻品种(系)和对应的非转基因水稻品种(系)。

上述材料的质量应达到 GB 4404.1 中不低于二级水稻种子的要求。

3.2 其他要求

按农业部 953 号公告—9.1—2007 中"4 要求"执行。

4 试验方法

4.1 竞争性

4.1.1 试验设计

试验在稻田进行，分为两种处理类型。处理一，除正常灌溉外不进行农事操作；处理二，按当地常规栽培管理方式进行。小区采用随机区组设计，3 次重复。处理一小区面积为 6 m²(2 m×3 m)，处理二小区面积为 24 m²(4 m×6 m)。

4.1.2 播种和移栽

按当地栽培要求进行。转基因抗病水稻在处理一中采取直播方式，播种量为 50 粒/m²；处理二采取育苗移栽方式，25 d～30 d 秧龄(或转基因抗病水稻品种推荐秧龄)时，按当地常规栽插密度或供试品种推荐密度单株移栽。南方稻区早稻为 20 cm×17 cm，中稻为 25 cm×20 cm，晚稻为 24 cm×20 cm。

4.1.3 调查方法

采用对角线 5 点取样，杂草调查处理一每点 0.5 m×0.5 m，处理二每点 1.0 m×1.0 m。

4.1.4 调查和记录

处理一：播种后 30 d 调查记录每小区的水稻株数、出苗率。分别在播种后 30 d 及以后每隔 20 d 调查记录每点杂草种类、株数,按植株垂直投影面积占取样区面积的比例估算出杂草相对覆盖率;同时每小区随机调查 10 株水稻的主茎株高、分蘖数、叶片数、生长发育期、相对覆盖率。水稻成熟后每小区随机调查 10 株水稻每株穗数、每穗粒数、千粒重。

处理二:分蘖盛期调查记录每小区水稻株数、成苗率。分别在水稻分蘖期、拔节期、齐穗期和黄熟期调查和记录每点杂草种类、株数,按植株垂直投影面积占取样区面积的比例估算出杂草相对覆盖率;同时每小区随机调查 10 株水稻的主茎株高、分蘖数、叶片数、生长发育期、相对覆盖率。水稻成熟后每小区随机调查 10 株水稻每株穗数、每穗粒数、千粒重。

4.1.5 结果分析

用方差分析方法比较转基因抗病水稻和对应的非转基因水稻在成苗率、分蘖数、主茎株高、每株穗数、每穗粒数、千粒重、杂草覆盖率等方面的差异。

4.2 自生苗和再生苗
4.2.1 调查和记录

在竞争性试验的同一块田中进行。在收获后即调查落粒数,采用对角线 5 点取样,每点 0.5 m×0.5 m。收获后每隔 20 d 调查一次试验小区内自生苗和再生苗情况,共调查 2 次;并在翌年当地水稻分蘖期后调查 1 次自生苗和再生苗。对出现的自生苗(拔除)取样后带回实验室验证。调查结束后,翻耕。

4.2.2 自生苗的验证

采用分子生物学检测方法对自生苗进行检测验证,确认是否为转基因抗病水稻。

4.2.3 结果分析与表述

按公式(1)~(3)计算所得结果,用方差分析方法比较转基因抗病水稻和对应的非转基因水稻自生苗数及再生苗数的差异。

单位面积的自生苗或再生苗数按公式(1)计算。

$$X = \frac{n_1}{A_1} \quad \cdots\cdots (1)$$

式中:

X——单位面积出苗数,单位为株每平方米(株/m²);

n_1——出苗总数,单位为株;

A_1——调查的面积,单位为平方米(m²)。

自生苗的转基因植株检出率按公式(2)计算。

$$X = \frac{n_2}{N_2} \times 100 \quad \cdots\cdots (2)$$

式中:

X——自生苗的转基因植株检出率,单位为百分率(%);

n_2——自生苗的转基因植株检出数,单位为株;

N_2——自生苗的总数,单位为株。

转基因抗病水稻自生苗产生率按公式(3)计算。

$$X = \frac{n_3}{N_3} \times 100 \quad \cdots\cdots (3)$$

式中:

X——转基因抗病水稻自生苗产生率,单位为百分率(%);

n_3——单位面积自生苗中转基因抗病水稻检出数,单位为株;

N_3——单位面积稻茬数,单位为株。

4.3 繁殖力
4.3.1 调查和记录

在竞争性试验的同一田块中进行。采用对角线 5 点取样,每点 10 株。收获时调查每株分蘖数和总穗粒数。

4.3.2 结果分析

用方差分析法比较转基因抗病水稻和对应的非转基因水稻每株分蘖数和总穗粒数的差异。

4.4 种子发芽率

4.4.1 试验设计

种子收获后 10 d 内和翌年水稻播种期按 GB/T 3543.4 规定的方法分别进行 1 次。

4.4.2 调查和记录

记录转基因抗病水稻和对应的非转基因水稻发芽种子数、未发芽种子数、正常幼苗数、不正常幼苗数。

4.4.3 结果分析

用方差分析法比较转基因抗病水稻和对应的非转基因水稻发芽率的差异。

4.5 种子生存能力

4.5.1 试验设计

种子生存能力检测在种子收获后进行。按随机区组试验设计,设浅埋(3 cm)和深埋(20 cm)以及埋后 6 个月和 12 个月等 4 个处理,每个处理 3 次重复,小区面积 1 m²。待检测种子 100 粒和材料名称或编号标签封装于 200 目尼龙网袋中,埋入土壤。分别于 6 个月和 12 个月后取出种子检测发芽率。

4.5.2 结果分析

用方差分析法对发芽率进行分析。

ICS 65.020
B 04

中华人民共和国国家标准

农业部 953 号公告—9.3—2007

转基因植物及其产品环境安全检测
抗病水稻
第 3 部分：外源基因漂移

Evaluation of environmental impact of genetically modified
plants and its derived products—
Disease−resistant rice
Part 3: Gene flow

2007-12-18 发布

2008-03-01 实施

中华人民共和国农业部 发布

前　言

本标准由中华人民共和国农业部提出。

本标准由全国农业转基因生物安全管理标准化技术委员会归口。

本标准起草单位:中国农业科学院生物技术研究所、农业部科技发展中心、中国农业科学院植物保护研究所、中国水稻研究所。

本标准主要起草人:金芜军、宋贵文、傅强、黄世文、彭于发、王锡锋、张永军、宛煜嵩、沈平。

转基因植物及其产品环境安全检测 抗病水稻
第 3 部分:外源基因漂移

1 范围

本标准规定了转基因抗细菌病害白叶枯病水稻外源基因漂移的检测方法。

本标准适用于转基因抗白叶枯病水稻与普通栽培水稻、野生稻、杂草稻的异交率以及外源基因漂移距离和频率的检测。

2 规范性引用文件

下列文件中的条款通过本标准的引用而成为本标准的条款。凡是注日期的引用文件,其随后所有的修改单(不包括勘误的内容)或修订版均不适用于本标准。然而,鼓励根据本标准达成协议的各研究和检测单位使用这些文件的最新版本。凡是不注日期的引用文件,其最新版本适用于本标准。

GB 4404.1 粮食作物种子 禾谷类

农业部 953 号公告—9.1—2007 转基因植物及其产品环境安全检测 抗病水稻 第 1 部分:对靶标病害的抗性

3 术语和定义

下列术语和定义适用于本标准。

3.1

基因漂移 gene flow

转基因抗病水稻中的外源基因向普通栽培水稻、杂草稻或相关野生稻自然转移的行为。

3.2

异交率 outcrossing rate

转基因抗病水稻与普通栽培水稻、杂草稻或相关野生稻发生自然杂交的比率。

4 要求

4.1 试验材料

转基因抗病水稻品种(系)、生育期相当的普通栽培水稻、杂草稻和普通野生稻。

上述材料的质量应达到 GB 4404.1 中不低于二级水稻种子的要求。

4.2 其他要求

按农业部 953 号公告—9.1—2007 中"4 要求"执行。

5 试验方法

5.1 与普通野生稻、杂草稻及常规栽培水稻不同基因型异交率

5.1.1 试验设计

按当地常规种植密度单行相间种植,按对比法顺序排列。试验小区面积不少于 10 m^2,3 次重复。

5.1.2 播种

转基因抗病水稻宜分期播种,应使之与受体材料花期相遇。按常规播种量播种、常规栽培方式管

理。

5.1.3 检测和记录

将收获的非转基因材料种子(每处理不少于1 000粒,少于1 000粒需要全部检测)在温室或田间种植,出苗后进行生物学测定或分子生物学方法检测,记录含有外源基因的植株数。

5.1.4 结果表述

异交率按式(1)计算。

$$P = \frac{N}{T} \times 100 \cdots\cdots\cdots\cdots\cdots\cdots\cdots\cdots\cdots\cdots\cdots\cdots\cdots\cdots\cdots\cdots\cdots\cdots\cdots\cdots\cdots \quad (1)$$

式中:

P ——异交率,单位为百分率(%);

N ——检测的含有外源基因的植株数,单位为株;

T ——播种后出苗总数,单位为株。

5.1.5 结果分析

采用方差分析方法比较转基因抗病水稻与普通野生稻、杂草稻及常规栽培水稻不同基因型异交率的差异。

5.2 基因漂移距离和漂移频率

5.2.1 试验设计

试验地面积不小于10 000 m²(100 m×100 m),在其中央划出一个25 m²(5 m×5 m)小区种植转基因抗病水稻,周围种植非转基因水稻。

5.2.2 播种

转基因抗病水稻宜分期播种,应使之与非转基因水稻花期相遇。按常规播种量播种。秧龄25 d～30 d(或转基因抗病水稻品种推荐秧龄)移栽,密度25万株～30万株/hm²。

5.2.3 调查方法

沿试验地对角线的4个方向,分别用A、B、C、D标记,距转基因抗病水稻种植区1 m、2 m、5 m、10 m、20 m和50 m,每点随机收获10株水稻并分别标记为A1、A2、A3……晒干后用于进一步检测。记录每点收获的籽粒总数。

5.2.4 检测方法(5.2.4.1和5.2.4.2任选其一)

5.2.4.1 生物学检测

收获后的种子当年在温室条件下或次年田间种植,根据转基因抗病水稻中筛选标记的生化特性(如抗生素抗性、除草剂抗性或显色反应等)对水稻幼苗进行检测,确定是否含有外源基因。

5.2.4.2 分子检测

采用分子生物学方法对水稻幼苗中DNA或蛋白质进行检测、验证,确定是否含外源基因。

5.2.5 结果分析与表述

按异交率计算公式计算不同距离的漂移频率。

用方差分析方法比较转基因抗病水稻中外源基因的漂移距离和不同距离的漂移频率。

ICS 65.020
B 04

中华人民共和国国家标准

农业部 953 号公告 － 9.4 － 2007

转基因植物及其产品环境安全检测
抗病水稻
第 4 部分：生物多样性影响

Evaluation of environmental impact of genetically modified
plants and its derived products—
Disease–resistant rice
Part 4: Impacts on biodiversity

2007-12-18 发布   2008-03-01 实施

中华人民共和国农业部 发布

前　言

本标准附录 A 为资料性附录。

本标准由中华人民共和国农业部提出。

本标准由全国农业转基因生物安全管理标准化技术委员会归口。

本标准起草单位：中国农业科学院生物技术研究所、农业部科技发展中心、中国农业科学院植物保护研究所、中国水稻研究所。

本标准主要起草人：金芜军、宋贵文、王锡锋、傅强、黄世文、彭于发、张永军、宛煜嵩、沈平。

转基因植物及其产品环境安全检测 抗病水稻
第 4 部分:生物多样性影响

1 范围

本标准规定了转基因抗细菌病害白叶枯病水稻对稻田生物多样性影响的检测方法。

本标准适用于转基因抗白叶枯病水稻对稻田主要害虫及优势天敌种群数量、节肢动物群落结构及水稻主要病害影响的检测。

2 规范性引用文件

下列文件中的条款通过本标准的引用而成为本标准的条款。凡是注日期的引用文件,其随后所有的修改单(不包括勘误的内容)或修订版均不适用于本标准。然而,鼓励根据本标准达成协议的各研究和检测单位使用这些文件的最新版本。凡是不注日期的引用文件,其最新版本适用于本标准。

GB 4404.1 粮食作物种子 禾谷类

农业部 953 号公告—9.1—2007 转基因植物及其产品环境安全检测 抗病水稻 第 1 部分:对靶标病害的抗性

GB/T 15794—1995 稻飞虱测报调查规范

3 要求

3.1 试验材料

转基因抗病水稻品种和对应非转基因水稻品种。

3.2 其他要求

按农业部 953 号公告—9.1—2007 中"4 要求"执行。

4 试验方法

4.1 试验设计

随机区组设计,3 次重复,小区面积不小于 150 m²(10 m×15 m)。除进行常规耕作管理外,按化学防治不同设 4 个处理:

1) 转基因抗病水稻,不喷施任何化学农药;
2) 转基因抗病水稻,除不防治靶标病害外,进行正常病、虫、草害化学防治;
3) 对应非转基因水稻品种,不喷施任何化学农药;
4) 对应非转基因水稻品种,进行正常病、虫、草害化学防治。

4.2 播种和移栽

转基因抗病水稻按当地单季水稻播种(或按转基因抗病水稻品种特性确定),25 d~30 d 秧龄(或转基因抗病水稻品种推荐秧龄)时单本移栽,移栽密度 25 万株~30 万株/hm²。

4.3 调查记录

4.3.1 对水稻田节肢动物多样性的影响

4.3.1.1 调查方法

直接调查观察法:田间调查采用盘拍法平行跳跃式取 20 个~30 个样点,每个样点取 2 株,瓷盘规格为 30 cm×40 cm,调查从移栽后 20 d 到成熟,每 7 d 调查 1 次,记载整株水稻上各种昆虫和蜘蛛的数量、种类和发育阶段。开始调查时,首先要快速观察活泼易动的昆虫和(或)蜘蛛的数量。对田间不易识别的种类进行编号,带回室内鉴定。

吸虫器调查法:在水稻移栽 20 d~30 d(分蘖中期)后调查第 1 次,以后在分蘖末期、齐穗期和黄熟期(收获前 1 周~2 周)各调查 1 次,共计 4 次,每小区采用对角线 5 点取样。每点用吸虫器抽取 6 株水稻(全株)及其地面上的所有节肢动物。将抽取的样品带回室内清理和初步分类后,放入 75%乙醇溶液保存,供进一步鉴定。

4.3.1.2 结果记录

记录所有直接观察到和用吸虫器抽取的节肢动物的名称、发育阶段和数量。

4.3.1.3 结果表述

用节肢动物群落的多样性指数、均匀性指数和优势集中性指数 3 个指标,分析比较转基因抗病水稻田昆虫群落、害虫和天敌亚群落的稳定性。

节肢动物群落的多样性指数按公式(1)计算。

$$H' = -\sum_{i=1}^{s} P_i \ln P_i \quad\cdots\cdots\cdots\cdots\cdots\cdots\cdots\cdots\cdots\cdots\cdots (1)$$

式中:

H'——多样性指数;

$P_i = N_i/N$(N_i 为第 i 个物种的个体数;N 为总个体数);

S——物种数。

节肢动物群落的均匀性指数按公式(2)计算。

$$J = H/\ln S \quad\cdots\cdots\cdots\cdots\cdots\cdots\cdots\cdots\cdots\cdots\cdots\cdots\cdots (2)$$

式中:

J ——均匀性指数;

H——多样性指数;

S ——物种数。

节肢动物群落的优势集中性指数按公式(3)计算。

$$C = \sum_{i=1}^{n} (N_i/N)^2 \quad\cdots\cdots\cdots\cdots\cdots\cdots\cdots\cdots\cdots\cdots (3)$$

式中:

C——优势集中性指数;

N_i——第 i 个物种的个体数;

N——总个体数。

4.3.2 对水稻田主要鳞翅目害虫的影响

4.3.2.1 调查方法

采用平行跳跃法取样,每点连续调查相邻 2 株~4 株(发生重的少查,发生少的多查)水稻,每小区查 25 点,分别在分蘖中期、分蘖末期、齐穗期和黄熟期(收获前 1 周~2 周)各调查 1 次,或根据主要鳞翅目害虫发生情况确定调查时间。调查指标包括每株水稻的分蘖数,叶片数,稻螟虫(二化螟、三化螟、大螟)造成的枯鞘、枯心或白穗数,稻纵卷叶螟造成的卷叶数及卷叶程度,其他鳞翅目害虫如稻弄蝶、稻眼蝶、稻螟蛉的数量。

4.3.2.2 结果表述

稻螟虫的发生情况用枯鞘/枯心/白穗率表述,按公式(4)计算。

$$枯鞘/枯心/白穗率(\%) = \frac{枯鞘、枯心或白穗数}{调查水稻总分蘖数} \times 100 \quad\cdots\cdots\cdots\cdots (4)$$

稻纵卷叶螟的发生情况用卷叶率表述,按公式(5)计算。

$$卷叶率(\%) = \frac{卷叶数}{调查水稻总叶片数} \times 100 \quad\cdots\cdots\cdots\cdots\cdots(5)$$

其他鳞翅目害虫的发生情况用害虫的发生密度表述,按公式(6)计算。

$$某种害虫的发生密度(头/百株) = \frac{某害虫的数量}{调查水稻株数} \times 100 \quad\cdots\cdots\cdots\cdots\cdots(6)$$

4.3.3 对水稻田主要刺吸性害虫的影响

4.3.3.1 调查方法

调查每个小区飞虱(如褐飞虱、灰飞虱、白背飞虱等)和叶蝉(如黑尾叶蝉等)的种类和数量,下述两种方法任选 1 种。

方法 1:按 GB/T 15794—1995 中"大田虫情普查"的方法进行调查。即用盘或盆拍查法,分别在分蘖中期、分蘖末期、齐穗期和黄熟期(收获前 1 周~2 周)各调查 1 次。每小区调查 10~15 点(虫量多的少查,虫量少的多查),每点查 2 株水稻,记录稻飞虱及叶蝉的种类、虫态和数量。

方法 2:机动吸虫器取样法。用对角线 5 点取样法,分别在分蘖中期、分蘖末期、齐穗期和黄熟期(收获前 1 周~2 周)各调查 1 次。每小区调查 5 点,每个样点用吸虫器吸取 6 株水稻全株及其地面的所有害虫。将吸取的样品带回室内清理并记录稻田飞虱和叶蝉的种类、虫态和数量。

4.3.3.2 结果表述

按公式(6)计算刺吸式害虫的发生密度,以此表述各主要刺吸式害虫的发生情况。

4.4 对水稻主要病害的影响

4.4.1 对水稻稻瘟病的影响

4.4.1.1 调查记录

在水稻苗期和分蘖期各调查 1 次叶瘟,每小区采用 5 点取样,每点调查 20 株水稻,具体病害的分级标准按附录 A 中表 A.1-1 执行。

在水稻黄熟期(收获前 1 周~2 周)调查 1 次穗颈瘟,每小区采用 5 点取样,每点调查 20 株水稻,具体病害的分级标准按附录 A 中表 A.1-2 执行。

4.4.1.2 结果表述

对水稻苗瘟和叶瘟的发病情况用病情指数表示,按公式(7)计算。

$$I = \frac{\sum(N \times R)}{M \times T} \times 100 \quad\cdots\cdots\cdots\cdots\cdots(7)$$

式中:

I——病情指数;

$\sum$——调查病害相对病级数值及其株数乘积的总和;

N——病害某一级别的植株数,单位为株;

R——病害的相对病级数值;

M——病害的最高病级数值;

T——调查总株数,单位为株。

水稻穗颈瘟用损失指数表示,损失指数按公式(8)计算。

$$I = \frac{\sum(N \times S)}{T \times B} \times 100 \quad\cdots\cdots\cdots\cdots\cdots(8)$$

式中:

I——损失指数,单位为百分率(%);

$\sum$——调查各级损失率及其发病株数乘积的总和;

N——某一级别的损失率的植株数,单位为株;

S——各级损失率;

B——分级标准最高级损失率;

T——调查总株数,单位为株。

综合苗叶瘟和穗颈瘟的发病情况,根据附录 A 中表 A.1-3,对转基因抗病水稻抗稻瘟病进行综合性评价。

4.4.2 对水稻纹枯病的影响

4.4.2.1 调查记录

在分蘖盛期、孕穗后期和黄熟期各调查一次,每小区采用 5 点取样,每点调查 20 株水稻,对水稻纹枯病发生情况进行调查,具体病害的分级标准按附录 A 中表 A.2 执行。

4.4.2.2 结果表述

对水稻纹枯病的发病情况用病情指数表示,按公式(7)计算。

4.4.3 对水稻白叶枯病害的影响

4.4.3.1 调查记录

在水稻分蘖盛期和黄熟期,各调查 1 次。每小区采用 5 点取样,每点调查 20 株水稻;或采用平行跳跃法调查 5 行,每行调查 20 株。分级标准按本标准第 1 部分附录 A 中表 A.1 执行。

4.4.3.2 结果表述

水稻白叶枯病的发病情况用病情指数表示,按公式(7)计算。

4.4.4 对水稻条纹叶枯病的影响

4.4.4.1 调查记录

在水稻苗期、分蘖盛期和黄熟期各调查 1 次,每小区采用 5 点取样,每点调查 20 株水稻,对水稻条纹叶枯病发生情况进行调查,病害的具体分级标准按附录 A 中表 A.3 执行。

4.4.4.2 结果表述

对水稻条纹叶枯病的发病情况用病情指数表示,按公式(7)计算。

4.5 结果分析

采用方差分析方法比较转基因抗病水稻与非转基因水稻对主要鳞翅目害虫、主要刺吸性害虫、节肢动物群落结构以及水稻主要病害的影响。

附　录　A
（资料性附录）
病 害 分 级 标 准

表 A.1-1　水稻苗瘟、叶瘟病情分级和调查记载标准

病级	稻　瘟　病　抗　性　反　应	抗感
0	叶片上无病斑,叶片受害面积为 0	HR
1	病斑为针头状大小或稍大褐点,叶片受害面积 0.1%～1.0%	R
3	圆形至椭圆形灰色病斑,边缘褐色,病斑直径约 1 mm～2 mm,叶片受害面积 1.1%～10%	MR
5	典型纺锤形病斑,叶片受害面积 10.1%～25%	MS
7	典型纺锤形病斑,叶片受害面积 25.1%～75%	S
9	叶片受害面积≥75.1%或全部枯死	HS

表 A.1-2　穗颈瘟或单穗病情分级和调查记载标准

病级	穗颈瘟受害情况	单穗受害情况
0	病穗率低于 1%	穗上无病
1	病穗率 1%～5%	每穗损失率≤5%(个别小枝梗发病)
3	病穗率为 5.1%～10%	每穗损失率 5.1%～15%(1/10～1/5 左右枝梗发病)
5	病穗率为 10.1%～25%	每穗损失率 15.1%～30%(1/5～1/3 左右枝梗发病)
7	病穗率为 25.1%～50%	每穗损失率 30.1%～50%(穗颈或主轴发病,谷粒半瘪)
9	病穗率≥50.1%	每穗损失率≥50.1%(穗颈发病,大部分瘪谷或造成白穗)

表 A.1-3　稻瘟病抗性评价综合指数

病级	抗性综合指数	抗性水平
0	≤0.1	高抗(HR)
1	0.1～2	抗(R)
3	2.1～4.0	中抗(MR)
5	4.1～6.0	中感(MS)
7	6.1～7.5	感(S)
9	7.6～9	高感(HS)

表 A.2　水稻纹枯病病情分级和调查记载标准

病害评级	症　状	病情指数
0 级(免疫)(HR)	植株叶鞘和叶片未见症状	病指为 0
1 级(抗病)(R)	稻株基部有少数零星病斑	病指为 0.1～20
3 级(中抗)(MR)	病斑延伸到倒 3 叶(剑叶为倒 0 叶)	病指为 20.1～40
5 级(中感)(MS)	病斑延伸到倒 2 叶	病指为 40.1～60
7 级(感病)(S)	病斑延伸到倒 1 叶	病指为 60.1～80
9 级(高感)(HS)	病斑延伸到剑叶或全株枯死	病指为 80.1～100

表 A.3 水稻条纹叶枯病病情分级和调查记载标准

病害评级	病害症状	相对病指
0级＝高抗(HR)	无症状	相对病级指数小于 0
1级＝抗病(R)	有轻微黄绿色斑驳症状,病叶不卷曲,植株生长正常	相对病级指数为 0～10%
2级＝中抗(MR)	病叶上褪绿扩展相连成不规则黄白色或黄绿色条斑,病叶不卷曲或略有卷曲,生长基本正常	相对病级指数为 10.1%～30%
3级＝中感(MS)	病叶严重褪绿,病叶卷曲呈捻转状,少数病叶出现黄化枯萎症状	相对病级指数为 30.1%～50%
4级＝感病(S)	大部分病叶卷曲呈捻转状,叶片黄化枯死,植株呈假枯心状或整株枯死	相对病级指数大于 50.1%

ICS 65.020.01
B 04

中华人民共和国国家标准

农业部 2259 号公告－15－2015

转基因植物及其产品环境安全检测
抗除草剂水稻
第 1 部分：除草剂耐受性

Evaluation of environmental impact of genetically modified plant and its
derived products—
Herbicide–resistant rice—
Part 1: Evaluation of the tolerance to herbicide

2015-05-21 发布　　　　　　　　　　　　　　2015-08-01 实施

中华人民共和国农业部 发布

农业部 2259 号公告—15—2015

前　言

《转基因植物及其产品环境安全检测　抗除草剂水稻》分为 2 个部分：
——第 1 部分：除草剂耐受性；
——第 2 部分：生存竞争能力。
本部分为《转基因植物及其产品环境安全检测　抗除草剂水稻》的第 1 部分。
本部分按照 GB/T 1.1—2009 给出的规则起草。
请注意本文件的某些内容可能涉及专利。本文件的发布机构不承担识别这些专利的责任。
本部分由中华人民共和国农业部提出。
本部分由全国农业转基因生物安全管理标准化技术委员会(SAC/TC 276)归口。
本部分起草单位：农业部科技发展中心、中国水稻研究所。
本部分主要起草人：傅强、宋贵文、陆永良、章秋艳、周勇军、陈洋、赖凤香、万品俊、王渭霞、刘连盟。

转基因植物及其产品环境安全检测 抗除草剂水稻
第 1 部分:除草剂耐受性

1 范围

本部分规定了转基因抗除草剂水稻及田间主要杂草对目标除草剂的耐受性的检测方法。

本部分适用于转基因抗除草剂水稻及田间主要杂草对目标除草剂的耐受性特征的检测。

2 规范性引用文件

下列文件对于本文件的应用是必不可少的。凡是注日期的引用文件,仅注日期的版本适用于本文件。凡是不注日期的引用文件,其最新版本(包括所有的修改单)适用于本文件。

GB 4404.1 粮食作物种子 第 1 部分:禾谷类

农业部 953 号公告—9.1—2007 转基因植物及其产品环境安全检测 抗病水稻 第 1 部分:对靶标病害的抗性

3 术语和定义

下列术语和定义适用于本文件。

3.1

转基因抗除草剂水稻 genetically modified herbicide-resistant rice

通过基因工程技术将抗除草剂基因导入水稻基因组而培育出的抗除草剂水稻品种(品系)。

3.2

非转基因水稻对照 non-genetically modified rice control

与转基因抗除草剂水稻品种(品系)遗传背景相同或相似的非转基因水稻品种(品系)。

3.3

目标除草剂 target herbicide

转基因抗除草剂水稻中抗除草剂基因所改变的耐受性对应的除草剂。

3.4

推荐剂量中量 average of recommended dosages

为农药标签说明推荐的最大剂量与最小剂量的平均值。

4 要求

4.1 试验材料

供试转基因抗除草剂水稻品种(品系)及非转基因水稻对照;水稻田主要杂草。

水稻种子的质量应达到 GB 4404.1 中不低于二级水稻种子的要求。

4.2 资料记录

4.2.1 试验地名称与位置

记录试验地的名称、地址、经纬度。绘制小区示意图。

4.2.2 土壤资料

参照农业部 953 号公告—9.1—2007 中 4.2.2 的规定执行。

4.2.3 试验地周围生态类型

参照农业部 953 号公告—9.1—2007 中 4.2.3 的规定执行。

4.2.4 气象资料

参照农业部 953 号公告—9.1—2007 中 4.2.4 的规定执行。

4.3 安全控制措施

参照农业部 953 号公告—9.1—2007 中 4.3 的规定执行。

5 试验方法

5.1 水稻对目标除草剂的耐受性

5.1.1 试验设计

随机区组设计,不少于 3 次重复。种于田间,每重复面积 1 m²(1 m×1 m),相互间距离 0.5 m 以上;或种于网室或温室种植池(或盛装稻田土的苗盆)中,每重复水稻苗不少于 50 株。供试转基因水稻及非转基因水稻对照按常规方法浸种催芽至露白后,按 200 粒/m² 的密度播种。

5.1.2 试验处理与管理

设置农药标签推荐剂量中量、2 倍中量、4 倍中量及清水对照。水稻 4 叶 1 心时排干田水,进行除草剂或清水的茎叶喷雾,各除草剂剂量与对照的用水量一致。喷药时的水分管理按目标除草剂使用要求进行(如:草甘膦、草胺磷喷药前应排干田水,且至少 2 d 内不灌水),其他按当地常规方法管理。

5.1.3 调查和记录

药前剔除弱苗,并调查健壮的稻苗总数。药后 1 周、2 周、4 周分别调查和记录各重复的正常苗(表 1 中 0 级、1 级稻苗)数量;药后 4 周时还需按照表 1 标准目测和记录 2 级~5 级稻苗的数量。

表 1 除草剂药害症状的分级标准

药害级别	症状描述
0 级	无药害,与清水对照生长一致
1 级	微见药害症状,局部颜色变化(包括心叶轻微失绿),药害斑点占叶面积≤10%
2 级	轻度抑制生长或失绿,药害斑点占叶面积 11%~25%
3 级	对植株影响较大,植株矮化或叶畸形或药害斑点占叶面积 26%~50%
4 级	对植株影响大,植株明显矮化或叶严重畸形或叶枯斑占叶面积达 51%~75%
5 级	药害极重,植株死亡或药害占叶面积>75%

5.1.4 结果分析

5.1.4.1 按式(1)计算稻苗的药害率,结果保留 1 位小数。

$$P = (T-N)/T \times 100 \quad\cdots\cdots\cdots\cdots\cdots\cdots\cdots\cdots\cdots\cdots\cdots\cdots (1)$$

式中:

P——药害率,单位为百分率(%);

N——正常苗数;

T——药前调查的健壮苗总数。

5.1.4.2 用方差分析法比较药后不同时间调查的稻苗药害率的差异,并分析目标除草剂对水稻的作用特点。依据施药后 4 周的调查结果,按表 2 标准判断供试转基因水稻和非转基因水稻对照对目标除草剂的耐受性强度。

表 2 水稻对目标除草剂耐受性等级的判别标准

耐受性等级	症 状 描 述
优秀	推荐剂量中量 4 倍处理时,药害率为 0.0%
良好	推荐剂量中量 4 倍处理时有轻微药害(药害率≤50.0%,无 4 级和 5 级稻苗);且推荐剂量中量 2 倍处理时稻苗药害率为 0.0%
一般	推荐剂量中量 2 倍处理时有轻微药害(药害率≤50.0%,无 4 级和 5 级稻苗);且推荐剂量中量处理时药害率为 0.0%
不合格	推荐剂量中量处理时稻苗药害率 >0.0%

5.1.5 结果表述

检测结果表述为"检测样品×××对目标除草剂×××的耐受性表现为×××",并描述非转基因水稻对照的具体药害症状;若转基因水稻表现为"良好"及以下等级,也描述具体的药害症状。

5.2 稻田杂草对目标除草剂的耐受性

5.2.1 耐目标除草剂稻田杂草的调查

5.2.1.1 试验方法

5.2.1.1.1 选择历年草害发生严重的稻田,在当地常规水稻种植季节翻耕整地,除按当地直播稻方式进行水分管理外,不进行其他农事操作。采用完全随机设计,不少于 3 个重复,每重复面积不少于 300 m²。

5.2.1.1.2 翻耕整地后 30 d～35 d,用目标除草剂推荐剂量中量进行茎叶喷雾处理 1 次。喷药时田间水分的管理按目标除草剂使用要求进行,其他按当地常规方法管理。

5.2.1.2 调查记录

施药前目测田间杂草种类并记录其名称。药后 2 周目测各类杂草的存活情况,记录死亡(茎叶枯死)和存活的杂草名称,并对存活杂草进行标记(便于与除草剂使用后萌发的杂草区分);药后 4 周时对其进行进一步观察,记录其死亡情况。

5.2.1.3 结果分析

依据杂草在不同小区出现的情况,分析所发现的杂草种类及其分布情况;并将药后 4 周有存活植株的杂草种类当作对目标除草剂的候选耐性杂草。

5.2.2 耐性杂草对目标除草剂的耐受性

5.2.2.1 试验方法

针对 5.2.1 中发现的候选耐性杂草,取其种子或幼苗种植于田间或室内(温室或网室),按当地直播稻苗期管理方式进行水分管理。采用完全随机设计,不少于 3 个重复,每重复植株数量不少于 12 株。

5.2.2.2 试验处理

设置农药标签推荐剂量中量、2 倍中量、4 倍中量及清水对照。在杂草苗期进行除草剂或清水的茎叶喷雾,不同剂量处理与清水对照的用水量一致;喷药时的水分管理按目标除草剂使用要求进行,其他按当地常规方法管理。

5.2.2.3 调查记录

药前记录杂草植株总数。药后 1 周、2 周、4 周分别目测和记录各重复的正常苗(表 1 中 0 级、1 级植株)的数量。

5.2.2.4 结果分析

按式(1)计算杂草的药害率。并采用方差分析法比较同一种杂草不同时间、不同剂量的药害率差异,分析除草剂对杂草产生药害的程度与时间进程,并分析杂草所能耐受的目标除草剂剂量范围。

5.2.3 结果表述

列出田间杂草的种类、名称；并描述田间杂草的分布情况以及耐性杂草的种类及其对目标除草剂的耐受特征（如：药害的时间进程和耐受的除草剂剂量）。

——————————

ICS 65.020.01
B 04

中华人民共和国国家标准

农业部 2259 号公告—16—2015

转基因植物及其产品环境安全检测
抗除草剂水稻
第 2 部分：生存竞争能力

Evaluation of environmental impact of genetically modified plant and its
derived products—
Herbicide-resistant rice—
Part 2: Survival and competitiveness

2015-05-21 发布
2015-08-01 实施

中华人民共和国农业部 发布

농業部 2259 号公告—16—2015

前　言

《转基因植物及其产品环境安全检测　抗除草剂水稻》分为 2 个部分：
——第 1 部分：除草剂耐受性；
——第 2 部分：生存竞争能力。

本部分为《转基因植物及其产品环境安全检测　抗除草剂水稻》的第 2 部分。

本部分按照 GB/T 1.1—2009 给出的规则起草。

请注意本文件的某些内容可能涉及专利。本文件的发布机构不承担识别这些专利的责任。

本部分由中华人民共和国农业部提出。

本部分由全国农业转基因生物安全管理标准化技术委员会(SAC/TC 276)归口。

本部分起草单位：农业部科技发展中心、中国水稻研究所。

本部分主要起草人：傅强、宋贵文、陆永良、章秋艳、周勇军、陈洋、赖凤香、万品俊、王渭霞、何佳春、刘连盟。

转基因植物及其产品环境安全检测 抗除草剂水稻
第 2 部分：生存竞争能力

1 范围

本部分规定了转基因抗除草剂水稻生存竞争能力的检测方法。

本部分适用于转基因抗除草剂水稻在荒地、栽培条件下的竞争性，再生与自生能力，种子的落粒性、发芽力、休眠性和自然延续力的检测。

2 规范性引用文件

下列文件对于本文件的应用是必不可少的。凡是注日期的引用文件，仅注日期的版本适用于本文件。凡是不注日期的引用文件，其最新版本（包括所有的修改单）适用于本文件。

GB/T 3543.4 农作物种子检验规程 发芽试验

GB 4404.1 粮食作物种子 第 1 部分：禾谷类

GB/T 5519 谷物与豆类 千粒重的测定

农业部 2259 号公告—15—2015 转基因植物及其产品环境安全检测 抗除草剂水稻 第 1 部分：除草剂耐受性

3 术语和定义

下列术语和定义适用于本文件。

3.1

再生苗 ratooning rice

收割后留下的稻茬出芽长出的稻苗。

3.2

自生苗 volunteer rice

遗落稻田的水稻种子发芽长出的稻苗。

3.3

种子落粒性 seed shattering

谷粒从稻穗枝梗上脱落的现象。

3.4

种子休眠性 seed dormancy

完整并具有生命力的成熟水稻种子在适宜的环境（光、温、水、氧气等）条件下，不能正常萌发的生理现象。通常以发芽率为评价指标。

4 要求

4.1 试验材料

转基因抗除草剂水稻品种（品系）和非转基因水稻对照。

上述材料的质量应达到 GB 4404.1 中不低于二级水稻种子的要求。

4.2 资料记录

按农业部 2259 号公告—15—2015 中 4.2 的要求执行。

4.3 试验安全控制措施

按农业部 2259 号公告—15—2015 中 4.3 的要求执行。

5 试验方法

5.1 竞争性

5.1.1 试验设计

5.1.1.1 试验在稻田进行,分荒地条件和栽培条件两种情况。随机区组设计,至少 3 次重复,小区面积不小于 25 m²(5 m×5 m),小区间设置 1 m 以上的隔离带,栽培条件下还需在隔离带中设隔离田埂。

5.1.1.2 荒地条件下,按当地常规方法翻耕直播,在当地水稻常规播种期间分 2 期~4 期播种,其中华南 3 月~7 月播 4 期,长江流域 4 月~6 月播 3 期,黄河流域及以北 4 月~5 月播 2 期。播种密度为 100 粒/m²(杂交稻)或 250 粒/m²(常规稻)或按供试水稻直播用种量的要求进行。除适时灌溉以满足水稻生长基本需求外,不进行任何其他耕作操作。

5.1.1.3 栽培条件下,按当地常规方法单本移栽;播种时间、移栽秧龄和栽插密度按供试水稻特性的要求进行。按当地常规方法进行肥水和病虫害管理;草害则在移栽前按当地常规化学防治方法封闭除草 1 次,之后不再除草。

5.1.2 调查记录

5.1.2.1 成苗情况

仅荒地条件下调查。在播种后 10 d~15 d,采用对角线 5 点取样法调查水稻种子的出苗数和未出苗数,每点查 0.25 m²(0.5 m×0.5 m)。

5.1.2.2 生长情况

荒地、栽培条件下均进行调查。在水稻分蘖末期、乳熟期(齐穗后 2 周~3 周)各调查 1 次杂草和水稻的生长情况。其中,杂草采用对角线 5 点取样法,每点 1 m²(1 m×1 m),记录杂草种类、株数;水稻则采用平行跳跃法取样,每小区查 5 点,每点查相邻的 4 丛水稻,记录水稻分蘖数、主茎株高。同时,按垂直投影面积占小区面积比例,目测和记录全小区范围内水稻或主要杂草的相对覆盖度。

5.1.2.3 繁殖情况

荒地、栽培条件下均进行调查。水稻抽穗后记录始穗期、齐穗期和终穗期;黄熟后平行跳跃法取样,每小区取 5 点,每点查相邻的 4 丛(荒地条件)或 2 丛(栽培条件)水稻,调查每丛穗数,每穗实粒数、瘪粒数,并按 GB/T 5519 的方法测定千粒重。

5.1.3 结果分析

5.1.3.1 按式(1)计算水稻的成苗率,结果保留 1 位小数。

$$P_1 = N_1/(N_1 + M_1) \times 100 \quad \cdots\cdots\cdots\cdots\cdots\cdots\cdots\cdots\cdots\cdots\cdots (1)$$

式中:

P_1——成苗率,单位为百分率(%);

N_1——出苗种子数;

M_1——未出苗种子数。

5.1.3.2 按式(2)计算每穗水稻的结实率,结果保留 1 位小数。

$$P_2 = N_2/(N_2 + M_2) \times 100 \quad \cdots\cdots\cdots\cdots\cdots\cdots\cdots\cdots\cdots\cdots\cdots (2)$$

式中:

P_2——结实率,单位为百分率(%);

N_2——每穗实粒数;

M_2——每穗瘪粒数。

5.1.3.3 按式(3)计算每丛水稻的产量,结果保留 1 位小数。

$$Y = (N_2 \times N_3 \times W)/1\,000 \quad\cdots\cdots (3)$$

式中:

Y ——每丛水稻的产量,单位为克(g);

N_2 ——每穗实粒数;

N_3 ——每丛穗数;

W ——千粒重,单位为克(g)。

5.1.3.4 用方差分析法比较转基因水稻和非转基因水稻对照在田间杂草种类、株数、覆盖度及水稻的成苗率、主茎株高、分蘖数、覆盖度以及穗数、实粒数、结实率、千粒重和产量方面的差异。

5.1.4 结果表述

结果表述为"荒地条件(或栽培条件)下,检测样品×××的×××(指标)与非转基因水稻对照×××差异显著(或不显著)($p<$或$>0.\times\times$)"。并从杂草和水稻的生长情况、水稻抽穗时间和繁育特性等方面指标的变化情况描述荒地条件及栽培条件下检测样品(转基因水稻)竞争性的变化。

5.2 种子的落粒性

5.2.1 试验设计

5.2.1.1 在 5.1.1 栽培条件试验田块进行,水稻黄熟末期(95%以上谷粒黄熟),每小区选择人为干扰较少的区域进行 5 点取样,每点查 2 个主穗,注意防止碰触相邻待调查样点的稻穗。

5.2.1.2 轻拍落粒性,每次用一只手小心握住单个稻穗的穗茎部,压弯至稻穗呈水平状,下置托盘,另一只手对握穗的手轻拍(手腕不动,手掌摆幅60°~90°,频率每秒 1 次~2 次)5 下,然后将稻穗小心剪下并装入网袋(同小区的稻穗可置于同一网袋),完成一个小区稻穗样品的轻拍操作后,记录每小区样品脱落的谷粒数;袋中稻穗的谷粒数带回室内调查,记录为未脱落的谷粒数。

5.2.1.3 落地脱落性,小心割下稻穗平放于托盘中(同一小区的稻穗可放于同一托盘,但应避免稻穗叠压),轻拿轻放,就近测量。测量时,每次取一个稻穗,在 1.5 m 高处稻穗呈水平状况时,自由掉落到水泥地面或平放的硬木板上 1 次,将稻穗小心装入网袋(同小区的稻穗可置于同一网袋)后再掉落下一个稻穗,直至完成全小区稻穗样品的掉落操作,记录每小区样品脱落的谷粒数(含托盘中脱落谷粒);袋中稻穗的谷粒数带回室内调查,记录为未脱落的谷粒数。

5.2.2 结果分析

5.2.2.1 按式(4)计算每小区水稻的落粒率,结果保留 1 位小数。

$$P_3 = M_3/(M_3 + N_4) \times 100 \quad\cdots\cdots (4)$$

式中:

P_3 ——落粒率,单位为百分率(%);

M_3 ——脱落的谷粒数;

N_4 ——未脱落的谷粒数。

5.2.2.2 用方差分析方法比较转基因水稻与非转基因水稻对照间、两种测量方式间种子落粒率的差异。

5.2.3 结果表述

结果表述为"轻拍(或自由落地)时,检测样品×××的落粒率为×××%,与非转基因水稻对照×××的×××%差异显著(或不显著)($p<$或$>0.\times\times$)"。并依据两种测量方式落粒率的差异分析结果,描述检测样品及非转基因水稻对照的种子落粒特性。

5.3 种子的发芽力与休眠性

5.3.1 试验设计

5.3.1.1 在水稻黄熟末期(95％以上谷粒黄熟)收获稻种,于室内风干(应避免堆积霉变)至含水量14.5％(粳稻)或13％(籼稻)以下,之后置于温度为20℃、相对湿度为50％～60％的恒温恒湿条件下保存。

5.3.1.2 种子收获后1 d～2 d,参照GB/T 3543.4规定的方法开始第1次种子发芽率的测定;之后每隔4周测1次,连续测3次。期间,若某次检测的转基因水稻和非转基因水稻对照种子的发芽率均＞90％,可结束后续的测定。

5.3.2 结果分析

用方差分析法比较转基因水稻与非转基因水稻对照间、不同测定时间之间种子发芽率的差异,依据第1次测定的发芽率参照表1标准评价种子的休眠性;若有休眠性,据不同测定时间比较结果分析种子休眠性的持续时间。

表 1 水稻种子休眠性评价标准

休眠程度	发芽率,％
极强休眠特性	≤5.0
强休眠特性	5.1～40.0
中度休眠特性	40.1～70.0
浅休眠特性	70.1～90.0
无休眠特性	＞90.0

5.3.3 结果表述

结果表述为"检测样品×××种子有(或无)×××休眠特性,非转基因水稻对照×××种子有(或无)×××休眠特性,前者的休眠性较(与)后者强或弱(相当)"。若有休眠特性,应描述种子休眠性随保存时间的变化规律。

5.4 水稻再生与自生能力

5.4.1 试验设计

在5.1.1栽培条件试验所在田块进行。水稻收割后,冬前田间不进行耕作管理;翌年于当地常规播种开始前1周～2周,灌水至水层深度5 cm～7 cm,自然落干,之后保持稻田土壤湿润,不进行任何其他农事操作。

5.4.2 调查记录

5.4.2.1 越冬前和越冬后(翌年),调查各小区的自生苗和再生苗3次。其中,冬前1次,于水稻收获后35 d～40 d或环境温度下降到日均12 ℃(籼稻)(或10 ℃,粳稻)水稻生长停止前进行调查。翌年2次,第1次于当地常规播种开始时进行,调查上一年自生苗和再生苗的越冬情况(若上一年无再生苗和自生苗,可不调查);第2次在首次灌水后45 d～50 d(或自生苗多数生长至3叶1心后)调查。调查前2周用对水稻安全的除草剂(如:二氯喹啉酸、二甲四氯钠、氰氟草酯)处理,杀死杂草,方便调查。

5.4.2.2 采用5点对角线取样法,再生苗每点查1 m²(1 m×1 m),自生苗每点查0.25 m²(0.5 m×0.5 m);若目测苗数＜5 株/m²,则调查全小区。

5.4.2.3 再生苗直接通过稻茬所在位置确认是否为供试转基因水稻,记录再生稻茬数和总稻茬数。

5.4.2.4 自生苗则采用目标除草剂推荐剂量中量进行茎叶喷雾1次,2周后记录无药害的自生苗数,且每小区随机取无药害稻苗20株(不足20株的全部检测)进行单株分子生物学检测,记录转基因检测的总自生苗数和阳性自生苗数。

5.4.3 结果分析

5.4.3.1 按式(5)计算各小区稻茬的再生率,结果保留1位小数。

$$P_4 = (N_5 / H) \times 100 \quad\cdots\cdots\cdots\cdots\cdots\cdots\cdots\cdots\cdots (5)$$

式中：

P_4 ——稻茬再生率，单位为百分率（%）；

N_5 ——再生苗数；

H ——稻茬数。

5.4.3.2 按式（6）计算各小区单位面积的自生苗数，结果保留 1 位小数。

$$D = \frac{N_6 \times N_7}{N_8 \times S} \quad\cdots\cdots\cdots\cdots\cdots\cdots\cdots\cdots\cdots\cdots\cdots (6)$$

式中：

D ——单位面积的自生苗数，单位为株每平方米（株/m²）；

N_6 ——除草剂处理后无药害的自生苗株数；

N_7 ——用于分子生物学检测的自生苗株数；

N_8 ——分子生物学检测结果阳性的自生苗株数；

S ——每小区样方的面积，单位为平方米（m²）。

5.4.3.3 用方差分析法比较转基因水稻和非转基因水稻对照的再生率和自生苗数量的差异。

5.4.4 结果表述

结果表述为"越冬前（或越冬后），检测样品×××的稻茬再生率（或自生苗）分别为×××%（或×××株/m²），与非转基因水稻对照×××（为×××%或×××株/m²）有（或无）显著差异（$p<$或$>0.××$）"。并依据冬前和翌年第 1 次调查结果评价检测样品（转基因水稻）再生苗或自生苗的越冬情况；据翌年第 2 次调查结果评价检测样品（转基因水稻）田间稻茬或落粒稻谷越冬后的再生或自生情况。

5.5 种子自然延续能力

5.5.1 试验设计

5.5.1.1 采用随机区组试验设计，设置浅埋（3 cm）、深埋（20 cm）两种埋藏深度以及 6 个月、12 个月两个埋藏时间，重复不少于 3 次。每重复为 200 粒供试转基因水稻或非转基因水稻对照的种子，装盛于 40目～80 目尼龙网袋中。

5.5.1.2 试验在稻田进行，供试水稻种子在收割后 3 周～4 周内埋入稻田土中，期间不进行任何农事操作。

5.5.2 调查记录

分别在埋藏 6 个月、12 个月时，取出尼龙网袋中的种子，清理出未腐烂的种子，按 GB/T 3543.4 规定的方法测定其发芽率。

5.5.3 结果分析

用方差分析法比较转基因水稻和非转基因水稻对照在不同埋藏深度、埋藏时间下种子发芽率的差异。

5.5.4 结果表述

结果表述为"在×××埋藏条件下，检测样品×××的种子发芽率为×××%，与对应非转基因水稻×××的×××%差异显著（或不显著）（$p<$或$>0.××$）"。并依据检测结果描述检测样品（转基因水稻）种子在不同埋藏条件下的自然延续能力及其差异。

———————

第三部分 大　　豆

ICS 65.020.99
B 20

中华人民共和国农业行业标准

NY/T 719.1—2003

转基因大豆环境安全检测技术规范
第1部分：生存竞争能力检测

Environmental impact testing of genetically modified soybean—
Part 1:Testing the survival and competitive abilities

2003-12-01 发布　　　　　　　　　　　　　　　　2004-03-01 实施

中华人民共和国农业部 发布

前　言

NY/T 719《转基因大豆环境安全检测技术规范》分为以下三个部分：
——第 1 部分：生存竞争能力检测；
——第 2 部分：外源基因流散的生态风险检测；
——第 3 部分：对生物多样性影响的检测。
本部分是 NY/T 719 的第 1 部分。
本部分附录 A 为规范性附录。
本部分由中华人民共和国农业部提出并归口。
本部分起草单位：中国农业科学院植物保护研究所、南京农业大学、农业部科技发展中心。
本部分主要起草人：彭于发、彭德良、喻德跃、强胜、李宁、付仲文。

转基因大豆环境安全检测技术规范
第1部分：生存竞争能力检测

1 范围

NY/T 719 的本部分规定了转基因大豆生存竞争能力的检测方法。

NY/T 719 的本部分适用于转基因大豆变为杂草的可能性、转基因大豆与非转基因大豆及杂草在农田中竞争能力的检测。

2 规范性引用文件

下列文件中的条款通过 NY/T 719 本部分的引用而成为本部分的条款。凡是注日期的引用文件，其随后所有的修改单（不包括勘误的内容）或修订版均不适用于本部分，然而，鼓励根据本部分达成协议的各方研究是否可使用这些文件的最新版本。凡是不注日期的引用文件，其最新版本适用于本部分。

GB/T 3543.4 农作物种子检验规程 发芽试验

GB 4404.2 粮食作物种子 豆类

3 要求

3.1 试验材料

转基因大豆品种、受体大豆品种、当地普通栽培大豆品种。

上述材料的质量应达到 GB 4404.2 中不低于二级大豆种子的要求。

3.2 资料记录

3.2.1 试验地名称与位置

试验地的名称、地址、经纬度或全球地理定位系统(GPS)地标。绘制小区示意图。

3.2.2 土壤资料

记录土壤类型、土壤肥力、排灌情况、土壤覆盖物等内容。描述试验地近三年种植情况。

3.2.3 试验地周围生态类型

3.2.3.1 自然生态类型

记录与农业生态类型地区的距离及周边植被情况。

3.2.3.2 农业生态类型

记录试验地周围的主要栽培作物及其他植被情况，以及当地大豆田常见病、虫、草害的名称及危害情况。

3.2.4 气象资料

记录试验期间试验地降雨(降雨类型、日降雨量，以毫米表示)和温度(日平均温度、最高和最低温度、积温，以摄氏度表示)的资料。记录影响整个试验期间试验结果的恶劣气候因素，例如严重或长期的干旱、暴雨、冰雹等。

3.3 试验安全控制措施

3.3.1 隔离条件

试验地四周有 100 m 以上非大豆作物为隔离带，或 100 m 范围内与其他大豆花期相隔 30 d 以上。

3.3.2 隔离措施

种植非豆科植物作为隔离带。面积较小的试验地设围栏。设专人监管。

3.3.3 试验过程的安全管理

试验过程中如发生试验材料被盗、被毁等意外事故,应立即报行政主管部门和公安部门,依法处理。

3.3.4 试验后的材料处理

转基因大豆材料应单收、单贮,由专人运输和保管。试验结束后,除需要保留的材料外,剩余的试验材料一律焚毁。

3.3.5 试验结束后试验地的监管

保留试验地的边界标记。当年和第二年不再种植大豆,由专人负责监管,及时拔除并销毁转基因大豆自生苗。

4 试验方法

4.1 竞争性

4.1.1 试验设计

实验地为农田生态类型,采用不完全随机区组设计,3次以上重复,小区面积不小于 4 m×4 m。

4.1.2 播种

播种方式分为地表撒播和正常播种。播种密度分为低密度(正常密度减半)和高密度(正常密度加倍)播种。分期播种 4 次,适宜季节和非适宜季节各两次。每种播种方式和播种密度的播种面积为 2 m×2 m。

4.1.3 管理

播种后不进行任何栽培管理。

4.1.4 调查和记录

分别于大豆种植后 1 个月、2 个月和 3 个月各调查一次,调查和记录的内容包括:杂草种类、株数,杂草相对覆盖度;大豆株数,株高(抽取最高的 10 株),覆盖率。播种后每 2 周随机抽取 10 株调查一次大豆复叶的动态变化。

4.1.5 结果分析

用方差分析方法比较转基因大豆、受体大豆、普通栽培大豆的出苗率、成苗率的差异,及其与杂草在覆盖率和株高等方面的差异。

4.2 转基因大豆对常规除草剂的耐性(适用于抗除草剂转基因大豆)

4.2.1 试验设计

以受体大豆和普通栽培大豆为对照,在温室中进行盆栽,不少于三次重复。

选用当地大豆生产常用的土壤处理除草剂 1 种、茎叶处理除草剂 1 种~2 种(兼除单、双子叶杂草的可选 1 种,否则选 2 种)及目标除草剂,按推荐用量、加倍用量用药,设清水对照。

4.2.2 播种

播种深度 3 cm~4 cm。盆钵直径不小于 20 cm,播种密度 300 粒/m^2。

4.2.3 管理

播种后按当地常规栽培方式管理。

4.2.4 调查和记录

分别在用药后 2 周和 4 周调查和记录成苗率、植株高度(选取最高的 5 株)、药害症状(选取药害症状最轻的 5 株)。药害症状分级见附录 A。

4.2.5 结果表述

受害率按式(1)计算:

$$X = \frac{\sum(N \times S)}{\sum(T \times M)} \times 100 \quad\cdots\cdots\cdots\cdots\cdots (1)$$

式中:

X——受害率,单位为百分率(%);

N——同级受害株数;

S——级别数;

T——总株数;

M——最高级别。

4.2.6 结果分析

用新复极差法比较转基因大豆、受体大豆和普通栽培大豆对常规除草剂耐性的差异。

4.3 自生苗产生率

4.3.1 试验设计

按4.1.1规定。在竞争性试验的同一块田中进行。当年不收获种子,在入冬前调查落粒数,在下一年观察转基因大豆产生自生苗的比例。调查总面积不小于200 m²。

4.3.2 管理

不加任何管理措施。

4.3.3 调查和记录

调查和记录的内容包括:出苗率(大豆出苗旺盛期)、成苗率(始苗期1个月后)。

4.3.4 自生苗的验证

对自生苗进行生物测定或分子生物学检测,确认是否为转基因大豆。

4.3.5 结果表述

单位面积的自生苗出苗数和成苗数按式(2)计算。

$$X = \frac{N_1}{A_1} \quad\cdots\cdots\cdots\cdots\cdots (2)$$

式中:

X——单位面积出苗数,单位为株每平方米(株/m²);

N_1——出苗总数,单位为株;

A_1——调查的面积,单位为平方米(m²)。

自生苗的转基因植株检出率按式(3)计算。

$$X = \frac{n_2}{N_2} \quad\cdots\cdots\cdots\cdots\cdots (3)$$

式中:

X——自生苗的转基因植株检出率,单位为百分率(%);

n_2——自生苗的转基因植株检出数,单位为株;

N_2——自生苗的总数,单位为株。

成苗数按式(4)计算:

$$X = \frac{N_3}{A_3} \quad\cdots\cdots\cdots\cdots\cdots (4)$$

式中:

X——单位面积成苗数,单位为株每平方米(株/m²);

N_3——总成苗数,单位为株;

A_3——调查的面积,单位为平方米(m^2)。

转基因大豆自生苗产生率按式(5)计算:

$$X = \frac{n_4}{N_4} \quad\cdots\cdots\cdots\cdots\cdots\cdots\cdots\cdots\cdots\cdots\cdots\cdots\cdots\cdots\cdots\cdots\cdots\cdots\cdots\cdots\cdots\cdots \quad (5)$$

式中:

X——转基因大豆自生苗产生率,单位为百分率(%);

n_4——转基因大豆检出数,单位为株;

N_4——检测植株总数,单位为株。

4.4 繁育系数

4.4.1 试验设计

按 4.1.1 规定。

4.4.2 管理

按当地常规栽培方式播种后,不加任何其他管理措施。

4.4.3 调查和记录

记录转基因大豆、受体大豆和普通栽培大豆的始花期、盛花期、成熟期、单株粒数。

4.4.4 结果分析

用新复极差法比较转基因大豆、受体大豆和普通栽培大豆的始花期、盛花期、单株粒数的差异。

4.5 种子自然延续能力

4.5.1 试验设计

转基因大豆、受体大豆和普通栽培大豆种子每20粒分别盛装于小尼龙网袋中,各12袋,分别置于网室地表和网室地下20 cm。4次重复。试验从当地正常收获期开始。

4.5.2 种子发芽率检测

按 GB/T 3543.4 规定的方法进行。

4.5.3 调查和记录

记录正常幼苗、不正常幼苗、未发芽种子和新鲜不发芽种子。

4.5.4 结果分析

用新复极差法比较转基因大豆、受体大豆和普通栽培大豆在不同时期发芽率的差异。

4.6 种子落粒性

4.6.1 试验设计

按 4.1.1 规定。

4.6.2 栽培管理

按当地常规栽培方式播种后,不加任何其他管理措施。

4.6.3 调查和记录

随机选择不同品种不同播期处理的 10 个植株,在大豆生理成熟后开始,观察供试材料在自然条件下的落粒数。每 7 d 观察一次,共观察 3 次。计算落粒率。记录植株总粒数、已落粒数。

4.6.4 结果表述

落粒率按式(6)计算。

$$X = \frac{n_5}{N_5} \quad\cdots\cdots\cdots\cdots\cdots\cdots\cdots\cdots\cdots\cdots\cdots\cdots\cdots\cdots\cdots\cdots\cdots\cdots\cdots\cdots\cdots\cdots \quad (6)$$

式中:

X——落粒率,单位为百分率(%);

n_5——每株落粒数;

N_5——每株总粒数。

4.6.5 结果分析

用新复极差法比较转基因大豆、受体大豆和普通栽培大豆落粒性的差异。

附 录 A

（规范性附录）

除草剂药害症状分级标准

表 A.1 除草剂药害症状标准

药害级别	症状描述
0 级	与清水对照生长一致
1 级	株高、叶色略与对照不同
2 级	植株略显畸形、株高低于对照
3 级	植株明显矮化、茎秆增粗、叶片略显增厚且颜色加深或叶片变黄
4 级	植株停止生长，畸形严重、僵苗或整张叶片枯黄死亡，植株萎蔫
5 级	植株死亡

ICS 65.020.99
B 20

中华人民共和国农业行业标准

NY/T 719.2—2003

转基因大豆环境安全检测技术规范
第2部分：外源基因流散的生态风险检测

Environmental impact testing of genetically modified soybean—
Part 2：Testing the ecological risk of gene flow

2003-12-01 发布   2004-03-01 实施

中华人民共和国农业部 发布

前　言

NY/T 719《转基因大豆环境安全检测技术规范》分为以下三个部分：
——第 1 部分：生存竞争能力检测；
——第 2 部分：外源基因流散的生态风险检测；
——第 3 部分：对生物多样性影响的检测。
本部分是 NY/T 719 的第 2 部分。
本部分由中华人民共和国农业部提出并归口。
本部分起草单位：中国农业科学院植物保护研究所、南京农业大学、农业部科技发展中心。
本部分主要起草人：彭于发、彭德良、喻德跃、强胜、李宁、付仲文。

转基因大豆环境安全检测技术规范
第2部分:外源基因流散的生态风险检测

1 范围

NY/T 719 的本部分规定了转基因大豆基因流散的生态风险检测方法。

NY/T 719 的本部分适用于转基因大豆与野生大豆、普通栽培大豆的流散率以及基因流散距离和频率的检测。

2 规范性引用文件

下列文件中的条款通过 NY/T 719 本部分的引用而成为本部分的条款。凡是注日期的引用文件,其随后所有的修改单(不包括勘误的内容)或修订版均不适用于本部分,然而,鼓励根据本部分达成协议的各方研究是否可使用这些文件的最新版本。凡是不注日期的引用文件,其最新版本适用于本部分。

NY/T 719.1—2003 转基因大豆环境安全检测技术规范 第1部分:生存竞争能力检测

3 术语和定义

下列术语和定义适用于本部分。

3.1

基因流散 gene flow

转基因大豆中的外源基因向普通栽培大豆或相关野生种自然转移的行为。

3.2

流散率 outcrossing rate

转基因大豆与普通栽培大豆或相关野生种发生自然杂交的比率。

4 要求

按 NY/T 719.1—2003 中第3章的要求。

5 试验方法

5.1 转基因大豆与野生及栽培大豆不同基因型流散率

5.1.1 试验设计

单行相间种植,按对比法顺序排列,受体材料不少于10个。小区面积不少于 10 m²,4 次重复,东西向、南北向各两次重复。

5.1.2 播种

播种深度 3 cm～4 cm。每平方米播种 10 g～12 g。

5.1.3 管理

按当地常规栽培方式管理。

5.1.4 调查和记录

调查并记录出苗期、始花期、盛花期、终花期和成熟期。

5.1.5 检测

将收获的非转基因材料种子(每处理不少于1 000粒)在温室或田间种植,出苗后进行生物学鉴定或分子生物学检测,记录含有外源基因的植株数。

5.1.6 结果表述

流散率按式(1)计算:

$$P = \frac{N}{T} \times 100 \cdots\cdots\cdots\cdots\cdots\cdots\cdots\cdots\cdots\cdots\cdots\cdots\cdots\cdots (1)$$

式中:

P——流散率,单位为百分率(%);

N——检测的含有外源基因的植株数,单位为株;

T——播种后出苗总数,单位为株。

5.1.7 结果分析

用方差分析方法比较转基因大豆与野生及普通栽培大豆不同基因型流散率的差异。

5.2 基因流散距离和频率的检测

5.2.1 试验设计

采用角度大于90°的扇形,扇形口位于上风口,扇形半径30 m~50 m,不设重复。面积约2 000~3 500 m²。转基因大豆种植在扇形口,其他材料种植于扇形脊。用转基因大豆为授粉者,半径不小于2 m,选择非转基因普通栽培大豆为接受花粉者。

5.2.2 播种

播种深度3 cm~4 cm。每平方米播种10 g~12 g。

5.2.3 管理

按当地常规栽培方式管理。

5.2.4 调查方法

在成熟期以扇行口为起点,按距离梯度1 m、2 m、5 m、10 m、20 m和50 m收获非转基因大豆种子,每个距离取样不少于1 000粒种子。

5.2.5 检测方法

收获后的种子当年在温室条件下或次年在田间种植,出苗后进行生物学鉴定或分子生物学检测,记录含有外源基因的植株数。

5.2.6 结果表述

计算基因流散距离和频率。

流散率结果计算见式(1)。

ICS 65.020.99
B 20

中华人民共和国农业行业标准

NY/T 719.3—2003

转基因大豆环境安全检测技术规范
第3部分：对生物多样性影响的检测

Environmental impact testing of genetically modified soybean—
Part 3：Testing the effects on biodiversity

2003-12-01 发布　　　　　　　　　　　　　　2004-03-01 实施

中华人民共和国农业部　发布

前　言

NY/T 719《转基因大豆环境安全检测技术规范》分为以下三个部分：

——第 1 部分：生存竞争能力检测；

——第 2 部分：外源基因流散的生态风险检测；

——第 3 部分：对生物多样性影响的检测。

本部分是 NY/T 719 的第 3 部分。

本部分附录 A 为规范性附录。

本部分由中华人民共和国农业部提出并归口。

本部分起草单位：中国农业科学院植物保护研究所、南京农业大学、农业部科技发展中心。

本部分主要起草人：彭于发、彭德良、喻德跃、强胜、李宁、付仲文。

转基因大豆环境安全检测技术规范
第3部分：对生物多样性影响的检测

1 范围

NY/T 719.3 的本部分规定了转基因大豆对生物多样性影响的检测方法。

NY/T 719.3 的本部分适用于转基因大豆对大豆田节肢动物多样性、大豆病害及大豆根瘤菌影响的检测。

2 规范性引用文件

下列文件中的条款通过 NY/T 719 本部分的引用而成为本部分的条款。凡是注日期的引用文件，其随后所有的修改单（不包括勘误的内容）或修订版均不适用于本部分，然而，鼓励根据本部分达成协议的各方研究是否可使用这些文件的最新版本。凡是不注日期的引用文件，其最新版本适用于本部分。

GB/T 3543.4 农作物种子检验规程 发芽试验

GB 4404.2 粮食作物种子 豆类

NY/T 719.1—2003 转基因大豆环境安全检测技术规范 第1部分：生存竞争能力检测

3 要求

按 NY/T 719.1—2003 中第3章的要求。

4 试验方法

4.1 试验设计

小区采用随机排列，小区间设有2 m宽隔离带，小区面积不小于150 m²，4次重复。

——处理1：转基因大豆不喷施农药；

——处理2：受体大豆不喷施农药；

——处理3：当地普通栽培大豆品种不喷施农药；

——处理4：当地普通栽培大豆品种喷施农药。

4.2 播种

播种深度3 cm～4 cm。每平方米播种10 g～12 g。

4.3 管理

按当地常规栽培方式管理。

4.4 调查和记录

4.4.1 对大豆田节肢动物多样性的影响

4.4.1.1 调查方法

直接观察法：从出苗到成熟，每10 d调查一次，每次调查时每小区对角线5点取样，每点调查20株，记载大豆上、中、下3个叶位的节肢动物的种类和所处的发育阶段。在调查时应包括：

——害虫：粉虱、蚜虫、蓟马、螨类、斜纹夜蛾、豆天蛾等；

——捕食性昆虫：蜘蛛、瓢虫、草蛉、花蝽、猎蝽；

——拟寄生昆虫：赤眼蜂（成虫阶段）。

吸虫器调查法:在大豆齐苗后 V3—V5 调查第 1 次,以后在 R1 和 R5 期各调查 1 次。每处理调查 5 点,每点用吸虫器由下往上吸取 10 株大豆(全株)及其地面上的节肢动物。样品用 75% 乙醇溶液浸泡,带回室内整理和分类鉴定。

4.4.1.2 调查和记录

记录节肢动物粉虱、蚜虫、蓟马、螨类、斜纹夜蛾、豆天蛾、蜘蛛、瓢虫、草蛉、花蝽、猎蝽、赤眼蜂等的发生种类和数量。

4.4.2 对大豆主要病害的影响

4.4.2.1 调查方法

病毒病:在大豆苗期、鼓粒期各调查一次,按对角线 5 点取样,每点 20 株。

霜霉病:在大豆出苗后 30 d、始花期、鼓粒期各调查 1 次,按对角线 5 点取样,每点 20 株。

孢囊线虫病:在大豆出苗后 V3—V5 期调查一次,按对角线 5 点取样,每点 20 株。

4.4.2.2 记录

记录大豆田病毒病、霜霉病和孢囊线虫病的发病株数、发病级别和调查总株数。

按分级标准调查植株发病程度,以发病率和病情指数表示。分级标准见规范性附录 A。

4.4.2.3 结果表述

发病率按式(1)计算:

$$D = \frac{N_1}{T_1} \quad \cdots\cdots\cdots\cdots\cdots\cdots\cdots\cdots\cdots\cdots\cdots\cdots\cdots\cdots\cdots\cdots\cdots (1)$$

式中:

D——发病率,单位为百分率(%);

N_1——发病植株数,单位为株;

T_1——调查总株数,单位为株。

病情指数按式(2)计算。

$$I = \frac{\sum (N_2 \times R)}{\sum T_2 \times M} \quad \cdots\cdots\cdots\cdots\cdots\cdots\cdots\cdots\cdots\cdots\cdots\cdots (2)$$

式中:

I——病情指数,单位为百分率(%);

N_2——各级发病植株数,单位为株;

R——发病等级;

T_2——调查总株数,单位为株;

M——分级的最高级别。

4.4.3 对大豆根瘤菌的影响

4.4.3.1 调查方法

在大豆收获期,每小区按对角线 5 点取样,每点 20 株。

4.4.3.2 记录

统计单株大豆全根系根瘤数。

4.5 结果分析

用方差分析法比较转基因大豆与其他大豆对大豆田节肢动物多样性、大豆病害及大豆根瘤菌影响的差异。

附 录 A
（规范性附录）
分 级 标 准

表 A.1　大豆花叶病毒病分级标准

病情级别	症 状 描 述
0 级	植株正常，无症状
1 级	植株正常，叶平展，呈轻花叶或黄花斑驳（无脉枯）
2 级	植株基本正常，花叶，斑驳花叶，卷叶花叶
3 级	植株略矮，皱缩花叶
4 级	植株矮化，叶片畸形皱缩，系统脉枯或枯斑，芽枯

表 A.2　大豆霜霉病分级标准

病情级别	症 状 描 述
0 级	无病斑或其他感染标志
1 级	有少数局限型病斑，小点状，直径 1 mm 以下；病斑约占叶面积 1% 以下
2 级	散生不规则形褪绿病斑，直径 2 mm 左右，病斑约占叶面积 1%～5%
3 级	病斑扩展，直径 3 mm～4 mm，病斑约占叶面积 6%～20%
4 级	扩展型病斑，直径 4 mm 以上，病斑约占叶面积 21%～50%
5 级	扩展型病斑，病斑约占叶面积 51%

表 A.3　大豆孢囊线虫病分级标准

病情级别	每 株 孢 囊 数
0 级	根系无孢囊
1 级	0.1 个～3.0 个
3 级	3.1 个～10.0 个
5 级	10.1 个～30.0 个
7 级	30 个～100 个
9 级	100 个以上

ICS 65.020
B 04

中华人民共和国国家标准

农业部 2031 号公告－1－2013

转基因植物及其产品环境安全检测
耐除草剂大豆
第 1 部分：除草剂耐受性

Evaluation of environmental impact of genetically modified plants and its
derived products—Herbicide-tolerant soybean—
Part 1：Evaluation of the tolerance to herbicides

2013-12-04 发布　　　　　　　　　　　　　　2013-12-04 实施

中华人民共和国农业部 发布

前　言

本标准按照 GB/T 1.1—2009 给出的规则起草。

请注意本文件的某些内容可能涉及专利。本文件的发布机构不承担识别这些专利的责任。

本标准由中华人民共和国农业部提出。

本标准由全国农业转基因生物安全管理标准化技术委员会(SAC/TC 276)归口。

本标准起草单位:农业部科技发展中心、中国农业科学院植物保护研究所。

本标准主要起草人:李香菊、沈平、彭于发、宋贵文、谢家建、崔海兰、于惠林、魏守辉。

转基因植物及其产品环境安全检测　耐除草剂大豆
第 1 部分:除草剂耐受性

1　范围

本部分规定了转基因耐除草剂大豆对除草剂耐受性的检测方法。

本部分适用于转基因耐除草剂大豆对除草剂的耐受性水平的检测。

2　规范性引用文件

下列文件对于本文件的应用是必不可少的。凡是注日期的引用文件,仅注日期的版本适用于本文件。凡是不注日期的引用文件,其最新版本(包括所有的修改单)适用于本文件。

GB 4404.2　粮食作物种子　豆类

GB/T 19780.125　农药田间药效试验准则(二)　除草剂防治大豆田杂草

NY/T 719.1—2003　转基因大豆环境安全检测技术规范　第 1 部分:生存竞争能力检测

3　术语和定义

下列术语和定义适用于本文件。

3.1

转基因耐除草剂大豆　transgenic herbicide-tolerant soybean

通过基因工程技术将耐除草剂基因导入大豆基因组而培育出的耐除草剂大豆品种(品系)。

3.2

目标除草剂　target herbicide

转基因耐除草剂大豆中的目的蛋白所耐受的除草剂。

4　要求

4.1　试验材料

转基因耐除草剂大豆品种(品系)和对应的受体大豆品种(品系)。

上述材料的质量应达到 GB 4404.2 中不低于二级大豆种子的要求。

4.2　资料记录

按 NY/T 719.1—2003 中 3.2 的要求执行。

4.3　隔离措施

根据实际需要,选择以下两种隔离措施中的其中一种:

a)　空间隔离:试验地四周有 100 m 以上非大豆为隔离带;

b)　时间隔离:转基因耐除草剂大豆田周围 100 m 范围内与其他大豆错期播种,使花期相隔 30 d 以上。

4.4　其他要求

4.4.1　试验过程的安全管理

试验期间,由专人负责试验地的安全管理,详细记录进出试验地的人员。如发生试验材料被盗、被毁等意外事故,应立即报行政主管部门和公安部门。

4.4.2 试验后的材料处理

转基因耐除草剂大豆材料应单收、单贮,由专人运输和保管。试验结束后,除需要保留的材料外,剩余的试验材料全部焚毁。

4.4.3 试验结束后试验地的监管

试验结束后,试验地当年和第二年不再种植大豆,并由专人负责监管,及时拔除大豆自生苗。

5 试验方法

5.1 试验设计

随机区组设计,4 次重复。小区间设有 1 m 宽隔离带,小区净面积不小于 20 m²。处理包括:

a) 转基因耐除草剂大豆喷清水;

b) 转基因耐除草剂大豆喷施目标除草剂;

c) 对应的受体大豆喷清水;

d) 对应的受体大豆喷施目标除草剂;

e) 所用除草剂的施用剂量分为:农药登记推荐剂量的中剂量、中剂量的 2 倍量、中剂量的 4 倍量;

f) 用药时间:按耐除草剂大豆推荐时间施用。

5.2 播种

按当地春大豆或夏大豆常规播种时间、播种方式和播种量进行播种。

5.3 管理

播种后按当地常规栽培方式进行田间管理。

5.4 调查和记录

按 GB/T 19780.125 的要求,分别在用药后 1 周、2 周和 4 周调查和记录大豆成活率,用药后 2 周和 4 周调查和记录大豆株高(随机选取 10 株)和药害症状(随机选取 10 株)。药害症状分级见附录 A。

5.5 结果分析与表述

按式(1)计算所得结果。采用方差分析方法对试验数据进行统计,比较不同处理的转基因耐除草剂大豆和对应的受体大豆在成活率和除草剂受害率方面的差异。

除草剂受害率按式(1)计算。

$$X = \frac{\sum (N \times S)}{T \times M} \times 100 \quad\cdots\cdots\cdots\cdots\cdots\cdots\cdots\cdots\cdots\cdots\cdots\cdots\cdots (1)$$

式中:

X ——受害率,单位为百分率(%);

N ——某级受害株数;

S ——级别值;

T ——总株数;

M ——最高级别。

检测结果表述为"检测样品对目标除草剂耐受性与非转基因对照差异显著",并对耐受剂量进行具体描述;或"检测样品对目标除草剂耐受性与非转基因对照差异不显著"。

附　录　A

（规范性附录）

除草剂药害症状分级标准

除草剂药害症状分级标准见表 A.1。

表 A.1　除草剂药害症状分级标准

药害级别	症 状 描 述
0级	无药害，与清水对照生长一致
1级	微见药害症状，局部颜色变化，药害斑点占叶面积10%以下，恢复快，对生长发育无影响
2级	轻度抑制生长或失绿，药害斑点占叶面积1/4以下，能恢复，推测减产率0%～5%
3级	对生长发育影响较大，叶畸形或植株矮化或药害斑点占叶面积1/2以下，恢复慢，推测减产6%～15%
4级	对生长发育影响大，叶严重畸形或植株明显矮化或叶枯斑3/4，难以恢复，推测减产16%～30%
5级	药害极重，植株死亡

ICS 65.020
B 04

中华人民共和国国家标准

农业部 2031 号公告－2－2013

转基因植物及其产品环境安全检测
耐除草剂大豆
第 2 部分：生存竞争能力

Evaluation of environmental impact of genetically modified plants and its
derived products—Herbicide-tolerant soybean—
Part 2：Survival and competitiveness

2013-12-04 发布　　　　　　　　　　　　2013-12-04 实施

中华人民共和国农业部 发布

前　言

本标准按照 GB/T 1.1—2009 给出的规则起草。

请注意本文件的某些内容可能涉及专利。本文件的发布机构不承担识别这些专利的责任。

本标准由中华人民共和国农业部提出。

本标准由全国农业转基因生物安全管理标准化技术委员会(SAC/TC 276)归口。

本标准起草单位：农业部科技发展中心、中国农业科学院植物保护研究所。

本标准主要起草人：李香菊、沈平、彭于发、宋贵文、谢家建、崔海兰、于惠林、魏守辉。

转基因植物及其产品环境安全检测 耐除草剂大豆
第 2 部分：生存竞争能力

1 范围

本部分规定了转基因耐除草剂大豆生存竞争能力的检测方法。

本部分适用于转基因耐除草剂大豆变为杂草的可能性、转基因耐除草剂大豆与非转基因大豆及杂草在荒地和农田中竞争能力的检测。

2 规范性引用文件

下列文件对于本文件的应用是必不可少的。凡是注日期的引用文件，仅注日期的版本适用于本文件。凡是不注日期的引用文件，其最新版本（包括所有的修改单）适用于本文件。

GB/T 3543.4 农作物种子检验规程 发芽试验

GB 4404.2 粮食作物种子 豆类

NY/T 719.1—2003 转基因大豆环境安全检测技术规范 第 1 部分：生存竞争能力检测

农业部 2031 号公告—1—2013 转基因植物及其产品环境安全检测 耐除草剂大豆 第 1 部分：除草剂耐受性

3 要求

3.1 试验材料

转基因耐除草剂大豆品种（品系）、受体大豆品种（品系）、当地推广的非转基因大豆品种。

上述材料的质量应达到 GB 4404.2 中不低于二级大豆种子的要求。

3.2 资料记录

按 NY/T 719.1—2003 中 3.2 的要求执行。

3.3 隔离措施

按农业部 2031 号公告—1—2013 中 4.3 的要求执行。

3.4 其他要求

按农业部 2031 号公告—1—2013 中 4.4 的要求执行。

4 试验方法

4.1 荒地生存竞争能力

4.1.1 试验设计

试验地为自然生态类型，采用随机区组设计，4 次重复，小区间设 0.5 m 隔离带，每个小区净面积 2 m×2 m。

4.1.2 播种

从 4 月至 7 月，分期播种 4 次，方式分为地表撒播及按当地常规栽培方式播种。每小区播种 300 粒。

4.1.3 管理

播种后不进行任何栽培管理。

4.1.4 调查和记录

4.1.4.1 与杂草的竞争性

大豆播种前,采用对角线 5 点取样,每点面积 0.25 m²,调查样点内杂草种类、株数、优势群落高度及相对覆盖度。大豆播种后 30 d 开始至成熟,每月调查一次样点内杂草种类、株数、优势群落高度及相对覆盖度;同时,调查全小区大豆株数、株高(抽取最高的 10 株)及相对覆盖度。

4.1.4.2 繁育系数

大豆完熟期,每小区随机选 10 株大豆,测单株粒数。

4.1.4.3 种子落粒性

大豆完熟期,每小区随机标定 10 株大豆,测单株粒数。R8(完熟期)开始,观察上述植株落粒数。每 7 d 观察 1 次,共观察 5 次。计算落粒率。

4.1.4.4 自生苗产生率

大豆成熟后,不收获种子。入冬前,调查小区内大豆植株落粒数,翌年大豆出苗旺盛期后一个月内调查小区内大豆出苗数。并用目标除草剂喷施,对耐除草剂转基因自生苗进行鉴定。

4.1.5 结果分析与表述

大豆繁育系数、落粒率、自生苗产生率以及自生苗检出率分别按式(1)~式(4)计算。杂草的株数、株高、相对覆盖度计算各取样点平均数。采用方差分析方法对试验数据进行统计,比较荒地条件下转基因耐除草剂大豆、受体大豆和普通栽培大豆与杂草竞争、繁育系数、种子落粒性、自生苗产生率方面的差异。

a) 繁育系数按式(1)计算。

$$X = \frac{n_1}{10} \quad\cdots\cdots\cdots\cdots\cdots\cdots\cdots\cdots\cdots\cdots\cdots\cdots\cdots\cdots\cdots\cdots\cdots\cdots\cdots (1)$$

式中:

X——繁育系数,单位为粒每株;

n_1——10 株总粒数。

b) 落粒率按式(2)计算。

$$X = \frac{n_2}{N_2} \times 100 \quad\cdots\cdots\cdots\cdots\cdots\cdots\cdots\cdots\cdots\cdots\cdots\cdots\cdots\cdots\cdots (2)$$

式中:

X——落粒率,单位为百分率(%);

n_2——10 株总落粒数;

N_2——10 株总粒数。

c) 单位面积的自生苗产生率按式(3)计算。

$$X = \frac{n_3}{A} \quad\cdots\cdots\cdots\cdots\cdots\cdots\cdots\cdots\cdots\cdots\cdots\cdots\cdots\cdots\cdots\cdots\cdots (3)$$

式中:

X——单位面积出苗数,单位为株每平方米(株/m²);

n_3——出苗总数,单位为株;

A——调查的面积,单位为平方米(m²)。

d) 耐除草剂转基因自生苗检出率按式(4)计算。

$$X = \frac{n_4}{N_4} \times 100 \quad\cdots\cdots\cdots\cdots\cdots\cdots\cdots\cdots\cdots\cdots\cdots\cdots\cdots\cdots (4)$$

式中:

X——耐除草剂转基因自生苗,单位为百分率(%);

n_4——耐除草剂转基因自生苗检出数,单位为株;

N_4——自生苗的总数,单位为株。

根据检测结果,就荒地条件下,检测样品与受体大豆品种及当地推广的非转基因大豆品种,与杂草的竞争性、繁育系数、种子落粒率及自生苗产生率等指标是否有差异及差异程度进行评价,并对相应参数的变化做具体描述。

4.2 栽培地生存竞争能力

4.2.1 试验设计

试验地为农田生态类型,采用随机区组设计,4 次重复,小区间设 0.5 m 隔离带,每个小区净面积 4 m×5 m。

4.2.2 播种

按当地春大豆或夏大豆常规播种时间、播种方式和播种量播种,记录每小区播种粒数。

4.2.3 管理

播种后按当地常规方式管理。

4.2.4 调查和记录

4.2.4.1 竞争性及繁育系数

大豆 V_3(三节期)调查全小区大豆出苗数,V_3、V_5(五节期)、R_1(主茎任一节出现花朵)、R_3(具完全展开叶的上部 4 个节中有一个荚长达 0.5 cm)、R_5(具完全展开叶的上部 4 个节中有一个荚开始鼓粒)采用对角线取样,每小区测 10 株大豆的株高和复叶数,目测全小区大豆覆盖度。R_8 采用对角线取样,每小区测 10 株大豆的粒数。

4.2.4.2 种子落粒性

大豆成熟后,每小区随机标定 10 株大豆,测单株粒数。R_8 开始,观察上述大豆植株的落粒数。每 7 d 观察 1 次,共观察 5 次。计算落粒率。

4.2.4.3 自生苗产生率

大豆成熟后,统计全小区大豆株数,R_8 收获全小区种子。收获后,调查小区内大豆落粒数。翌年大豆出苗旺盛期后一个月内,调查小区内大豆出苗数。并用目标除草剂喷施,对耐除草剂转基因自生苗进行鉴定。

4.2.5 结果分析与表述

落粒率及自生苗产生率按式(2)～式(4)计算,大豆株高、复叶数、相对覆盖度、繁育系数计算各取样点平均数。采用方差分析方法对试验数据进行统计,比较栽培地转基因耐除草剂大豆、受体大豆和普通栽培大豆在竞争性及繁育系数、种子落粒性、自生苗产生率方面的差异。

根据检测结果,就栽培地条件下,检测样品与受体大豆品种及当地推广的非转基因大豆品种,在与杂草的竞争性、繁育系数、种子落粒率及自生苗产生率等指标是否有差异及差异程度进行评价,并对相应参数的变化做具体描述。

4.3 种子自然延续能力

4.3.1 试验设计

采用随机区组设计,4 次重复,小区净面积 1 m²。供试大豆种子收获后,每 100 粒置尼龙网袋中,设大豆种子地表放置和地下 20 cm 深埋两种方式。每种方式贮藏的种子分别于埋后 6 个月和 12 个月取出,进行发芽试验。

4.3.2 调查和记录

按 GB/T 3543.4 规定的方法检测发芽率。

4.3.3 结果分析与表述

采用方差分析方法对试验数据进行统计。比较转基因耐除草剂大豆、受体大豆和普通栽培大豆在不同时期发芽率的差异。

  检测结果表述为"检测样品在种子生存能力方面与非转基因对照无显著差异",或"检测样品在种子生存能力方面与非转基因对照差异显著",并对差异程度进行描述。

———————————

ICS 65.020
B 04

中华人民共和国国家标准

农业部 2031 号公告－3－2013

转基因植物及其产品环境安全检测
耐除草剂大豆
第 3 部分：外源基因漂移

Evaluation of environmental impact of genetically modified plants and its
derived products—Herbicide–tolerant soybean—
Part 3：Gene flow

2013-12-04 发布

2013-12-04 实施

中华人民共和国农业部 发布

前　言

本标准按照 GB/T 1.1—2009 给出的规则起草。

请注意本文件的某些内容可能涉及专利。本文件的发布机构不承担识别这些专利的责任。

本标准由中华人民共和国农业部提出。

本标准由全国农业转基因生物安全管理标准化技术委员会(SAC/TC 276)归口。

本标准起草单位：农业部科技发展中心、中国农业科学院植物保护研究所。

本标准主要起草人：李香菊、沈平、彭于发、宋贵文、谢家建、崔海兰、于惠林、魏守辉。

转基因植物及其产品环境安全检测　耐除草剂大豆
第 3 部分:外源基因漂移

1　范围

本部分规定了转基因耐除草剂大豆外源基因漂移的检测方法。

本部分适用于转基因耐除草剂大豆与野生大豆及普通栽培大豆的异交率和基因漂移距离及频率的检测。

2　规范性引用文件

下列文件对于本文件的应用是必不可少的。凡是注日期的引用文件,仅注日期的版本适用于本文件。凡是不注日期的引用文件,其最新版本(包括所有的修改单)适用于本文件。

GB 4404.2　粮食作物种子　豆类

NY/T 719.1—2003　转基因大豆环境安全检测技术规范　第 1 部分:生存竞争能力检测

农业部 2031 号公告—1—2013　转基因植物及其产品环境安全检测　耐除草剂大豆　第 1 部分:除草剂耐受性

3　术语和定义

下列术语和定义适用于本文件。

3.1

异交率　outcrossing rate
转基因耐除草剂大豆和普通栽培大豆或野生大豆发生自然杂交的比率。

3.2

基因漂移　gene flow
转基因耐除草剂大豆中的目的基因向其他品种或物种自然转移的行为。

4　要求

4.1　试验材料

转基因耐除草剂大豆品种(品系)、与供试转基因耐除草剂大豆品种(品系)生育期相当的普通大豆品种及花期能够相遇的野生大豆品种。

上述材料的质量应达到 GB 4404.2 中不低于二级大豆种子的要求。

4.2　资料记录

按 NY/T 719.1—2003 中 3.2 的要求执行。

4.3　隔离措施

按农业部 2031 号公告—1—2013 中 4.3 的要求执行。

4.4　其他要求

按农业部 2031 号公告—1—2013 中 4.4 的要求执行。

5　试验方法

5.1　转基因耐除草剂大豆与栽培大豆及野生大豆之间的基因漂移

5.1.1 试验设计

采用对比法设计,4 次重复(东西向、南北向各 2 次重复),小区净面积不小于 16 m²。播种转基因耐除草剂大豆材料和 10 个非转基因大豆材料(栽培大豆及野生大豆各 5 个),试验材料单行种植。

5.1.2 播种

按当地常规播种量、播种方式及株行距播种。

5.1.3 管理

按当地常规栽培方式管理。

5.1.4 调查和记录

调查并记录供试材料的以下生育期:VE(出苗期)、R_1、R_2(盛花期;主茎最上部具有充分生长叶片的两个节之中任何一个节位开花)、R_4(盛荚期;主茎最上部四个具有充分生长叶片着生的节中,任何一个节上有 2 cm 长的荚)和 R_8。非转基因大豆成熟后,分别收获各供试材料的全部种子。

5.1.5 检测方法

分别收获 10 个非转基因大豆材料的种子(每处理不少于 1 000 粒)在温室或田间种植。出苗后,喷施目标除草剂。用药后 4 周记录成活植株数,并对成活的大豆进行分子检测。

5.1.6 结果分析与表述

计算转基因耐除草剂大豆与普通栽培大豆及野生大豆不同基因型之间的异交率平均数。

异交率按式(1)计算。

$$P = \frac{N}{T} \times 100 \quad\cdots\cdots\cdots\cdots\cdots\cdots\cdots\cdots\cdots\cdots\cdots\cdots\cdots\cdots\cdots\cdots\cdots \quad (1)$$

式中:

P——异交率,单位为百分率(%);

N——检测到的含有外源基因的大豆植株数,单位为株;

T——播种后大豆出苗总数,单位为株。

检测结果表述为"检测样品与非转基因大豆发生异交",并对不同材料的异交率进行具体描述;或"检测样品与非转基因大豆无异交发生"。

5.2 基因漂移距离和频率

5.2.1 试验设计

试验地形状设计成角度大于 90°、半径 32 m 的扇形,扇形口位于上风口。在扇形口处种植转基因耐除草剂大豆,种植半径为 2 m,扇形的其他部位种植非转基因大豆。非转基因大豆播种前将扇形分成 5 等份(分别标记为 A、B、C、D、E),并保证每等份内在距离转基因耐除草剂大豆种植区 1 m、2 m、5 m、10 m、20 m 和 30 m 处的非转基因大豆均能够出苗。

5.2.2 播种

转基因耐除草剂大豆分 2 期播种,隔 1 行播种 1 期。转基因耐除草剂大豆第 1 次播种与非转基因大豆同期,第 2 次播种在第 1 次播种后 7 d 进行。大豆材料均按当地常规播种量、播种方式及株行距播种。

5.2.3 管理

按当地常规栽培方式管理。

5.2.4 调查方法

调查并记录供试材料的以下生育期:VE、R_1、R_2、R_4 和 R_8。

非转基因大豆成熟时,在 A、B、C、D、E 5 个区域内距离转基因耐除草剂大豆种植区 1 m、2 m、5 m、10 m、20 m 和 30 m 处取样,每样点收获不少于 1 000 粒大豆种子。收获后,将同一距离的 A、B、C、D、E 5 个样点的大豆种子混合。

5.2.5 检测方法

将收获的非转基因大豆材料的种子在温室或田间种植,出苗后喷施目标除草剂。用药后 4 周记录成活植株数,并对成活的大豆进行分子检测。

5.2.6 结果分析与表述

计算异交率平均数,根据不同距离的异交率得出目的基因漂移的距离和不同距离基因漂移的频率。结合大豆材料生育期及开花期的天气记录等,进行综合分析。

不同距离的异交率按式(1)计算。

检测结果表述为"检测样品与非转基因大豆发生异交",并对目的基因漂移的距离和不同距离目的基因漂移的频率做具体描述;或"检测样品与非转基因大豆无异交发生"。

ICS 65.020
B 04

中华人民共和国国家标准

农业部 2031 号公告－4－2013

转基因植物及其产品环境安全检测
耐除草剂大豆
第 4 部分：生物多样性影响

Evaluation of environmental impact of genetically modified plants and its
derived products—Herbicide–tolerant soybean—
Part 4:Impacts on biodiversity

2013-12-04 发布　　　　　　　　　　　　　　　2013-12-04 实施

中华人民共和国农业部 发布

前　言

本标准按照 GB/T 1.1—2009 给出的规则起草。

请注意本文件的某些内容可能涉及专利。本文件的发布机构不承担识别这些专利的责任。

本标准由中华人民共和国农业部提出。

本标准由全国农业转基因生物安全管理标准化技术委员会(SAC/TC 276)归口。

本标准起草单位:农业部科技发展中心、中国农业科学院植物保护研究所。

本标准主要起草人:李香菊、沈平、彭于发、宋贵文、谢家建、崔海兰、于惠林、魏守辉。

转基因植物及其产品环境安全检测 耐除草剂大豆
第 4 部分:生物多样性影响

1 范围

本部分规定了转基因耐除草剂大豆对生物多样性影响的检测方法。

本部分适用于转基因耐除草剂大豆对大豆田节肢动物多样性、大豆病害、大豆根瘤菌及大豆田植物多样性影响的检测。

2 规范性引用文件

下列文件对于本文件的应用是必不可少的。凡是注日期的引用文件,仅注日期的版本适用于本文件。凡是不注日期的引用文件,其最新版本(包括所有的修改单)适用于本文件。

GB 4404.2 粮食作物种子 豆类

GB/T 19780.125—2004 农药田间药效试验准则(二) 除草剂防治大豆田杂草

NY/T 719.1—2003 转基因大豆环境安全检测技术规范 第 1 部分:生存竞争能力检测

NY/T 719.3—2003 转基因大豆环境安全检测技术规范 第 3 部分:对生物多样性影响的检测

农业部 2031 号公告—1—2013 转基因植物及其产品环境安全检测 耐除草剂大豆 第 1 部分:除草剂耐受性

3 术语和定义

下列术语和定义适用于本文件。

3.1

非靶标生物 non-target organism

转基因耐除草剂大豆中的目的基因及耐受的除草剂所针对的目标生物以外的其他生物。

4 要求

4.1 试验材料

转基因耐除草剂大豆品种(品系)和对应的受体大豆品种(品系)。

上述材料的质量应达到 GB 4404.2 中不低于二级大豆种子的要求。

4.2 资料记录

按 NY/T 719.1—2003 中 3.2 的要求执行。

4.3 隔离措施

按农业部 2031 号公告—1—2013 中 4.3 的要求执行。

4.4 其他要求

按农业部 2031 号公告—1—2013 中 4.4 的要求执行。

5 试验方法

5.1 试验设计

采用随机区组设计,小区间设有 1 m 宽隔离带,面积不小于 150 m²,3 次重复。处理包括:

处理 1:转基因耐除草剂大豆不喷施除草剂;

处理 2:转基因耐除草剂大豆喷施目标除草剂;

处理 3:对应的受体大豆不喷施除草剂。

所用除草剂的施用剂量为:农药登记标签的中剂量。

用药时间:按耐除草剂大豆推荐时间施用。

注:对耐两种或两种以上目标除草剂转基因大豆材料试验,需增加转基因耐除草剂大豆喷施相应目标除草剂的处理做对照。

5.2 播种

按当地大豆常规播种时间、播种方式和播种量进行播种。

5.3 管理

按当地常规方式管理。

5.4 调查和记录

5.4.1 对大豆田节肢动物多样性的影响

5.4.1.1 调查方法

每小区采用对角线 5 点取样。从出苗到成熟进行调查,调查按 NY/T 719.3—2003 中 4.4.1 的直接观察法执行。

5.4.1.2 记录

记录节肢动物粉虱、蚜虫、蓟马、螨类、斜纹夜蛾、豆天蛾、蜘蛛、瓢虫、草蛉、花蝽、猎蝽、赤眼蜂等的发生种类和数量。

5.4.2 对大豆主要病害的影响

按 NY/T 719.3—2003 中 4.4.2 的规定执行。

5.4.3 对大豆根瘤菌的影响

5.4.3.1 调查方法

大豆 R_5 至 R_6(具完全展开叶的上部 4 个节中有一个荚鼓粒至青嫩饱满)期,每小区采用对角线 5 点取样,每点调查 20 株大豆。

5.4.3.2 记录

记录大豆根瘤数。

5.4.4 对大豆田主要杂草发生的影响

5.4.4.1 调查方法

按照 GB/T 19780.125 的规定,每小区采用对角线 5 点取样,每样点取 1 m² 样方。在除草剂喷施当天(施药前)、使用后 14 d、21 d 和 42 d 各调查 1 次。

5.4.4.2 记录

记录杂草种类和每种杂草的数量。

5.5 结果分析与表述

采用方差分析方法对试验数据进行统计,比较转基因耐除草剂大豆在喷施目标除草剂和不喷施除草剂时与其他大豆材料对节肢动物多样性、大豆病害、大豆根瘤菌及田间杂草等的影响。

根据检测结果,就检测样品对节肢动物多样性、大豆病害、大豆根瘤数及田间杂草等靶标生物及非靶标生物是否有影响及影响程度进行评价,并就相应参数的变化做具体描述。

———————

第四部分　油菜

ICS 65.020.99
B 20

NY/T 721.1—2003

中华人民共和国农业行业标准

转基因油菜环境安全检测技术规范
第1部分：生存竞争能力检测

Environmental impact testing of genetically modified oil seed rape—
Part 1: Testing the survival and competitive abilities

2003-12-01 发布

2004-03-01 实施

中华人民共和国农业部 发布

前　言

NY/T 721《转基因油菜环境安全检测技术规范》分为以下三个部分：
——第1部分：生存竞争能力检测；
——第2部分：外源基因流散的生态风险检测；
——第3部分：对生物多样性影响的检测。
本部分是 NY/T 721 的第1部分。
本部分的附录 A 为资料性附录。
本部分由中华人民共和国农业部提出并归口。
本部分起草单位：中国农业科学院油料作物研究所、农业部科技发展中心。
本部分主要起草人：彭于发、方小平、卢长明、李宁、李再云、付仲文。

转基因油菜环境安全检测技术规范
第1部分：生存竞争能力检测

1 范围

NY/T 721 的本部分规定了转基因油菜生存竞争能力的检测方法。

NY/T 721 的本部分适用于转基因油菜变为杂草的可能性、转基因油菜与非转基因油菜及杂草在荒地和农田中竞争能力的检测。

2 规范性引用文件

下列文件中的条款通过 NY/T 721 的本部分的引用而成为本部分的条款。凡是注日期的引用文件，其随后所有的修改单（不包括勘误的内容）或修订版均不适用于本部分，然而，鼓励根据本部分达成协议的各方研究是否可使用这些文件的最新版本。凡是不注日期的引用文件，其最新版本适用于本部分。

GB/T 3543.4　农作物种子检验规程　发芽试验

GB 4407.2　经济作物种子　油料类

3 要求

3.1 试验材料

转基因油菜、转基因油菜受体、当地推广的非转基因油菜品种。

上述材料的质量应达到 GB 4407.2 对油菜生产用种的要求。

3.2 记录资料

3.2.1 试验地名称与位置

记录试验的具体地点、试验地的名称、地址经纬度或全球地理定位系统（GPS）地标。绘制小区示意图。

3.2.2 土壤资料

记录土壤类型、土壤肥力、排灌情况、土壤覆盖物等内容。描述试验地近三年种植情况。

3.2.3 试验地周围生态类型

3.2.3.1 自然生态类型

记录与农业生态类型地区的距离及周边植被情况。

3.2.3.2 农业生态类型

记录试验地周围的主要栽培作物及其他植被情况，以及当地油菜田常见病、虫、草害的名称及危害情况。

3.2.4 气象资料

记录试验期间日风向、风速、日降雨量（mm）和持续时间（h）、温度（日平均温度、最高和最低温度、积温，以℃表示）等资料。记录整个试验期间影响试验结果的恶劣气候因素，例如严重或长期的干旱、暴雨、冰雹等。

3.3 试验安全控制措施

3.3.1 隔离条件

试验地四周 500 m 内不应种植油菜和十字花科蔬菜。

3.3.2 隔离措施

种植非十字花科作物作为隔离带。面积较小的试验设围栏。设专人监管。

3.3.3 试验过程的安全管理

试验过程中如发生试验材料被盗、被毁等意外事故,应立即报告行政主管部门和当地公安部门,依法处理。

3.3.4 试验后的材料处理

转基因油菜材料应单收、单藏,由专人运输和保管。试验结束后,除需要保留的材料外,剩余的试验材料一律焚毁。

3.3.5 试验结束后试验地的监管

保留试验地边界标记。当年和第二年不再种油菜和十字花科作物,由专人负责监管,及时拔除并销毁转基因油菜自生苗。

4 试验方法

4.1 种子发芽率检测

按 GB/T 3543.4 规定的方法执行。

4.2 种子生存能力检测

按随机区组试验设计,设浅埋(3 cm)和深埋(20 cm)以及埋后 6 个月和 12 个月取出处理,每个品种四次重复,小区面积 1 m²。待检测品种的种子 100 粒和品种名称或编号标签封装于 200 目尼龙网袋中,埋入土壤。分别于 6 个月和 12 个月后取出种子检测发芽率。对发芽率进行方差分析。

4.3 生存竞争能力检测

4.3.1 试验设计

分荒地试验和农田试验,按随机区组设计,设转基因油菜、受体油菜和当地推广的非转基因油菜品种三个处理,四次重复,小区面积不小于 20 m²。

4.3.2 播种

播种时间冬油菜区为 10 月 1 日前后 5 d,春油菜区为 3 月 15 日前后 5 d。

荒地试验采取撒播方式,播种量 16 粒/m² 或根据实际发芽率调整播种量。

农田试验采取条播方式。冬油菜区播种量为 0.42 g/m²,春油菜区为 0.6 g/m²。定苗 12 株/m²～15 株/m²。

4.3.3 试验管理

荒地试验不进行任何栽培管理。

农田试验按当地常规栽培管理方法进行,收获后,冬油菜区各小区翻耕种植其他作物,10 月份翻耕整地;春油菜区各小区翻耕并灌水,第二年 3 月份翻耕整地。

4.3.4 调查记录

第一年,冬油菜区 12 月份、春油菜区 5 月份调查成苗株数。第二年冬油菜区 12 月份、春油菜区 5 月份调查各小区存活油菜植株数。

4.3.5 结果表述

适合度按式(1)计算:

$$F = \frac{S}{W} \quad \cdots\cdots\cdots\cdots\cdots\cdots\cdots\cdots\cdots\cdots\cdots\cdots \quad (1)$$

式中:

F——适合度;

S——第二年存活植株数,单位为株;

W——第一年成苗株数,单位为株。

4.3.6 结果分析

用方差分析方法比较各品种适合度差异。

─────────

ICS 65.020.99
B 20

中华人民共和国农业行业标准

NY/T 721.2—2003

转基因油菜环境安全检测技术规范
第2部分：外源基因流散的生态风险检测

Environmental impact testing of genetically modified oil seed rape—
Part 2：Testing the ecological risk of gene flow

2003-12-01 发布
2004-03-01 实施

中华人民共和国农业部 发布

前　言

NY/T 721《转基因油菜环境安全检测技术规范》分为以下三个部分：
——第1部分：生存竞争能力检测；
——第2部分：外源基因流散的生态风险检测；
——第3部分：对生物多样性影响的检测。
本部分是 NY/T 721 的第2部分。
本部分由中华人民共和国农业部提出并归口。
本部分起草单位：中国农业科学院油料作物研究所、农业部科技发展中心。
本部分主要起草人：彭于发、方小平、卢长明、李宁、李再云、付仲文。

转基因油菜环境安全检测技术规范
第2部分:外源基因流散的生态风险检测

1 范围

NY/T 721的本部分规定了转基因油菜基因流散的生态风险检测方法。

NY/T 721的本部分适用于转基因油菜与基因流散距离和不同距离的流散率的检测。

2 规范性引用文件

下列文件中的条款通过NY/T 721的本部分的引用而成为本部分的条款。凡是注日期的引用文件,其随后所有的修改单(不包括勘误的内容)或修订版均不适用于本部分,然而,鼓励根据本部分达成协议的各方研究是否可使用这些文件的最新版本。凡是不注日期的引用文件,其最新版本适用于本部分。

GB 4407.2　经济作物种子　油料类

NY/T 721.1—2003　转基因油菜环境安全检测技术规范　第1部分:生存竞争能力检测

3 术语和定义

下列术语和定义适用于NY/T 721的本部分。

3.1

基因流散　gene flow

转基因油菜中的外源基因通过花粉向其他油菜品种或相关近缘种自然转移的行为。

3.2

流散率　outcrossing rate

转基因油菜与普通栽培油菜或相关野生种发生自然杂交的比率。

4 要求

4.1 试验材料

转基因油菜、与转基因油菜生育期相近的当地常规油菜、油菜近缘种。

种子质量应达到GB 4407.2中对油菜生产用种的要求。

4.2 其他要求

按NY/T 721.1—2003中第3章的要求。

5 试验方法

5.1 流散率检测

5.1.1 试验设计

随机区组设计,小区大小为5 m×2 m,4次重复。

5.1.2 播种

播种时间冬油菜区为10月1日前后5 d,春油菜区为3月15日前后5 d。播种量冬油菜区为0.42 g/m²,春油菜区为0.6 g/m²。采用条播,每个小区16行,每两行非转基因材料的两边各种植一行转基因油菜。根据非转基因物种与转基因油菜生育期调整播种期,使花期相遇时间不少于80%。

5.1.3 田间管理

按当地常规栽培管理方法进行。

5.1.4 调查方法

收获花粉受体材料(非转基因油菜栽培种、近缘种)种子供检测。

5.1.5 检测

5.1.5.1 生物测定

在油菜2～3叶期,根据相应的转基因油菜目标基因类型,用相应的生物学鉴定方法,初步测定散交率。

5.1.5.2 分子生物学检测

对5.1.5.1中初步确认的含外源基因的植株进行分子生物学检测,确定油菜近缘种的流散率。

5.1.6 结果表述

流散率按下列式(1)计算:

$$P = \frac{N}{T} \quad\cdots\cdots\cdots\cdots\cdots\cdots\cdots\cdots\cdots\cdots\cdots\cdots\cdots\cdots\cdots\cdots\cdots \quad (1)$$

式中:

P——流散率,单位为百分率(%);

N——含外源基因的阳性植株数,单位为株;

T——检测的总株数,单位为株。

5.1.7 结果分析

计算流散率平均数和标准差。

5.2 基因流散距离和不同距离流散率检测

5.2.1 试验设计

小区面积不小于120 m×120 m,中心区不小于15 m×15 m种植转基因油菜,四周种生育期与转基因油菜相近的非转基因当地油菜品种。不设重复。

5.2.2 播种

按NY/T 721.1中4.3.2的要求。花粉供体转基因油菜分期播种,确保花期重叠时间大于80%。

5.2.3 田间管理

按当地常规栽培管理方法进行。

5.2.4 调查方法

油菜成熟时,从中心区域向外沿东、西、南、北、东南、东北、西南、西北八个方向按距离梯度取样收获非转基因油菜种子。每个方向按1 m、3 m、5 m、10 m、30 m、50 m取样,1 m至5 m每点随机取15株,10 m至50 m每点取样数适当增加,并标记方向和距离。

5.2.5 检测方法

按5.1.5.1和5.1.5.2的要求。

5.2.6 结果表述

计算基因流散距离和不同距离的流散率。

ICS 65.020.99
B 20

中华人民共和国农业行业标准

NY/T 721.3—2003

转基因油菜环境安全检测技术规范
第3部分:对生物多样性影响的检测

Environmental impact testing of genetically modified oil seed rape—
Part 3:Testing the effects on biodiversity

2003-12-01 发布　　　　　　　　　　　　　2004-03-01 实施

中华人民共和国农业部 发布

前　言

NY/T 721《转基因油菜环境安全检测技术规范》分为以下三个部分：

——第1部分：生存竞争能力检测；

——第2部分：外源基因流散的生态风险检测；

——第3部分：对生物多样性影响的检测。

本部分是 NY/T 721 的第3部分。

附录A为资料附录。

本部分由中华人民共和国农业部提出并归口。

本部分起草单位：中国农业科学院油料作物研究所、农业部科技发展中心。

本部分主要起草人：彭于发、方小平、卢长明、李宁、李再云、付仲文。

转基因油菜环境安全检测技术规范
第3部分:对生物多样性影响的检测

1 范围

NY/T 721 的本部分规定了转基因油菜对生物多样性影响的检测方法。

NY/T 721 的本部分适用于转基因油菜对油菜田主要害虫及优势天敌种群数量、节肢动物群落结构及油菜病害影响的检测。

2 规范性引用文件

下列文件中的条款通过 NY/T 721 的本部分的引用而成为本部分的条款。凡是注日期的引用文件,其随后所有的修改单(不包括勘误的内容)或修订版均不适用于本部分,然而,鼓励根据本部分达成协议的各方研究是否可使用这些文件的最新版本。凡是不注日期的引用文件,其最新版本适用于本部分。

GB 4407.2 经济作物种子 油料类

NY/T 721.1—2003 转基因油菜环境安全检测技术规范 第1部分:生存竞争能力检测

3 术语和定义

下列术语和定义适用于 NY/T 721 的本部分。

3.1

靶标生物 target organisms

转基因油菜中的目的基因所针对的目标生物。

3.2

非靶标生物 non-target organisms

转基因油菜中的目的基因所针对的目标生物以外的其他生物。

4 要求

4.1 试验材料

转基因油菜品种、受体油菜品种和当地常规油菜品种。

供试材料种子的质量应达到 GB 4407.2 中对油菜生产用种的要求。

4.2 其他要求

按 NY/T 721.1—2003 中第3章的要求。

5 试验方法

5.1 试验设计

随机区组设计,小区面积不小于100m²,三个处理(转基因油菜、受体油菜、当地推广的非转基因油菜),四次重复。

5.2 播种

见 NY/T 721.1 中 4.3.2。

5.3 田间管理

按当地常规栽培管理方法进行，油菜全生育期不应进行任何病、虫害防治。

5.4 对油菜病害的影响

5.4.1 调查方法

每小区对角线五点取样，每点取 100 株。在油菜苗期和成熟期调查菌核病、病毒病和霜霉病。各种病害分级标准见附录 A。

5.4.2 结果表述

对油菜菌核病、病毒病和霜霉病发病情况用发病率 D 表示，按式（1）计算：

$$D = N/T \cdots\cdots (1)$$

式中：

D——发病率，单位为百分率（%）；

N——病株数，单位为株；

T——调查总株数，单位为株。

对油菜菌核病、病毒病和霜霉病发病严重程度用病情指数表示，病情指数按式（2）计算：

$$I = \sum (N \times R)/(M \times T) \cdots\cdots (2)$$

式中：

I——病情指数；

$\sum$——调查病害相对病级数值及其株数乘积的总和；

N——病害某一级别的植株数，单位为株；

R——病害的相对病级数值；

M——病害的最高病级数值；

T——调查总株数，单位为株。

5.5 对油菜田节肢动物多样性的影响

5.5.1 调查方法

直接调查观察法：10 月至 11 月底和 4 月至 5 月，每 7 d 调查一次，每小区采用对角线五点取样，每点固定 20 株油菜。记载整株油菜及其地面各种昆虫和蜘蛛的数量、种类和发育阶段。开始调查时，首先要快速观察活泼易动的昆虫和（或）蜘蛛的数量。田间不易识别的种类进行编号，带回室内鉴定。

吸虫器调查法：在油菜 5 叶期、7 叶期、初花期、盛花期和结荚期各调查一次，共计五次，每小区采用对角线五点取样。每点用吸虫器抽取 20 株油菜（全株）及其地面 1 m² 范围内的所有节肢动物种类。将抽取的样品带回室内清理和初步分类后，放入 75% 乙醇溶液保存，供进一步鉴定。

5.5.2 结果记录

记录所有直接观察到和用吸虫器抽取的节肢动物的名称、发育阶段和数量。

5.6 结果分析

用方差分析方法分析比较转基因油菜与其他油菜对主要害虫及天敌种群数量、节肢动物群落结构以及主要病害的影响。

附 录 A
（资料性附录）
分 级 标 准

表 A.1 油菜菌核病（成熟期）的分级标准

病情分级	症 状 描 述
0	全株茎、枝、果轴、角果无症状
1	全株三分之一以下分枝数（含果轴，下同）发病，或主茎有小型病斑；全株受害角果数（含角果直接受害和病害引起的非生理性早熟和不结实，下同）在四分之一以下
2	全株三分之一至三分之二分枝数发病，或主茎中上部有大型病斑；全株受害角果数过四分之一至二分之一
3	全株三分之二以上分枝数发病，或主茎中下部有大型病斑；全株受害角果数达二分之一至四分之三
4	全株绝大部分或全部分枝发病，或主茎有多数病斑或主茎下部有大型绕茎病斑；全株受害角果数达四分之三以上

表 A.2 油菜病毒病（苗期）的分级标准

病情分级	症 状 描 述
0	全株叶片无病状
1	全株三分之一以下叶片数有病状，无皱缩叶，苗形基本正常
2	全株三分之一至三分之二叶片数有病状，或三分之一以下叶片数皱缩或局部枯死，苗形轻度矮缩
3	全株三分之二叶片数有病状，或三分之一至三分之二叶片数皱缩或局部枯死，苗形显著矮缩
4	全株皱缩或局部枯死叶片数达三分之二以上，植株生长停滞，接近死亡或死亡

表 A.3 油菜病毒病（角果发育期）的分级标准

病情分级	症 状 描 述
0	全株叶、茎、枝、果无病状
1	叶片有病状，茎、枝有或无病斑，株形、结果数量基本正常，畸形角果数三分之一以下
2	植株轻度矮化或局部畸形，结果数减少三分之一以下，畸形角果数达三分之一以上
3	植株明显矮化或畸形，结果数减少三分之一以上，畸形角果数达三分之二以上
4	植株严重矮化或畸形，结果数减少三分之二以上

表 A.4 油菜霜霉病（苗期）分级标准

病情分级	症 状 描 述
0	全株叶片无症状
1	全株四分之一以下叶片数发病，病斑为局限型
2	全株四分之一至二分之一叶片数发病，有少量扩散型病斑
3	全株二分之一至四分之三叶片数发病，多数为扩散型病斑
4	全株四分之三以上叶片数发病，多数为扩散型病斑，病叶开始枯黄

表 A.5　油菜霜霉病（角果发育期）分级标准

病情分级	症 状 描 述
0	全株无症状
1	全株二分之一以下茎生叶数发病，分枝、角果基本正常
2	全株二分之一以上茎生叶数发病或二分之一以下分枝数（含主茎，下同）发病，受害角果数在四分之一以下
3	全株三分之一至三分之二分枝数发病，受害角果数达四分之一至二分之一
4	全株三分之二以上分枝数发病，受害角果数达二分之一以上

ICS 65.020
B 04

中华人民共和国国家标准

农业部 953 号公告－7－2007

转基因植物及其产品环境安全检测
育性改变油菜

Evaluation of environmental impact of genetically modified plants
and its derived products—Fertility-modified rape

2007-12-18 发布

2008-03-01 实施

中华人民共和国农业部 发布

前　言

本标准由中华人民共和国农业部提出。

本标准由全国农业转基因生物安全管理标准化技术委员会归口。

本部分起草单位：农业部科技发展中心、中国农业科学院油料作物研究所。

本部分主要起草人：卢长明、宋贵文、武玉花、厉建萌、吴刚、肖玲。

本部分为首次发布。

转基因植物及其产品环境安全检测
育性改变油菜

1 范围

本标准规定了对改变育性的转基因油菜雄性不育系、恢复系及其杂种后代育性、生存竞争能力、外源基因漂移和生物多样性影响的检测方法。

本标准适用于转基因油菜育性、生存竞争能力、外源基因漂移和生物多样性影响的检测。

2 规范性引用文件

下列文件中的条款通过本标准的引用而成为本标准的条款。凡是注日期的引用文件，其随后所有的修改单（不包括勘误的内容）或修订版均不适用于本部分，然而，鼓励根据本标准达成协议的各方研究是否可使用这些文件的最新版本。凡是不注日期的引用文件，其最新版本适用于本部分。

GB 4407.2　经济作物种子　油料类

NY/T 721　转基因油菜环境安全检测技术规范

3 术语和定义

下列术语和定义适用于本标准。

3.1

育性改变油菜　fertility altered rapeseed

通过基因工程技术将影响育性的外源基因导入油菜基因组而培育出的油菜不育系、恢复系及其杂种后代。

3.2

花粉可染率　pollen stainability

成熟的新鲜花粉用 1‰醋酸洋红染色后，可染色的正常花粉在观察的总花粉中所占比率。

3.3

不育性保持率　maintained male-sterility

转基因油菜不育系与常规品种杂交后，杂种群体中完全雄性不育单株所占比率。

3.4

不育性恢复度　restorability of restorer line to male-sterile line

恢复系对雄性不育系的育性恢复程度。用转基因油菜不育系与恢复系杂交 F_1 群体的自交结实性、恢复株率和不育株率表示。

3.5

异交率　outcrossing rate

改变育性的转基因油菜与非转基因油菜品种或相关近缘种自然杂交的比率。

3.6

基因漂移　gene flow

改变育性的转基因油菜中的外源基因通过花粉向油菜栽培品种或相关近缘种自然转移的行为。

4 要求

试验材料的质量应达到 GB 4407.2 中对油菜生产用种的要求。

资料记录和实验安全控制措施按 NY/T 721.1 的要求执行。

5 育性检测

5.1 转基因油菜不育系

5.1.1 试验材料

转基因油菜不育系;转基因油菜不育系与 3 个非转基因油菜常规品种的杂种 F₁。以育性正常的非转基因油菜品种作为花粉育性正常的对照(CK1),波里马雄性不育系作为花粉败育的对照(CK2)。

5.1.2 检测内容

花粉可染率、自交结实性和不育性保持率。

5.1.3 试验设计

随机区组设计,3 次重复,小区面积为 6 m²,株距、行距分别为 20 cm 和 40 cm。

5.1.4 田间管理

按当地常规栽培管理方法进行。

5.1.5 花粉可染率检测

在油菜盛花期,从转基因油菜不育系、CK1 及 CK2 小区各选择典型单株 10 株,每株取刚开放的 2 朵花,从花朵中取出花药,置于载玻片中央,滴加一滴 1‰醋酸洋红,用镊子和解剖针释放花粉后,盖上盖玻片,在显微镜下观察、计数可染色花粉数和花粉总数。每朵花观察 500 粒花粉左右。

5.1.6 自交结实能力检测

从转基因油菜不育系、CK1 及 CK2 的各小区分别选择 30 个单株,对主花序(去除开过花和正在开花的花朵以及幼小的花蕾后保留 20 个花蕾)进行套袋自交,调查每荚结实粒数。

5.1.7 不育性保持率检测

从 CK1、CK2 和 3 个 F₁ 杂种的各小区分别选择 30 个单株,对主花序(去除开过花和正在开花的花朵以及幼小的花蕾后保留 20 个花蕾)进行套袋自交,调查每荚结实粒数。

5.1.8 结果分析

5.1.8.1 不育性分析

分别计算转基因油菜不育系、CK1 及 CK2 花粉可染率总平均数和每个材料三次重复的平均数的标准差;分别计算转基因油菜不育系、CK1 及 CK2 自交后每荚结实粒数总平均数和每个材料三次重复的平均数的标准差。

在 CK1 正常可育和 CK2 正常不育的前提下,通过 t 测验,分析转基因油菜不育系的花粉可染率和每荚结实粒数与 CK1 和 CK2 是否存在显著差异。如果花粉可染率和自交后每荚结实粒数均显著小于 CK1,表示雄性不育性显著;如果花粉可染率和自交后每荚结实粒数等于或小于 CK2,则表明雄性不育性彻底;如果花粉可染率与 CK1 无显著差异,而自交后每荚结实粒数显著低于 CK1,表明具有自交不亲和性;如果花粉可染率和自交后每荚结实粒数与 CK1 无显著差异,表明花粉可育。

5.1.8.2 不育性保持率分析

计算 CK1、CK2 和 3 个 F₁ 杂种每个自交单株的每荚平均结实粒数;在 CK1 结实正常、CK2 正常不育的前提下,计算杂种 F₁ 中每荚平均结实粒数低于或等于 CK2 的自交单株所占比率(不育性保持率)。通过 χ² 测验分析不育性保持率与理论值(1:1)是否存在显著差异。如果 χ² 测验结果表明 3 个 F₁ 杂种都与理论值(1:1)没有显著差异,表明不育性被稳定保持,且呈细胞核单基因稳定遗传。

5.2 转基因油菜恢复系

5.2.1 试验材料

转基因油菜恢复系与转基因油菜不育系的杂交种(F_1)，转基因油菜恢复系，以育性正常的非转基因油菜品种作为花粉育性正常的对照(CK1)，波里马雄性不育系作为花粉败育的对照(CK2)。

5.2.2 检测内容

花粉可染率、自交结实能力和不育株率。

5.2.3 试验设计

随机区组设计，3 次重复，小区面积为 4 m^2，株距、行距分别为 20 cm 和 40 cm。

5.2.4 田间管理

按当地常规栽培管理方法进行。

5.2.5 花粉可染率检测

在油菜盛花期，从转基因油菜恢复系、CK1 及 CK2 小区各选择典型单株 10 株，按本标准 5.1.5 的方法观察，计数可染色花粉数和花粉总数。每朵花观察 500 粒花粉左右。

5.2.6 自交结实性和不育株率检测

从 5.2.1 中的杂交种(F_1)、CK1 和 CK2 的各小区分别选择 30 个油菜单株，对主花序(去除开过花和正在开花的花朵以及幼小的花蕾后保留 20 个花蕾)进行套袋自交，调查每荚结实粒数。

5.2.7 结果分析

5.2.7.1 恢复系花粉育性分析

分别计算转基因油菜恢复系、CK1 及 CK2 花粉可染率总平均数和每个材料三次重复的平均数的标准差；分别计算转基因油菜恢复系、CK1 及 CK2 自交后每荚结实粒数总平均数和每个材料三次重复的平均数的标准差。

在 CK1 正常可育和 CK2 正常不育的前提下，通过 t 测验，分析转基因油菜恢复系的花粉可染率和每荚结实粒数与 CK1 是否存在显著差异。如果花粉可染率和自交后每荚结实粒数与 CK1 无显著差异，表明恢复系花粉正常可育；如果花粉可染率与 CK1 无显著差异，而自交后每荚结实粒数显著低于CK1，表明恢复系具有自交不亲和性；如果花粉可染率和自交后每荚结实粒数均显著小于 CK1，表示恢复系花粉育性偏低。

5.2.7.2 不育性恢复度分析

分别计算 CK1、CK2 和 F_1 杂种每个自交单株的平均每荚结实粒数，在 CK1 结实正常、CK2 正常不育的前提下，计算杂种 F_1 自交单株中每荚平均结实粒数低于或等于 CK2 的单株所占比率(不育株率)。根据不育株率的高低判断恢复基因表达的稳定性。

分别计算 CK1、CK2 和 F_1 杂种每荚结实粒数的总平均数和每个材料三个重复的平均数的标准差。通过 t 测验分析，若杂交种(F_1)每荚结实粒数不显著低于 CK1，表明恢复系具有良好恢复能力；若杂交种(F_1)每荚结实粒数显著低于 CK1，表明恢复系恢复能力不良。

6 生存竞争能力检测

6.1 试验材料

转基因油菜(转基因油菜不育系、转基因油菜恢复系或其杂交种)、受体油菜品种和当地常规油菜品种。

6.2 检测方法

按 NY/T 721.1 的"4 试验方法"执行。

6.3 结果分析

用方差分析方法比较各品种生存竞争能力的差异。

7 外源基因漂移检测

7.1 异交率检测

7.1.1 试验材料

花粉供体为转基因油菜(转基因油菜恢复系或杂交种),花粉受体为 1 个常规油菜品种、1 个油菜不育系、6 个油菜近缘种(3 种不同类型白菜、3 种不同类型芥菜品种)。

7.1.2 试验设计

随机区组设计,4 次重复。花粉受体品种两边各种一行花粉供体组成一个组合,每个组合之间间隔一行。行长 5 m,行距 40 cm,株距 20 cm。

7.1.3 播种

播种时间冬油菜区为 10 月 1 日前后 5 d,春油菜区为 3 月 15 日前后 5 d。播种量冬油菜区为 0.42 g/m²,春油菜区为 0.6 g/m²。根据非转基因物种与转基因油菜生育期调整播种期,使花期相遇时间不少于 80%。

7.1.4 田间管理

按当地常规栽培管理方法进行。

7.1.5 调查方法

按 NY/T 721.2 中 5.1.4 执行。

7.1.6 检测方法

按 NY/T 721.2 中 5.1.5 执行。

7.1.7 结果表述

按 NY/T 721.2 中 5.1.6 执行。

7.1.8 结果分析

根据异交率平均数与标准差大小,判断转基因油菜与花粉受体品种异交可能性的大小。

7.2 基因漂移距离和频率的检测

按照 NY/T 721.2 中 5.2 执行。

8 对生物多样性影响的检测

8.1 试验材料

转基因油菜(转基因油菜不育系,转基因油菜恢复系或杂交种),对应的非转基因油菜品种。

8.2 试验设计

按 NY/T 721.3 中 5.1 执行。

8.3 播种

按 NY/T 721.1 中 4.3.2 执行。

8.4 田间管理

按 NY/T 721.3 中 5.3 执行。

8.5 对油菜病害的影响

8.5.1 调查方法

按 NY/T 721.3 中 5.5.1 执行。

8.5.2 结果表述

按 NY/T 721.3 中 5.4.2 执行。

8.6 对油菜田节肢动物多样性的影响

农业部 953 号公告—7—2007

8.6.1 调查方法
按 NY/T 721.3 中 5.5.1 执行。

8.6.2 结果记录
记录所有直接观察到和用吸虫器抽取的节肢动物的名称、发育阶段和数量。

8.6.3 结果分析
用方差分析方法分析比较转基因油菜与其他油菜对主要害虫及天敌种群数量以及主要病害的影响。

用节肢动物群落的多样性指数、均匀性指数和优势集中性指数 3 个指标，分析比较改变育性的转基因油菜田及其他油菜田节肢动物群落的稳定性。

节肢动物群落的多样性指数按公式（1）计算。

$$H = -\sum_{i=1}^{S} P_i \ln P_i \quad\cdots\cdots\cdots\cdots\quad (1)$$

式中：
H——多样性指数；
P_i——N_i/N；
N_i——第 i 个物种的个体数；
N——总个体数；
S——物种数。
计算结果保留 2 位小数。

节肢动物群落的均匀性指数按公式（2）计算。

$$J = H/\ln S \quad\cdots\cdots\cdots\cdots\quad (2)$$

式中：
J——均匀性指数；
H——多样性指数；
S——物种数。
计算结果保留 2 位小数。

节肢动物群落的优势集中性指数按公式（3）计算。

$$C = \sum_{i=1}^{n} (N_i/N)^2 \quad\cdots\cdots\cdots\cdots\quad (3)$$

式中：
C——优势集中性指数；
N_i——第 i 个物种的个体数；
N——总个体数。
计算结果保留 2 位小数。

ICS 65.020.01
B 04

中华人民共和国国家标准

农业部 2259 号公告—17—2015

转基因植物及其产品环境安全检测
耐除草剂油菜
第 1 部分：除草剂耐受性

Evaluation of environmental impact of genetically modified plants and its derived products—
Herbicide-tolerant oilseed rape—
Part 1：Evaluation of the tolerance to herbicides

2015-05-21 发布

2015-08-01 实施

中华人民共和国农业部 发布

农业部 2259 号公告—17—2015

前　言

《转基因植物及其产品环境安全检测　耐除草剂油菜》分为 2 个部分：
——第 1 部分：除草剂耐受性；
——第 2 部分：生存竞争能力。
本部分为《转基因植物及其产品环境安全检测　耐除草剂油菜》的第 1 部分。
本部分按照 GB/T 1.1—2009 给出的规则起草。
请注意本文件的某些内容可能涉及专利。本文件的发布机构不承担识别这些专利的责任。
本部分由中华人民共和国农业部提出。
本部分由全国农业转基因生物安全管理标准化技术委员会（SAC/TC 276）归口。
本部分起草单位：农业部科技发展中心、中国农业科学院油料作物研究所。
本部分主要起草人：曾新华、宋贵文、吴刚、章秋艳、赵祥祥、武玉花、李文品。

转基因植物及其产品环境安全检测　耐除草剂油菜
第 1 部分:除草剂耐受性

1　范围

本部分规定了转基因耐除草剂油菜和油菜田间杂草对除草剂耐受性的检测方法。

本部分适用于转基因耐除草剂油菜对除草剂的耐受性水平的检测。

2　规范性引用文件

下列文件对于本文件的应用是必不可少的。凡是注日期的引用文件,仅注日期的版本适用于本文件。凡是不注日期的引用文件,其最新版本(包括所有的修改单)适用于本文件。

GB 4407.2　经济作物种子　第 2 部分:油料类

NY/T 721.1—2003　转基因油菜环境安全检测技术规范　第 1 部分:生存竞争能力检测

3　术语和定义

下列术语和定义适用于本文件。

3.1

转基因耐除草剂油菜　genetically modified herbicide-tolerant oilseed rape

通过基因工程技术将耐除草剂基因导入油菜基因组而培育出的耐除草剂油菜品种(品系)。

3.2

非转基因油菜对照　non-genetically modified oilseed rape control

与转基因耐除草剂油菜遗传背景相同或相似的非转基因油菜品种(品系)。

3.3

目标除草剂　target herbicide

转基因耐除草剂油菜中耐除草剂基因所改变的耐受性对应的除草剂。

3.4

推荐剂量中量　mean rate of recommended dose

为农药登记推荐的最大剂量与最小剂量的平均值。

4　要求

4.1　试验材料

转基因耐除草剂油菜品种(品系)和非转基因油菜对照品种(品系)。

上述材料的质量应达到 GB 4407.2 中不低于油菜种子大田用种的要求。

4.2　资料记录

按 NY/T 721.1—2003 中 3.2 的规定执行。

4.3　试验安全控制措施

按 NY/T 721.1—2003 中 3.3 的规定执行。

5　试验方法

5.1　油菜对目标除草剂的耐受性

5.1.1 试验设计

随机区组设计,不少于 3 次重复,每重复面积 2 m²,种于田间,重复间设置 1.0 m 宽隔离带,按油菜常规播种量播种,播种后按油菜常规栽培方式进行管理;或种于室内(网室或温室)的苗圃(或苗盆)中,转基因耐除草剂油菜与非转基因油菜对照分别种植不少于 150 株,按油菜常规播种量播种,播种后按油菜常规栽培方式进行管理。

5.1.2 目标除草剂处理

5.1.2.1 设置 4 种处理:转基因耐除草剂油菜喷施清水、转基因耐除草剂油菜喷施目标除草剂、非转基因油菜对照喷施清水、非转基因油菜对照喷施目标除草剂。

5.1.2.2 目标除草剂施用剂量:推荐剂量的中量、中量的 2 倍量、中量的 4 倍量。

5.1.2.3 目标除草剂用药时间:按协议要求及标签说明进行;如果用药时间在标签或协议上没有特别注明,应根据试验目的和试验药剂作用特点进行施药。

5.1.3 调查和记录

喷施目标除草剂前剔除弱苗,并调查油菜苗总数。分别在用药后 1 周和 2 周调查和记录各重复的正常油菜苗株数(表 A.1 中 0 级、1 级油菜苗)数量;药后 4 周调查和记录各重复油菜苗药害级别与数量。药害症状分级见附录 A.1。

5.1.4 结果分析

5.1.4.1 按式(1)计算油菜的药害率,结果保留 1 位小数。

$$P = (T - N)/T \times 100 \quad \cdots\cdots\cdots\cdots\cdots\cdots\cdots\cdots\cdots\cdots (1)$$

式中:

P ——油菜药害率,单位为百分率(%);

N ——正常苗数;

T ——观察总苗数。

5.1.4.2 用方差分析法比较药后不同时间油菜药害率的差异;若差异显著($p < 0.05$),分析目标除草剂作用于油菜的时间进程。依据施药后 4 周的调查结果,按表 A.2 标准判断供试转基因油菜和非转基因油菜对照对目标除草剂的耐受性级别。

5.1.5 结果表述

检测结果表述为"检测样品×××对目标除草剂×××的耐受性为×××;非转基因油菜对照×××对目标除草剂×××的耐受性为×××";并描述目标除草剂对供试转基因油菜及非转基因油菜对照作用的时间进程及其差异。

5.2 油菜田间杂草对目标除草剂的耐受性

5.2.1 耐目标除草剂油菜田间杂草的调查

5.2.1.1 试验设计

选择历年草害发生严重的油菜田块,按照当地常规油菜种植时间和方式翻耕整地并灌水,不种植任何作物,不进行任何农事操作。采用完全随机设计,不少于 3 个重复,每重复面积不小于 300 m²。

5.2.1.2 目标除草剂处理

灌水 30 d～35 d 后,按照推荐剂量的中量喷施目标除草剂 1 次。

5.2.1.3 调查和记录

施药前观察并记录田间杂草种类与名称。施药后第 2 周目测田间杂草存活情况,记录死亡(茎叶枯死)和存活杂草的名称,并对存活杂草进行标记。施药后第 4 周对标记杂草进行进一步观察,记录其死亡情况。

5.2.2 耐性杂草对目标除草剂的耐受性

5.2.2.1　试验方法

针对"5.2.1"中有存活植株的杂草,取其种子或幼苗种植于田间或室内(温室或网室)。采用完全随机设计,不少于 3 个重复,每重复不少于 12 株。

5.2.2.2　目标除草剂处理

设置农药标签推荐剂量中量、2 倍中量、4 倍中量及清水对照。在杂草 4 叶～5 叶期(或根据杂草生长特性确定)进行除草剂或清水的茎叶喷雾。

5.2.2.3　调查和记录

药前记录杂草植株总数。药后 1 周、2 周、4 周分别目测和记录各重复的正常苗数(表 A.1 中 0 级、1 级植株)。

5.2.2.4　结果分析

按式(1)计算杂草的药害率。并采用方差分析法比较同一种杂草不同时间、不同剂量的药害率差异,分析除草剂对杂草作用的时间进程及杂草对目标除草剂的耐受程度。

5.2.3　结果表述

列出田间杂草种类与名称,并描述耐性杂草对目标除草剂的耐受特征(如药害的时间进程和耐受的除草剂剂量)。

附 录 A
(规范性附录)
除草剂药害症状分级标准及油菜对目标除草剂的耐受性分级标准

A.1 除草剂药害症状分级标准

见表 A.1。

表 A.1 除草剂药害症状分级标准

药害级别	症状描述
0级	无药害,与清水对照生长一致
1级	微见药害症状,局部颜色变化,药害斑点占叶面积10%以下
2级	轻度抑制生长或失绿,药害斑点占叶面积1/4以下
3级	对生育影响较大,叶畸形或植株矮化或药害斑点占叶面积1/2以下
4级	对生育影响大,叶严重畸形或植株明显矮化或药害斑点占叶面积3/4以下
5级	药害极重,植株死亡或药害斑点占叶面积3/4以上(包括3/4)

A.2 油菜对目标除草剂的耐受性分级标准

见表 A.2。

表 A.2 油菜对目标除草剂的耐受性分级标准

耐受性级别	症状描述
高耐(1级)	推荐剂量中量4倍量处理时,药害率为0.0%
耐(2级)	推荐剂量中量4倍量处理时有轻微药害(无4级或5级油菜苗,药害率≤50.0%);且推荐剂量中量2倍量处理时油菜苗药害率为0.0%
中耐(3级)	推荐剂量中量2倍量处理时有轻微药害(无4级或5级油菜苗,药害率≤50.0%);且推荐剂量中量处理时药害率为0.0%
低耐(4级)	推荐剂量中量处理时药害率>0.0%,且无4级或5级油菜苗
敏感(5级)	推荐剂量中量处理时有4级或5级油菜苗

ICS 65.020.01
B 04

中华人民共和国国家标准

农业部 2259 号公告－18－2015

转基因植物及其产品环境安全检测
耐除草剂油菜
第 2 部分：生存竞争能力

Evaluation of environmental impact of genetically modified plants and its derived
products—
Herbicide–tolerant oilseed rape—
Part 2: Survival and competitiveness

2015-05-21 发布　　　　　　　　　　　　　　　2015-08-01 实施

中华人民共和国农业部 发布

前　言

《转基因植物及其产品环境安全检测　耐除草剂油菜》分为 2 个部分：
——第 1 部分：除草剂耐受性；
——第 2 部分：生存竞争能力。
本部分为《转基因植物及其产品环境安全检测　耐除草剂油菜》的第 2 部分。
本部分按照 GB/T 1.1—2009 给出的规则起草。
请注意本文件的某些内容可能涉及专利。本文件的发布机构不承担识别这些专利的责任。
本部分由中华人民共和国农业部提出。
本部分由全国农业转基因生物安全管理标准化技术委员会（SAC/TC 276）归口。
本部分起草单位：农业部科技发展中心、中国农业科学院油料作物研究所。
本部分主要起草人：曾新华、宋贵文、吴刚、章秋艳、赵祥祥、武玉花、李文品。

转基因植物及其产品环境安全检测　耐除草剂油菜
第 2 部分：生存竞争能力

1　范围

本部分规定了转基因耐除草剂油菜对生存竞争力生态影响的检测方法。

本部分适用于转基因耐除草剂油菜种子发芽率、种子自然延续能力、栽培条件下竞争能力、荒地条件下竞争能力、花粉活力、种子脱落性的检测。

2　规范性引用文件

下列文件对于本文件的应用是必不可少的。凡是注日期的引用文件，仅注日期的版本适用于本文件。凡是不注日期的引用文件，其最新版本（包括所有的修改单）适用于本文件。

GB/T 3543.4　农作物种子检验规程　第 4 部分：发芽试验

GB 4407.2　经济作物种子　第 2 部分：油料类

NY/T 721.1—2003　转基因油菜环境安全检测技术规范　第 1 部分：生存竞争能力检测

3　术语和定义

下列术语和定义适用于本文件。

3.1

非转基因油菜对照　non-genetically modified oilseed rape control
与转基因耐除草剂油菜遗传背景相同或相似的非转基因油菜品种（品系）。

4　要求

4.1　试验材料

转基因耐除草剂油菜品种（品系）、非转基因油菜对照品种（品系）。

上述材料的质量应达到 GB 4407.2 中不低于油菜种子大田用种的要求。

4.2　资料记录

按 NY/T 721.1—2003 中 3.2 的规定执行。

4.3　试验安全控制措施

按 NY/T 721.1—2003 中 3.3 的规定执行。

5　试验方法

5.1　种子发芽率检测

5.1.1　试验方法

油菜成熟时在 5.4 条栽培条件试验所在田块，分别收获转基因耐除草剂油菜和非转基因油菜对照种子，干燥后按 GB/T 3543.4 规定的方法检测种子发芽率。

5.1.2　结果分析与表述

采用方差分析方法，比较转基因耐除草剂油菜与非转基因油菜对照发芽率的差异。检测结果表述为"检测样品×××的发芽率与非转基因油菜对照×××差异显著（或不显著）（$p<$ 或 $>0.××$）"。

5.2 种子自然延续能力

5.2.1 试验设计

采用随机区组试验设计,设浅埋(3 cm)和深埋(20 cm)以及埋后 6 个月和 12 个月取出处理,4 次重复。将 100 粒待检测样品与非转基因油菜对照种子分别封装于 200 目尼龙网袋中,并标记品种名称或编号。试验在油菜田进行,供试油菜种子在收获后 3 周~4 周内埋入油菜田土中,期间不进行任何农事操作。

5.2.2 调查和记录

分别于埋藏 6 个月和 12 个月后取出种子,清理出未腐烂的种子并记载,按 GB/T 3543.4 规定的方法测定发芽率。

5.2.3 结果分析与表述

采用方差分析方法,比较转基因耐除草剂油菜、非转基因油菜对照不同处理发芽率的差异。

检测结果表述为"检测样品×××的种子自然延续能力与非转基因对照×××差异显著(或不显著)($p<$或$>$0.××)"

5.3 荒地生存竞争能力

5.3.1 试验设计

试验地为自然生态类型,采用随机区组设计,4 次重复,小区间设 1 m 隔离带,每个小区净面积不小于 10 m²。

5.3.2 播种

按当地冬油菜或春油菜常规播种时间播种,方式为地表撒播,播种量 250 粒/m²~300 粒/m²。

5.3.3 管理

播种后不进行任何栽培管理。

5.3.4 调查和记录

5.3.4.1 与杂草的竞争性

油菜播种前,采用对角线 5 点取样,每点面积 1 m²,调查样点内杂草种类、株数、优势群落高度、相对覆盖度。油菜播种后 30 d 开始至成熟,每月调查一次;杂草调查内容及取样方法同上;同时调查记录全小区油菜株数及相对覆盖度。

5.3.4.2 繁育系数

油菜成熟后,每小区随机选取 10 株油菜,测单株籽粒数。

5.3.4.3 自生苗产生率

油菜成熟后,不收获种子,不进行任何栽培管理。冬油菜区当年 11 月,春油菜区第二年 5 月调查小区内油菜出苗数,并喷施目标除草剂,用药后 4 周记录成活植株数,对成活的油菜进行分子检测。

5.3.5 结果分析与表述

油菜繁育系数、自生苗出苗数和耐除草剂转基因自生苗检出率按式(1)~式(3)计算。杂草的株数、株高、相对覆盖度计算各取样点平均数。采用方差分析方法,比较荒地条件下转基因耐除草剂油菜和非转基因油菜对照在与杂草竞争、繁育系数、自生苗产生率方面的差异。

繁育系数按式(1)计算。

$$X_1 = \frac{n_1}{10} \quad\cdots\cdots\cdots\cdots\cdots\cdots\cdots\cdots\cdots\cdots\cdots\cdots\cdots\cdots\cdots\cdots\cdots\cdots\cdots\cdots (1)$$

式中:

X_1——繁育系数,单位为粒每株(粒/株);

n_1——10 株总粒数。

单位面积的自生苗出苗数按式(2)计算。

$$X_2 = \frac{n_2}{A} \quad\cdots\cdots\cdots\cdots\cdots\cdots\cdots\cdots\cdots\cdots\cdots\cdots\cdots\cdots\cdots\cdots\cdots\quad (2)$$

式中：

X_2——单位面积出苗数，单位为株每平方米（株/m²）；

n_2——出苗总数，单位为株；

A——调查的面积，单位为平方米（m²）。

耐除草剂转基因自生苗检出率按式(3)计算。

$$X_3 = \frac{n_3}{N_4} \quad\cdots\cdots\cdots\cdots\cdots\cdots\cdots\cdots\cdots\cdots\cdots\cdots\cdots\cdots\cdots\cdots\cdots\quad (3)$$

式中：

X_3——耐除草剂转基因自生苗检出率，单位为百分率（%）；

n_3——耐除草剂转基因自生苗检出数，单位为株；

N_4——自生苗的总数，单位为株。

结果表述为"荒地条件下，检测样品×××的×××(指标)与非转基因油菜对照×××差异显著(或不显著)($p<$或$>$0.××)"。并从杂草和油菜的生长情况、油菜开花时间和繁育特性等方面指标的变化情况描述荒地条件下检测样品(转基因油菜)竞争性的变化。

5.4 栽培地生存竞争能力

5.4.1 试验设计

试验地为农田生态类型，采用随机区组设计，4 次重复，小区间设 1 m 隔离带，每个小区净面积不小于 10 m²。

5.4.2 播种

按当地冬油菜或春油菜常规播种时间和播种量，采取条播方式播种。

5.4.3 管理

按当地常规栽培管理方法进行。冬油菜区油菜成熟收获后，各小区翻耕种植其他作物，9 月下旬翻耕整地；春油菜区油菜成熟收获后，各小区立即翻耕并灌水，第二年 3 月上旬再次翻耕并灌水。

5.4.4 调查和记录

繁育系数：油菜成熟后，每小区随机选取 10 株油菜，测单株籽粒数。

自生苗产生率：油菜成熟后，统计全小区油菜株数。冬油菜区当年 11 月，春油菜区第二年 5 月调查小区内油菜出苗数。并喷施目标除草剂，用药后 4 周记录成活植株数，并对成活的油菜进行分子检测。

5.4.5 结果分析与表述

油菜繁育系数、自生苗出苗数和耐除草剂转基因自生苗检出率按式(1)～式(3)计算。采用方差分析方法，比较栽培地条件下转基因耐除草剂油菜、非转基因油菜对照在繁育系数、自生苗产生率方面的差异。

结果表述为"栽培地条件下，检测样品×××的×××(指标)与非转基因油菜对照×××差异显著(或不显著)($p<$或$>$0.××)"。并从油菜的生长情况、油菜开花时间和繁育特性等方面指标的变化情况描述栽培地条件下检测样品(转基因油菜)竞争性的变化。

5.5 花粉活力

5.5.1 试验方法

在油菜盛花期，从 5.4 条中的转基因耐除草剂油菜和非转基因油菜对照小区中各选择典型单株 10 株，每株取当天开放、开放 2 d 和开放 3 d 的花各 2 朵，从花朵中取出花药，置于载玻片中央，滴加一滴 1% 醋酸洋红，用镊子和解剖针释放花粉后，盖上盖玻片，在显微镜下观察、计数可染色花粉数和花粉总数。每朵花观察不少于 500 粒花粉。

5.5.2 结果分析

通过 t 测验,比较转基因耐除草剂油菜与非转基因油菜对照同一时期花的花粉可染率是否存在显著差异。

5.5.3 结果表述

检测结果表述为"检测样品×××与非转基因油菜对照×××的花粉活力差异显著(或不显著)(p<或>0.××)",若存在显著差异则对花粉活力的差异进行具体描述。

5.6 种子脱落性

5.6.1 试验设计

5.6.1.1 油菜黄熟期在 5.4 条栽培条件试验田块中,分别随机选取转基因耐除草剂油菜与非转基因油菜对照各 5 株,收获后在常温常压下室内悬挂自然干燥 1 个月。每个单株取发育正常、充分成熟的角果 100 个以上,用保鲜袋装好备用。

5.6.1.2 测量时,每单株选取 12 个角果混合,共 60 个角果,3 次重复。将角果在 80℃条件下烘烤 30 min 后密封过夜。每重复选取 20 个角果放入内径为 14.8 cm、高 7.4 cm 的圆柱形塑料容器内,放入 8 个直径为 14 mm 的钢珠,将容器放置在恒温摇床上,在转速为 280 r/min 条件下震荡 2 min。

5.6.2 调查和记录

处理完成后记录脱落的种子数;同时将角果装入网袋,调查袋中种子数,作为未脱落的种子数。

5.6.3 结果分析

5.6.3.1 种子脱落率按式(4)计算,结果保留 1 位小数。

$$P = M/(M+N) \times 100 \quad \cdots\cdots (4)$$

式中:

P——种子脱落率,单位为百分率(%);

M——脱落的种子数;

N——未脱落的种子数。

5.6.3.2 用方差分析方法比较转基因油菜与非转基因油菜对照种子脱落率的差异。

5.6.4 结果表述

结果表述为"检测样品×××的种子脱落率为×××%,与非转基因油菜对照×××差异显著(或不显著)(p<或>0.××)"。

第五部分　棉花

ICS 65.020
B 04

中华人民共和国国家标准

农业部 953 号公告－12.2－2007

转基因植物及其产品环境安全检测
抗虫棉花
第 2 部分：生存竞争能力

Evaluation of environmental impact of genetically modified
plants and it's derived products—
Insect−resistant cotton
Part 2: Survival and competitiveness

2007-12-18 发布　　　　　　　　　　　　2008-03-01 实施

中华人民共和国农业部 发布

前 言

本标准由中华人民共和国农业部提出。

本标准全国农业转基因生物安全管理标准化技术委员会归口。

本标准起草单位：农业部科技发展中心、中国农业科学院棉花研究所、中国农业科学院植物保护研究所。

本标准主要起草人：崔金杰、沈平、吴孔明、雒珺瑜、张永军、厉建萌、马艳、陈海燕、王春义。

本标准为首次发布。

转基因植物及其产品环境安全检测
抗虫棉花
第 2 部分:生存竞争能力

1 范围

本标准规定了转基因抗虫棉花生存竞争能力的检测方法。

本标准适用于转基因抗虫棉花变为杂草的可能性、转基因抗虫棉花与非转基因棉花及杂草在荒地和农田中竞争能力的检测。

2 规范性引用文件

下列文件中的条款通过本标准的引用而成为本标准的条款。凡是注日期的引用文件,其随后所有的修改单(但不包括勘误的内容)或修订版均不适用于本标准。然而,鼓励根据本标准达成协议的各方研究是否可使用这些文件的最新版本。凡是不注日期的引用文件,其最新版本适用于本标准。

GB/T 3543.1 农作物种子检验规程 总则

GB/T 3543.4—1995 农作物种子检验规程 发芽试验

农业部 953 号公告—12.1—2007 转基因植物及其产品环境安全检测 抗虫棉花 第 1 部分:对靶标害虫的抗虫性

3 要求

3.1 试验材料

转基因抗虫棉品种、对应的非转基因棉花品种、当地常规棉花品种。

上述材料的质量达到 GB 4407.1—1996 中对棉花种子的要求。

3.2 其他要求

按农业部 953 号公告—12.1—2007 中"4 要求"执行。

4 试验方法

4.1 荒地生存竞争能力测定

4.1.1 试验设计

随机区组设计,小区面积为 6 m²(2 m×3 m),3 次重复。

4.1.2 播种

4 月下旬和 5 月下旬,分期播种两次,分地表撒播和 3 cm 深度播种两种方式,每小区播种 40 粒。

4.1.3 管理

播种后不进行任何栽培管理。

4.1.4 调查时期

在播前调查一次试验小区的杂草种类、数量,按植株垂直投影面积占小区面积的比例估算出覆盖率。棉花播种后 30 d 开始,至棉花吐絮,每月调查一次,调查内容同播前。

4.1.5 调查方法

采用对角线 5 点取样方法,杂草每点调查 0.25 m²。

4.2 转基因抗虫棉自生苗数量

在种植后第二年 5 月和 6 月,各调查一次前一年种植转基因抗虫棉花的试验小区内自生苗情况,记录每小区自生苗的数量,并对自生苗进行生物学或分子生物学检测,然后用人工或除草剂将转基因抗虫棉花自生苗完全清除。

4.3 栽培地生存竞争能力测定

随机区组设计。小区面积不小于 25 m²(5 m×5 m),重复四次,按当地常规耕作管理的模式进行。

4.3.1 播种

按当地春棉或夏棉(短季棉)常规播种时间、播种方式和播种量进行播种。

4.3.2 调查记录

在棉花苗期(4～6 片真叶期)、现蕾期、花铃期及吐絮期,按对角线 5 点取样方法每小区调查 5 个样点,每点调查 10 株棉花的株高,并估算出覆盖率。棉花吐絮期每小区收取 50 个棉铃,比较转基因抗虫棉品种、对应的非转基因棉花品种的产量差异,并对收获的种子进行发芽率检测,按 GB/ T 3543.4—1995 规定的方法进行。

4.4 结果分析

用方差分析方法比较转基因抗虫棉品种、对应的非转基因棉花品种和杂草之间的生存竞争能力的差异。

ICS 65.020
B 04

中华人民共和国国家标准

农业部 953 号公告－12.3－2007

转基因植物及其产品环境安全检测
抗虫棉花
第 3 部分：基因漂移

Evaluation of environmental impact of genetically modified
plants and it's derived products—
Insect–resistant cotton
Part 3: The gene flow

2007-12-18 发布   2008-03-01 实施

中华人民共和国农业部 发布

前　言

本标准由中华人民共和国农业部提出。

本标准全国农业转基因生物安全管理标准化技术委员会归口。

本标准起草单位:农业部科技发展中心、中国农业科学院棉花研究所、中国农业科学院植物保护研究所。

本标准主要起草人:崔金杰、沈平、吴孔明、雒珺瑜、张永军、厉建萌、马艳、陈海燕、王春义。

本标准为首次发布。

转基因植物及其产品环境安全检测
抗虫棉花
第 3 部分:基因漂移

1 范围

本标准规定了转基因抗虫棉花外源基因漂移的检测方法。

本标准适用于转基因抗虫棉花外源基因漂移距离和不同距离的漂移率的检测。

2 规范性引用文件

下列文件中的条款通过本标准的引用而成为本标准的条款。凡是注日期的引用文件,其随后所有的修改单(但不包括勘误的内容)或修订版均不适用于本标准。然而,鼓励根据本标准达成协议的各方研究是否可使用这些文件的最新版本。凡是不注日期的引用文件,其最新版本适用于本标准。

GB 4407.1 经济作物种子 棉花

农业部 953 号公告—12.1—2007 转基因植物及其产品环境安全检测 抗虫棉花 第 1 部分:对靶标害虫的抗虫性

3 术语和定义

下列术语和定义适用于本标准。

3.1

基因漂移 gene flow

转基因抗虫棉花中的外源基因向棉花栽培品种自然转移的行为。

3.2

漂移率 gene flow frequency

转基因抗虫棉花中目的蛋白通过花粉扩散与非转基因棉花品种发生自然杂交的比率。

4 要求

4.1 试验材料

转基因抗虫棉品种、与供试转基因棉花品种生育期相当的当地常规品种。种子的质量应达到 GB 4407.1 中对棉花种子的要求。

4.2 其他要求

按农业部 953 号公告—12.1—2007 中"4 要求"执行。同时调查试验所在生态区内传粉昆虫的主要种类和数量。

5 试验方法

5.1 试验设计

试验地面积不小于 10 000 m²(100 m×100 m),在中心划出一个 25 m²(5 m×5 m)的小区种植转基因抗虫棉花,周围种植非转基因棉花。试验不设重复。

5.2 播种

转基因抗虫棉花与当地常规棉花品种同期播种。按当地常规播种时间、播种方式、播种量进行播种。

5.3 调查方法

沿试验地对角线的四个方向,分别用 A、B、C、D 标记,距转基因抗虫棉花种植区 5 m、15 m、30 m 和 60 m,每点随机取 10 个铃的籽棉,并按照 A1,A2,A3,……的顺序作上标记,籽棉风干后,用小型轧花机在室内单独轧花,单独按编号保存棉籽,用于进一步检测。

5.4 检测方法

5.4.1 生物测定

当年在温室内单粒种植,于棉花苗期(6 片~10 片真叶)进行室内生物测定,根据抗虫苗数和总棉苗数确定不同方向上基因漂移的距离和频率。

5.4.2 其他检测

对 5.4.1 中初步确认的含外源基因的植株涂抹卡那霉素溶液(3 000 ppm)进行初步筛选,然后进行分子生物学检测或用试纸条进行检测,确定花粉传播的距离和不同距离的漂移率。

5.5 调查和记录

记录收获的每个棉铃中籽粒总数及其中含外源基因的棉花籽粒数。

5.6 结果表述

漂移率按式(1)计算:

$$P = \frac{N}{T} \times 100 \quad\quad\quad\quad\quad\quad\quad\quad\quad\quad\quad (1)$$

式中:

P——漂移率,单位为百分率%;

N——每个棉铃中含外源基因的棉花籽粒数量,单位为粒;

T——每个棉铃籽粒总数,单位为粒。

5.7 结果分析

用方差分析方法分析转基因抗虫棉花花粉漂移距离和不同距离的漂移率。

ICS 65.020
B 04

中华人民共和国国家标准

农业部 953 号公告－12.4－2007

转基因植物及其产品环境安全检测
抗虫棉花
第 4 部分：生物多样性影响

Evaluation of environmental impact of genetically modified
plants and it's derived products—
Insect-resistant cotton
Part 4: Impacts on biodiversity

2007-12-18 发布　　　　　　　　　　　　　　2008-03-01 实施

中华人民共和国农业部 发布

前　言

本标准由中华人民共和国农业部提出。

本标准由全国农业转基因生物安全管理标准化技术委员会归口。

本标准附录 A 为资料性附录。

本标准起草单位:农业部科技发展中心、中国农业科学院棉花研究所、中国农业科学院植物保护研究所。

本标准主要起草人:崔金杰、沈平、吴孔明、雒珺瑜、张永军、厉建萌、马艳、陈海燕、王春义。

本标准为首次发布。

转基因植物及其产品环境安全检测
抗虫棉花
第 4 部分:生物多样性影响

1 范围

本标准规定了转基因抗虫棉花对棉田生物多样性的检测方法。

本标准适用于转基因抗虫棉花对棉田主要害虫及优势天敌种群数量、节肢动物群落结构、主要棉花病害影响的检测。

2 规范性引用文件

下列文件中的条款通过本标准的引用而成为本标准的条款。凡是注日期的引用文件,其随后所有的修改单(但不包括勘误的内容)或修订版均不适用于本标准。然而,鼓励根据本标准达成协议的各方研究是否可使用这些文件的最新版本。凡是不注日期的引用文件,其最新版本适用于本标准。

GB 4407.1 经济作物种子 棉花

农业部 953 号公告—12.1—2007 转基因植物及其产品环境安全检测 抗虫棉花 第 1 部分:对靶标 害虫的抗虫性

3 术语和定义

下列术语和定义适用于本标准。

3.1

靶标生物 target organism
转基因抗虫棉花中目的基因所针对的目标生物。

3.2

非靶标生物 non-target organism
转基因抗虫棉花中目的基因所针对的目标生物以外的其他生物。

4 要求

4.1 试验品种

转基因抗虫棉品种、对应的非转基因棉花品种和当地常规棉花品种。

种子质量应达到 GB 4407.1 中对棉花种子的要求。

4.2 其他要求

按农业部 953 号公告—12.1—2007 中"4 要求"执行。

5 试验方法

5.1 试验设计

随机区组设计,小区面积不小于 300 m²,三次重复,常规耕作管理,全生育期不应喷施杀虫剂。

5.2 播种

按当地春棉或夏棉(短季棉)常规播种时间、播种方式、播种量进行播种。

5.3　调查记录

5.3.1　对棉田节肢动物多样性的影响

5.3.1.1　调查方法

直接调查观察法:从棉花出苗至吐絮,每 7 d 调查一次。每小区采用棋盘式取样方法调查 10 个样点,每点调查 5 株棉花。记载整株棉花(伏蚜只调查上部倒数第三片展开叶)及其地面各种昆虫和蜘蛛的数量、种类和发育阶段。开始调查时,首先要快速观察活泼易动的昆虫和(或)蜘蛛的数量。对田间不易识别的种类进行编号,带回室内鉴定。

吸虫器调查法:在棉花生长的苗期(4 片～6 片真叶)、蕾期、花期、铃期、吐絮期各调查一次,共计五次,每小区采用对角线五点取样。每点用吸虫器吸取 5 株棉花(全株)及其地面 1 m² 范围内的所有节肢动物种类。将抽取的样品带回室内清理和初步分类后,放入 75％乙醇溶液保存,供进一步鉴定。

5.3.1.2　结果记录

记录所有直接观察到和用吸虫器吸取的节肢动物的名称、发育阶段和数量。

5.3.1.3　结果表述

运用节肢动物群落的多样性指数、均匀性指数和优势集中性指数 3 个指标,分析比较转基因抗虫棉田节肢动物群落、害虫和天敌亚群落的稳定性。

节肢动物群落的多样性指数按公式(1)计算:

$$H = -\sum_{i=1}^{S} P_i \ln P_i \quad\cdots\cdots (1)$$

式中:

H——多样性指数;

$P_i = N_i/N$;

N_i——第 i 个物种的个体数;

N——总个体数;

S——物种数。

计算结果保留 2 位小数。

节肢动物群落的均匀性指数按公式(2)计算。

$$J = H/\ln S \quad\cdots\cdots (2)$$

式中:

J——均匀性指数;

H——多样性指数;

S——物种数。

计算结果保留 2 位小数。

节肢动物群落的优势集中性指数按公式(3)计算。

$$C = \sum_{i=1}^{n} (N_i/N)^2 \quad\cdots\cdots (3)$$

式中:

C——优势集中性指数;

N_i——第 i 个物种的个体数;

N——总个体数。

计算结果保留 2 位小数。

5.3.2　对靶标害虫和主要非靶标害虫及其天敌种群数量的影响

5.3.2.1　调查方法

每小区采用棋盘式取样方法调查 10 个样点,每点调查 5 株棉花,每 7 天调查一次。调查的靶标害虫包括棉铃虫、红铃虫;其他鳞翅目害虫包括小地老虎、甜菜夜蛾、斜纹夜蛾、棉造桥虫、玉米螟等;其他主要刺吸性害虫包括棉蚜、棉叶螨、烟粉虱、棉叶蝉、棉盲蝽;主要天敌种类包括七星瓢虫、龟纹瓢虫、草间小黑蛛、狼蛛、小花蝽、草蛉、中红侧沟茧蜂、齿唇姬蜂等。

5.3.2.2 结果记录

记录每次调查的棉铃虫的落卵量、幼虫龄期和数量,其他害虫及天敌的数量。

5.3.3 对棉花主要病害的影响

5.3.3.1 调查方法

采用对角线 5 点取样法,每点连续调查相邻两行的 20 株棉花。分别在棉花苗期、现蕾期、花铃期、吐絮期,调查 3 次~5 次棉花苗病、黄萎病、枯萎病发生情况。棉花枯萎病和黄萎病的分级标准按附录 A 表 A.1、表 A.2 执行。

5.3.3.2 结果表述

对棉花苗病、黄萎病、枯萎病和棉铃病发病情况用发病率 D 表示,按式(4)计算:

$$D = \frac{N}{T} \times 100 \cdots\cdots\cdots\cdots\cdots\cdots\cdots\cdots\cdots\cdots\cdots\cdots\cdots\cdots (4)$$

式中:

D——发病率,单位为百分率(%);

N——病株数,单位为株;

T——调查总株数,单位为株。

对棉花黄萎病、枯萎病发病严重程度用病情指数表示,按式(5)计算:

$$I = \frac{\sum (N \times R)}{M \times T} \times 100 \cdots\cdots\cdots\cdots\cdots\cdots\cdots\cdots\cdots\cdots\cdots (5)$$

式中:

I——病情指数;

$\sum$—— 调查病害相对病级数值及其株数乘积的总和;

N——病害某一级别的植株数,单位为株;

R——病害的相对病级数值;

M——病害的最高病级数值;

T——调查总株数,单位为株。

5.4 结果分析

用方差分析方法分析比较转基因抗虫棉花与非转基因棉花对主要害虫及天敌种群数量、节肢动物群落结构和主要病害的影响。

附　录　A

（资料性附录）

表 A.1　棉花枯萎病发病分级标准

病情分级	症　状　描　述	抗病级别的划分		
0 级	健株，无症状表现	1	免疫	相对病指为 0
1 级	病株叶片 25％表现典型病状	2	高抗	相对病指 0～5.0
2 级	病株叶片 25％～50％表现病状矮化	3	抗病	相对病指 5.1～10.0
3 级	病株叶片 50％～90％表现病状，病状明显矮化	4	耐病	相对病指 10.1～20.0
4 级	病株叶片全部病状枯萎落叶至枯死或急性枯死	5	感病	相对病指＞20.0

表 A.2　棉花黄萎病发病分级标准

病情分级	症　状　描　述	抗病级别的划分		
0 级	棉株健康，无病叶，生长正常	1	免疫	相对病指为 0
1 级	棉株发病叶片低于 25％，变黄萎蔫	2	高抗	相对病指 0～10.0
2 级	棉株发病叶片 25％～50％，变黄萎蔫	3	抗病	相对病指 10.1～20.0
3 级	棉株发病叶片 50％～75％，变黄萎蔫	4	耐病	相对病指 20.1～35.0
4 级	棉株发病叶片 75％以上，或叶片全部脱落，棉株枯死	5	感病	相对病指＞35.0

ICS 65.020.01
B 04

中华人民共和国国家标准

农业部 1943 号公告－3－2013

代替农业部 953 号公告—12.1—2007

转基因植物及其产品环境安全检测
抗虫棉花
第 1 部分：对靶标害虫的抗虫性

Evaluation of environmental impact of genetically modified plants and it's
derived products—
Insect–resistant cotton
Part 1:evaluation of insect pest resistance

2013-05-23 发布

2013-05-23 实施

中华人民共和国农业部 发布

前　言

本标准按照 GB/T 1.1—2009 给出的规则起草。

本标准代替农业部 953 号公告—12.1—2007《转基因植物及其产品环境安全检测　抗虫棉花　第 1 部分:对靶标害虫的抗虫性》。本标准与农业部 953 号公告—12.1—2007 相比,除编辑性修改外,主要技术变化如下:

——将"转基因抗虫棉品种、对应的非转基因棉花品种、感虫对照品种和当地主栽转基因抗虫棉品种。"修改为"转基因抗虫棉品种(系)、阴性对照棉花品种(非转基因棉花对照品种)、阳性对照棉花品种(转基因抗虫棉对照品种)。"(见 4.2,2007 年版的 4.2)。

——删除掉"试验地安全控制措施"部分(见 2007 年版的 4.4)。

——将"小区面积不小于 100 m²"修改为"小区面积不小于 30 m²"(见 5.1,2007 年版的 5.1)。

——把"在大试管(35 mm×120 mm)中加入 20 mm 的琼脂培养基,将叶片(保留叶柄)插入培养基中保鲜,每试管放一张叶片,每张叶片接棉铃虫 1 d 龄幼虫 5 头。接虫后用脱脂棉塞紧管口,以防棉铃虫逃逸;放于 25～28℃的养虫室或培养箱中饲养"修改为"在适合的养虫器皿中,放入 1 片棉叶,并保湿;每张叶片接棉铃虫 1 d 龄幼虫 5 头。接虫后,封闭养虫器皿;放于 25℃～28℃的养虫室或培养箱中饲养。"(见 5.3.1.2,2007 年版的 5.3.1.2)。

——将"结果分析"增加并修改为"结果分析与表述"(详见 5.3.1.4,2007 年版的 5.3.1.4; 5.3.2.4,2007 年版的 5.3.2.4;5.3.3.3,2007 年版的 5.3.3.3)。

——删除了附录 A 中表 A.1"叶片受害级别一栏"和表 A.2"棉铃虫幼虫取食转基因抗虫棉叶片状况目测分级标准"(见 2007 年版的附录 A),修改为附录 A.1"转基因抗虫棉抗虫性评定标准"(见附录 A.1)。

本标准由中华人民共和国农业部提出。

本标准由全国农业转基因生物安全管理标准化技术委员会(SAC/TC 276)归口。

本标准起草单位:农业部科技发展中心、中国农业科学院棉花研究所、中国农业科学院植物保护研究所、农业部环境保护科研监测所和四川省农业科学院。

本标准主要起草人:崔金杰、李文龙、吴孔明、雒珺瑜、沈平、马艳、张帅、王春义、吕丽敏、梁革梅、刘勇、修伟明。

本标准所代替标准的历次版本发布情况为:

——农业部 953 号公告—12.1—2007。

转基因植物及其产品环境安全检测
抗虫棉花
第 1 部分:对靶标害虫的抗虫性

1 范围

本标准规定了转基因抗虫棉对靶标害虫棉铃虫抗虫性的检测方法。

本标准适用于转基因抗虫棉对靶标害虫棉铃虫抗虫性生物测定、抗性稳定性与纯合度生物测定和抗虫效率田间检测。

2 规范性引用文件

下列文件对于本文件的应用是必不可少的。凡是注日期的引用文件,仅注日期的版本适用于本文件。凡是不注日期的引用文件,其最新版本(包括所有的修改单)适用于本文件。

GB 4407.1 经济作物种子 第 1 部分:纤维类

3 术语和定义

下列术语和定义适用于本文件。

3.1

生物测定 bioassay

在室内利用人工接虫的方法评价转基因抗虫棉花对靶标害虫的抗虫性效果。

3.2

抗性稳定性 resistance stability

转基因抗虫棉在第二、第三、第四代靶标害虫发生盛期对靶标害虫的抗虫性差异。

3.3

抗性纯合度 resistance homogeneity

第二、第三、第四代靶标害虫发生盛期,转基因抗虫棉品种不同植株对靶标害虫抗性的一致性。

3.4

幼虫死亡率 larval mortality

靶标害虫幼虫取食转基因抗虫棉花后死亡幼虫数占供试幼虫总数的百分率。

4 要求

4.1 供试棉铃虫

室内生物测定用人工饲料饲养的 1 日龄棉铃虫幼虫。田间抗性效率检测试验的棉铃虫为自然发生种群。

4.2 试验品种

转基因抗虫棉品种(系)、阴性对照棉花品种(非转基因棉花对照品种)、阳性对照棉花品种(转基因抗虫棉对照品种)。

上述棉花种子质量应达到 GB 4407.1 中对种子质量要求。

4.3 资料记录

4.3.1 试验地名称与位置

记录试验地的名称、试验的具体地点、经纬度。绘制小区示意图。

4.3.2 土壤资料

记录土壤类型、土壤肥力、排灌情况和土壤覆盖物等内容。描述试验地近三年种植情况。

4.3.3 试验地周围生态类型

4.3.3.1 自然生态类型

记录与农业生态类型地区的距离及周边植被情况。

4.3.3.2 农业生态类型

记录试验地周围的主要栽培作物及其他植被情况,以及当地棉田常见病、虫、草害的名称及危害情况。

4.3.4 气象资料

记录试验期间试验地降水(降水类型,日降水量以毫米表示)和温度(日平均温度、最高和最低温度、积温,以摄氏度表示)的资料。记录影响整个试验期间试验结果的恶劣气候因素,例如严重或长期的干旱、暴雨、冰雹等。

5 试验方法

5.1 试验设计

随机区组设计,三次重复,小区面积不小于 30 m²,常规耕作管理,靶标害虫发生期不应喷施杀虫剂。

5.2 播种

按当地春棉或夏棉(短季棉)常规播种时期、播种方式和播种量进行播种。

5.3 调查记录

5.3.1 对靶标害虫的抗虫性生物测定

5.3.1.1 取样方法

在靶标害虫第二、第三、第四代发生盛期,分别从转基因抗虫棉品种田、阴性对照棉花品种田和阳性对照棉花品种田采集棉花叶片,每处理每小区随机选择 20 株,每株采 1 片棉叶。靶标害虫第二、第三代发生盛期采集棉株顶部第一片完全展开的叶片,第四代靶标害虫发生盛期采集棉株上部侧枝顶部展开嫩叶。

5.3.1.2 操作

在适合的养虫器皿中,放入 1 片棉叶,并保湿;每张叶片接棉铃虫 1 日龄幼虫 5 头。接虫后,封闭养虫器皿;放于 25℃～28℃的养虫室或培养箱中饲养。

5.3.1.3 结果记录

接虫后第 5 d 调查幼虫死亡状况。记录幼虫死亡虫数和活虫数,检查时用毛笔尖轻触虫体无反应则记为死亡虫。计算各处理第二、第三、第四代棉铃虫幼虫死亡率(x)和幼虫校正死亡率(y)。

a) 幼虫死亡率按式(1)计算。

$$x = \frac{n}{N} \times 100 \quad \cdots\cdots\cdots\cdots\cdots\cdots\cdots\cdots\cdots\cdots\cdots\cdots\cdots \quad (1)$$

式中:

x ——幼虫死亡率,单位为百分率(%);

n ——死亡虫数,单位为头;

N ——接虫数,单位为头。

b) 幼虫校正死亡率按式(2)计算。

$$y = \frac{X_1 - X_0}{1 - X_0} \times 100 \quad \cdots\cdots\cdots\cdots\cdots\cdots\cdots\cdots\cdots\cdots\cdots\cdots \quad (2)$$

式中:

y ——幼虫校正死亡率,单位为百分率(%);

X_1——处理死亡率,单位为百分率(%);

X_0——阴性对照死亡率,单位为百分率(%)。

注:计算结果保留小数点后两位有效数字。

5.3.1.4 结果分析与表述

用方差分析的方法(LSD法)比较转基因抗虫棉品种对第二、第三、第四代靶标害虫的抗虫性与阳性对照棉花品种的差异;根据第二、第三、第四代靶标害虫幼虫校正死亡率的平均值,按附录A判定抗性水平。

结果表述为:

a) 转基因抗虫棉品种对第二代(第三代、第四代)靶标害虫幼虫的校正死亡率为××%,比阳性对照品种高(低)××%,差异达(未达)显著(极显著)水平;

b) 转基因抗虫棉品种的抗性水平为×。

5.3.2 对靶标害虫抗性的稳定性与纯合度生物测定

5.3.2.1 取样方法

对靶标害虫抗性的稳定性生物测定:在靶标害虫第二、第三、第四代发生盛期,分别从转基因抗虫棉品种田、阴性对照棉花品种田和阳性对照棉花品种田采集棉花叶片,每处理每小区随机选择20株,每株采1片棉叶。靶标害虫第二、第三代发生盛期采集棉株顶部第一片完全展开的叶片,第四代靶标害虫发生盛期采集棉株上部侧枝顶部展开嫩叶。

对靶标害虫抗性的纯合度生物测定:分别于靶标害虫第二、第三、第四代发生盛期从转基因抗虫棉品种田、阴性对照棉花品种田、阳性对照棉花品种田采集棉花叶片,每处理每小区随机选择20株棉花,每株采3片棉叶。靶标害虫第二、第三代发生盛期采集棉株顶部第三、第四、第五片展开叶,第四代靶标害虫发生盛期采集棉株上部侧枝顶部3片展开嫩叶。

5.3.2.2 操作

按5.3.1.2的规定执行。

5.3.2.3 结果记录

接虫后第5d调查幼虫死亡状况。记录幼虫死亡虫数和活虫数,检查时用毛笔尖轻触虫体无反应则计为死亡虫。按式(1)和式(2)分别计算幼虫死亡率和校正死亡率。

计算每处理每小区20张叶片对靶标害虫的校正死亡率平均值,用于对靶标害虫抗性稳定性的统计分析。

计算每处理每小区每株3片棉叶对靶标害虫校正死亡率平均值,然后计算每处理每小区20株棉花对靶标害虫的校正死亡率平均值(y)和标准差(S)。计算变异系数CV(以百分数表示,%),用于对靶标害虫抗性的纯合度的统计分析。变异系数越小,对靶标害虫抗性的纯合度越高。

变异系数按式(3)计算。

$$CV = \frac{S}{\bar{y}} \times 100 \quad \cdots\cdots\cdots\cdots\cdots\cdots\cdots\cdots\cdots\cdots \quad (3)$$

式中:

CV——变异系数,单位为百分率(%);

S ——标准差;

$\bar{y}$ ——校正死亡率平均值。

5.3.2.4 结果分析与表述

5.3.2.4.1 对靶标害虫抗性的稳定性

用方差分析的方法(LSD法)比较转基因抗虫棉品种在靶标害虫第二、第三、第四代发生盛期对靶标害虫抗性的差异,并比较转基因抗虫棉品种和阳性对照棉花品种相同时期对靶标害虫抗性的差异。

结果表述为:转基因抗虫棉品种的校正死亡率第×代>第×代>第×代,差异达(未达)显著(极显著)水平;和阳性对照棉花品种相比,转基因抗虫棉品种对第二代(第三代、第四代)靶标害虫的校正死亡率增加(降低)××%,差异达(未达)显著(极显著)水平。

5.3.2.4.2 对靶标害虫抗性的纯合度

用方差分析的方法(LSD法)比较转基因抗虫棉品种在靶标害虫第二、第三、第四代发生盛期对靶标害虫校正死亡率的变异系数和阳性对照棉花品种相同时期的差异。

结果表述为:和阳性对照棉花品种相比,转基因抗虫棉品种对第二代(第三代、第四代)靶标害虫校正死亡率的变异系数高(低)××%,差异达(未达)显著(极显著)水平。

5.3.3 对靶标害虫抗虫效率田间检测

5.3.3.1 调查方法

在第二、第三、第四代靶标害虫发生盛期,分别调查1次转基因抗虫棉品种田、阴性对照棉花品种田、阳性对照棉花品种田靶标害虫的残虫数量、顶尖和蕾铃危害情况。采用对角线五点取样法,每个小区调查5个样点,每个样点顺行连续调查10株棉花。

5.3.3.2 结果记录

记录靶标害虫的幼虫数量和龄期、棉株顶尖被害株数、每株棉花蕾铃被害数和蕾铃总数。计算不同试验品种棉田靶标害虫的百株幼虫数量、顶尖被害率、蕾铃被害率。

5.3.3.3 结果分析与表述

用方差分析的方法(LSD法)比较转基因抗虫棉品种田与阴性对照棉花品种田和阳性对照棉花品种田靶标害虫的百株幼虫数量、顶尖被害率、蕾铃被害率差异显著性。

结果表述为:在第二代(第三代、第四代)靶标害虫发生盛期,转基因抗虫棉品种百株幼虫数量、顶尖被害率(蕾铃被害率)分别高于(低于)阴性对照棉花品种,差异达(未达)显著(极显著)水平;在第二代(第三代、第四代)靶标害虫发生盛期,转基因抗虫棉品种百株幼虫数量、顶尖被害率(蕾铃被害率)分别高于(低于)阳性对照棉花品种,差异达(未达)显著(极显著)水平。

附 录 A
（规范性附录）
转基因抗虫棉抗虫性评定标准

A.1 转基因抗虫棉抗虫性评定标准见表 A.1。

表 A.1 转基因抗虫棉抗虫性评定标准

抗性水平	幼虫校正死亡率(y)，%
高抗	$y \geqslant 90$
抗	$90 > y \geqslant 60$
中抗	$60 > y \geqslant 40$
低抗	$40 > y$
感	同阴性对照品种

第三类
食用安全检测

第一部分　抗营养因子

ICS 65.020.99
B 04

中华人民共和国农业行业标准

NY/T 1103.1—2006

转基因植物及其产品食用安全检测
抗营养素 第 1 部分：植酸、棉酚和
芥酸的测定

Safety assessment of genetically modified plant and derived products
Part 1：Assay of anti-nutrients phytate，gossypol and erucic acids

2006-07-10 发布

2006-10-01 实施

中华人民共和国农业部 发布

前　言

本标准由中华人民共和国农业部提出。

本标准由全国农业转基因生物安全管理标准化技术委员会归口。

本标准起草单位：中国疾病预防控制中心营养与食品安全所，农业部科技发展中心，中国农业大学，天津市卫生防病中心。

本标准主要起草人：杨月欣、韩军花、李宁、汪其怀、黄昆仑、刘克明、刘培磊。

NY/T 1103.1—2006

转基因植物及其产品食用安全检测
抗营养素　第1部分：植酸、棉酚和芥酸的测定

1　范围

本标准规定了转基因植物及其产品中植酸、棉酚和芥酸的测定方法。

本标准适用于转基因植物及其产品中植酸、棉酚和芥酸的测定。

2　规范性引用文件

下列文件中的条款通过本规范的引用而成为本规范的条款。凡是注明日期的引用文件，其随后所有的修改单（不包括勘误的内容）或修订版均不适用于本规范，然而，鼓励根据本规范达成协议的各方研究是否可使用这些文件的最新版本。凡是不注明日期的引用文件，其最新版本适合于本规范。

GB/T 5009.153　植物性食品中植酸的测定

GB 13086　饲料中游离棉酚的测定方法

GB/T 17377　动植物油脂脂肪酸甲酯的气相色谱分析

3　术语和定义

下列术语和定义适用于本标准。

3.1
转基因植物　genetically modified plant

指利用基因工程技术改变基因组构成，用于农业生产或者农产品加工的植物。

3.2
转基因植物产品　products derived from genetically modified plant

指转基因植物的直接加工产品和含有转基因植物的产品。

4　试验材料

转基因植物及其产品、受体植物及其产品。如果对转基因植物产品中的植酸、棉酚和芥酸进行测定，转基因植物产品和受体植物产品的处理条件应相同。

上述材料的水分含量和种植环境应基本一致。

5　测定方法

5.1　植酸的测定
按GB/T 5009.153规定执行。

5.2　棉酚的测定
按GB 13086规定执行。

5.3　芥酸的测定
按GB/T 17377规定执行。

ICS 65.020.99
B 04

中华人民共和国农业行业标准

NY/T 1103.2—2006

转基因植物及其产品食用安全检测
抗营养素　第2部分：胰蛋白酶
抑制剂的测定

Safety assessment of genetically modified plant and derived products
Part 2：Assay of anti-nutrients pancreatic typsin inhibiter

2006-07-10 发布　　　　　　　　　　　　　　2006-10-01 实施

中华人民共和国农业部 发布

前　言

本标准由中华人民共和国农业部提出。

本标准由全国农业转基因生物安全管理标准化技术委员会归口。

本标准起草单位：中国疾病预防控制中心营养与食品安全所、农业部科技发展中心、中国农业大学、天津市卫生防病中心。

本标准主要起草人：杨月欣、王竹、韩军花、李宁、汪其怀、黄昆仑、刘克明、刘培磊、连庆。

转基因植物及其产品食用安全检测
抗营养素　第 2 部分:胰蛋白酶抑制剂的测定

1　范围

本标准规定了转基因植物及其产品中胰蛋白酶抑制剂的测定方法。

本标准适用于转基因大豆及其产品、转基因谷物及其产品中胰蛋白酶抑制剂的测定。其他的转基因植物,如花生、马铃薯等也可用该方法进行测定。

2　术语和定义

下列术语和定义适用于本标准。

2.1

转基因植物　genetically modified plant

指利用基因工程技术改变基因组构成,用于农业生产或者农产品加工的植物。

2.2

转基因植物产品　products derived from genetically modified plant

指转基因植物的直接加工产品和含有转基因植物的产品。

3　原理

胰蛋白酶可作用于苯甲酰-DL-精氨酸对硝基苯胺(BAPA),释放出黄色的对硝基苯胺,该物质在410 nm 下有最大吸收值。转基因植物及其产品中的胰蛋白酶抑制剂可抑制这一反应,使吸光度值下降,其下降程度与胰蛋白酶抑制剂活性成正比。用分光光度计在 410 nm 处测定吸光度值的变化,可对胰蛋白酶抑制剂活性进行定量分析。

4　试验材料

转基因植物及其产品、受体植物及其产品。如果对转基因植物产品中的胰蛋白酶抑制剂进行测定,转基因植物产品和受体植物产品的处理条件应相同。

上述材料的水分含量和种植环境应基本一致。

5　试剂

除非另有说明,仅使用分析纯试剂;水为蒸馏水。

5.1　三羟甲基氨基甲烷[tris(hydroxymethyl)aminomethane,Tris]。

5.2　0.05 mol/L Tris 缓冲液:称取 6.05 g Tris 和 2.94 g 氯化钙($CaCl_2 \cdot 2H_2O$)溶于 800 mL 水中,用浓盐酸调节溶液的 pH 至 8.2,加水定容至 1 L。

5.3　0.01 mol/L 氢氧化钠溶液:称取 0.4 g 氢氧化钠,加入 800 mL 水溶解后,再加水定容至 1 L。

5.4　戊烷:己烷(1:1,V:V)。

5.5　1 mmol/L 盐酸。

5.6　胰蛋白酶:大于 10 000 BAEE U/mg。

BAEE 为 $N\alpha$-苯甲酰-L-精氨酸乙烷酯($N\alpha$-benzoyl-L-arginine ethyl ester)。BAEE U(BAEE

单位)表示胰蛋白酶与 BAEE 在 25℃、pH 7.6、体积 3.2 mL 条件下反应,在 253 nm 波长下每分钟引起吸光度值升高 0.001,即为 1 个 BAEE U。

5.7 胰蛋白酶溶液:称取 10 mg 胰蛋白酶,溶于 200 mL 1 mmol/L 盐酸中。

5.8 苯甲酰-DL-精氨酸对硝基苯胺(benzoyl-DL-arginine p-nitroanilide,BAPA)。

5.9 BAPA 底物溶液:称取 40 mg BAPA,溶于 1 mL 二甲基亚砜中,用预热至 37℃ 的 Tris 缓冲液稀释至 100 mL。BAPA 底物溶液应于实验当日配制。

5.10 反应终止液:取 30 mL 冰乙酸,加水定容至 100 mL。

6 仪器和设备

6.1 通常实验室仪器设备。

6.2 恒温水浴箱。

6.3 分光光度计。

6.4 旋涡搅拌器。

6.5 电磁搅拌器。

7 操作步骤

7.1 试样的制备

将试验材料磨碎,过筛(筛盘为 100 目~200 目)。称取 0.2 g~1 g 试样,加入 50 mL 0.01 mol/L 氢氧化钠溶液,pH 应控制在 8.4~10.0 之间,低档速电磁搅拌下浸提 3 h,过滤。浸出液用于测定,必要时,可进行稀释。

如果试样的脂肪含量较高(如全脂大豆粗粉或豆粉),应在室温条件下先用戊烷:己烷(1:1)脱脂。脱脂方法如下:将试样浸泡于 20 mL 戊烷:己烷(1:1)中,低档速电磁搅拌 30 min,过滤。残渣用约 50 mL 戊烷:己烷(1:1)淋洗两次,收集残渣。然后进行浸提。

7.2 测定管和对照管的制备

取两组平行的试管,按表 1 在每组试管中依次加入试样浸出液、水和胰蛋白酶溶液,于 37℃ 水浴中混合后,再加入 5.0 mL 预热至 37℃ 的 BAPA 底物溶液,从第一管加入起计时,于 37℃ 水浴中摇动混匀,并准确反应 10 min,最后加入 1.0 mL 反应终止液。用 0.45 μm 微孔滤膜过滤,弃初始滤液,收集滤液。

表 1 测定管反应体系

单位为毫升

试 剂	非抑管	测定管 1	测定管 2	测定管 3	测定管 4
试样浸出液	0.0	0.3	0.6	1.0	1.5
水	2.0	1.7	1.4	1.0	0.5
胰蛋白酶溶液	2.0	2.0	2.0	2.0	2.0
BAPA 底物溶液	5.0	5.0	5.0	5.0	5.0
反应终止液	1.0	1.0	1.0	1.0	1.0

在制备测定管的同时,应制备试剂对照管和试样对照管,即取 2 mL 水或试样浸出液,然后按顺序加入 2 mL 胰蛋白酶溶液、1 mL 反应终止液和 5 mL BAPA 底物溶液,混匀后过滤。

7.3 测定

以试剂对照管调节吸光度值为 0,在 410 nm 波长下测定各测定管和对照管的吸光度值,以平行试管的算术平均值表示。

8 结果表示

8.1 酶活性的表示方法

8.1.1 胰蛋白酶活性单位(TU)：在规定实验条件下，每 10 mL 反应混合液在 410 nm 波长下每分钟升高 0.01 吸光度值即为一个 TU。

8.1.2 胰蛋白酶抑制率：在规定实验条件下，与非抑管相比，测定管吸光度值降低的比率。

8.1.3 胰蛋白酶抑制剂单位(TIU)：在规定实验条件下，与非抑管相比，每 10 mL 反应混合液在 410 nm 波长下每分钟降低 0.01 吸光度值即为一个 TIU。

8.2 计算

8.2.1 各测定管的胰蛋白酶抑制率按式(1)计算。

$$TIR = \frac{A_N - A_T - A_{T0}}{A_N} \times 100 \quad \text{.............................} (1)$$

式中：

TIR——胰蛋白酶抑制率，单位为百分率(%)；

A_N——非抑管吸光度值；

A_T——测定管吸光度值；

A_{T0}——试样对照管吸光度值。

8.2.2 只有胰蛋白酶抑制率在 20%～70% 范围内时，测定管吸光度值可用于胰蛋白酶抑制剂活性计算，各测定管胰蛋白酶抑制剂活性按式(2)计算。

$$TI = \frac{A_N - A_T - A_{T0}}{t \times 0.01} \quad \text{.............................} (2)$$

式中：

TI——胰蛋白酶抑制剂活性，单位为胰蛋白酶抑制剂单位(TIU)；

t——反应时间，单位为分钟(min)。

8.2.3 单位体积试样浸出液中胰蛋白酶抑制剂活性

以测定用试样浸出液体积(单位为 mL)为横坐标，TI 为纵坐标作图，拟和直线回归方程，计算斜率，斜率值即是单位体积试样浸出液中胰蛋白酶抑制剂活性(单位为 TIU/mL)。当测定用试样浸出液体积和 TI 不是一条直线关系时，单位体积试样浸出液中胰蛋白酶抑制剂活性用各测定管单位体积胰蛋白酶抑制剂活性的算术平均值表示。

8.2.4 试样中胰蛋白酶抑制剂活性按式(3)计算。

$$TIM = \frac{TIV \times V \times F}{m} \quad \text{.............................} (3)$$

式中：

TIM——试样中胰蛋白抑制剂活性，单位为胰蛋白酶抑制剂单位每克(TIU/g)；

TIV——单位体积试样浸出液中胰蛋白酶抑制剂活性，单位为胰蛋白酶抑制剂单位每毫升(TIU/mL)；

V——试样浸出液总体积，单位为毫升(mL)；

F——稀释倍数；

m——试样质量，单位为克(g)。

9 允许差

重复条件下，两次独立测定结果的绝对差值不超过其算术平均值的 10%。

ICS 65.020.99
B 04

中华人民共和国农业行业标准

NY/T 1103.3—2006

转基因植物及其产品食用安全检测
抗营养素　第3部分：硫代葡萄糖苷的测定

Safety assessment of genetically modified plant and derived products
Part 3: Assay of anti-nutrients glycosinolate

2006-07-10 发布

2006-10-01 实施

中华人民共和国农业部 发布

NY/T 1103.3—2006

前　言

本标准附录 A 为资料性附录,附录 B 为规范性附录。

本标准由中华人民共和国农业部提出。

本标准由全国农业转基因生物安全管理标准化技术委员会归口。

本标准起草单位:中国农业科学院油料作物研究所、中国疾病预防控制中心营养与食品安全所、农业部科技发展中心、中国农业大学、天津市卫生防病中心。

本标准主要起草人:李培武、杨月欣、丁小霞、韩军花、张文、李宁、汪其怀、黄昆仑、刘克明、刘培磊、连庆。

转基因植物及其产品食用安全检测
抗营养素 第 3 部分:硫代葡萄糖苷的测定

1 范围

本标准规定了转基因油菜籽及其产品中硫代葡萄糖苷的高效液相色谱测定方法。

本标准适用于转基因油菜籽及其产品中硫代葡萄糖苷的高效液相色谱测定。

2 规范性引用文件

下列文件中的条款通过本标准的引用而成为本标准的条款。凡是注日期的引用文件,随后所有的修改单(不包括勘误的内容)或修订版均不适用于本标准,然而,鼓励根据本标准达成协议的各方研究是否可使用这些文件的最新版本。凡是不注日期的引用文件,其最新版本适用于本标准。

GB 5491 粮食、油料检验 扦样、分样法

GB/T 14488.1 油料种籽含油量测定法

GB/T 14489.1 油料水分及挥发物含量测定法

3 术语和定义

下列术语和定义适用于本标准。

3.1

转基因油菜籽 genetically modified rapeseed

指利用基因工程技术改变基因组构成,用于农业生产或者农产品加工的油菜籽。

3.2

转基因油菜籽产品 products derived from genetically modified rapeseed

指转基因油菜籽的直接加工产品和含有转基因油菜籽的产品。

3.3

相对校正系数 response factors

待测硫代葡萄糖苷的摩尔吸光系数与内标的摩尔吸光系数的相对比值。

4 原理

用 70% 甲醇水溶液提取硫代葡萄糖苷,然后在阴离子交换树脂上纯化,并酶解脱去硫酸根,反相色谱柱分离,紫外检测器检测硫代葡萄糖苷。

5 试验材料

转基因油菜籽及其产品、受体油菜籽及其产品。如果对转基因油菜籽产品中的硫代葡萄糖苷进行测定,转基因油菜籽产品和受体油菜籽产品的处理条件应相同。

上述材料的水分含量和种植环境应基本一致。

6 试剂

除非另有说明,仅使用分析纯试剂;水为蒸馏水。

6.1 硫酸酯酶溶液:*Helix pomatia* H1 型(EC 3.1.6.1),每毫升硫酸酯酶溶液的活性单位不低于

0.5,硫酸酯酶溶液应即配即用。

6.2 葡聚糖凝胶悬浮液:称取 10 g DEAE Sephadex A 25 葡聚糖凝胶,浸泡在过量的 2 mol/L 醋酸溶液中,静置沉淀,再加入 2 mol/L 醋酸溶液,直到液体体积是沉淀体积的 2 倍,于 4℃冰箱中存放,待用。

6.3 70％甲醇溶液:取 70 mL 甲醇,加水定容至 100 mL。

6.4 0.02 mol/L 醋酸钠溶液:称取 0.272 g 醋酸钠(CH₃COONa·3H₂O),加入 800 mL 水溶解,用醋酸调节溶液的 pH 至 4.0,加水定容至 1 L。

6.5 6 mol/L 甲酸咪唑溶液:称取 204 g 咪唑,溶解于 113 mL 甲酸中,待溶液冷却后加水定容至 500 mL。

6.6 内标:用丙烯基硫代葡萄糖苷(Mr＝415.49)作内标,当样品中含有丙烯基硫代葡萄糖苷时,用苯甲基硫代葡萄糖苷(Mr＝447.52)作内标。对硫代葡萄糖苷含量低于 20.0 μmol/g 的样品,可将下述 6.6.1 至 6.6.4 中的内标溶液浓度降为 1 mmol/L 至 3 mmol/L。内标溶液在 4℃的冰箱中可存放 3 周,在-18℃条件下可保存更长时间,内标溶液的纯度检定参见附录 A。

6.6.1 5 mmol/L 丙烯基硫代葡萄糖苷溶液:称取 207.7 mg 丙烯基硫代葡萄糖苷溶解于 80 mL 水中,加水定容至 100 mL。

6.6.2 20 mmol/L 丙烯基硫代葡萄糖苷溶液:称取 831.0 mg 丙烯基硫代葡萄糖苷溶解于 80 mL 水中,加水定容至 100 mL。

6.6.3 5 mmol/L 苯甲基硫代葡萄糖苷溶液:称取 223.7 mg 苯甲基硫代葡萄糖苷溶解于 80 mL 水中,加水定容至 100 mL。

6.6.4 20 mmol/L 苯甲基硫代葡萄糖苷溶液:称取 895.0 mg 苯甲基硫代葡萄糖苷溶解于 80 mL 水中,加水定容至 100 mL。

6.7 流动相 A:超声波脱气 30 s 的水。

6.8 流动相 B:取 200 mL 色谱级乙腈,加入 800 mL 水,混匀,超声波脱气 30 s。

7 仪器和设备

7.1 通常实验室仪器设备。

7.2 研钵或微型研磨机。

7.3 聚丙烯离子交换微柱:底部筛板为 100 目。

7.4 离心机:带有 10 mL 转头,并能获得 5 000 g 的相对离心力。

7.5 0.45 μm 水溶性微孔滤膜。

7.6 色谱柱:填料颗粒小于或等于 10 μm 的反相 C₁₈ 或 C₈ 柱,例如:Novapak C₁₈ 柱,5 μm(150 mm× 3.9 mm);Lichrosorb Rp18 柱,5 μm(150 mm×4.6 mm);Spherisorb C₁₈ 柱,10 μm(150 mm×4 mm);Lichrospher Rp8 柱,5 μm(125 mm×4 mm)。

7.7 高效液相色谱仪:具备梯度洗脱,柱温可控制在 30℃,带紫外检测器。

8 试样的制备

按照 GB 5491 的规定对试验材料进行缩分,将缩分后的试验材料分成 3 等份。第一份按 GB/T 14489.1 的规定测定水分及挥发物含量,第二份按 GB/T 14488.1 的规定测定含油量,第三份为硫代葡萄糖苷待测试样。

如果试验材料的水分及挥发物含量超过 10％,应在 45℃条件下通风干燥,并将干燥后的待测试样在微型粉碎机中粉碎,过 40 目筛,然后立即连续完成 9.1 和 9.2。

9 操作步骤

9.1 称样

分别称取 200.0 mg 待测试样至 A、B 两支离心管中。

9.2 硫代葡萄糖苷的提取

9.2.1 将离心管 75℃水浴 1 min,加入 2 mL 70%沸甲醇溶液后,立即加入 200 μL 5 mmol/L 内标溶液至 A 管中,200 μL 20 mmol/L 内标溶液至 B 管中。

9.2.2 75℃水浴 10 min,其间每隔 2 min 取出离心管在旋涡混合器上旋涡混合,然后取出离心管冷却至室温,5 000 g 离心 3 min,分别转移上清液至 10 mL 刻度试管 A′、B′中。

9.2.3 分别向 A、B 管中再加入 2 mL 70%沸甲醇溶液,75℃水浴约 30 s,旋涡混匀后,75℃水浴 10 min,其间每隔 2 min 取出离心管旋涡混合,然后取出离心管冷却至室温,5 000 g 离心 3 min,分别转移上清液至原刻度试管 A′、B′中。

9.2.4 用水调节 A′、B′管中的提取液至 5 mL,混匀。此提取液在−18℃暗处可保存 2 周。

9.3 离子交换微柱的制备

每一个试样提取液准备一支聚丙烯离子交换微柱,垂直置于试管架上。取 0.5 mL 充分混匀的葡聚糖凝胶悬浮液至每一离子交换微柱中,注意不要使悬浮液粘附在柱壁。静置待液体排干后,取 2 mL 6 mol/L 甲酸咪唑溶液冲洗树脂,排干后,再用 1 mL 水冲洗树脂两次,每次均让水排干。

9.4 纯化、脱硫酸根

9.4.1 取 1 mL 提取液缓缓加入已制备好的离子交换微柱中,注意不能搅动树脂表面,待液体排干后,分别加入 1 mL 0.02 mol/L 醋酸钠溶液两次,每次加入后均让液体排干。

9.4.2 加入 100 μL 硫酸酯酶溶液至离子交换微柱,35℃条件下反应 16 h。

9.4.3 分别用 1 mL 水冲洗离子交换微柱 2 次,洗脱液收集于试管中。

9.4.4 用水将洗脱液定容至 5 mL,充分混匀后,用 0.45 μm 的微孔滤膜过滤,待进样。洗脱液在−18℃暗处可存放 1 周。

9.5 空白试验

用相同的样品进行相同的前处理,但不加内标物质,以检定样品中内标物质是否存在。

9.6 色谱条件

9.6.1 仪器条件:流动相流速为 1.0 mL/min,柱温 30℃,紫外检测器检测波长 229 nm。

9.6.2 洗脱梯度

9.6.2.1 对 Spherisorb C$_{18}$柱,10 μm(150 mm×4 mm)和 Novapak C$_{18}$柱,5 μm(150 mm×3.9 mm),洗脱梯度见表 1。

表 1 Spherisorb C$_{18}$柱和 Novapak C$_{18}$柱洗脱梯度

时 间	流动相 A(%)	流动相 B(%)
0 min	15	85
10 min	100	0
12 min	100	0
15 min	15	85
20 min	15	85

9.6.2.2 对 Lichrosorb RP18 柱,5 μm(150 mm×4.6 mm),洗脱梯度见表 2。

表 2 Lichrosorb RP18 柱洗脱梯度

时 间	流动相 A(%)	流动相 B(%)
0 min	100	0
1 min	100	0
20 min	0	100
25 min	100	0
30 min	100	0

9.6.2.3 对 Lichrospher RP8 柱,5 μm(125 mm×4 mm),洗脱梯度见表 3。

表 3 Lichrospher RP8 柱洗脱梯度

时 间	流动相 A(%)	流动相 B(%)
0 min	100	0
2.5 min	100	0
20 min	0	100
25 min	0	100
27 min	100	0
32 min	100	0

9.7 色谱测定

进样量 10 μL,记录峰面积。

10 结果表示

10.1 单组分硫代葡萄糖苷含量的计算

10.1.1 以每克干基脱脂油菜籽中所含硫代葡萄糖苷的微摩尔数表示,按式(1)计算:

$$D1 = \frac{Ag}{As} \times \frac{n}{m} \times Kg \times \frac{1}{1-w} \quad\cdots\cdots\cdots\cdots\cdots\cdots\cdots\cdots\cdots\cdots\cdots\cdots\cdots \quad (1)$$

式中:

$D1$——干基脱脂油菜籽中硫代葡萄糖苷含量,单位为微摩尔每克(μmol/g);

Ag——脱硫硫代葡萄糖苷峰面积;

As——内标峰面积;

Kg——脱硫硫代葡萄糖苷相对校正系数,按附录 B 的规定;

m——试样质量,单位为克(g);

n——试样中加入内标的量,单位为微摩尔(μmol);

w——试样中水分、挥发物和含油量之和,以质量百分数表示(%)。

计算结果表示到小数点后两位。

10.1.2 以每克脱脂油菜籽含标准水分及挥发物时所含硫代葡萄糖苷的微摩尔数表示,按式(2)计算:

$$D2 = \frac{Ag}{As} \times \frac{n}{m} \times Kg \times \frac{1}{1-w} \times (1-Ws) \quad\cdots\cdots\cdots\cdots\cdots\cdots \quad (2)$$

式中:

Ag、As、n、m、Kg、w 同式(1);

$D2$——脱脂油菜籽含标准水分及挥发物时硫代葡萄糖苷的含量,单位为微摩尔每克(μmol/g);

Ws——标准水分及挥发物含量,以质量百分数表示,数值为8.5%或9%。

计算结果表示到小数点后两位。

10.1.3 以每克干基油菜籽中所含硫代葡萄糖苷的微摩尔数表示,按式(3)计算:

$$D3 = \frac{Ag}{As} \times \frac{n}{m} \times Kg \times \frac{1}{1-wt} \quad\cdots\cdots\cdots\cdots\cdots\cdots\cdots\cdots\cdots\cdots\cdots\quad(3)$$

式中:

Ag、As、n、m、Kg 同式(1);

$D3$——干基油菜籽中硫代葡萄糖苷含量,单位为微摩尔每克(μmol/g);

wt——试样中水分及挥发物含量,以质量百分数表示(%)。

计算结果表示到小数点后两位。

10.1.4 以每克油菜籽含标准水分及挥发物时所含硫代葡萄糖苷的微摩尔数表示,按式(4)计算:

$$D4 = \frac{Ag}{As} \times \frac{n}{m} \times Kg \times \frac{1}{1-wt} \times (1-Ws) \quad\cdots\cdots\cdots\cdots\cdots\cdots\quad(4)$$

式中:

Ag、As、n、m、Kg、wt、Ws 同式(1)、(2)和(3);

$D4$——油菜籽含标准水分及挥发物时硫代葡萄糖苷的含量,单位为微摩尔每克(μmol/g)。

计算结果表示到小数点后两位。

10.2 硫代葡萄糖苷含量的计算

硫代葡萄糖苷含量等于单组分硫代葡萄糖苷(单组分峰面积应大于峰面积总和的1%)含量的总和,以每克样品中所含硫代葡萄糖苷的微摩尔数表示。如果 A、B 两管硫代葡萄糖苷含量的测定值满足11中允许差的要求,硫代葡萄糖苷的含量为两测定值的算术平均值。计算结果表示到小数点后两位。

11 允许差

11.1 同一试样、同一方法、同一操作者、同一仪器、同一实验室短期内两次测定值允许差:如果硫代葡萄糖苷含量低于 20.00 μmol/g,允许差不大于 2.00 μmol/g;如果硫代葡萄糖苷含量在 20.00 μmol/g～35.00 μmol/g 范围内,允许差不大于 4.00 μmol/g;如果硫代葡萄糖苷含量大于 35.00 μmol/g,允许差不大于 6.00 μmol/g。

11.2 同一试样、同一方法、不同操作者、不同仪器、不同实验室两次测定值允许差:如果硫代葡萄糖苷含量低于 20.00 μmol/g,允许差不大于 4.00 μmol/g;如果硫代葡萄糖苷含量在 20.00 μmol/g～35.00 μmol/g范围内,允许差不大于 8.00 μmol/g;如果硫代葡萄糖苷含量大于 35.00 μmol/g,允许差不大于 12.00 μmol/g。

附 录 A

（资料性附录）

内标纯度的检定

A.1 检定方法

内标纯度的检定方法主要包括：

——用本标准规定的方法进行高效液相色谱分析。

——用高效液相色谱的离子对技术分析完整的内标（不脱硫酸根的内标）。

——用气相色谱分析脱硫酸盐和硅烷化的内标。

——用芥子酶（EC 3.2.3.2）水解内标，根据水解产物葡萄糖的浓度检定内标的纯度。

A.2 结果分析

如果用色谱方法检定内标纯度，当色谱图中主峰面积不小于总峰面积的 98% 时，表明内标纯度符合本标准要求。

如果用酶水解方法检定内标纯度，当水解产物葡萄糖的摩尔浓度不小于内标摩尔浓度的 98% 时，表明内标纯度符合本标准要求。

附 录 B

（规范性附录）

相对校正系数

表 B.1 脱硫硫代葡萄糖苷的相对校正系数

序号	硫代葡萄糖苷名称		相对校正系数(Kg)
	中 文	英 文	
1	2-羟基-3-丁烯基脱硫硫代葡萄糖苷	Desulfoprogoitrin	1.09
2	反式2-羟基-3-丁烯基脱硫硫代葡萄糖苷	Desulfoepi-progoitrin	1.09
3	丙烯基脱硫硫代葡萄糖苷	Desulfosinigrin	1.00
4	4-甲亚砜丁基脱硫硫代葡萄糖苷	Desulfoglucoraphanin	1.07
5	2-羟基-4-戊烯基脱硫硫代葡萄糖苷	Desulfogluconapoleiferin	1.00
6	5-甲亚砜戊基脱硫硫代葡萄糖苷	Desulfoglucoalyssin	1.07
7	3-丁烯基脱硫硫代葡萄糖苷	Desulfogluconapin	1.11
8	4-羟基-3-吲哚甲基脱硫硫代葡萄糖苷	Desulfo-4-hydroxyglucobrassicin	0.28
9	4-戊烯基脱硫硫代葡萄糖苷	Desulfoglucobrassicanapin	1.15
10	苯甲基(苄基)脱硫硫代葡萄糖苷	Desulfoglucotropaeolin	0.95
11	3-吲哚甲基脱硫硫代葡萄糖苷	Desulfoglucobrassicin	0.29
12	苯乙基脱硫硫代葡萄糖苷	Desulfogluconasturtiin	0.95
13	4-甲氧基-3-吲哚甲基脱硫硫代葡萄糖苷	Desulfo-4-methoxyglucobrassicin	0.25
14	1-甲氧基-3-吲哚甲基脱硫硫代葡萄糖苷	Desulfoneoglucobrassicin	0.20
15	其他	Other desulfoglucosinolates	1.00

第二部分　营养利用率评价

ICS 65.020
B 04

中华人民共和国国家标准

农业部 2031 号公告－15－2013

转基因生物及其产品食用安全检测
蛋白质功效比试验

Food safety detection of genetically modified organisms and derived products—
Protein efficiency ratio tests

2013-12-04 发布　　　　　　　　　　　　2013-12-04 实施

中华人民共和国农业部 发布

前　言

本标准按照 GB/T 1.1—2009 给出的规则起草。

请注意本文件的某些内容可能涉及专利。本文件的发布机构不承担识别这些专利的责任。

本标准由中华人民共和国农业部提出。

本标准由全国农业转基因生物安全管理标准化技术委员会(SAC/TC 276)归口。

本标准起草单位:农业部科技发展中心、中国疾病预防控制中心营养与食品安全所、中国农业大学。

本标准主要起草人:杨晓光、赵欣、杨丽琛、黄昆仑、宋贵文、贺晓云、沈平、胡贻椿、车会莲、卓勤。

转基因生物及其产品食用安全检测
蛋白质功效比试验

1 范围

本标准规定了采用大鼠 28 d 喂养试验评价转基因生物及其产品中蛋白质功效比的试验设计原理、操作步骤、测定指标和结果判定。

本标准适用于评价转基因生物及其产品中蛋白质在体内的利用情况。

2 规范性引用文件

下列文件对于本文件的应用是必不可少的。凡是注日期的引用文件，仅注日期的版本适用于本文件。凡是不注日期的引用文件，其最新版本（包括所有的修改单）适用于本文件。

GB 5749　生活饮用水卫生标准

GB 14922.2　试验动物　微生物学等级及监测

GB 14925　试验动物环境及设施

3 术语和定义

下列术语和定义适用于本文件。

3.1

蛋白质功效比　protein efficiency ratio（PER）

初断乳大鼠，喂养 28 d 后，摄入单位质量蛋白质的体重增长。

3.2

校正蛋白质功效比　adjusted protein efficiency ratio

以酪蛋白为参考蛋白，并最终将酪蛋白对照组 PER 值换算为 2.5，从而校正被测蛋白质的 PER。

4 原理

和亲本对照物相比，以动物体重增加为观察指标，评价初断乳大鼠喂养含等量蛋白质的转基因生物或产品 28 d 后生长情况，计算出 PER；同时以酪蛋白为参考蛋白质，计算校正后被测蛋白质 PER。以受试物中蛋白质消化吸收后在体内被利用的程度来判断其蛋白质的营养质量。

5 试剂和材料

5.1　试验材料

转基因生物或产品、亲本对照物。

5.2　试验动物

选用清洁级初断乳（出生后 20 d～23 d）雌性、雄性 Sprague Dawley 或 Wistar 大鼠，体重约 50 g～70 g，同性别动物体重之间的差异应不超过平均体重的 ±10%。

购买的试验动物应在饲养环境适应 3 d～5 d，试验动物、饲养环境及饮用水分别符合 GB 14922.2、GB 14925 和 GB 5749 的要求。

6 分析步骤

6.1 试验动物分组

至少设 3 个试验组,包括转基因组、亲本对照组和酪蛋白对照组。

若是蛋白质品质改良的转基因产品,可加设一个"参比对照组"。即在亲本对照组的基础上,添加转入的相应成分,使其含量与转基因组中相同。

试验动物按体重随机分组,每组至少 20 只,雌、雄各半。

6.2 饲料配制

测定试验材料(转基因生物或产品、亲本对照物)的各项营养素含量,以 AIN-93G(参见附录 A)给出的营养水平设计饲料配方。除蛋白质外,其他各主要营养成分的含量与 AIN-93G 一致。

饲料配制具体方法参见附录 B。

6.3 动物饲养及宰杀

6.3.1 试验期为 28 d。在此期间,动物采用单笼饲养,分别饲喂各组试验饲料。动物自由摄食及饮水。保持各试验组动物的环境条件一致。

6.3.2 试验第 28 d,动物称体重,隔夜禁食 16 h 左右,不限制饮水。

6.3.3 试验第 29 d,称体重后麻醉,经腹主动脉取血,检测血常规指标和血生化指标。

6.3.4 处死动物后,所有动物进行解剖,大体检查各重要脏器或组织是否有明显病理改变。如有异常,将该器官或组织用 4% 甲醛固定,进行组织病理学检查。

7 测定指标

7.1 一般状况观察

每天观察试验动物的一般表现,每周记录 3 次摄食量(精确到 0.1 g),每周称量 1 次体重(精确到 0.1 g)。计算试验期内总摄食量及体重增长。

7.2 血常规指标

测定血红蛋白、红细胞计数、白细胞计数及分类、血小板数等指标。

7.3 肝肾功能指标

测定白蛋白(ALB)、谷丙转氨酶(ALT 或 SGPT)、谷草转氨酶(AST 或 SGOT)、肌酐(Cr)、尿素氮(BUN)等指标。

7.4 脏体比

称量试验动物的心脏、肝脏、肾脏、脾脏、睾丸及附睾/卵巢的绝对重量,按式(1)计算相对重量(脏体比)。必要时,称量其他脏器重量。

$$P = \frac{M}{W} \times 100 \quad\cdots\cdots\cdots\cdots\cdots\cdots\cdots\cdots\cdots\cdots\cdots\cdots\cdots\cdots (1)$$

式中:

P——脏体比,单位为百分率(%);

M——脏器的重量,单位为克(g);

W——动物的体重,单位为克(g)。

7.5 蛋白质功效比的计算

按式(2)计算蛋白质功效比(PER)。

$$PER = \frac{BW}{Pro} \quad\cdots\cdots\cdots\cdots\cdots\cdots\cdots\cdots\cdots\cdots\cdots\cdots\cdots\cdots (2)$$

式中:

PER ——蛋白质功效比；

BW ——试验期内大鼠体重增加总量，单位为克(g)；

Pro ——试验期内蛋白质的摄入总量，单位为克(g)。

7.6 校正 PER 的计算

按式(3)计算校正 PER。

$$校正 PER = \frac{PER1}{PER2} \times 2.5 \qquad (3)$$

式中：

PER1 ——转基因组或亲本对照组功效比；

PER2 ——酪蛋白功效比。

7.7 数据统计

除校正 PER 外，以上指标的数据用平均值±标准差表示，组间差异比较用方差分析进行。

8 结果判定

8.1 判定各组动物的一般状况观察、血常规指标、血生化指标、脏体比等各项指标数据是否处于正常的生理参考值之内。如果指标异常，不再进行 PER 及校正 PER 的计算和判定。

8.2 比较转基因组与亲本对照组的蛋白质功效比是否有显著性差异，分以下 3 种情况进行表述：
- a) 转基因组显著高于亲本对照组($P<0.05$)，结果表述为转基因组的蛋白质功效比优于亲本对照组；
- b) 转基因组显著低于亲本对照组($P<0.05$)，结果表述为转基因组的蛋白质功效比劣于亲本对照组；
- c) 转基因组与亲本对照组没有显著差异($P\geqslant0.05$)，结果表述为转基因组的蛋白质功效比等同于亲本对照组。

8.3 比较转基因组与酪蛋白对照组的蛋白质功效比是否有显著性差异，分以下 3 种情况进行表述：
- a) 转基因组显著高于酪蛋白组($P<0.05$)，结果表述为转基因组的蛋白质功效比优于酪蛋白；
- b) 转基因组显著低于酪蛋白组($P<0.05$)，结果表述为转基因组的蛋白质功效比劣于酪蛋白；
- c) 转基因组与酪蛋白没有显著差异($P\geqslant0.05$)，结果表述为转基因组的蛋白质功效比等同于酪蛋白。

8.4 转基因组及亲本对照组的校正 PER 是经过参考酪蛋白(PER 值设为 2.5)校正获得，主要用于不同实验室之间同种材料 PER 值的比较。

附 录 A
（资料性附录）
AIN - 93G 饲料配方

AIN - 93G 是美国营养学会（American Institute of Nutrition，AIN）1993 年制定的饲料配方，用以满足啮齿类动物生长发育期、孕期和哺乳期阶段的营养需要。

AIN - 93G 啮齿类动物生长期、孕期和哺乳期阶段的饲料配方见表 A.1；AIN - 93G 配方中混合矿物盐所含各元素及含量见表 A.2；AIN - 93G 配方中混合矿物盐（AIN - 93G - MX）中各种化合物成分及含量见表 A.3；AIN - 93G 配方中混合维生素各成分及含量见表 A.4；AIN - 93G 混合维生素（AIN - 93G - MX）中各种复合物的成分及含量见表 A.5。

表 A.1 AIN - 93G 啮齿类动物生长期、孕期和哺乳期阶段的饲料配方

成 分	饲 料 g/kg
玉米淀粉	397.486
酪蛋白（≥85％蛋白）	200.000
糊化玉米淀粉（90％～94％四糖）	132.000
蔗糖	100.000
大豆油（无添加剂）	70.000
纤维	50.000
混合矿物盐	35.000
混合维生素	10.000
胱氨酸	3.000
酒石酸氢胆碱（41.1％胆碱）[a]	2.500
叔丁基对苯二酚	0.014
[a] 按分子量计算。	

表 A.2 AIN - 93G 配方中混合矿物盐所含各元素及含量

主要/必需矿物质元素	饲 料 mg/kg	潜在有益矿物质元素	饲 料 mg/kg
钙	5 000.0	硅	5.0
磷[a]	1 561.0	铬	1.0
钾	3 600.0	氟	1.0
硫	300.0	镍	0.5
钠	1019.0	硼	0.5
氯	1 571.0	锂	0.1
镁	507.0	钒	0.1
铁	35.0		
锌	30.0		
锰	10.0		
铜	6.0		
碘	0.2		
钼	0.15		
硒	0.15		
[a] 饲料中推荐的总磷含量是 3 000 mg/kg。混合物与饲料中磷含量的差异由酪蛋白中的磷引起。			

表 A.3 AIN - 93G 配方中混合矿物盐(AIN - 93G - MX)配方

矿物质化合物	混合物 g/kg
无水碳酸钙,40.04% Ca	357.00
磷酸二氢钾,22.7% P;28.73% K[a]	196.00
一水合柠檬酸三钾,36.16% K	70.78
氯化钠,39.34% Na, 60.66% Cl	74.00
硫酸钾,44.87% K;18.39 % S	46.60
氧化镁,60.32% Mg	24.00
枸橼酸铁,16.5% Fe	6.06
碳酸锌,52.14% Zn	1.65
碳酸锰,47.79% Mn	0.63
碳酸铜,57.47% Cu	0.30
碘化钾,59.3% I	0.01
无水硒酸钠,41.79% Se	0.010 25
钼酸铵,4 水,54.34% Mo	0.007 95
潜在有益矿物质元素	
硅酸钠,9 水,9.88% Si	1.45
硫酸铬钾,12 水,10.42% Cr	0.275
氯化锂,16.38% Li	0.017 4
硼酸,17.5% B	0.081 5
氟化钠,45.24% F	0.063 5
碳酸镍,45% Ni	0.031 8
钒酸铵,43.55% V	0.006 6
蔗糖	221.026
合计	1 000.00

[a] 磷酸钾的量每千克饲料仅提供 1 561 mg P,剩余磷(1 440 mg)来源于平均磷含量为 0.72%的酪蛋白。饲料中推荐的总磷含量是 3 000 mg/kg。

表 A.4 AIN - 93G 配方中混合维生素各成分及含量

维生素	饲料
烟酸,mg/kg	30
泛酸,mg/kg	15
吡哆醇,mg/kg	6
硫胺(维生素 B₁),mg/kg	5
核黄素,mg/kg	6
叶酸,mg/kg	2
维生素 K,μg/kg	750
D-生物素,μg/kg	200
维生素 B-12,μg/kg	25
维生素 A,IU/kg	4 000
维生素 D₃,IU/kg	1 000
维生素 E,IU/kg	75

表 A.5　AIN‑93G 混合维生素(AIN‑93G‑MX)配方

维生素复合物	混合物 g/kg
烟酸	3.000
泛酸钙	1.600
盐酸吡哆醇	0.700
硫酸铵	0.600
核黄素	0.600
叶酸	0.200
D‑生物素	0.020
维生素 B_{12}(0.1%甘露醇)	2.500
维生素 E(500 IU/g)	0.800
维生素 A(500 000 IU/g)	0.800
维生素 D_3(400 000 IU/g)	0.250
维生素 K	0.075
蔗糖	974.655
合计	1 000.00

附 录 B

（资料性附录）

饲料配制具体方法

B.1 营养成分含量测定

将转基因生物或产品、亲本对照物磨碎，过 20 目筛，用于主要营养素的测定及饲料配制。所有检测应在经国家实验室计量认证的单位进行。测定的成分包括水分、灰分、蛋白质、脂肪、碳水化合物、纤维素、矿物质、维生素等，各项指标的测定均采用标准方法，具体方法参见表 B.1。

表 B.1 营养成分检测项目及检测方法

检测项目	参考检测方法	检测项目	参考检测方法
水分	GB 5009.3—2010（第一法）	镁、铁、锰	GB/T 5009.90—2003
灰分	GB 5009.4—2010	铜	GB/T 5009.13—2003（第一法）
蛋白质	GB 5009.5—2010（第一法）	锌	GB/T 5009.14—2003（第一法）
氨基酸	GB/T 5009.124—2003	硒	GB 5009.93—2010（第一法）
脂肪	GB/T 5009.6—2003	硫胺素（维生素 B_1）	GB/T 5009.84—2003
纤维素	GB/T 5009.88—2008（条款5）	维生素 B_6	GB/T 5009.154—2003
碳水化合物	计算法	烟酸	GB/T 5009.197—2003
能量	计算法	核黄素（维生素 B_2）	GB/T 5009.85—2003
钾、钠	GB/T 5009.91—2003	叶酸	GB/T 5009.211—2008
钙	GB/T 5009.92—2003	生物素	GB 5413.19—2010
磷	GB/T 5009.87—2003（第一法）		

B.2 饲料配制

B.2.1 饲料配方

以表 A.1 的配方为基础，除蛋白质外，其他各主要营养成分的含量与 AIN-93G 一致，不足 1 kg 饲料的部分以碳水化合物（玉米淀粉）补充。

试验时，原则上要求饲料中试验材料的蛋白质是唯一蛋白质来源，占饲料的 10%。当试验材料蛋白质以最大量加入，而饲料中蛋白质含量仍不足 10% 时，以酪蛋白补充。配制时，应选择纯度不小于 85% 的酪蛋白，并以实际纯度计算需添加的量，使蛋白最终含量达到 10%。

B.2.2 混合矿物盐的配制

根据表 A.2 和表 A.3 配制混合矿物盐。将表 A.2 中各矿物质元素的需要量减去转基因生物或产品中各矿物质的含量，得到相应元素的需添加量。转基因生物或产品中某些不能检测的矿物质成分，按 0 计算。将各元素的需添加量换算成表 A.3 中对应矿物质化合物的量，得到需添加的化合物含量。如某化合物的纯度与表 A.3 不同，按分子量和实际纯度计算该化合物的实际需要量。最后以蔗糖补平，得到 1 kg 的混合矿物盐。

按同法配制亲本对照组的混合矿物盐。

酪蛋白组的混合矿物盐与表 A.3 相同。

B.2.3 混合维生素的配制

根据表 A.4 和表 A.5 配制混合维生素。将表 A.4 中各维生素的需要量减去转基因生物或产品中各维生素的含量,得到相应维生素的需添加量。转基因生物或产品中某些不能检测的维生素成分,按 0 计算。将各维生素的需添加量换算成表 A.5 中对应维生素复合物的量,得到需添加的复合物含量。如某维生素复合物的纯度与表 A.5 不同,按分子量和实际纯度计算该复合物的实际需要量。最后以蔗糖补平,得到 1 kg 重量的混合维生素。

按同法配制亲本对照组的混合维生素。

酪蛋白组的混合维生素与表 A.5 相同。

B.2.4 其他

所有饲料均为块状料,并经 ^{60}Co 辐照杀菌。

第三部分　毒理学评价

ICS 65.020.99
B 04

中华人民共和国农业行业标准

NY/T 1102—2006

转基因植物及其产品食用安全检测
大鼠 90 d 喂养试验

Safety assessment of genetically modified plant and derived products
90–day feeding test in rats

2006-07-10 发布
2006-10-01 实施

中华人民共和国农业部 发布

前　言

本标准由中华人民共和国农业部提出。

本标准由全国农业转基因生物安全管理标准化技术委员会归口。

本标准起草单位:中国疾病预防控制中心营养与食品安全所、农业部科技发展中心、中国农业大学、天津市卫生防病中心。

本标准主要起草人:严卫星、李宁(中国疾病预防控制中心营养与食品安全所)、徐海滨、李宁(农业部科技发展中心)、汪其怀、黄昆仑、王静、刘培磊。

NY/T 1102—2006

转基因植物及其产品食用安全检测
大鼠 90 d 喂养试验

1 范围

本标准规定了转基因植物及其产品大鼠 90 d 喂养试验的试验设计原则、测定指标、数据处理和结果判定。

本标准适用于转基因植物及其产品的大鼠 90 d 喂养试验。

2 规范性引用文件

下列文件中的条款通过本标准的引用而成为本标准的条款。凡是注日期的引用文件,随后所有的修改单(不包括勘误的内容)或修订版均不适用于本标准,然而,鼓励根据本标准达成协议的各方研究是否可使用这些文件的最新版本。凡是不注日期的引用文件,其最新版本适用于本标准。

GB 14924.3 实验动物小鼠大鼠配合饲料

3 术语和定义

下列术语和定义适用于本标准。

3.1

转基因植物 genetically modified plant

指利用基因工程技术改变基因组构成,用于农业生产或者农产品加工的植物。

3.2

转基因植物产品 products derived from genetically modified plant

指转基因植物的直接加工产品和含有转基因植物的产品。

3.3

传统对照物 conventional counterpart

有传统食用安全历史并可作为转基因植物及其产品安全性评价参照对比物的非转基因植物,包括受体植物及其他相关植物。

4 要求

4.1 试验材料

转基因植物及其产品、传统对照物。

4.2 试验动物

一般选用雌、雄两种性别出生后 6 周～8 周的 Sprague Dawley 或 Wistar 大鼠。试验开始前给予常规基础饲料适应 3 d～5 d,试验开始时各动物体重之间的差异应不超过平均体重的 ±20%。

5 试验设计原则

5.1 试验动物分组

设转基因植物(转基因植物产品)组、传统对照物对照组和常规基础饲料对照组。转基因植物(转基因植物产品)组和传统对照物对照组至少设低、中和高三个剂量组,每组至少 20 只动物,雌、雄各半。

5.2 剂量设计

5.2.1 应考虑转基因植物及其产品的品种和特性及其在人群膳食组成中所占的比例等因素。

5.2.2 以大鼠常规基础饲料配方为框架设计饲料配方,饲料中蛋白质、脂肪、碳水化合物、维生素和矿物质等营养素应满足动物生长需要,并经过检测分析符合 GB 14924.3 的要求。

5.2.3 在营养平衡的基础上,应以饲料中最大掺入量作为高剂量组。

5.2.4 转基因植物及其产品与传统对照物在饲料中的比例应一致,饲料中其他各主要营养成分的比例和饲料的最终营养素含量也应一致。

6 测定指标

6.1 一般指标

试验动物每天的一般表现、行为、毒性表现和死亡数量,试验动物每周及总的摄食量、体重、体重增重和食物利用率,试验动物的 30 d 动物生长曲线。

6.2 血液学指标

在试验中期和末期测定血红蛋白、红细胞计数、白细胞计数及分类、血小板数,必要时,测定网织红细胞数、凝血能力。

6.3 血液生化学指标

在试验中期和末期测定丙氨酸氨基转移酶、天冬氨酸氨基转移酶、碱性磷酸酶、乳酸脱氢酶、尿素氮、肌酐、血糖、血清白蛋白、总蛋白、总胆固醇和甘油三酯,必要时,测定胆酸和胆碱酯酶。

6.4 病理学检查

6.4.1 大体解剖

试验结束时,所有试验动物应进行解剖和肉眼观察各脏器外部异常表现,并将重要器官和组织用固定液固定保存。

6.4.2 脏器称量

称量试验动物心脏、肝、肾、肾上腺、脾、胸腺、睾丸的绝对重量和并计算相对重量(脏/体比值),必要时,称量其他脏器重量。

6.4.3 组织病理学

进行试验动物脑、心脏、肺、肝、肾、肾上腺、脾、胃肠(十二指肠、空肠和回肠)、胸腺、甲状腺、睾丸、附睾、前列腺、卵巢和子宫组织病理学检查,必要时,进行其他组织、器官的组织病理学检查。

6.4.4 其他指标

必要时,测定免疫等其他敏感指标。

7 数据处理

对试验结果进行统计学分析。

8 结果判定

综合分析转基因植物及其产品组、传统对照物对照组和常规基础饲料对照组的试验结果,在排除营养不平衡等因素对结果影响的基础上,判定转基因植物及其产品与传统对照物大鼠 90 d 喂养试验的实质等同性。

ICS 65.020
B 04

中华人民共和国国家标准

农业部 2031 号公告—16—2013

转基因生物及其产品食用安全检测
蛋白质经口急性毒性试验

Food safety detection of genetically modified organisms and derived products—
Oral acute toxicity test of protein

2013-12-04 发布

2013-12-04 实施

中华人民共和国农业部 发布

前　言

本标准按照 GB/T 1.1—2009 给出的规则起草。

请注意本文件的某些内容可能涉及专利。本文件的发布机构不承担识别这些专利的责任。

本标准由中华人民共和国农业部提出。

本标准由全国农业转基因生物安全管理标准化技术委员会(SAC/TC 276)归口。

本标准起草单位:农业部科技发展中心、中国农业大学、国家食品安全风险评估中心。

本标准主要起草人:黄昆仑、宋贵文、徐海滨、刘珊、赵欣、贺晓云、车会莲、许文涛、罗云波。

转基因生物及其产品食用安全检测
蛋白质经口急性毒性试验

1 范围

本标准规定了转基因生物外源基因表达蛋白质经口急性毒性试验的设计原则、测定指标和结果判定。

本标准适用于转基因生物外源基因表达蛋白质的经口急性毒性试验。

2 规范性引用文件

下列文件对于本文件的应用是必不可少的。凡是注日期的引用文件,仅注日期的版本适用于本文件。凡是不注日期的引用文件,其最新版本(包括所有的修改单)适用于本文件。

GB 5749 生活饮用水卫生标准

GB 14922.2 实验动物 微生物学等级及监测

GB 14924.3 实验动物 小鼠大鼠配合饲料

GB 14925 实验动物环境及设施

GB 15193.3 急性毒性试验

3 术语和定义

下列术语和定义适用于本文件。

3.1

急性毒性 acute toxicity

一次性给予或在 24 h 内多次经口给予试验动物受试物后,动物在 14 d 内出现的健康损害和致死效应。

3.2

半数致死剂量 median lethal dose,LD_{50}

经口给予受试物后,预期能够引起动物死亡率为 50% 的受试物剂量。

3.3

最大耐受剂量 maximum tolerated dose,MTD

受试物不引起受试对象出现死亡的最高剂量,若高于该剂量即可出现死亡。

4 原理

采用短时间内大量经口给予受试蛋白的方法,观察动物短期内中毒表现,求得半数致死量(LD_{50})或最大耐受剂量(MTD)。

5 试剂

5.1 溶剂

水、PBS 溶液或其他溶剂。

5.2 混悬液或糊状物辅剂

食用植物油、羧甲基纤维素、明胶或淀粉。

6 主要仪器

6.1 电子天平

感量分别为 0.01 g 和 0.000 1 g。

6.2 其他相关设备。

7 实验动物

7.1 选用符合 GB 14922.2 要求的清洁级及以上级别两种性别的 6 周～8 周小鼠或/和大鼠。小鼠选择昆明或 CD-1 品系,体重为 18 g～22 g;大鼠选择 Wistar 或 Sprague Dawley 品系,体重为 180 g～220 g。

7.2 若对受试蛋白的毒性已有所了解,还应选择对其敏感的动物进行试验。购买的试验动物应在饲养环境适应 3 d～5 d。

7.3 动物饲养环境应符合 GB 14925 的屏障环境要求,动物饮用水应符合 GB 5749 的要求。

7.4 动物饲料应符合 GB 14924.3 的要求。

8 操作步骤

8.1 动物分组

8.1.1 设溶剂对照组,需要时设牛血清白蛋白阴性对照组。

8.1.2 采用最大耐受剂量法时,受试蛋白设 1 个剂量组,采用最高灌胃量、最多灌胃次数进行灌胃。采用其他方法测定 LD_{50} 时,根据 GB 15193.3 设置剂量组。

8.1.3 每组不少于 12 只动物,雌雄各半。

8.2 受试蛋白的处理

8.2.1 受试蛋白应溶解或悬浮于适宜的介质中。

8.2.2 水溶性样品采用水、PBS 或其他溶剂溶解,脂溶性样品采用食用植物油溶解,不能配成溶液的样品可用羧甲基纤维素、明胶或淀粉等配成混悬液;不能配制成混悬液时,可配制成其他形式,如糊状物等。

8.3 受试蛋白的给予

8.3.1 途径

经口灌胃。

8.3.2 试验前空腹

动物应隔夜空腹,禁食 16 h,不限制饮水。

8.3.3 容量

各剂量组灌胃容量相同,小鼠常用容量为 20 mL/(kg·BW),大鼠常用容量为 10 mL/(kg·BW)。

8.3.4 方式

一般一次性给予受试蛋白。如需要增加灌胃剂量,可 24 h 内给予受试蛋白 3 次,每次间隔 6 h,合并作为一次剂量计算。灌胃后观察 14 d。

8.4 测定指标及方法

8.4.1 LD_{50}

对于可求得 LD_{50} 的受试蛋白,应根据 GB 15193.3,采用霍恩氏(Horn)法、寇氏(Korbor)法或概率单位——对数图解法测定其 LD_{50}。

8.4.2 MTD

对于毒性较小,最大给予剂量下仍不产生致死效应的受试蛋白,采用最大耐受剂量法测定其 MTD。最大灌胃容量小鼠为 40 mL/(kg · BW),大鼠为 20 mL/(kg · BW)。

8.4.3 中毒表现

给予受试蛋白后,即应依据 GB 15193.3 观察并记录中毒症状、程度和出现时间。对死亡动物应进行大体解剖,记录脏器病变情况,必要时进行病理切片观察。

9 结果分析与表述

9.1 根据 LD_{50} 数值,按下列标准判定受试蛋白的毒性分级:

——$LD_{50} \leqslant 1$ mg/(kg · BW),表述为"该受试蛋白经口急性毒性为极毒"。

——1 mg/(kg · BW)$< LD_{50} \leqslant 50$ mg/(kg · BW),表述为"该受试蛋白经口急性毒性为剧毒"。

——50 mg/(kg · BW)$< LD_{50} \leqslant 500$ mg/(kg · BW),表述为"该受试蛋白经口急性毒性为中等毒性"。

——500 mg/(kg · BW)$< LD_{50} \leqslant 5\ 000$ mg/(kg · BW),表述为"该受试蛋白经口急性毒性为低毒"。

——$5\ 000$ mg/(kg · BW)$< LD_{50} \leqslant 15\ 000$ mg/(kg · BW),表述为"该受试蛋白经口急性毒性为实际无毒"。

——$LD_{50} > 15\ 000$ mg/(kg · BW),表述为"该受试蛋白经口急性毒性为无毒"。

9.2 若只有 MTD 数值,未得出 LD_{50},则表述为"该受试蛋白经口急性毒性最大耐受剂量为××mg/(kg · BW)"。

9.3 如果存在可观察的中毒表现,应描述中毒表现特征,提示受试蛋白的毒性作用特性。

第四部分　致敏性评价

ICS 67.050
X 04

中华人民共和国国家标准

农业部 869 号公告－2－2007

转基因生物及其产品食用安全检测 模拟胃肠液外源蛋白质消化稳定性 试验方法

Food safety detection of genetically modified organisms and derived products
Method of target protein digestive stability in simulative gastric
and intestinal fluid

2007－06－11 发布

2007－08－01 实施

中华人民共和国农业部 发布

前 言

本标准由中华人民共和国农业部科技教育司提出。

本标准归口全国农业转基因生物安全管理标准化技术委员会。

本标准起草单位:农业部科技发展中心、中国农业大学。

本标准主要起草人:黄昆仑、唐茂芝、段武德、罗云波、贺晓云、刘信、宋贵文、沈平、许文涛、厉建盟。

本标准为首次发布。

转基因生物及其产品食用安全检测
模拟胃肠液外源蛋白质消化稳定性试验方法

1 范围

本标准规定了外源蛋白质在模拟胃液和模拟肠液消化稳定性的检测方法。

本标准适用于转基因生物及其产品中外源基因表达蛋白质或者用微生物表达的与植物中的外源蛋白具有实质等同性的蛋白质产物在模拟胃液和模拟肠液消化条件下稳定性的检测。

2 术语和定义

下列术语和定义适用于本标准。

2.1

外源蛋白质 exogenous protein

从转基因生物中提取的通过基因工程手段转入生物中的外源基因所表达的蛋白质产物,或者将转基因植物中的外源基因转入微生物中所表达的与植物中的外源蛋白质具有实质等同性的蛋白质产物。

2.2

模拟胃消化液 stimulated gastric fluid(SGF)

模拟人体胃液中的 pH、盐离子浓度及胃蛋白酶浓度设置的消化液。

2.3

模拟肠消化液 stimulated intestinal fluid(SIF)

模拟人体肠液中的 pH、盐离子浓度及胰酶浓度设置的消化液。

2.4

稳定对照蛋白 stable control protein

为确认模拟消化体系正常工作而选取的在模拟胃/肠液中 60 min 内不能被完全消化的蛋白质。

2.5

不稳定对照蛋白 labile control protein

为确认模拟消化体系正常工作而选取的在模拟胃/肠液中 2 min 内完全被消化的蛋白质。

3 原理

根据人体胃/肠消化液的主要成分及消化环境,在体外建立模拟胃/肠消化体系,将转基因生物及其产品中外源基因表达的蛋白质在该体系中进行消化,对不同消化时间的样品进行蛋白电泳和蛋白印迹,确定该蛋白在模拟胃液和模拟肠液中被消化的时间,推断转基因生物及其产品中外源基因表达的蛋白质在模拟人体胃/肠消化过程中的稳定性。

4 试剂和材料

除非另有说明,仅使用分析纯化学试剂和重蒸馏水。

4.1 模拟胃消化液(SGF):本标准中采用的胃蛋白酶(pepsin)活力不能低于 2 000 U/mg。

根据公式(1)计算 100 mL 模拟胃液中的胃蛋白酶的添加量:

$$A = \frac{5 \times 10^6}{19 \times B} \quad \cdots\cdots\cdots\cdots\cdots\cdots\cdots\cdots\cdots\cdots\cdots\cdots\cdots\cdots\cdots\cdots (1)$$

式中：

A——胃蛋白酶添加量，单位为毫克（mg）；

B——胃蛋白酶活力，单位为单位活力每毫克（U/mg）。

称取 0.2 g 氯化钠（NaCl）和 A mg 胃蛋白酶，加入 70 mL 重蒸馏水，加入 730 μL 盐酸，再用盐酸调 pH 至 1.2，加水定容至 100 mL。现用现配。

4.2 0.2 mol/L 氢氧化钠溶液：称取 0.8 g 氢氧化钠（NaOH），溶于重蒸馏水中，定容至 100 mL。

4.3 模拟肠消化液（SIF）：本标准中采用的胰酶（pancreatin）应满足 40℃ 5 min 内，能将其质量的 25 倍的淀粉转化为水溶性的碳水化合物；40℃ 60 min 内（pH 7.5），消化掉其质量的 25 倍的酪蛋白；37℃（pH 9.0），每毫克胰酶每分钟能够从橄榄油中至少水解生成 2 μmol 脂肪酸。

称取 0.7 g 磷酸二氢钾（KH$_2$PO$_4$）溶于 25 mL 重蒸馏水中，振荡使之完全溶解，加入 19 mL 0.2 mol/L 氢氧化钠溶液和 40 mL 重蒸馏水，加入 1.0 g 胰酶，用 0.2 mol/L 氢氧化钠溶液调 pH 至 7.5，加重蒸馏水定容至 100 mL。现用现配。

4.4 样品蛋白溶液：

4.4.1 模拟胃液消化样品蛋白溶液（5 g/L）：称取 5 mg 样品蛋白，定容于 1 mL 重蒸馏水中，混匀。

4.4.2 模拟肠液消化样品蛋白溶液（2 g/L）：称取 2 mg 样品蛋白，定容于 1 mL 重蒸馏水中，混匀。

4.5 不稳定对照蛋白溶液：

4.5.1 模拟胃液消化不稳定对照蛋白溶液：选用酪蛋白（α-casein）或牛血清白蛋白（bovine serum albumin，BSA）作为模拟胃液消化不稳定对照。

配制方法同 4.4.1。

4.5.2 模拟肠液消化不稳定对照蛋白溶液：选用酪蛋白（α-casein）或牛 β-乳球蛋白 B（bovine β-lactoglobulin，BLG）作为模拟肠液消化不稳定对照。

配制方法同 4.4.2。

4.6 稳定对照蛋白溶液：

4.6.1 模拟胃液消化稳定对照蛋白溶液：选用牛 β-乳球蛋白 B（BLG）或大豆胰蛋白酶抑制剂（soybean trypsin inhibitor，STI）作为模拟胃液消化稳定对照。

配制方法同 4.4.1。

4.6.2 模拟肠液消化稳定对照样品溶液：选用牛血清白蛋白（BSA）或大豆胰蛋白酶抑制剂（STI）作为模拟肠液消化稳定对照。

配制方法同 4.4.2。

4.7 0.2 mol/L 碳酸氢钠（NaHCO$_3$）溶液：称取 1.7 g 碳酸氢钠（NaHCO$_3$），溶于重蒸馏水中，定容至 100 mL。

4.8 3 mol/L 盐酸溶液：量取 26 mL 盐酸，加重蒸馏水定容至 100 mL。

4.9 分离胶缓冲液[1.5 mol/L 三羟甲基氨基甲烷-盐酸溶液（Tris-HCl），pH 8.8]：称取 9.1 g 三羟甲基氨基甲烷（Tris），加 45 mL 重蒸馏水，用磁力搅拌器搅拌至完全溶解，用 3 mol/L 盐酸溶液调 pH 至 8.8，再加水定容至 50 mL，4℃下贮存备用。

4.10 浓缩胶缓冲液[1.0 mol/L 三羟甲基氨基甲烷-盐酸溶液（Tris-HCl），pH 6.8]：称取 3.0 g 三羟甲基氨基甲烷（Tris），加 45 mL 重蒸馏水，用磁力搅拌器搅拌至完全溶解，用 3 mol/L 盐酸溶液调 pH 至 6.8，再加水定容至 50 mL，4℃下贮存备用。

4.11 300 g/L 丙烯酰胺单体储液（Acr/Bis）：称取 29.1 g 丙烯酰胺（Acr），0.9 g N，N'-甲叉双丙烯酰胺（Bis），溶于 80 mL 重蒸馏水中，用磁力搅拌器搅拌至完全溶解，加水定容至 100 mL，滤纸过滤，4℃下避光保存备用。

4.12　100 g/L 十二烷基磺酸钠(SDS)：称取 5.0 g 十二烷基磺酸钠(SDS)溶于 45 mL 重蒸馏水中,用磁力搅拌器搅拌至完全溶解,加水定容至 50mL。

4.13　100 g/L 过硫酸铵(AP)：称取 0.1 g 过硫酸铵(AP),溶于 1 mL 重蒸馏水中。4℃中保存,并在 1 周内使用。

4.14　蛋白样品上样缓冲液(5×Laemmli buffer,pH 6.8)：称取 10.0 g 十二烷基磺酸钠(SDS),加入 40 mL 甘油,33 mL 浓缩胶缓冲液(pH6.8),5 mL β-巯基乙醇,加水定容至 100 mL,再加入 0.05 g 溴酚蓝,混匀。

4.15　50 g/L 三氯乙酸(TCA)：称取 5.0 g 三氯乙酸(TCA),溶于 100 mL 重蒸馏水中。现用现配。

4.16　十二烷基磺酸钠(SDS)洗脱液：在 455 mL 甲醇中加入 90 mL 乙酸,用水定容至 1 000 mL。

4.17　考马斯亮蓝染色液：量取 150 mL 甲醇,100 mL 冰乙酸,加水定容至 1 000 mL,再加入 1.0 g 考马斯亮蓝,混匀,滤纸过滤后使用。

4.18　脱色液：在 250 mL 甲醇中加入 75 mL 乙酸,加水定容至 1 000 mL。

4.19　电泳缓冲液：称取 3.0 g 三羟甲基氨基甲烷(Tris),14.4 g 甘氨酸,1.0 g 十二烷基磺酸钠(SDS),溶于 800 mL 重蒸馏水中,用 3 mol/L 盐酸溶液调 pH 至 8.3,加水定容至 1 000 mL。

4.20　转移缓冲液：称取 3.2 g 三羟甲基氨基甲烷(Tris),14.4 g 甘氨酸,甲醇 200 mL,加水定容至 1 000 mL。

4.21　TBS 缓冲液：称取 1.2 g 三羟甲基氨基甲烷(Tris),8.8 g 氯化钠(NaCl),加 800 mL 重蒸馏水,用 3 mol/L 盐酸溶液调 pH 至 7.5,加水定容至 1 000 mL。

4.22　TBST1 缓冲液：在 500 mL TBS 缓冲液中,加入 250 μL 吐温 20(Tween 20),用磁力搅拌器混匀。

4.23　TBST2 缓冲液：称取 3.0 g 三羟甲基氨基甲烷(Tris),4.4 g 氯化钠(NaCl),加重蒸馏水 400 mL,再加入 500 μL 吐温 20(Tween 20),搅拌混匀,加水定容至 500 mL。

4.24　碱性磷酸酶显色缓冲液：称取 1.2 g 三羟甲基氨基甲烷(Tris),0.6 g 氯化钠(NaCl),1.0 g 氯化镁(MgCl₂·6H₂O),加 80 mL 重蒸馏水溶解,定容至 100 mL。

4.25　蛋白印迹显色液：加 66 μL 四氮唑兰(NBT)溶液于 10 mL 碱性磷酸酶缓冲液中,充分混匀后,加入 33 μL 5-溴-4-氯-3 吲哚-磷酸盐(BCIP)溶液,混匀。现用现配。

4.26　封闭液：在 50 μLTBST1 缓冲液中加入 1.5 g 牛血清白蛋白(BSA),混匀。

4.27　一抗工作液：在 50 mL 封闭液中,加入 50 μL 目标蛋白抗血清。

4.28　二抗工作液：在 20 mLTBST2 缓冲液中,加入 0.2 g 牛血清白蛋白(BSA),混匀溶解后,再加入 20 μL 碱性磷酸酶标记二抗。

4.29　15%分离胶：

按表 1 依次吸取各种组分于 50 mL 锥形瓶中,其间摇动混匀。

表 1　15%分离胶的配制

各种溶液组分名称	各组分的取样量(mL)
重蒸馏水	2.3
300 g/L 丙烯酰胺储液(Acr/Bis)	5.0
分离胶缓冲液	2.5
100 g/L 十二烷基磺酸钠(SDS)	0.1
100 g/L 过硫酸铵(AP)	0.1
N,N,N′,N′-四甲基二乙胺(TEMED)	0.004
总体积	10

4.30　5%浓缩胶：

按表 2 依次吸取各种组分于 50 mL 锥形瓶中,其间摇动混匀。

表 2　5%浓缩胶的配制

各种溶液组分名称	各组分的取样量(mL)
重蒸馏水	3.4
300 g/L 丙烯酰胺储液(Acr/Bis)	0.83
浓缩胶缓冲液	0.63
100 g/L 十二烷基磺酸钠(SDS)	0.05
100 g/L 过硫酸铵(AP)	0.05
N,N,N′,N′-四甲基二乙胺(TEMED)	0.005
总体积	5

4.31　PVDF 转印膜。

4.32　滤纸。

5　仪器

5.1　恒温水浴(温度波动范围:0.1℃)。

5.2　紫外分光光度计。

5.3　电泳槽、电泳仪等蛋白电泳装置。

5.4　蛋白免疫印迹装置。

5.5　凝胶成像系统或照相系统。

5.6　重蒸馏水发生器。

5.7　可调式电炉。

5.8　电子天平(感量 0.000 1 g 与感量 0.1 g)。

5.9　其他分子生物学实验室仪器设备。

6　操作步骤

6.1　模拟胃/肠液消化试验反应时间

反应时间设置为 0 s、15 s、2 min、30 min 和 60 min。

6.2　试验重复和平行样品设置

每个蛋白样品重复进行两次试验,每次试验进行 3 次电泳。

6.3　模拟胃液消化试验

6.3.1　反应时间为 0 s 的模拟胃液消化试验

在 1.5 mL 离心管中加入 190 μL 模拟胃消化液(SGF),37℃恒温水浴 5 min。加入 10 μL 样品蛋白溶液或对照蛋白溶液(5 g/L),同时加入 70 μL 0.2 mol/L 碳酸氢钠溶液,漩涡振荡后,冰浴,加入 70 μL 蛋白样品上样缓冲液,沸水浴 5 min,取出后冷却至室温备用。

6.3.2　反应时间为 15 s、2 min、30 min、60 min 的模拟胃液消化试验

在 7 mL 离心管中加入 1.9 mL 模拟胃消化液(SGF),37℃恒温水浴 5 min。加入 100 μL 样品蛋白溶液或对照蛋白溶液(5 g/L),迅速漩涡振荡并快速置于 37℃水浴,准确记录时间,在每个反应时间点,迅速吸取反应液 200 μL,加入 1.5 mL 离心管中(含有 70 μL 0.2 mol/L 碳酸氢钠溶液),冰浴,加入 70 μL蛋白样品上样缓冲液,沸水浴 5 min,取出后冷却至室温备用。

6.3.3　胃蛋白酶对照

在 1.5 mL 离心管中加入 190 μL 模拟胃消化液(SGF),再加入 10 μL 重蒸馏水和 70 μL 0.2 mol/L

碳酸氢钠溶液,漩涡振荡后,加入 70 μL 蛋白样品上样缓冲液,沸水浴 5 min,取出后冷却至室温备用。

6.3.4 试样蛋白对照

在 1.5 mL 离心管中加入 190 μL 不含胃蛋白酶的模拟胃缓冲液,再加入 10 μL 样品蛋白或对照蛋白(5 g/L),同时加入 70 μL 0.2 mol/L 碳酸氢钠溶液,漩涡振荡后,加入 70 μL 蛋白样品上样缓冲液,沸水浴 5 min,取出后冷却至室温备用。

6.4 模拟肠液消化试验

6.4.1 反应时间为 0 s 的模拟肠液消化试验

在 1.5 mL 离心管中加入 190 μL 模拟肠消化液(SIF)溶液,37℃恒温水浴 5 min。加入 10 μL 样品蛋白溶液或对照蛋白溶液(2 g/L),漩涡振荡后,立即加入 50 μL 蛋白样品上样缓冲液,沸水浴 5 min,取出后冷却至室温备用。

6.4.2 反应时间为 15 s、2 min、30 min、60 min 的模拟肠液消化试验

在 7 mL 离心管中加入 1.9 mL 模拟肠消化液(SIF)溶液,37℃恒温水浴 5 min。加入 100 μL 样品蛋白溶液或对照蛋白溶液(2 g/L),迅速漩涡振荡并快速置于 37℃水浴中,准确记录时间,在每个反应时间点,迅速吸取反应液 200 μL,加入 1.5 mL 离心管中,立即加入 50 μL 蛋白样品上样缓冲液,沸水浴 5 min,取出后冷却至室温备用。

6.4.3 胰蛋白酶对照

在 1.5 mL 离心管中加入 190 μL 模拟肠消化液(SIF),再加入 10 μL 重蒸馏水,漩涡振荡后,立即加入 50 μL 蛋白样品上样缓冲液,沸水浴 5 min,取出后冷却至室温备用。

6.4.4 试样蛋白对照

在 1.5 mL 离心管中加入 190 μL 不含胰酶的模拟肠缓冲液,再加入 10 μL 样品蛋白或对照蛋白(2 g/L),漩涡振荡后,立即加入 50 μL 蛋白样品上样缓冲液,沸水浴 5 min,取出后冷却至室温备用。

6.5 十二烷基磺酸钠—聚丙烯酰胺凝胶电泳(SDS-PAGE)

6.5.1 取出两块玻璃板,用自来水洗净后,蒸馏水冲洗一次,置 37℃烘干或晾干,梳子用自来水洗净,晾干。

6.5.2 分离胶的制备

在 50 mL 锥形瓶中依次加入表 1 中的溶液,轻轻摇动混匀溶液,避免气泡产生。以平稳流速缓慢地将分离胶溶液从玻璃夹板的中间位置注入玻璃夹板中,在液面距凹板上平面 2 cm～3 cm 处停止注入,再以相同的方法将水注入玻璃夹板中,水面距分离胶液面约 2 cm～3 cm 时停止注入,静置至凝胶形成。

6.5.3 浓缩胶的制备

在 50 mL 锥形瓶中依次加入表 2 中的溶液,轻轻摇动混匀溶液,避免气泡产生。待分离胶完全聚合(胶面与上面的水相有明显的界面),吸净上层液体。以平稳流速缓慢地将浓缩胶溶液从玻璃夹板的中间位置注入玻璃夹板中,直到凹形玻璃板顶端,立即小心插入梳子。

6.5.4 待浓缩胶完全聚合后,取下夹子和环绕在玻璃板周围的乳胶条,不要改变玻璃板的相对位置。

6.5.5 在电泳槽两侧的电极槽中注入电泳缓冲液,缓冲液与凝胶上下两端之间避免产生气泡。小心取下梳子。

6.5.6 在玻璃板上做记号,将 6.3、6.4 处理的样品取 15 μL 加入点样孔中。

样品加入顺序:1:蛋白 marker;2:蛋白酶对照样品;3:试样蛋白对照样品;4～8:模拟胃/肠液消化样品(0 s,15 s,2 min,30 min,60 min)。

6.5.7 接好电泳槽正负极,打开电源开关,调节电压至 80 V,以恒电压方式电泳。当溴酚蓝染料前沿进入分离胶后,电压提高到 120 V,直至溴酚蓝迁移至凝胶下端附近,约距下端 1 cm 左右,关闭电源,停止电泳。

6.5.8 从电泳装置上卸下双层玻璃夹板,撬开玻璃板,在凝胶点样孔上部切除一角标注凝胶的方位。

6.5.9 将凝胶在 50 g/L 三氯乙酸(TCA)溶液中轻轻振荡 5 min,取出后在十二烷基磺酸钠(SDS)洗脱液中振荡 1 h~2 h。

6.5.10 取出后在考马斯亮蓝染色液中浸泡染色 10 min 以上,然后用脱色液脱色直至条带清晰。

6.5.11 取出凝胶,置于凝胶成像仪上,使用凝胶图像分析系统照相,并保存图像。

6.6 蛋白印迹(此步操作仅针对测试样品蛋白)

6.6.1 按 6.5.1~6.5.7 进行 SDS-PAGE。

6.6.2 从玻璃板上取下凝胶,切除所有浓缩胶。根据分离胶的大小,剪成与凝胶同样大小的 PVDF 转印膜和滤纸 6 张。

6.6.3 将凝胶浸入转移缓冲液中 15 min~30 min。

6.6.4 将滤纸浸入转移缓冲液中 30 s 以上。

6.6.5 在甲醇中润湿 PVDF 转印膜 15 s,使膜均匀地由不透明变成半透明。小心将膜放入重蒸馏水中浸泡 2 min,再将膜小心放入转移缓冲液中浸泡 5 min 以上。

6.6.6 将转移夹放入转移槽,转移夹的凝胶侧面面向阴极(一),膜侧面面向阳极(+)。向转移槽中加入适量缓冲液,将转移夹完全浸没。于 4℃冰箱中连接转移装置正负极,打开电流,在电流 100 mA 转移 6 h。

6.6.7 转移完成后,用镊子小心取出 PVDF 膜,用 TBS 缓冲液洗膜 3 次,每次 1 min。

6.6.8 加入封闭液,在室温下,45 r/min 振荡 2 h,然后在 4℃静置封闭过夜。

6.6.9 倒掉封闭液,加入一抗工作液,室温下 45 r/min 振荡 3 h。倒掉一抗工作液,加入 TBST1 缓冲液洗膜 3 次,每次 45 r/min 振荡 10 min。

6.6.10 倒掉 TBST1 缓冲液,加入二抗工作液,室温下振荡 45 r/min 振荡 1 h。倒掉二抗工作液,加入 TBST2 缓冲液洗膜 3 次,每次 45 r/min 振荡 10 min。

6.6.11 倒掉 TBST2 缓冲液,加入显色液显色,轻轻晃动直到条带清晰,倒掉显色液加入重蒸馏水终止反应。

6.6.12 使用凝胶图像分析系统照相,并保存图像。

7 结果分析与表述

7.1 对照样品结果分析

在模拟胃/肠消化试验中,不稳定对照蛋白可以 2 min 内被完全消化,而稳定对照蛋白在 60 min 内不能被消化,表明模拟胃/肠消化试验体系工作正常;否则需要查找原因重新进行试验。

7.2 试样蛋白结果分析与表述

在试验体系工作正常的情况下,根据 SDS-PAGE 电泳图谱和蛋白印迹图谱中试样蛋白条带及其可见降解片段消失的时间来判断蛋白的可消化性。

试样蛋白在模拟胃液和模拟肠液中的可消化性分别表述为:

a) 试样蛋白及其可见降解片段在 0~15 s 内全部消化,表述为该蛋白在模拟胃/肠液中极易消化。

b) 试样蛋白及其可见降解片段在 15 s~2 min 内全部消化,表述为该蛋白在模拟胃/肠液中易消化。

c) 试样蛋白及其可见降解片段在 2 min~30 min 内全部消化,表述为该蛋白在模拟胃/肠液中可消化。

d) 试样蛋白及其可见降解片段在 30 min~60 min 内全部消化,表述为该蛋白在模拟胃/肠液中难消化。

    e)   试样蛋白及其可见降解片段于 60 min 仍不能被全部消化，表述为该蛋白在模拟胃/肠液中极难消化。

ICS 65.020.01
B 04

中华人民共和国国家标准

农业部 1485 号公告—18—2010

转基因生物及其产品食用安全检测
外源蛋白质过敏性生物信息学分析方法

Food safety detection of genetically modified organisms and derived products—
The analytical method of the allergenicity of foreign protein by using
bioinformatics tools

2010-11-15 发布

2011-01-01 实施

中华人民共和国农业部 发布

前　言

本标准按照 GB/T 1.1—2009 给出的规则起草。

本标准由中华人民共和国农业部提出。

本标准由全国农业转基因生物安全管理标准化技术委员会(SAC/TC 276) 归口。

本标准起草单位:农业部科技发展中心、中国农业大学。

本标准主要起草人:黄昆仑、段武德、李欣、贺晓云、刘信、许文涛、罗云波。

转基因生物及其产品食用安全检测
外源蛋白质过敏性生物信息学分析方法

1 范围

本标准规定了利用生物信息学工具对外源蛋白质进行过敏性分析的方法。

本标准适用于利用生物信息学工具对转基因生物及其产品中外源蛋白质进行过敏性分析。

2 术语和定义

下列术语和定义适用于本文件。

2.1

外源蛋白质 foreign protein

用基因工程手段转入生物体内的外源基因所表达的蛋白质。

2.2

过敏性 allergenicity

外来物质(如花粉、粉尘螨、霉菌、部分食物等)诱发机体免疫系统产生过敏反应的性质。

2.3

过敏性生物信息学分析 bioinformatics analysis of allergenicity

利用生物信息学工具,将待测蛋白质序列与数据库中的已知过敏原进行序列同源性比对,分析待测蛋白质是否具有潜在的过敏性。

2.4

E 值 E value

生物信息学比对软件(常用 BLAST、FASTA)的计算值,反映待测蛋白质与比对序列的相似程度,相似程度越高,E 值越小。

3 原理

利用生物信息学工具将待测蛋白质的氨基酸序列与过敏原数据库中的已知过敏原进行序列相似性比对,判断该蛋白质是否具有潜在的过敏性。如待测蛋白质的 80 个氨基酸序列与已知过敏原存在 35% 以上的同源性或待测蛋白质与已知过敏原序列存在至少 8 个连续相同的氨基酸,则该蛋白质具有潜在过敏性的可能性较高。方法参见附录 A。

4 评价指标

4.1 全长比对

适用于小于 80 个氨基酸的待测蛋白质。将待测蛋白质氨基酸序列与数据库中已知过敏原序列进行全长比对。E 值小于或等于 0.01,判断待测蛋白质与已知过敏原具有较高的序列同源性。

4.2 80 个氨基酸序列比对

适用于大于 80 个氨基酸的待测蛋白质。将待测蛋白质氨基酸序列中每 80 个氨基酸序列作为一个序列单位与数据库中已知过敏原序列进行比对。若其中一段或几段 80 个氨基酸序列与已知过敏原的序列同源性大于或等于 35%,判断待测蛋白质与已知过敏原具有较高的序列同源性。

4.3 8 个连续氨基酸比对

将待测蛋白质氨基酸序列与数据库中已知过敏原序列进行比对。如果待测蛋白质氨基酸序列与已知过敏原具有完全匹配的 8 个连续氨基酸,判断待测蛋白质与已知过敏原具有较高的序列同源性。

5 结果表述

5.1 比对结果满足以下条件之一时,结果表述为"××蛋白质与××已知过敏原存在较高的序列同源性,其潜在过敏性的可能性较高":

——外源蛋白质全长比对结果 E 值小于或等于 0.01;或外源蛋白质的 80 个氨基酸序列与已知过敏原有大于或等于 35% 的序列同源性;

——外源蛋白质与已知过敏原有 8 个连续相同的氨基酸序列。

5.2 比对结果同时满足以下条件时,结果表述为"××蛋白与已知过敏原不存在较高的序列同源性,其潜在过敏性的可能性较低":

——外源蛋白质全长比对结果 E 值大于 0.01;或外源蛋白质的 80 个氨基酸序列与已知过敏原的序列同源性均小于 35%;

——外源蛋白质与已知过敏原没有 8 个连续相同的氨基酸序列。

附 录 A
（资料性附录）
外源蛋白质过敏性生物信息学分析方法示例

以两个在线数据库为例，说明比对过程如下：

A.1 在线过敏原数据库（The Allergen Online Database）

网址 http://www.allergenonline.com。以最新版本为准。

A.1.1 进入在线过敏原数据库

输入在线过敏原数据库网址 http://www.allergenonline.com/databasefasta.asp，网站首页见图 A.1。

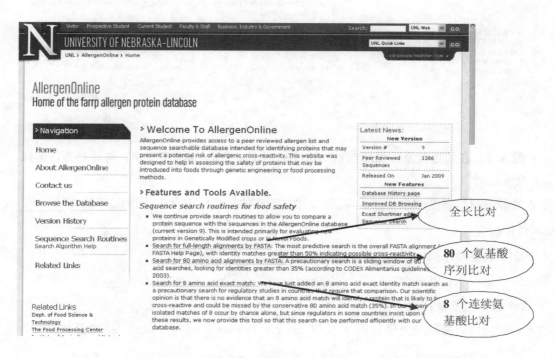

图 A.1 在线过敏原数据库（The Allergen Online Database）首页

A.1.2 输入待测蛋白质氨基酸序列

点击图 A.1 中任意一个标题链接，进入序列输入界面，将待测外源蛋白质氨基酸全序列以 FASTA 格式（氨基酸序列用大写单字母表示）输入文本框。在打开的界面（图 A.2）中，将进行分析的外源蛋白质英文名称输入序列输入框，在外源蛋白质英文名称前用数学符号">"引导，以便与序列数据区别。换行后输入外源蛋白质氨基酸全序列，或者直接输入氨基酸序列。

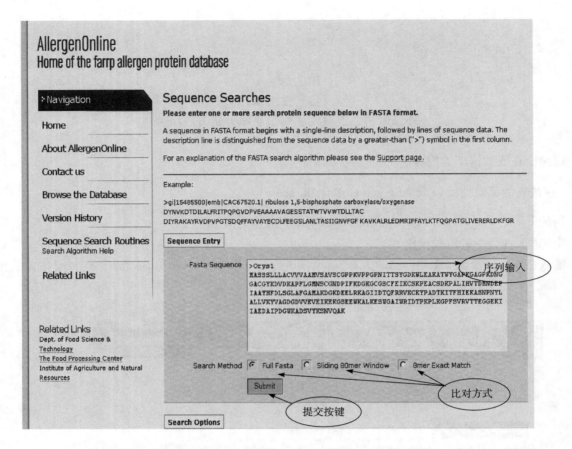

图 A.2　在线过敏原数据库(The Allergen Online Database)序列输入与比对方法选择

A.1.3　全长比对

输入外源蛋白质氨基酸全序列后,在三个比对方式的复选框中点击选择比对方式 Full Fasta ,点击 Submit 按钮提交。

A.1.4　80 个氨基酸序列比对

输入外源蛋白质氨基酸全序列后,点击 Sliding 80 mer Window ,点击 Submit 按钮提交。

A.1.5　8 个连续氨基酸比对

输入外源蛋白质氨基酸全序列后,点击 8 mer Exact Match ,点击 Submit 按钮提交。

A.2　过敏蛋白结构数据库(Structural Database of Allergenic Proteins)

网址 http://fermi.utmb.edu/SDAP/sdap_src.html。以最新版本为准。

A.2.1　进入过敏蛋白结构数据库

输入过敏蛋白结构数据库网址 http://fermi.utmb.edu/SDAP/sdap_src.html,网站首页见图 A.3。

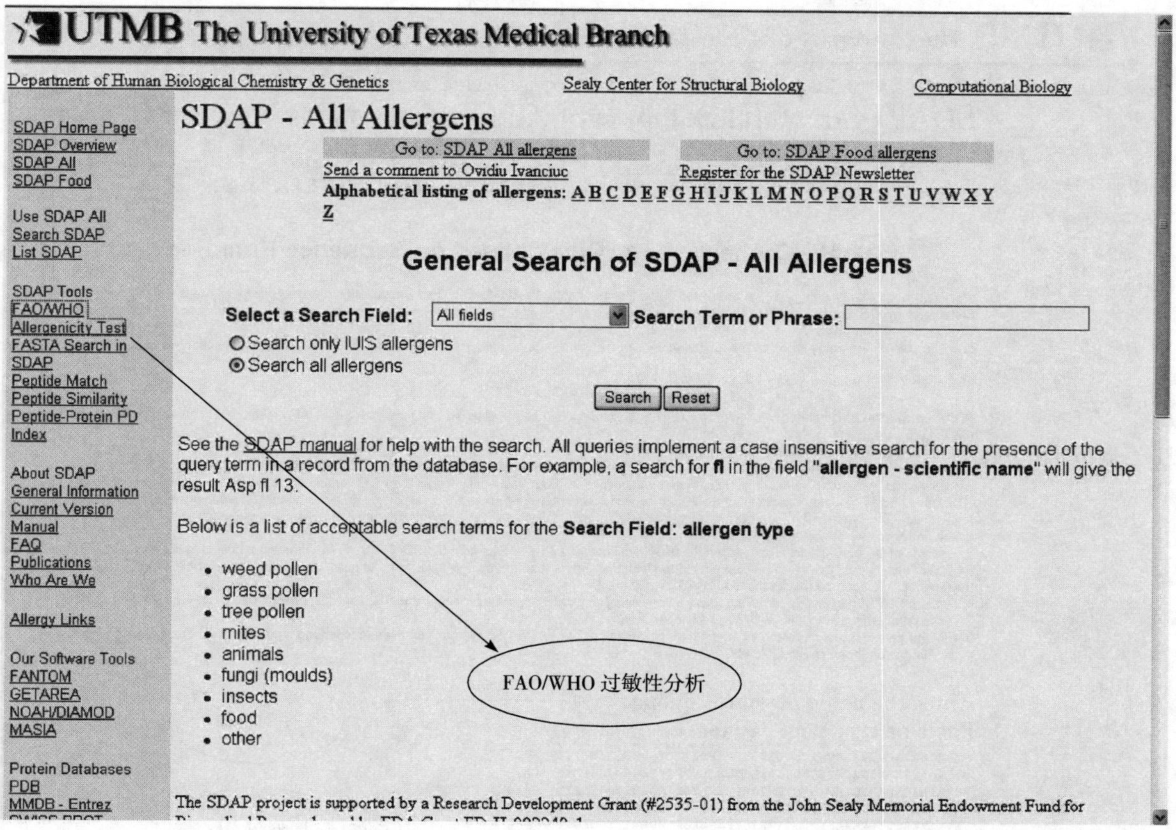

图 A.3　过敏蛋白结构数据库(Structural Database of Allergenic Proteins)首页

A.2.2　输入待测蛋白质氨基酸序列

点击 FAO/WHO Allergenicity Test ，进入序列比对页面(图 A.4)，输入序列名称与氨基酸序列。

A.2.3　全长比对

选择 Full FASTA alignment ，条件为默认 0.01 ，点击 Search 。

A.2.4　80 个氨基酸序列比对

选择 FASTA alignments for an 80 amino acids sliding window ，比对条件为默认的 35 ，点击 Search 。

A.2.5　8 个连续氨基酸比对

选择 Exact match for contiguous amino acids ，比对条件设定为 8 ，点击 Search 。

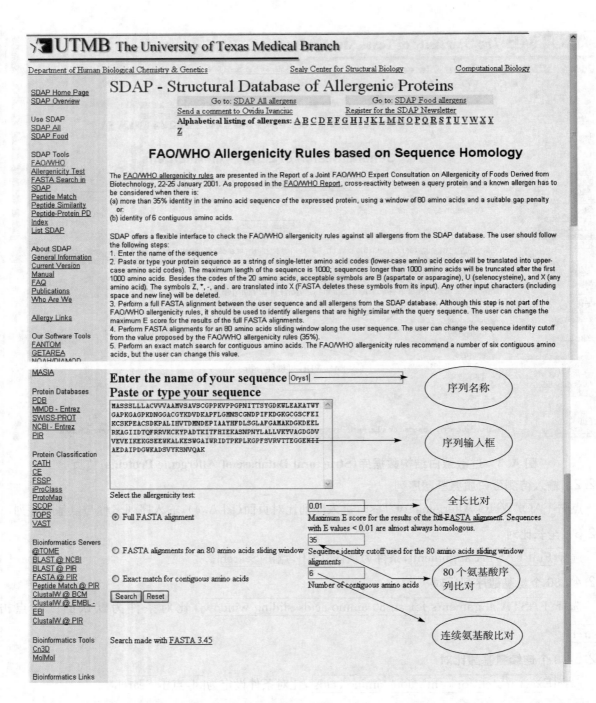

图 A. 4　过敏蛋白结构数据库(Structural Database of Allergenic Proteins)序列输入与比对工具选择

ICS 65.020
B 04

中华人民共和国国家标准

农业部 1782 号公告－13－2012

转基因生物及其产品食用安全检测
挪威棕色大鼠致敏性试验方法

Food safety detection of genetically modified organisms and derived
products—Methods for allergenicity evaluation of target protein in Brown
Norway Rat

2012-06-06 发布

2012-09-01 实施

中华人民共和国农业部 发布

前　言

本标准按照 GB/T 1.1—2009 给出的规则起草。

请注意本文件的某些内容可能涉及专利。本文件的发布机构不承担识别这些专利的责任。

本标准由中华人民共和国农业部提出。

本标准由全国农业转基因生物安全管理标准化技术委员会(SAC/TC 276)归口。

本标准起草单位:农业部科技发展中心、中国农业大学、中国疾病预防控制中心。

本标准主要起草人:黄昆仑、宋贵文、杨晓光、贺晓云、沈平、贾旭东、车会莲、赵欣、罗云波、许文涛。

转基因生物及其产品食用安全检测
挪威棕色大鼠致敏性试验方法

1 范围

本标准规定了蛋白质对挪威棕色大鼠（Brown Norway Rat，BN 大鼠）潜在致敏性的检测方法。

本标准适用于转基因生物及其产品中外源基因表达蛋白质对 BN 大鼠的潜在致敏性检测。

2 规范性引用文件

下列文件对于本文件的应用是必不可少的。凡是注日期的引用文件，仅注日期的版本适用于本文件。凡是不注日期的引用文件，其最新版本（包括所有的修改单）适用于本文件。

GB 5749　生活饮用水卫生标准

GB 14922.2　实验动物　微生物学等级及监测

GB 14924.3　实验动物　小鼠大鼠配合饲料

GB 14925　实验动物环境及设施

3 术语和定义

下列术语和定义适用于本文件。

3.1

阳性对照蛋白　positive control protein

为确认动物模型的有效性而选取的能够激发 BN 大鼠产生过敏反应的蛋白质。

3.2

受试物　test sample

指纯化的目标蛋白质或蛋白质复合物。

4 原理

根据 BN 大鼠与人体具有相似的过敏反应以及雌性大鼠具有更为敏感的体质，利用雌性 BN 大鼠作为检测转基因生物及其产品中外源蛋白质对人体潜在致敏性的替代者，通过反复致敏刺激后，检测 BN 大鼠血清中过敏反应相关的特异性抗体，推断外源基因表达的蛋白质对 BN 大鼠的潜在致敏性。

5 试剂和材料

除非另有说明，仅使用分析纯化学试剂和超纯水。

5.1　对照溶剂

无菌水，PBS 或其他适合试剂。

5.2　阳性对照蛋白溶液

称取 10.0 mg 卵清白蛋白，溶于 10 mL 对照溶剂中，使用前配制。

5.3　阳性对照蛋白刺激溶液

称取 50.0 mg 卵清白蛋白，溶于 10 mL 对照溶剂中，使用前配制。

5.4　阴性对照蛋白溶液

称取 10.0 mg 酪蛋白,溶于 10 mL 对照溶剂中,使用前配制。

5.5 阴性对照蛋白刺激溶液

称取 50.0 mg 酪蛋白,溶于 10 mL 对照溶剂中,使用前配制。

5.6 受试物溶液

5.6.1 受试物溶液 I (0.1 g/L)

称取 1.0 mg 受试物,溶于 10 mL 对照溶剂中,使用前配制。

5.6.2 受试物溶液 II (1.0 g/L)

称取 10.0 mg 受试物,溶于 10 mL 对照溶剂中,使用前配制。

5.6.3 受试物溶液 III (5.0 g/L)

称取 50.0 mg 受试物,溶于 10 mL 对照溶剂中,使用前配制。

5.7 受试物刺激溶液

5.7.1 受试物刺激溶液 I (0.5 g/L)

称取 5.0 mg 受试物,溶于 10 mL 对照溶剂中,使用前配制。

5.7.2 受试物刺激溶液 II (5.0 g/L)

称取 50.0 mg 受试物,溶于 10 mL 对照溶剂中,使用前配制。

5.7.3 受试物刺激溶液 III (25.0 g/L)

称取 250.0 mg 受试物,溶于 10 mL 对照溶剂中,使用前配制。

5.8 包被缓冲液(0.05 mol/L 碳酸钠缓冲液,pH 9.6)

称取 0.53 g 碳酸钠与 0.42 g 碳酸氢钠,加入 80 mL 水充分溶解,定容至 100 mL。

5.9 包被液

称取 1.0 mg 阴性对照蛋白或阳性对照蛋白或受试物溶于 100 mL 包被缓冲液,使用前配制。

5.10 磷酸缓冲液(pH 7.5)

称取 8.0 g 氯化钠,0.2 g 氯化钾,2.9 g 磷酸氢二钠,0.2 g 磷酸二氢钾,加入 800 mL 水充分溶解,调 pH 至 7.5,定容至 1 000 mL。

5.11 洗涤液

量取 1 000 mL 磷酸缓冲液,加入 1 mL 吐温-20,在磁力搅拌器上搅拌均匀。

5.12 封闭液

量取 100 mL 磷酸缓冲液,加入 1 g 牛血清白蛋白,搅拌混匀。

5.13 抗体稀释液

量取 100 mL 磷酸缓冲液,加入 0.1 g 牛血清白蛋白,搅拌混匀。

5.14 二抗 IgG 工作液

量取 10 mL 抗体稀释液,加入 5 μL 辣根过氧化物酶标记的抗大鼠 IgG。

5.15 二抗 IgE 工作液

量取 10 mL 抗体稀释液,加入 1 μL 辣根过氧化物酶标记的抗大鼠 IgE。

5.16 底物缓冲液

称取 0.47 g 柠檬酸,1.83 g 磷酸氢二钠,加入 80 mL 水混匀,调 pH 5.0,加水定容至 100 mL。

5.17 底物工作液

称取 10 mg 四甲基联苯胺(TMB)溶于 1 mL 二甲基亚砜(DMSO)中,混匀后,4℃避光放置。临用前,取 50 μL TMB 溶液加入 10 mL 底物缓冲液中,再加入 10 μL 30% 过氧化氢溶液。

5.18 终止液(2 mol/L 硫酸)

量取 11.11 mL 18 mol/L 浓硫酸,缓慢加入 70 mL 水中,边加边搅拌,待温度降至室温后,加水定容至 100 mL。

6 仪器

6.1 恒温培养箱。

6.2 酶标仪。

6.3 低速离心机。

6.4 电子天平:感量 0.1 g 与 0.000 1 g。

6.5 多通道移液器。

6.6 纯水仪。

6.7 高压灭菌锅。

6.8 其他仪器和设备。

7 实验动物

清洁级雌性 BN 大鼠应符合 GB 14922.2 的要求,4 周龄~6 周龄,体重 40 g~60 g,平均体重相差不超过±20%。动物购买后适应环境 5 d~7 d。

动物饲养环境应符合 GB 14925 的屏障环境要求,动物饮用水应符合 GB 5749 的要求。

动物饲料应符合 GB 14924.3 的要求,同时幼鼠饲料中不应添加鸡蛋成分。

8 操作步骤

8.1 试验操作

8.1.1 分组:将实验动物随机分为 6 组,每组不少于 6 只,分别为溶剂对照组、阴性对照组、阳性对照组、3 个受试物剂量组。各组接受不同处理,溶剂对照组灌胃对照溶剂,阴性对照组灌胃阴性蛋白溶液,阳性对照组灌胃阳性蛋白溶液,3 个受试物组分别灌胃受试物溶液Ⅰ、Ⅱ和Ⅲ。

8.1.2 处理:第 1 d~27 d,第 29 d~41 d 连续灌胃。

8.1.3 灌胃量:各组灌胃量相同,每天每只灌胃 1.0 mL。

8.1.4 刺激:灌胃第 27 d,第 41 d 隔夜禁食,自由饮水。第 28 d、第 42 d,分别灌胃 2 mL 对照溶液、阴性对照蛋白刺激溶液、阳性对照蛋白刺激溶液或受试物刺激溶液Ⅰ、Ⅱ、Ⅲ。

8.2 收集血样

8.2.1 时间:第 28 d、第 42 d 灌胃刺激液后 1 h~3 h 内,收集血样。

8.2.2 方式:用乙醚将动物轻度麻醉后,用毛细管从动物内眦静脉丛取血。

8.2.3 处理:血样于室温放置 1 h,2 000 g 离心 10 min,取上部血清于一新管中,−20℃保存备用。溶剂对照组血清混合后作为溶剂对照,阴性组、阳性组与样品组血清单个保存。

8.3 血清中蛋白特异性 IgG 检测

8.3.1 包被:在 96 孔板上选择需要包被的孔,每孔加入包被液 100 μL,4℃放置 8 h~24 h。

8.3.2 洗涤:倒掉孔内液体,每孔加入洗涤液 200 μL,室温放置 3 min,甩净洗涤液,在吸水纸上拍打数次,至孔内无明显液滴,重复 2 次。

8.3.3 封闭:每孔加入 150 μL 封闭液,于 37℃恒温培养箱中温育 1 h,洗涤 3 次。

8.3.4 加一抗:每孔加入 100 μL 按 1∶50~1∶100(v/v)稀释的待检血清,每个测试血清做 3 个平行孔,每板做 3 个溶剂对照平行孔。另做 3 个空白对照平行孔不加任何血清。于 37℃恒温培养箱中温育 1 h,洗涤 3 次。

8.3.5 加二抗:每孔加入 100 μL 辣根过氧化物酶标记的抗大鼠 IgG 二抗工作液,置于 37℃恒温培养箱中温育 1 h,洗涤 3 次。

8.3.6 显色:每孔加入新鲜配制的底物工作液 150 μL,置于 37 ℃恒温培养箱中,显色 5 min~15 min,每孔加入 50 μL 终止液。

8.3.7 测定:于 30 min 内用酶标仪测定各孔的 450 nm 的吸光值;各孔吸光值减去空白对照孔平均值为各孔最终吸光值。

8.3.8 结果判定:以吸光值大于或等于溶剂对照样品平均值 2 倍的样品为阳性结果。

8.4 血清中蛋白特异性 IgE 检测

8.4.1 包被:同 8.3.1。

8.4.2 洗涤:同 8.3.2。

8.4.3 封闭:同 8.3.3。

8.4.4 加一抗:每孔加入 100 μL 按 1∶3~1∶10(v/v)稀释的待检血清,每个测试血清做 3 个平行孔,每板做 3 个阴性对照。于 37℃恒温培养箱中温育 1 h,洗涤 3 次;

8.4.5 加二抗:每孔加入 100 μL 辣根过氧化物酶标记的抗大鼠 IgE 二抗工作液,置于 37℃恒温培养箱中温育 1 h,洗涤 3 次;

8.4.6 显色:同 8.3.6。

8.4.7 测定:同 8.3.7。

8.4.8 结果判定:以吸光值大于或等于溶剂对照样品平均值 2 倍的样品为阳性结果。

9 结果分析与表述

9.1 试验系统评价

阳性对照组半数及以上动物血清中,出现蛋白特异性 IgG 与 IgE 为阳性结果;且阴性对照组半数及以上动物血清中,出现蛋白特异性 IgG 为阳性结果,且无 IgE 阳性结果出现;且受试物组半数及以上动物血清中,出现蛋白特异性 IgG 为阳性结果,说明试验系统成立。否则重新检测。

9.2 试验结果表述

9.2.1 在第 28 d 和第 42 d,受试物所有剂量组蛋白特异性 IgE 检测结果均为阴性,结果表述为"未检测到 BN 大鼠对该受试物产生蛋白特异性 IgE 抗体,该受试物对 BN 大鼠的潜在致敏可能性很小"。

9.2.2 在第 28 d 或第 42 d,受试物任一剂量组蛋白特异性 IgE 出现阳性结果,结果表述为"检测到×只 BN 大鼠对该受试物产生蛋白特异性 IgE 抗体,占总数的××%。该受试物对 BN 大鼠存在 IgE 依赖的致敏性"。

ICS 65.020
B 04

中华人民共和国国家标准

农业部 2031 号公告－17－2013

转基因生物及其产品食用安全检测
蛋白质热稳定性试验

Food safety detection of genetically modified organisms and derived
products—Protein heat stability test

2013-12-04 发布　　　　　　　　　　　　　2013-12-04 实施

中华人民共和国农业部 发布

农业部 2031 号公告—17—2013

前　言

本标准按照 GB/T 1.1—2009 给出的规则起草。

请注意本文件的某些内容可能涉及专利。本文件的发布机构不承担识别这些专利的责任。

本标准由中华人民共和国农业部提出。

本标准由全国农业转基因生物安全管理标准化技术委员会(SAC/TC 276)归口。

本标准起草单位:农业部科技发展中心、中国农业大学、中国疾病预防控制中心营养与食品安全所。

本标准主要起草人:黄昆仑、沈平、杨晓光、贺晓云、赵欣、许文涛、车会莲、罗云波。

转基因生物及其产品食用安全检测
蛋白质热稳定性试验

1 范围

本标准规定了转基因生物外源基因表达的蛋白质热稳定性试验的设计原则、测定指标和结果判定。本标准适用于转基因生物外源基因表达的蛋白质的热稳定性试验。

2 规范性引用文件

下列文件对于本文件的应用是必不可少的。凡是注日期的引用文件,仅注日期的版本适用于本文件。凡是不注日期的引用文件,其最新版本(包括所有的修改单)适用于本文件。

GB/T 6682 分析实验室用水规格和试验方法

3 术语和定义

下列术语和定义适用于本文件。

3.1

热稳定性 heat stability

蛋白质在特定加热条件下,加热期间内一定时间间隔下的降解性能。

4 原理

通过对蛋白质溶液在热加工条件下加热一定时间间隔,采用蛋白质电泳或生物活性方法检测蛋白质的降解情况,从而判断转基因生物表达的外源蛋白质是否具有热稳定性。

5 试剂和材料

除非另有说明,仅使用分析纯试剂和符合 GB/T 6682 规定的一级水。

5.1 蛋白质分子量标准:根据待测样品分子量大小选择合适范围的已知相对分子质量的蛋白标准。

5.2 300 g/L 丙烯酰胺单体储液(Acr/Bis):称取 29.1 g 丙烯酰胺(Acr),0.9 g N,N'-甲叉双丙烯酰胺(Bis),溶于 80 mL 水中,搅拌至完全溶解,加水定容至 100 mL,滤纸过滤,4℃下避光保存,30 d 内使用。

5.3 3 mol/L 盐酸溶液:量取 26 mL 市售盐酸(质量分数为 36%),加水定容至 100 mL。

5.4 浓缩胶缓冲液(1 mol/L Tris, pH 6.8):称取 6.06 g 三羟甲基氨基甲烷(Tris)加入 40 mL 水中,搅拌至完全溶解,用 3 mol/L 盐酸溶液(5.3)调 pH 至 6.8,再加水定容至 50 mL,4℃下贮存备用。

5.5 分离胶缓冲液(1.5 mol/L Tris, pH 8.8):称取 9.08 g 三羟甲基氨基甲烷(Tris),加入 40 mL 水中,搅拌至完全溶解,用 3 mol/L 盐酸溶液(5.3)调 pH 至 8.8,再加水定容至 50 mL,4℃下贮存备用。

5.6 100 g/L 十二烷基硫酸钠:称取 5 g 十二烷基硫酸钠(SDS)溶于 40 mL 水中,加热搅拌至完全溶解,加水定容至 50 mL。

5.7 100 g/L 过硫酸铵:称取 0.1 g 过硫酸铵(AP),溶于 1 mL 水中。4℃中保存,在 7 d 内使用。

5.8 N,N,N',N'-四甲基二乙胺(TEMED):量取 1 mL 的 N,N,N',N'-四甲基二乙胺(TEMED)于 1.5 mL 离心管中,4℃避光贮存备用。

5.9 2×样品缓冲液(pH 6.8):量取 1.6 mL 浓缩胶缓冲液(pH 6.8),加入 4 mL 100 g/L 十二烷基硫

酸钠(SDS),加入 0.3 g 二硫苏糖醇(或 1 mL β-巯基乙醇),2.5 mL 87% 甘油,定容至 20 mL,再加入 0.1 mg 溴酚蓝,混匀,4℃下贮存备用。

5.10 电泳缓冲液(pH 8.3):称取 3.03 g 三羟甲基氨基甲烷(Tris)、14.4 g 甘氨酸、1.0 g 十二烷基硫酸钠(SDS),溶于 800 mL 水中,用 3 mol/L 盐酸溶液(5.3)调 pH 至 8.3,加水定容至 1 000 mL。

5.11 50 g/L 三氯乙酸(TCA):称取 5.0 g 三氯乙酸,溶于 100 mL 水中。现用现配。

5.12 十二烷基硫酸钠(SDS)洗脱液:在 455 mL 甲醇中加入 90 mL 乙酸,加水定容至 1 000 mL。

5.13 考马斯亮蓝 G-250 染色液:量取 150 mL 甲醇、100 mL 乙酸,加水定容至 1 000 mL,再加入 1.0 g 考马斯亮蓝 G-250,混匀,滤纸过滤后使用。

5.14 脱色液:在 250 mL 甲醇中加入 75 mL 乙酸,加水定容至 1 000 mL。

5.15 10% 分离胶:按表 1 依次吸取各种组分于 50 mL 锥形瓶中,摇动混匀。现用现配。

注:根据蛋白质的分子量可以选用其他浓度的分离胶。

表 1 10%分离胶的配制

各种溶液组分名称	终浓度	体 积
水	—	4.012 mL
300 g/L 丙烯酰胺单体储液(Acr/Bis)	100 g/L	3.334 mL
分离胶缓冲液(1.5 mol/L Tris)	0.375 mol/L	2.500 mL
100 g/L 十二烷基硫酸钠(SDS)	1 g/L	100.0 μL
100 g/L 过硫酸铵(AP)	0.5 g/L	50.0 μL
N,N,N′,N′-四甲基二乙胺(TEMED)	0.4 g/L	4.0 μL
总体积	—	10 mL

5.16 5% 浓缩胶:按表 2 依次吸取各种组分于 50 mL 锥形瓶中,摇动混匀。现用现配。

表 2 5%浓缩胶的配制

各种溶液组分名称	终浓度	体 积
水	—	3.456 mL
300 g/L 丙烯酰胺单体储液(Acr/Bis)	50 g/L	0.834 mL
浓缩胶缓冲液(1 mol/L Tris)	0.126 mol/L	0.630 mL
100 g/L 十二烷基硫酸钠(SDS)	1 g/L	50.0 μL
100 g/L 过硫酸铵(AP)	0.5 g/L	25.0 μL
N,N,N′,N′-四甲基二乙胺(TEMED)	1 g/L	5.0 μL
总体积	—	5 mL

5.17 热稳定性试验缓冲液(20 mmol/L Tris-HCl,5 mmol/L EDTA):称取 0.242 0 g 三羟甲基氨基甲烷(Tris)、0.146 0 g 甘氨酸,溶于 80 mL 水中,加水定容至 100 mL。

6 仪器和设备

6.1 电泳槽、电泳仪等蛋白质电泳装置。

6.2 凝胶成像仪。

6.3 电子天平:感量分别为 0.1 g、0.01 g 和 0.000 1 g。

6.4 恒温水浴。

6.5 其他相关仪器设备。

7 分析步骤

7.1 样品制备

待测样品为来源于转基因植物、动物或微生物中外源基因表达蛋白质。

固体待测样品,称取 1.0 mg 固体粉末,加入 1 mL～10 mL 热稳定性试验缓冲液,充分溶解;液体待测样品,量取 1 mL 蛋白质溶液。

目的蛋白质的终浓度应为 0.1 mg/mL～1.0 mg/mL。

7.2 试验重复和平行样品设置

每个待测样品重复进行 2 次试验,每次试验进行 2 次电泳。

7.3 样品处理

7.3.1 分别吸取 6 份均匀的样品溶液,每份 100 μL,置于 1.5 mL 离心管中,盖紧管盖。

7.3.2 其中 1 份样品直接置于冰上,作为加热 0 min 样品。

7.3.3 另外 5 份样品同时放入 90℃ 水浴中,开始计时。在加热 5 min、10 min、15 min、30 min、60 min 时,各取出一份样品,迅速置于冰水混合物中冷却。

7.3.4 分别向 0 min 样品和加热不同时间点样品中加入 2× 样品缓冲液 100 μL,于沸水中加热 5 min。按照 7.4 的操作步骤进行聚丙烯酰胺凝胶电泳,判断待测样品的热稳定性。

7.4 十二烷基硫酸钠—聚丙烯酰胺凝胶电泳

7.4.1 制模:取出两块制胶玻璃板,清洗晾干,安置在灌胶支架上。

7.4.2 分离胶的制备:按照表 1 配制分离胶溶液,轻轻摇动混匀溶液,避免气泡产生。加入 AP 和 TEMED 后,迅速将分离胶溶液注入玻璃夹板中,液面距凹板上平面 2 cm～3 cm 处停止注入,再用移液器沿玻璃板内壁缓缓注入一层水做水封,高度约 1 cm。室温静置 30 min～60 min,使凝胶液聚合。

7.4.3 浓缩胶的制备:待分离胶完全聚合(胶面与水相有明显的界面),倾出分离胶上的覆盖水层,用滤纸条吸干残留水分。按照表 2 配制浓缩胶溶液,轻轻摇动混匀溶液,避免气泡产生。加入 AP 和 TEMED 后,迅速将浓缩胶溶液注入玻璃夹板中,直到凹形玻璃板顶端,立即小心插入样品槽模板。室温放置 30 min～60 min,使凝胶液聚合。

7.4.4 待浓缩胶完全聚合后,取下玻璃夹板,安装于电泳支架上。如果只有一块凝胶,则另一边用有机玻璃代替,形成内、外两个电极槽。在内、外两侧电极槽中注入电泳缓冲液,缓冲液与凝胶上下两端之间避免产生气泡。小心取下样品槽模板。

7.4.5 加样:按照加热时间顺序用微量注射器吸取 10 μL～20 μL 的样品溶液,加在每个样品槽底部。

7.4.6 电泳:接好电泳槽正负极,打开电源开关,调节电压至 8 V/cm,以恒电压方式电泳。当指示剂全部进入分离胶后,电压提高到 10 V/cm～15 V/cm,继续电泳,直至溴酚蓝前沿迁移至距凝胶下端约 0.5 cm 时,关闭电源,停止电泳。

注:根据不同的电泳系统可以选择其他电泳条件。

7.4.7 标记:从电泳装置上卸下双层玻璃夹板,撬开玻璃板,在凝胶点样孔上部切除一角标注凝胶的方位。

7.4.8 固定与洗脱 SDS:将凝胶在 50 g/L 三氯乙酸(TCA)溶液中轻轻振荡 5 min,取出后在十二烷基硫酸钠(SDS)洗脱液中振荡 1 h～2 h。

7.4.9 染色与脱色:取出凝胶后,在考马斯亮蓝染色液中浸泡染色 10 min～30 min;然后,用脱色液脱色直至条带清晰。

7.4.10 成像:取出凝胶,置于凝胶成像仪上,使用凝胶图像分析系统照相。

8 结果表述

8.1 样品处理 5 min 时,蛋白质条带完全消失,结果表述为"该蛋白质对热不稳定"。

8.2 与 0 min 样品相比,样品处理 5 min 时,蛋白质条带部分减弱,或处理 10 min、15 min、30 min、

60 min时,蛋白质条带部分减弱或完全消失,结果表述为"该蛋白质对热较稳定。"

8.3 与 0 min 样品相比,样品处理 60 min 时,蛋白质条带没有明显减弱,结果表述为"该蛋白质对热很稳定。"

注:对于加热处理后仍稳定存在的待测样品,建议根据其生物学特性对加热处理后的样品进行生物活性检测。

第五部分　等同性分析

ICS 65.220.01
B 04

中华人民共和国国家标准

农业部 1485 号公告－17－2010

转基因生物及其产品食用安全检测
外源基因异源表达蛋白质等同性分析导则

Food safety detection of genetically modified organisms and derived
products—The guideline for equivalence analysis of foreign proteins derived
from different organisms

2010-11-15 发布

2011-01-01 实施

中华人民共和国农业部 发布

前　言

本标准按照 GB/T 1.1—2009 给出的规则起草。

本标准由中华人民共和国农业部提出。

本标准由全国农业转基因生物安全管理标准化技术委员会(SAC/TC 276)归口。

本标准起草单位:农业部科技发展中心、中国农业大学。

本标准主要起草人:黄昆仑、刘信、贺晓云、许文涛、沈平、罗云波、车会莲、李欣。

转基因生物及其产品食用安全检测
外源基因异源表达蛋白质等同性分析导则

1 范围

本标准规定了同一个基因在不同转基因生物中表达的蛋白质的等同性分析导则。

本标准适用于分析比较同一个基因在不同转基因生物中表达的蛋白质的等同性。

2 术语和定义

下列术语和定义适用于本文件。

2.1

蛋白质等同性 equivalence of protein

同一基因在不同生物体内表达的蛋白质在结构、理化特性、生物活性等方面的一致性。

2.2

免疫原性 immunogenicity

蛋白质与抗体(单克隆或多克隆)发生抗原抗体结合反应的能力。

2.3

翻译后修饰 post-translational modification

蛋白质多肽链在核糖体装配期间和装配之后的共价修饰,如磷酸化、糖基化等。

2.4

一级结构 primary structure

蛋白质中共价连接的氨基酸残基的排列顺序。

2.5

生物活性 bioactivity

蛋白质特有的生物学或生物化学功能。

2.6

耐除草剂活性 herbicide resistance

耐除草剂的蛋白质对特定除草剂的分解或耐受作用。

2.7

抗虫活性 insect resistance

抗虫的蛋白质对靶标昆虫的抑制或杀伤能力。

3 分析原则

对外源基因在不同生物中表达的蛋白质进行等同性分析时,从结构、理化特性和生物活性等多方面对两种来源的蛋白质的等同性进行分析。

4 分析指标

4.1 理化特性

4.1.1 表观分子质量

4.1.1.1 分析方法主要有十二烷基硫酸钠—聚丙烯酰胺凝胶电泳（SDS-PAGE）、质谱法等。

4.1.1.2 十二烷基硫酸钠—聚丙烯酰胺凝胶电泳是在样品介质和聚丙烯酰胺凝胶中加入离子去污剂和强还原剂，蛋白质亚基的电泳迁移率主要取决于亚基分子量的大小，而与电荷无关。当蛋白质的分子量在 15 000～200 000 之间时，电泳迁移率与分子量的对数呈线性关系，可测定蛋白质亚基的分子量。

4.1.1.3 质谱法是用电场和磁场将运动的离子（带电荷的原子、分子或分子碎片）按它们的质荷比分离后进行检测，根据分子离子峰的质荷比可确定分子量。

4.1.2 免疫原性

4.1.2.1 分析方法主要有蛋白印迹、酶联免疫吸附试验等。

4.1.2.2 蛋白印迹是先将蛋白通过 SDS-PAGE 电泳分离，再利用电场力的作用将胶上的蛋白转移到固相载体（常用硝酸纤维素膜）上，然后加抗体形成抗原抗体复合物，利用发光或显色方法将结果显示到膜或底片上，推断目的蛋白能否与抗体发生结合反应。

4.1.2.3 酶联免疫吸附试验是先将抗原或抗体包被于固相载体（常用 96 孔板）的表面，与待检样品中的相应抗体或抗原发生反应，再加入酶标记抗体或抗原与免疫复合物结合，最后加入酶的作用底物，观测产物颜色的深浅或测定其吸光度值，可分析抗原抗体结合情况，推断目的蛋白能否与抗体发生结合反应。

4.1.3 翻译后修饰

4.1.3.1 分析方法主要有过碘酸-Shiff 反应检测糖基化修饰、质谱法等。

4.1.3.2 过碘酸-Shiff 反应是用过碘酸将蛋白质糖侧链中的乙二醇基氧化为乙二醛基，后者再与 Schiff 试剂中的亚硫酸品红反应，形成紫红色不溶性反应产物，沉积于多糖存在的部位，可推断该蛋白质是否发生糖基化修饰。

4.1.3.3 质谱法测定蛋白质分子量后，与理论推测数值进行比较，可分析蛋白质分子质量的变化，从而推断该蛋白是否发生翻译后修饰；对肽谱的进一步分析，可以具体推测修饰种类和位点。

4.2 一级结构

4.2.1 分析方法主要有蛋白质 N 端或 C 端测序测定部分氨基酸序列、质谱法测定肽质量指纹谱等。

4.2.2 氨基酸测序分为 N 端测序和 C 端测序，是用酶法或化学法将氨基酸从肽链一端依次切下，并在规定时间内检测切下的氨基酸的种类，从而测定 N 端或 C 端的氨基酸序列。

4.2.3 肽质量指纹谱是蛋白质被识别特异酶切位点的蛋白酶水解后得到的肽片段的质量图谱。采用基质辅助激光解析电离飞行时间质谱（MALDI-TOF-MS）测得肽质量指纹谱。

4.3 生物活性

4.3.1 耐除草剂活性

适用于具有耐除草剂活性的外源蛋白质的活性检测。

4.3.2 抗虫活性

适用于具有抗虫活性的外源蛋白质的活性检测。

4.3.3 其他活性

根据蛋白质的具体生物活性采取相应的检测活性的方法。

5 分析指标选择

5.1 测定外源基因在两种生物中表达的蛋白质的分子量，且与预测分子量进行比较。如果测定值与预测值不符，可根据需要进行翻译后修饰分析；如果测定值与预测值相符，则按 5.2～5.4 进行进一步分析。

5.2 对两种来源的蛋白质进行一级结构鉴定，并与预测的氨基酸序列进行比较。如果该外源蛋白质已经进行了充分的研究,具有完善的背景资料,可以不做原转基因生物中表达的蛋白质的一级结构鉴定。

5.3　当有适用的抗体或免疫检测方法时,要对两种来源的蛋白质进行免疫原性测定。

5.4　已知外源蛋白质具有某种特定的生物活性时,要对两种来源的蛋白质进行生物活性分析。

6　结果判断

如果两种来源的蛋白在理化特性、一级结构、生物活性等方面均表现出一致性,则认为这两种蛋白具有等同性;如果分析指标中出现差异,则具体情况具体分析。

ICS 65.020
B 04

中华人民共和国国家标准

农业部 1782 号公告－12－2012

转基因生物及其产品食用安全检测
蛋白质氨基酸序列飞行时间质谱分析方法

Food safety detection of genetically modified organisms and derived
products—Methods for analysis of amino acid sequence of protein by
MALDI–TOF–MS

2012-06-06 发布　　　　　　　　　　　　　　　　2012-09-01 实施

中华人民共和国农业部 发布

农业部 1782 号公告—12—2012

前　言

本标准按照 GB/T 1.1—2009 给出的规则起草。

请注意本文件的某些内容可能涉及专利。本文件的发布机构不承担识别这些专利的责任。

本标准由中华人民共和国农业部提出。

本标准由全国农业转基因生物安全管理标准化技术委员会(SAC/TC 276)归口。

本标准起草单位:农业部科技发展中心、中国农业大学。

本标准主要起草人:黄昆仑、厉建萌、许文涛、贺晓云、宋贵文、张雅楠、王云鹏、罗云波。

转基因生物及其产品食用安全检测
蛋白质氨基酸序列飞行时间质谱分析方法

1 范围

本标准规定了转基因生物中表达的蛋白质氨基酸序列分析方法。

本标准适用于转基因生物表达蛋白质与目的蛋白质氨基酸序列的相似性分析。

2 规范性引用文件

下列文件对于本文件的应用是必不可少的。凡是注日期的引用文件,仅注日期的版本适用于本文件。凡是不注日期的引用文件,其最新版本(包括所有的修改单)适用于本文件。

GB/T 6682 分析实验室用水规格和试验方法

3 术语和定义

下列术语和定义适用于本文件。

3.1

飞行时间质谱 time of flight mass spectrometer,TOF-MS

由离子源产生的离子加速后进入无场漂移管,并以恒定速度飞向离子接收器。离子质量越大,到达接收器所用时间越长;离子质量越小,到达接收器所用时间越短。根据这一原理,把不同质量的离子按荷质比(m/z)大小进行分离的方法。

3.2

蛋白质一级结构 protein primary structure

蛋白质的氨基酸序列。

3.3

肽质量指纹图谱 peptide mass fingerprinting,PMF

蛋白质被识别特异酶切位点的蛋白酶或化学试剂裂解后得到的肽片段的质量图谱,具有特征性。

3.4

胰蛋白酶 trypsin

一种内肽酶,主要作用于精氨酸或赖氨酸羧基端的肽键。

3.5

溴化氰 cyanogen bromide

化学裂解剂,切断甲硫氨酸后的多肽。

3.6

内肽酶 ASP-N

一种内肽酶,专一性的切断天冬氨酸残基前的肽键。

4 原理

通过基质辅助激光解吸电离飞行时间质谱仪(matrix-assisted laser desorption ionization-time of flight mass spectrometer,MALDI-TOF-MS)检测蛋白质裂解后的肽段,得到肽质量指纹图谱。对转基

因生物表达的蛋白质的肽质量指纹图谱与该蛋白质的理论氨基酸序列进行比对,分析其序列覆盖率与匹配肽段,推断重组表达的蛋白质与目的蛋白质序列的相似性。

5 试剂和材料

除非另有说明,仅使用分析纯试剂和符合 GB/T 6682 规定的一级水。

5.1 十二烷基硫酸钠—聚丙烯酰胺凝胶电泳(SDS-PAGE)

5.1.1 蛋白质分子量标准:根据待测蛋白大小选择合适范围的已知相对分子质量的蛋白标准。

5.1.2 300 g/L 丙烯酰胺单体储液(Acr/Bis):称取 29.1 g 丙烯酰胺(Acr),0.9 g N,N'-甲叉双丙烯酰胺(Bis),溶于 80 mL 水中,搅拌至完全溶解,加水定容至 100 mL,滤纸过滤。4℃下避光保存,30 d 内使用。

5.1.3 3 mol/L 盐酸溶液:量取 26 mL 市售盐酸(质量分数为 36%),加水定容至 100 mL。

5.1.4 浓缩胶缓冲液(1 mol/L Tris,pH 6.8):称取 6.06 g 三羟甲基氨基甲烷(Tris)加入 40 mL 水中,搅拌至完全溶解。用 3 mol/L 盐酸溶液调 pH 至 6.8,再加水定容至 50 mL。4℃下贮存备用。

5.1.5 分离胶缓冲液(1.5 mol/L Tris,pH 8.8):称取 9.08 g 三羟甲基氨基甲烷(Tris),加 40 mL 水,搅拌至完全溶解。用 3 mol/L 盐酸溶液调 pH 至 8.8,再加水定容至 50 mL。4℃下贮存备用。

5.1.6 100 g/L 十二烷基硫酸钠:称取 5 g 十二烷基硫酸钠(SDS)溶于 40 mL 水中,加热搅拌至完全溶解,加水定容至 50 mL。

5.1.7 100 g/L 过硫酸铵:称取 0.1 g 过硫酸铵(AP),溶于 1 mL 水中。4℃中保存,在 7 d 内使用。

5.1.8 N,N,N',N'-四甲基二乙胺(TEMED):量取 1 mL 的 N,N,N',N'-四甲基二乙胺(TEMED)于 1.5 mL 离心管中,4℃避光贮存备用。

5.1.9 2×样品缓冲液(pH 6.8):量取 1.6 mL 浓缩胶缓冲液(pH 6.8),加入 4 mL 100 g/L 十二烷基硫酸钠(SDS),加入 0.3 g 二硫苏糖醇(或 1 mL β-巯基乙醇),2.5 mL 87%甘油,定容至 20 mL,再加入 0.1 mg 溴酚蓝,混匀。4℃下贮存备用。

5.1.10 电泳缓冲液(pH 8.3):称取 3.03 g 三羟甲基氨基甲烷(Tris),14.4 g 甘氨酸,1.0 g 十二烷基硫酸钠(SDS),溶于 800 mL 水中,用 3 mol/L 盐酸溶液调 pH 至 8.3,加水定容至 1 000 mL。

5.1.11 50 g/L 三氯乙酸(TCA):称取 5.0 g 三氯乙酸,溶于 100 mL 水中。现用现配。

5.1.12 十二烷基硫酸钠(SDS)洗脱液:在 455 mL 甲醇中加入 90 mL 乙酸,加水定容至 1 000 mL。

5.1.13 考马斯亮蓝 G-250 染色液:量取 150 mL 甲醇,100 mL 乙酸,加水定容至 1 000 mL,再加入 1.0 g 考马斯亮蓝 G-250,混匀,滤纸过滤后使用。

5.1.14 脱色液:在 250 mL 甲醇中加入 75 mL 乙酸,加水定容至 1 000 mL。

5.1.15 10%分离胶:按表1依次吸取各种组分于 50 mL 锥形瓶中,摇动混匀。

表 1 10%分离胶的配制

各种溶液组分名称	终浓度	体积
水	—	4.012 mL
300 g/L 丙烯酰胺储液(Acr/Bis)	100 g/L	3.334 mL
分离胶缓冲液(1.5 mol/L Tris)	0.375 mol/L	2.500 mL
100 g/L 十二烷基硫酸钠(SDS)	1 g/L	100.0 μL
100 g/L 过硫酸铵(AP)	0.5 g/L	50.0 μL
N,N,N',N'-四甲基二乙胺(TEMED)	0.4 g/L	4.0 μL
总体积	—	10 mL

5.1.16 5% 浓缩胶:按表 2 依次吸取各种组分于 50 mL 锥形瓶中,摇动混匀。

表 2 5% 浓缩胶的配制

各种溶液组分名称	终浓度	体 积
水	—	3.456 mL
300 g/L 丙烯酰胺储液(Acr/Bis)	50 g/L	0.834 mL
浓缩胶缓冲液(1 mol/L Tris)	0.126 mol/L	0.630 mL
100 g/L 十二烷基硫酸钠(SDS)	1 g/L	50.0 μL
100 g/L 过硫酸铵(AP)	0.5 g/L	25.0 μL
N,N,N′,N′-四甲基二乙胺(TEMED)	1 g/L	5.0 μL
总体积	—	5 mL

5.2 质谱鉴定

5.2.1 胰蛋白酶(测序级)。

5.2.2 ASP-N 内切酶(测序级)。

5.2.3 20 mmol/L 碳酸氢铵溶液:称取 1.581 g 碳酸氢铵溶于 800 mL 水中,定容至 1 000 mL。

5.2.4 50 mmol/L 碳酸氢铵溶液:称取 3.953 g 碳酸氢铵溶于 800 mL 水中,定容至 1 000 mL。

5.2.5 10 mmol/L 二硫苏糖醇(DTT)溶液:称取 0.0015 g 二硫苏糖醇溶于 1 mL 20 mmol/L 碳酸氢铵溶液(5.2.3)中,使用前配制。

5.2.6 55 mmol/L 碘代乙酰胺溶液:称取 0.010 g 碘乙酰胺溶于 1 mL 50 mmol/L 碳酸氢铵溶液(5.2.4)中。

5.2.7 16 mg/mL 溴化氰溶液:量取 7 mL 甲酸,加入 3 mL 水,混匀。称取 0.160 g 溴化氰(CNBr)加入甲酸溶液中,混匀。

5.2.8 乙腈—碳酸氢铵混合液:量取 5 mL 无水乙腈与 5 mL 50 mmol/L 碳酸氢铵溶液(5.2.4)混合均匀。

5.2.9 5% 甲酸溶液:量取 0.5 mL 甲酸,加入 9.5 mL 水,混匀。

5.2.10 50% 乙腈水溶液:量取 5 mL 乙腈,加入 5 mL 水,混匀。

5.2.11 基质溶液:量取 50 mL 乙腈(ACN)与 0.1 mL 三氟乙酸(TFA)混合,称取 1.000 g α-氰基-4-羟基肉桂酸(CHCA),加水定容至 100 mL。

6 仪器

6.1 电泳槽、电泳仪等蛋白电泳装置。

6.2 凝胶成像系统。

6.3 基质辅助激光解析离子化飞行时间质谱仪(MALDI-TOF-MS)。

6.4 电子天平:感量分别为 0.1 g 和 0.000 1 g。

6.5 恒温水浴。

6.6 真空离心浓缩仪。

6.7 其他相关仪器和设备。

7 操作步骤

7.1 十二烷基硫酸钠—聚丙烯酰胺凝胶电泳

7.1.1 样品制备

固体样品,称取 1 mg 固体粉末,加入 1 mL～5 mL 水,混匀;液体样品,量取 1 mL 蛋白质溶液。目的蛋白质的终浓度应为 0.1 mg/mL～1.0 mg/mL。

加入等体积的样品缓冲液,置于 100 ℃沸水浴中加热 5 min。冷却至室温备用。

7.1.2 聚丙烯酰胺凝胶电泳

7.1.2.1 取出两块玻璃板,用自来水洗净后,蒸馏水冲洗一次,置 37℃烘干或晾干。样品槽模板用自来水洗净,晾干。将长玻璃板和凹玻璃板按照说明安置在灌胶支架上。

7.1.2.2 分离胶的制备:在 50 mL 锥形瓶中依次加入表 1 中的溶液,轻轻摇动混匀溶液,避免气泡产生。加入 AP 和 TEMED 后,迅速将分离胶溶液从玻璃夹板的中间位置注入玻璃夹板中,在液面距凹板上平面 2 cm～3 cm 处停止注入,再用移液器沿玻璃板内壁缓缓注入一层水做水封,高度约 1 cm。室温静置 30 min～60 min,使凝胶液聚合。

7.1.2.3 浓缩胶的制备:待分离胶完全聚合(胶面与上面的水相有明显的界面),倾出分离胶上的覆盖水层,用滤纸条吸干残留水分。在 50 mL 锥形瓶中依次加入表 2 中的溶液,轻轻摇动混匀溶液,避免气泡产生。加入 AP 和 TEMED 后,迅速将浓缩胶溶液从玻璃夹板的中间位置注入玻璃夹板中,直到凹形玻璃板顶端,立即小心插入样品槽模板。室温放置 30 min～60 min,使凝胶液聚合。

7.1.2.4 待浓缩胶完全聚合后,取下夹子和环绕在玻璃板周围的乳胶条,不要改变玻璃板的相对位置。将玻璃板安装于电泳支架上,如果只有一块凝胶,则另一边用有机玻璃代替,形成内、外两个电极槽。在电泳槽两侧的电极槽中注入电泳缓冲液,缓冲液与凝胶上、下两端之间避免产生气泡。小心取下梳子。

7.1.2.5 加样:按照预定顺序用微量注射器吸取 10 μL～20 μL 的样品溶液,小心地将样品加在每个样品槽底部。每加完一个样品用水洗涤注射器 2 次～3 次。最后在所有不用的样品槽中加上等体积的样品缓冲液。

7.1.2.6 接好电泳槽正负极,打开电源开关,调节电压至 80 V,以恒电压方式电泳。当指示剂全部进入分离胶后,电压提高到 100 V～120 V,继续电泳,直至溴酚蓝前沿迁移至距凝胶下端约 0.5 cm 时,关闭电源,停止电泳。

7.1.2.7 从电泳装置上卸下双层玻璃夹板,撬开玻璃板,在凝胶点样孔上部切除一角标注凝胶的方位。

7.1.2.8 固定与洗脱 SDS:将凝胶在 50 g/L 三氯乙酸(TCA)溶液中轻轻振荡 5 min,取出后在十二烷基硫酸钠(SDS)洗脱液中振荡 1 h～2 h。

7.1.2.9 取出后在考马斯亮蓝染色液中浸泡染色 10 min 以上,然后用脱色液脱色直至条带清晰。

7.1.2.10 取出凝胶,置于凝胶成像仪上,使用凝胶图像分析系统照相。

7.2 蛋白质酶解或裂解

至少选用以下 3 种裂解方式中的一种进行分析,其中,优先选用胰蛋白酶酶解方法。

7.2.1 胰蛋白酶酶解

7.2.1.1 按照 7.1.1 配制样品,按照 7.1.2.1～7.1.2.9 进行电泳与凝胶染色脱色。

7.2.1.2 切胶:戴手套在层流通风橱中,用解剖刀从染色的聚丙烯酰胺凝胶中切下目的蛋白条带,切碎,置于离心管中。

7.2.1.3 洗涤:加入 200 μL 超纯水浸没凝胶颗粒,漩涡振荡 10 min,使用凝胶上样移液器吸弃溶液。重复 2 次,吸干。加入 200 μL 乙腈—碳酸氢铵混合液,37℃脱色 20 min,吸干;重复洗涤,直至蓝色退去。

7.2.1.4 还原与烷基化:加入足量 10 mmol/L DTT 溶液,覆盖凝胶颗粒,将离心管在 56℃水浴中浸泡 45 min,冷却至室温。吸弃溶液,加入相同体积的 55 mmol/L 碘代乙酰胺溶液,室温下于暗处温育 30 min,使蛋白质烷基化。

7.2.1.5 真空干燥:用真空离心浓缩仪将胶颗粒彻底抽干。

7.2.1.6 酶解:加入胰蛋白酶,酶与底物质量比约为 1∶40,4℃放置 45 min,使胶颗粒充分溶胀。加入少量 20 mmol/L 碳酸氢铵溶液,使其刚好没过胶颗粒,37℃水浴锅中温育 12 h～16 h。

7.2.1.7 提取:用凝胶上样移液器将酶溶液吸出。向含胶颗粒的离心管中加入 5％甲酸,使 pH＜4.0,振荡混匀,室温放置 1 h～2 h,离心,取上清,待测。

7.2.2 ASP‐N 酶酶解

7.2.2.1 按照 7.1.1 配制样品,按照 7.1.2.1～7.1.2.9 进行电泳与凝胶染色脱色。

7.2.2.2 切胶:同 7.2.1.2。

7.2.2.3 洗涤:同 7.2.1.3。

7.2.2.4 还原与烷基化:同 7.2.1.4。

7.2.2.5 真空干燥:同 7.2.1.5。

7.2.2.6 酶解:加入 ASP‐N 酶,酶与底物质量分数比为 1∶50,4℃放置 45 min,使胶颗粒充分溶胀。加入少量 20 mmol/L 碳酸氢铵溶液,使其刚好没过胶颗粒,37℃水浴锅中温育 4 h～6 h。

7.2.2.7 提取:用凝胶上样移液器将酶溶液吸出。向含胶颗粒的离心管中加入 5％甲酸,使 pH＜4.0,振荡混匀,室温放置 1 h～2 h,离心,取上清,待测。

7.2.3 溴化氰裂解

7.2.3.1 按照 7.1.1 配制样品,按照 7.1.2.1～7.1.2.9 进行电泳与凝胶染色脱色。

7.2.3.2 切胶:同 7.2.1.2。

7.2.3.3 洗涤:同 7.2.1.3。

7.2.3.4 裂解:150 μL 50％乙腈水溶液洗 2 次,每次 10 min,胶条室温下真空干燥,分别加入 30 μL 16 mg/mL 溴化氰溶液,洗涤 2 次,期间间隔 3 min。再加入 120 μL 16 mg/mL 溴化氰溶液,黑暗中放置 48 h。

7.2.3.5 真空干燥:150 μL 水洗 2 次,用真空离心浓缩仪将胶颗粒彻底抽干。

7.2.3.6 提取:向含胶颗粒的离心管中加入 5％甲酸,使 pH＜4.0,震荡混匀,室温放置 1 h～2 h,离心,取上清,待测。

7.3 质谱鉴定与比对

7.3.1 质谱鉴定

7.3.1.1 取 0.5 μL 肽混合液样品在质谱仪分析盘与 0.5 μL 基质溶液共结晶。

7.3.1.2 在 700 Da～3 500 Da 的范围内分析,激光强度设置在 85～100,发射 10 次。如峰值不明显,继续发射,直至峰值清晰。

7.3.1.3 得到蛋白质的肽质量指纹图谱。

7.3.2 肽段比对

利用质谱分析软件,分析肽质量指纹图谱的肽段序列。质谱获得的肽段与目的蛋白质理论裂解肽段分子质量相同,为匹配肽段;所有匹配肽段的氨基酸总数与蛋白质全部氨基酸总数的比值为覆盖率。

8 结果表述

结果表述为"待测蛋白质肽质量指纹图谱匹配肽段有×个,覆盖率为××‰"。

ICS 65.020
B 04

中 华 人 民 共 和 国 国 家 标 准

农业部 2031 号公告—18—2013

转基因生物及其产品食用安全检测
蛋白质糖基化高碘酸希夫染色试验

Food safety detection of genetically modified organisms and derived
products—Analysis of glycosylation of protein by periodic acid–Schiff (PAS)
reaction

2013-12-04 发布

2013-12-04 实施

中华人民共和国农业部 发布

前　言

本标准按照 GB/T 1.1—2009 给出的规则起草。

请注意本文件的某些内容可能涉及专利。本文件的发布机构不承担识别这些专利的责任。

本标准由中华人民共和国农业部提出。

本标准由全国农业转基因生物安全管理标准化技术委员会(SAC/TC 276)归口。

本标准起草单位：农业部科技发展中心、中国农业大学、中国疾病预防控制中心营养与食品安全所。

本标准主要起草人：黄昆仑、宋贵文、杨晓光、贺晓云、沈平、许文涛、车会莲、罗云波。

转基因生物及其产品食用安全检测
蛋白质糖基化高碘酸希夫染色试验

1 范围

本标准规定了转基因生物中外源基因表达的蛋白质糖基化高碘酸希夫染色试验的设计原则、测定指标和结果判定。

本标准适用于转基因生物中外源基因表达的蛋白质是否有糖基化修饰。

2 规范性引用文件

下列文件对于本文件的应用是必不可少的。凡是注日期的引用文件,仅注日期的版本适用于本文件。凡是不注日期的引用文件,其最新版本(包括所有的修改单)适用于本文件。

GB/T 6682 分析实验室用水规格和试验方法

3 术语和定义

下列术语和定义适用于本文件。

3.1

糖基化 glycosylation

在糖基转移酶作用下将糖转移至蛋白质,与蛋白质上的氨基酸残基形成糖苷键的过程。

4 原理

通过氧化剂高碘酸将多糖残基中的二醇基(CHOH—CHOH)氧化为二醛(CHO—CHO),再与希夫试剂(Schiff Reagent)反应生成红色不溶性复合物,从而判断转基因生物表达的外源蛋白是否被糖基化。

5 试剂和材料

除非另有说明,仅使用分析纯试剂和符合 GB/T 6682 规定的一级水。

5.1 十二烷基硫酸钠—聚丙烯酰胺凝胶电泳(SDS-PAGE)

5.1.1 蛋白质分子量标准

根据待测样品分子量大小选择合适范围的已知相对分子质量的蛋白标准。

5.1.2 300 g/L 丙烯酰胺单体储液(Acr/Bis)

称取 29.1 g 丙烯酰胺(Acr)、0.9 g N,N'-甲叉双丙烯酰胺(Bis),溶于 80 mL 水中,搅拌至完全溶解,加水定容至 100 mL,滤纸过滤,4℃下避光保存,30 d 内使用。

5.1.3 3 mol/L 盐酸

量取 26 mL 市售盐酸(质量分数为 36%),加水定容至 100 mL。

5.1.4 浓缩胶缓冲液(1 mol/L Tris,pH6.8)

称取 6.06 g 三羟甲基氨基甲烷(Tris)加入 40 mL 水中,搅拌至完全溶解,用 3 mol/L 盐酸(5.3)调 pH 至 6.8,再加水定容至 50 mL,4℃下贮存备用。

5.1.5 分离胶缓冲液(1.5 mol/L Tris,pH 8.8)

称取 9.08 g 三羟甲基氨基甲烷(Tris),加入 40 mL 水中,搅拌至完全溶解,用 3 mol/L 盐酸(5.3)调 pH 至 8.8,再加水定容至 50 mL,4℃下贮存备用。

5.1.6 100 g/L 十二烷基硫酸钠溶液

称取 5 g 十二烷基硫酸钠(SDS)溶于 40 mL 水中,加热搅拌至完全溶解,加水定容至 50 mL。

5.1.7 100 g/L 过硫酸铵溶液

称取 0.1 g 过硫酸铵(AP),溶于 1 mL 水中。4℃中保存,在 7 d 内使用。

5.1.8 N,N,N',N'-四甲基二乙胺(TEMED)溶液

量取 1 mL 的 N,N,N',N'-四甲基二乙胺(TEMED)于 1.5 mL 离心管中,4℃避光贮存备用。

5.1.9 2×样品缓冲液(pH 6.8)

量取 1.6 mL 浓缩胶缓冲液(pH6.8),加入 4 mL 100 g/L 十二烷基硫酸钠(SDS),加入 0.3 g 二硫苏糖醇(或 1 mL β-巯基乙醇),2.5 mL 87%甘油,定容至 20 mL,再加入 0.1 mg 溴酚蓝,混匀,4℃下贮存备用。

5.1.10 电泳缓冲液(pH 8.3)

称取 3.03 g 三羟甲基氨基甲烷(Tris)、14.4 g 甘氨酸、1.0 g 十二烷基硫酸钠(SDS),溶于 800 mL 水中,用 3 mol/L 盐酸调 pH 至 8.3,加水定容至 1 000 mL。

5.1.11 50 g/L 三氯乙酸(TCA)

称取 5.0 g 三氯乙酸,溶于 100 mL 水中。现用现配。

5.1.12 十二烷基硫酸钠(SDS)洗脱液

在 455 mL 甲醇中加入 90 mL 乙酸,加水定容至 1 000 mL。

5.1.13 考马斯亮蓝 G-250 染色液

量取 150 mL 甲醇、100 mL 乙酸,加水定容至 1 000 mL,再加入 1.0 g 考马斯亮蓝 G-250,混匀,滤纸过滤后使用。

5.1.14 脱色液

在 250 mL 甲醇中加入 75 mL 乙酸,加水定容至 1 000 mL。

5.1.15 10%分离胶

按表 1 依次吸取各种组分于 50 mL 锥形瓶中,摇动混匀。现用现配。

注:根据蛋白质的分子量可以选用其他浓度的分离胶。

表 1 10%分离胶的配制

各种溶液组分名称	终浓度	体积
水	—	4.012 mL
300 g/L 丙烯酰胺单体储液(Acr/Bis)	100 g/L	3.334 mL
分离胶缓冲液(1.5 mol/L Tris)	0.375 mol/L	2.500 mL
100 g/L 十二烷基硫酸钠(SDS)	1 g/L	100.0 μL
100 g/L 过硫酸铵(AP)	0.5 g/L	50.0 μL
N,N,N',N'-四甲基二乙胺(TEMED)	0.4 g/L	4.0 μL
总体积	—	10 mL

5.1.16 5%浓缩胶

按表 2 依次吸取各种组分于 50 mL 锥形瓶中,摇动混匀。现用现配。

表 2　5% 浓缩胶的配制

各种溶液组分名称	终浓度	体积
水	—	3.456 mL
300 g/L 丙烯酰胺单体储液(Acr/Bis)	50 g/L	0.834 mL
浓缩胶缓冲液(1 mol/L Tris)	0.126 mol/L	0.630 mL
100 g/L 十二烷基硫酸钠(SDS)	1 g/L	50.0 μL
100 g/L 过硫酸铵(AP)	0.5 g/L	25.0 μL
N,N,N′,N′-四甲基二乙胺(TEMED)	1 g/L	5.0 μL
总体积	—	5 mL

5.2　高碘酸希夫染色试剂

5.2.1　高碘酸溶液

称取 2.5 g 过碘酸钠,加入 80 mL 水,搅拌溶解后,量取 10 mL 乙酸,2.5 mL 市售盐酸(36%),再称取 1.0 g 三氯乙酸,搅拌混匀,加水定容至 100 mL。

5.2.2　洗涤液

称取 1.0 g 三氯乙酸,量取 10 mL 乙酸,加水定容至 100 mL。

5.2.3　希夫溶液

称取 1.0 g 碱性品红,溶于 200 mL 沸水中,搅拌 5 min 后,至于 50℃ 水浴锅中冷却至恒温,过滤。向滤液中加入 1 mol/L 的盐酸 20 mL,冷却至室温。加入 1.0 g 偏重亚硫酸钠($Na_2S_2O_5$),搅拌混匀后,将此溶液避光放置 12 h~24 h。加入 2.0 g 活性炭,振荡 1 min,用砂芯漏斗过滤。滤液为无色透明,保存于 4℃ 棕色瓶中。

5.2.4　洗脱液

称取硫酸氢钾 1.0 g,量取市售盐酸(36%)20 mL,加水定容至 1 000 mL。

6　仪器和设备

6.1　电泳槽、电泳仪等蛋白电泳装置。

6.2　凝胶成像仪。

6.3　电子天平:感量分别为 0.1 g、0.01 g 和 0.000 1 g。

6.4　恒温水浴。

6.5　其他相关仪器设备。

7　分析步骤

7.1　样品制备

7.1.1　对照样品

称取两份 1.0 mg 辣根过氧化酶,分别加入 1 mL 和 10 mL 水,溶解后,−20℃ 冻存备用,作为阳性对照样品。

称取两份 1.0 mg 大豆胰蛋白酶抑制剂,分别加入 1 mL 和 10 mL 水,溶解后,−20℃ 冻存备用,作为阴性对照样品。

7.1.2　待测样品

7.1.2.1　待测样品为来源于转基因植物、动物或微生物中外源基因表达蛋白质。

7.1.2.2　固体待测样品,称取 1.0 mg 固体粉末,加入 1 mL~10 mL 水,充分混匀;液体待测样品,量取 1 mL 蛋白质溶液。

7.1.2.3　目的蛋白质的终浓度应为 0.1 mg/mL~1.0 mg/mL。

7.1.2.4 加入等体积的 2×样品缓冲液,置于 100℃沸水浴中加热 5 min,冷却至室温备用。

7.2 试验重复和平行样品设置

每组待测样品重复进行 2 次试验,每次试验进行 2 次电泳。

7.3 十二烷基硫酸钠—聚丙烯酰胺凝胶电泳

7.3.1 制模:取出两块制胶玻璃板,清洗晾干,安置在灌胶支架上。

7.3.2 分离胶的制备:按照表 1 配制分离胶溶液,轻轻摇动混匀溶液,避免气泡产生。加入 AP 和 TEMED 后,迅速将分离胶溶液注入玻璃夹板中,液面距凹板上平面 2 cm～3 cm 处停止注入,再用移液器沿玻璃板内壁缓缓注入一层水做水封,高度约 1 cm。室温静置 30 min～60 min,使凝胶液聚合。

7.3.3 浓缩胶的制备:待分离胶完全聚合(胶面与水相有明显的界面),倾出分离胶上的覆盖水层,用滤纸条吸干残留水分。按照表 2 配制浓缩胶溶液,轻轻摇动混匀溶液,避免气泡产生。加入 AP 和 TEMED 后,迅速将浓缩胶溶液注入玻璃夹板中,直到凹形玻璃板顶端,立即小心插入样品槽模板。室温放置 30 min～60 min,使凝胶液聚合。

7.3.4 待浓缩胶完全聚合后,取下玻璃夹板,安装于电泳支架上。如果只有一块凝胶,则另一边用有机玻璃代替,形成内、外两个电极槽。在内、外两侧电极槽中注入电泳缓冲液,缓冲液与凝胶上下两端之间避免产生气泡。小心取下样品槽模板。

7.3.5 加样:用微量注射器吸取 10 μL～20 μL 的样品溶液,加在每个样品槽底部。

7.3.6 电泳:接好电泳槽正负极,打开电源开关,调节电压至 8 V/cm,以恒电压方式电泳。当指示剂全部进入分离胶后,电压提高到 10 V/cm～15 V/cm,继续电泳,直至溴酚蓝前沿迁移至距凝胶下端约 0.5 cm 时,关闭电源,停止电泳。

注:根据不同的电泳系统可以选择其他电泳条件。

7.3.7 标记:从电泳装置上卸下双层玻璃夹板,撬开玻璃板,在凝胶点样孔上部切除一角标注凝胶的方位。

7.4 高碘酸希夫染色

7.4.1 将凝胶放在高碘酸溶液中,避光,轻轻振荡过夜。

7.4.2 倒掉高碘酸溶液,用洗涤液振荡洗涤 8 h,期间更换溶液 3 次～4 次。

7.4.3 倒掉洗涤液,加入希夫溶液,4℃避光,静置染色 16 h。

7.4.4 倒掉希夫溶液,加入洗脱液漂洗 2 次,每次 1 h。

7.4.5 取出凝胶,置于凝胶成像仪上,使用凝胶图像分析系统照相。

8 结果表述

8.1 工作体系

阴性蛋白无显色反应,阳性蛋白出现明显显色条带,说明工作体系正常;否则,重新检测。

8.2 结果分析

8.2.1 待测样品无显色反应,结果表述为"该蛋白无糖基化修饰"。

8.2.2 待测样品出现明显显色反应,结果表述为"该蛋白有糖基化修饰"。

第四类
标准制定规范

ICS 65.020.01
B 04

中华人民共和国国家标准

农业部 2259 号公告－4－2015

转基因植物及其产品成分检测
定性 PCR 方法制定指南

Detection of genetically modified plants and derived products—
Guidelines for establishing qualitative PCR method

2015-05-21 发布 　　　　　　　　　　　　　　2015-08-01 实施

中华人民共和国农业部 发布

前　言

本标准按照 GB/T 1.1—2009 给出的规则起草。

请注意本文件的某些内容可能涉及专利。本文件的发布机构不承担识别这些专利的责任。

本标准由中华人民共和国农业部提出。

本标准由全国农业转基因生物安全管理标准化技术委员会(SAC/TC 276)归口。

本标准起草单位：农业部科技发展中心、吉林省农业科学院、天津市农业质量标准与检测技术研究所、浙江省农业科学院。

本标准主要起草人：李飞武、沈平、李葱葱、宋贵文、龙丽坤、闫伟、夏蔚、邢珍娟、邵改革、王永、徐俊锋、陈笑芸、张明。

转基因植物及其产品成分检测
定性 PCR 方法制定指南

1 范围

本标准规定了转基因植物及其产品成分检测的定性 PCR 方法建立的要求和程序。

本标准适用于转基因植物及其产品成分检测的定性 PCR 方法的制定。

2 术语和定义

下列术语和定义适用于本文件。

2.1

筛选检测方法 screening detection method

以转基因植物的外源表达调控元件(如启动子、终止子、增强子等)和标记基因为靶标的检测方法。

2.2

基因特异性检测方法 gene-specific detection method

以转基因植物的外源目的基因为靶标的检测方法。

2.3

构建特异性检测方法 construct-specific detection method

以转基因植物中外源插入载体的两个元件的连接区序列为靶标的检测方法。

2.4

转化体特异性检测方法 event-specific detection method

以转基因植物中外源插入载体与植物基因组的连接区序列为靶标的检测方法。

2.5

靶序列 target sequence

在 PCR 检测方法中,用作检测靶标的特异性 DNA 序列。

2.6

普通 PCR conventional PCR

需借助电泳等手段对 PCR 产物进行分析,以确定检测结果的 PCR 方法。

2.7

实时荧光 PCR real time PCR

通过在 PCR 反应体系中加入荧光标记探针,利用荧光信号累积实现对 PCR 扩增效率、扩增情况及数据进行实时监控的 PCR 方法。

2.8

检出限 limit of detection

能够被稳定检测出的靶序列的最小量或最低浓度。

3 要求

3.1.1 转基因植物定性 PCR 检测方法的制定单位应是具有资质的转基因生物安全检测机构。

3.1.2 转基因植物定性 PCR 检测方法的制定单位应具备承担转基因生物安全检测工作所需的仪器设

备和环境设施。

3.1.3 转基因植物定性 PCR 检测方法的研制人员应具备转基因生物安全检测相关业务知识。

4 检测方法建立

4.1 技术路线制定

检索和分析与转基因植物定性 PCR 检测方法研制相关的国内外技术资料,特别是已发布实施的相关技术标准,比较国内外现有方法的科学性、先进性、适用性,研究确定定性 PCR 方法研制技术路线。

4.2 试验材料选择

根据检测方法的类型,如筛选检测方法、基因特异性检测方法、构建特异性检测方法、转化体特异性检测方法等,选择合适的试验材料用于检测方法的建立。试验材料至少应包括:

    a) 含有靶序列的转基因植物及其加工品;

    b) 不含靶序列的转基因植物;

    c) 不含靶序列的非转基因植物。

4.3 技术参数确定

4.3.1 靶序列验证

利用 PCR 技术,对不同转基因植物转化体中的靶序列进行扩增和测序,确定靶序列的核苷酸序列,比较其在不同转化体中的修饰情况。

4.3.2 引物与探针的设计和筛选

4.3.2.1 引物及探针的设计和筛选应确保其对靶序列具有严格的特异性和符合要求的检测灵敏度。

4.3.2.2 普通 PCR 产物长度宜为 120 bp～300 bp,实时荧光 PCR 产物长度宜为 80 bp～200 bp。

4.3.3 PCR 反应体系和反应程序测试

4.3.3.1 每个 PCR 反应体系中的 DNA 模板量不宜超过 100 ng,PCR 反应体系的总体积不宜超过 25 μL。

4.3.3.2 普通 PCR 的循环数不宜超过 35 个,实时荧光 PCR 的循环数不宜超过 40 个。

4.3.3.3 对 PCR 反应体系中的引物和探针用量、Mg^{2+}、dNTPs、DNA 聚合酶等组分以及 PCR 反应程序中的退火温度,应进行试验验证,确定合适的 PCR 反应体系和反应条件。

4.3.4 方法特异性测试

根据不同类型检测方法,选择具有充分代表性的试验材料作为特异性测试样品,确定方法的特异性。

若仅从含有靶序列的转基因植物及其加工品中获得预期扩增产物或扩增曲线,而从其他样品中未获得预期扩增产物或扩增曲线,表明方法特异性符合要求。

4.3.5 方法检出限测试和表述

利用含有靶序列的转基因植物,制备靶序列的绝对量或浓度呈梯度稀释的测试样品,确定方法的检出限。

方法检出限以含有靶序列的 DNA 量与总 DNA 量的比值表示。

4.3.6 方法再现性测试

在同一实验室,由不同操作人员、在不同时间段、利用不同的仪器,对同一样品进行测试,确定方法的实验室内再现性。

5 实验室间验证

5.1 样品设计

5.1.1 实验室间验证样品应包括阳性对照样品、阴性对照样品、特异性测试样品和灵敏度测试样品。

5.1.2 特异性测试样品应包括：

a) 含有靶序列的转基因植物及其加工品；

b) 不含靶序列的转基因植物；

c) 不含靶序列的非转基因植物。

5.1.3 灵敏度测试样品应包括靶序列的绝对量或浓度达到检出限的样品。

5.2 结果分析

依据验证单位出具的验证报告,从以下方面对建立的方法进行综合分析：

a) 特异性分析：阳性对照样品和含有靶序列的样品检测出预期 DNA 片段,其他样品中未检测出预期 DNA 片段,表明方法的特异性符合要求；

b) 检出限分析：根据验证单位的结果进行统计分析,确定方法的检出限；

c) 再现性分析：根据样品验证结果的符合性和一致性情况,分析方法的实验室间再现性。

ICS 65.020.01
B 04

中华人民共和国国家标准

农业部 2259 号公告－5－2015

转基因植物及其产品成分检测
实时荧光定量 PCR 方法制定指南

Detection of genetically modified organisms and derived products—
Technical guidelines for development of real−time quantitative PCR methods

2015-05-21 发布

2015-08-01 实施

中华人民共和国农业部 发布

农业部 2259 号公告—5—2015

前　言

　　本标准按照 GB/T 1.1—2009 给出的规则起草。

　　请注意本文件的某些内容可能涉及专利。本文件的发布机构不承担识别这些专利的责任。

　　本标准由中华人民共和国农业部提出。

　　本标准由全国农业转基因生物安全管理标准化技术委员会(SAC/TC 276)归口。

　　本标准起草单位:农业部科技发展中心、中国农业科学院生物技术研究所、中国农业科学院油料作物研究所、中国农业科学院植物保护研究所、吉林省农业科学院。

　　本标准主要起草人:李亮、沈平、张秀杰、宋贵文、宛煜嵩、吴刚、谢家建、李飞武、金芜军、章秋艳。

转基因植物及其产品成分检测
实时荧光定量 PCR 方法制定指南

1 范围

本标准规定了转基因植物及其产品成分检测实时荧光定量 PCR 检测方法的建立与确认的总体要求。

本标准适用于转基因植物及其产品成分检测的实时荧光定量 PCR 检测方法的建立与确认。

2 规范性引用文件

下列文件对于本文件的应用是必不可少的。凡是注日期的引用文件,仅注日期的版本适用于本文件。凡是不注日期的引用文件,其最新版本(包括所有的修改单)适合于本文件。

GB/T 6379.2—2004 测量方法与结果的准确度(正确度与精密度) 第 2 部分 确定标准测量方法重复性与再现性的基本方法

3 术语和定义

下列术语和定义适用于本文件。

3.1

实时荧光定量 PCR real-time quantitative PCR
通过实时监测 PCR 反应中的荧光信号强度,实现对起始模板定量分析的一种技术。

3.2

方法确认 validation of method
通过提供明确的实验证据,证明所使用的检测方法能够充分满足测试目标的需求。

3.3

特异性 specificity
实时荧光定量 PCR 方法的引物和探针对样品中靶标片段精确识别的能力。

3.4

扩增效率 amplification efficiency
在 PCR 反应过程中,参与到下一轮扩增反应的 DNA 模板占模板总量的百分比。
注:PCR 扩增效率计算公式为 $E=10^{(-1/k)}-1$,其中 k 代表标准曲线的斜率。

3.5

测量不确定度 measurement uncertainty
表征实时荧光定量 PCR 方法采用多家实验室确认时测量结果分散性的参数。

3.6

检出限 limit of detection (LOD)
样品中被稳定检出的最低 DNA 模板含量或浓度(不需要定量)。

3.7

定量限 limit of quantification (LOQ)
在可接受的正确度和精密度水平上,样品中被定量检出的最低 DNA 模板含量或浓度。

4 实验室资质

进行转基因生物实时荧光定量 PCR 检测方法的建立与确认的实验室，一般应满足以下要求：

——具备资质认定和/或实验室认可的条件及证明；

——从事过转基因生物定量测量的工作；

——参加权威部门组织的定量测量能力验证或计量比对，并且出示测量结果在可控范围内的证明。

5 技术要求

5.1 方法的建立

实时荧光定量 PCR 方法的建立应包括如下步骤：

——检测引物和探针的设计与筛选：依据靶标序列设计引物和探针，通过试验对其进行比较分析，筛选出适合的引物和探针组合；

——PCR 反应体系和反应程序优化：通过试验确定适合的反应体系及反应程序；

——方法特异性测试：通过试验验证建立的检测方法的特异性；特异性测试样品至少应包括 3 类：即含有检测靶标的转基因材料、不含有检测靶标的转基因材料、不含检测靶标的非转基因材料；

——标准曲线的绘制：依据靶标序列拷贝数与 Ct 值之间的线性关系，绘制标准曲线，获得曲线的线性回归方程。标准曲线校准点数一般不少于 5 个，至少重复 3 次试验，每次试验至少设置 3 个平行。

5.2 实验室内方法确认

对建立的实时荧光定量 PCR 方法，在实验室内进行确认时，应达到以下要求：

——线性动态范围：标准曲线应包括试样的目标浓度（如法规规定的标识阈值等），并且至少应涵盖目标浓度 1/10 倍和 5 倍的浓度点；

——正确度：在整个线性动态范围内，用正确度表示多次测试的均值与采纳的标准值之间的接近程度，且偏差（Bias）不能超过标准值的 25%；

——扩增效率：标准曲线的扩增效率应在 90%～110%；

——线性度：实时荧光定量 PCR 的线性度以线性回归曲线的决定系数 R^2 表示，均值一般应 ≥ 0.98；

——精密度（重复性的相对标准偏差 RSD_r）：线性动态范围内的重复性相对标准偏差 RSD_r 一般应 ≤25%。

5.3 实验室间方法确认

经实验室内方法确认符合要求后，组织多家实验室对检测方法进行实验室间确认，需符合以下要求：

——试样要求：设置至少 5 个浓度的转基因试样，应包含目标浓度 1/10 的试样；

——不少于 8 个实验室提供有效数据，且至少重复 3 次试验，每次试验至少设置 3 个平行；

——数据资料要求：实验室间测试结果通过统计、技术剔除，再经柯克伦（Cochran）法和格拉布斯（Grubbs）（依据 GB/T 6379.2—2004 进行判定）剔除异常值；

——线性动态范围、扩增效率、正确度按照 5.2；

——精密度（再现性的相对标准偏差 RSD_R）：应有不同实验室，不同操作人员，不同测试仪器，采用同一方法获得的实验结果；方法整个线性动态范围内的再现性的相对标准偏差 RSD_R 一般应 ≤35%；如果浓度低于 0.25%，则 $RSD_R ≤ 50\%$。

5.4 测量不确定度评定

实时荧光定量 PCR 检测方法应提供测量不确定度。

采用线性最小二乘法评定检测方法的测量不确定度。具体评定方法:以多家测量试样结果的再现性标准差(S_R)为纵坐标与不同试样平均值(c)为横坐标的绘制回归曲线。绝对标准不确定度(u_o)以曲线的截距表示;相对标准不确定度(RSU)以曲线的斜率表示。

测量不确定度 u 按式(1)计算。

$$u = \sqrt{u_o^2 + (c \times RSU)^2} \quad\cdots\cdots\cdots\cdots\cdots\cdots\cdots\cdots\cdots\cdots\cdots \quad (1)$$

式中:

u_o ——绝对标准不确定度;

c ——测量结果;

RSU ——相对标准不确定度。

测量不确定度应在目标浓度的 $\pm 50\%$ 范围内。

5.5 检出限和定量限计算

实时荧光定量 PCR 检测方法应提供检出限和定量限。

实时荧光定量 PCR 方法的检出限 LOD 应根据式(2)计算。

$$LOD = \frac{4u_o}{1 - 4RSU^2} \quad\cdots\cdots\cdots\cdots\cdots\cdots\cdots\cdots\cdots\cdots\cdots \quad (2)$$

式中

RSU——相对标准不确定度。

实时荧光定量 PCR 方法的定量限 LOQ 应根据式(3)计算。

$$LOQ = \sqrt{\frac{u_o^2}{RSU_{max}^2 - RSU^2}} \quad\cdots\cdots\cdots\cdots\cdots\cdots\cdots\cdots\cdots\cdots \quad (3)$$

式中:

RSU_{max}——相对标准不确定度最大值。

注:RSU_{max} 一般默认为 35%。

实时荧光定量 PCR 方法的检出限应不高于目标浓度的 1/20,定量限应不高于目标浓度的 1/10。

第五类

检测实验室要求

ICS 65.020.01
B 04

中华人民共和国国家标准

农业部 2259 号公告－19－2015

转基因生物良好实验室操作规范
第 1 部分：分子特征检测

Good laboratory practice for genetically modified organisms—
Part 1:Molecular characteristics detection

2015-05-21 发布

2015-08-01 实施

中华人民共和国农业部 发布

前　言

《转基因生物良好实验室操作规范》为系列标准：

——第 1 部分：分子特征检测；

…………

本部分为《转基因生物良好实验室操作规范》的第 1 部分。

本部分按照 GB/T 1.1—2009 给出的规则起草。

请注意本标准的某些内容可能涉及专利。本标准的发布机构不承担识别这些专利的责任。

本部分由中华人民共和国农业部提出。

本部分由全国农业转基因生物安全管理标准化技术委员会(SAC/TC 276)归口。

本部分起草单位：农业部科技发展中心、浙江省农业科学院、吉林省农业科学院。

本部分主要起草人：蔡磊明、宋贵文、徐俊锋、章秋艳、李飞武、俞瑞鲜、陈笑芸、沈平、胡秀卿、李葱葱、汪小福。

转基因生物良好实验室操作规范
第 1 部分:分子特征检测

1 范围

本部分规定了农业转基因生物分子特征检测实验室应遵从的良好实验室规范。

本部分适用于为向转基因生物安全管理部门提供转基因生物分子检测数据而开展的试验。

本部分适用于农业转基因生物分子特征检测良好实验室。

2 术语和定义

下列术语和定义适用于本文件。

2.1

试验项目 study

为获得转基因生物安全检测数据而进行的一项或一组试验。

2.2

良好实验室规范 good laboratory practice

有关试验项目的设计、实施、审查、记录、归档和报告等的组织程序和试验条件的质量体系。

2.3

试验机构 test facility

开展试验项目所必需的人员、试验场所和操作设施的总和。对在多个试验场所进行的试验项目,试验机构包括试验项目负责人所在的试验场所和所有其他各个试验场所,这些试验场所可单独或整体作为试验机构。

2.4

试验场所 test site

开展一个试验项目的某一阶段或多个阶段的试验地点。

2.5

试验机构管理者 test facility management

对试验机构的组织和职能具有管理权的人员。

2.6

试验场所管理者 test site management

在一项试验中,负责某一试验场所并能确保在该场所进行的试验各阶段都按照良好实验室规范实施的管理人员。

2.7

委托方 sponsor

委托、出资及申报试验项目者。

2.8

试验项目负责人 study director

对试验项目的实施和管理负全面责任的人员。

2.9

主要研究者 principal investigator

在多场所试验中,代表试验项目负责人专门负责该试验中某一委托试验阶段的试验人员。

2.10

质量保证 quality assurance

独立于试验项目,旨在保证试验机构遵循良好实验室规范的体系,包括组织、制度和人员。

2.11

标准操作规程 standard operating procedures

描述如何进行试验操作或试验活动的文件化规程,其内容一般在试验计划书或试验准则中不做详细描述。

2.12

主计划表 master schedule

反映试验机构的试验进行情况、工作量及时间安排的信息总汇。

2.13

短期试验 short-term study

采用常规技术,在短时间内进行的试验项目。

2.14

试验计划书 study plan

规定试验目的和试验设计以及包括所有修订记录的文本文件。

2.15

试验计划书修订 study plan amendment

试验项目启动后对试验计划书提出的任何有计划的改动。

2.16

试验计划书偏离 study plan deviation

试验项目启动后对试验计划书不因主观意识而发生的变动。

2.17

试验体系 test system

用于试验的生物(一般包括试验生物及其特定生存条件)、化学、物理的或者三者组合的任何一个体系。对于生物试验体系,指将在试验中施用或加入供试物或参照物的任何动物、植物、微生物或组织,也包括未施用供试物或参照物的那部分体系。

2.18

原始数据 raw data

在试验中记载研究工作的原始记录和有关的文书材料,或经核实的复印件。包括:观察记录、试验记录、照片、底片、色谱图、微缩胶卷片、磁性载体、计算机打印资料、自动化仪器记录材料、标准物质保管记录以及其他公认的存储介质。

2.19

样本 specimen

来源于试验体系的用于检查、分析和保存的任何材料。

2.20

试验开始时间 experimental starting date

第一次采集试验数据的日期。

2.21

试验完成时间　experimental completion date

最后一次采集试验数据的日期。

2.22

试验项目启动时间　study initiation date

试验项目负责人签署试验计划书的日期。

2.23

试验项目完成时间　study completion date

试验项目负责人签署最终报告的日期。

2.24

供试物　test item

试验项目中需要测试的物质。

2.25

参照物（对照物）　reference item（control item）

在试验中与供试物进行比较的物质。

2.26

批次　batch

在一个确定周期内生产的一定数量、可被视为具有一致的性状的供试物或参照物。

3　组织和人员

3.1　试验机构

试验机构应是相对独立的专职机构,有机构法人证明或法人单位授权证明,能够独立、客观、公正地从事试验活动,并承担相应的法律责任。

3.2　试验机构管理者的职责

3.2.1　试验机构管理者应确保其机构遵从本规范。

3.2.2　试验机构管理者的基本职责至少应包括:

a)　确保有一份确认机构按照良好实验室规范要求履行管理者职责的声明。

b)　确保人员数量与素质与所承担的工作相适应,并配备相应的试验设施、设备和材料,能够保证试验项目及时、正常进行。

c)　确保建立和保存技术人员档案,包括资格证书、学历证明、培训记录、技术业绩、工作经历和工作职责等。

d)　确保每个工作人员能胜任本职工作,必要时需进行岗位培训。

e)　确保制定适当的、可行的标准操作规程并得到批准和执行。

f)　确保设立配备有专职人员的质量保证部门,任命相关人员,并保证遵从良好实验室规范履行其职责。

g)　确保每项试验项目启动前,任命具有相应资历、训练有素、经验丰富的人员担当试验项目负责人。试验机构管理者应该制定政策性文件,详细规定试验项目负责人的选择、任命和更换程序。试验期间更换试验项目负责人应备有证明文件。

h)　确保在多场所试验中,根据需要任命具有相应资历、训练有素、经验丰富的人员担当主要研究者,监督指导被委派的某一试验阶段的研究工作。试验期间更换主要研究者需有相应程序,并备有证明文件。

i)　确保试验项目负责人书面批准试验计划书。

j) 确保质量保证人员能获取试验项目负责人批准的试验计划书。

k) 确保保存所有的标准操作规程历史卷宗。

l) 确保专人负责档案及试验材料的管理。

m) 确保主计划表的保存管理。

n) 确保试验机构的条件供应满足相应试验要求。

o) 确保多场所试验中试验项目负责人、主要研究者、质量保证人员和试验人员之间的信息交流方式畅通。

p) 确保按性状明确标识供试物和参照物。

q) 确保建立相应程序,使计算机数据处理系统满足预定目标的需要,并保证遵从良好实验室规范进行系统验证、运转和维护。

r) 在多场所试验时,试验场所管理者对受委托的试验阶段应承担上述 3.2.2 中除 g)、h)、i)和 j)以外的各项职责。

3.3 试验项目负责人的职责

3.3.1 试验项目负责人是试验项目管理的核心,对试验项目的实施负全部责任。对试验项目进行的全过程和最终试验报告负责,确保试验遵守良好实验室规范。

3.3.2 试验项目负责人的职责至少应包括:

a) 在试验项目正式启动前,试验项目负责人应确保试验计划书得到质量保证人员的审查,确认其是否包含良好实验室规范要求的所有信息;确保满足委托方的技术要求;确认试验机构管理者已承诺具有足够的资源进行试验,供试物、参照物等均能满足试验要求。

b) 批准试验计划书及其修改页,签字并注明日期。

c) 确保及时向质量保证人员提交试验计划和修改页的副本,在试验过程中根据需要保证与质量保证人员的有效沟通。

d) 确保试验人员可随时获取试验计划及其修改页,以及相关的标准操作规程。

e) 确保多场所试验的试验计划书和最终报告明确和说明试验中所涉及的主要研究者、试验机构及各试验场所承担的作用和任务。

f) 确保试验项目按照试验计划书指定的标准操作规程实施。

g) 确保能够及时了解偏离试验计划书的情况,并对所出现的问题进行记录。应就偏离试验计划书对试验质量和完整性的影响进行评估并记录,必要时采取适当的纠正措施。注明试验过程中偏离标准操作规程的情况。

h) 确保试验产生的全部原始数据的完整记录。

i) 确保试验中使用经过验证的计算机处理系统。

j) 在最终报告中签字,承诺试验报告完整、真实、准确地反映了试验过程和试验结果,注明签字日期,并说明遵从良好实验室规范的程度,附有质量保证声明,对任何偏离试验计划书的情况也应说明。

k) 确保试验完成(包括试验终止)后,试验计划书、最终报告、原始数据和相关材料的及时归档。最终试验报告中应说明所有的供试物、试验样品、原始数据、试验计划书、最终报告和其他的有关文件、材料的保存地点。

l) 若有委托试验,试验项目负责人(和质量保证人员)应了解合同试验机构的良好实验室规范遵从情况。如果某个合同机构不遵从良好实验室规范,试验项目负责人应在最终报告中说明。

3.4 主要研究者的职责

3.4.1 负责试验项目负责人委托的试验某一阶段的工作,对其所承担的试验工作遵从良好实验室规范负责。主要研究者与试验项目负责人建立良好的沟通和交流渠道。

3.4.2 应签订书面文件,承诺依据试验计划书和本规范要求实施所承担的指定试验。

3.4.3 应及时了解试验场所中偏离试验计划书或试验标准操作规程的情况,并及时向试验项目负责人书面报告。

3.4.4 应向试验项目负责人提交编写最终报告的分报告。在分报告中,应有主要研究者就所承担的试验部分遵从良好实验室规范的书面保证。

3.4.5 应保证根据试验计划书的要求,向试验项目负责人提交或存档其承担试验部分的所有资料和试验样本;如果存档,应向试验项目负责人通报,说明资料和样本的存档场所及存档时间。试验期间,如果没有试验项目负责人的事先书面同意,主要研究者无权处置任何试验样本。试验结束后,主要研究者负责处理生物活性样本和有毒试剂。

3.5 试验人员的职责

3.5.1 应掌握与其承担试验部分相关的良好实验室规范的要求。

3.5.2 应了解试验计划书的内容和其承担的试验内容相关的标准操作规程,并按其要求进行试验。

3.5.3 应及时、准确地记录原始数据,并对其质量负责。

3.5.4 应书面记录试验中的任何偏离,并及时和直接向试验项目负责人或主要研究者报告。

3.5.5 应执行健康保护措施,降低对自身的危害,以保证试验的完整性。

4 质量保证

4.1 概要

4.1.1 试验机构应有描述质量保证的文件,以保证所承担的试验遵循本规范。

4.1.2 机构管理者应任命一名或多名熟悉试验程序和本规范的人员负责开展质量保证的工作(以下简称质量保证人员),质量保证人员直接对试验机构管理者负责。

4.1.3 质量保证人员不得参与所负责质量保证的试验。

4.2 质量保证人员的任职资格

4.2.1 质量保证人员应有足够的专业技能和资历以及必要的培训经历。对质量保证人员的培训并对其工作能力进行评价应有记录,培训记录应随时更新并存档。

4.2.2 质量保证人员应理解要检查的试验项目的基本内容,应深刻理解本规范。

4.3 质量保证人员的职责

4.3.1 质量保证人员的职责至少应包括:

　　a) 审核标准操作规程,判断其是否符合本规范要求。

　　b) 持有全部已被批准的试验计划书和在用的标准操作规程的副本,并及时得到最新的主计划表。

　　c) 审核试验计划书是否包含良好实验室规范所要求的内容,并将审核情况形成书面文件。

　　d) 实施检查,以确定所有的试验项目是否按照本规范实施,检查试验人员是否可方便得到、熟悉并遵守试验计划书和相关的标准操作规程。检查记录应存档。

　　质量保证的标准操作规程明确的检查方式有3种:

　　　　1) 针对试验项目的检查:针对给定的试验项目日程,对确认的试验关键点所进行的检查。

　　　　2) 针对试验机构的检查:不针对具体的试验项目,而是针对实验室的设施和日常活动(技术支持、计算机系统、培训、环境监测、仪器维护和检定等)进行的检查。

　　　　3) 针对操作过程的检查:不针对具体的试验项目,而是针对实验室中重复进行的过程和步骤所进行的检查。当实验室的某个过程的重复频率非常高时,可进行针对操作过程的检查。对经常开展的标准化的短期试验,不需对每个试验项目都实施检查,针对过程的检查可能就覆盖了一个试验项目类型。根据这种试验的数量、频率以及试验的复杂性,在质量保证标准操作规程中应规定检查频率,并规定这种针对过程的检查是常规的。

　　e)　检查最终报告,并提供相关的质量保证声明。质量保证人员应确认最终报告是否详细、正确地记录了试验方法、试验步骤和观察结果,试验结果是否能够正确、完整地反映试验的原始数据。对最终报告内容的任何增加和修改都应经过质量保证人员的审核。

　　f)　以书面形式及时向试验机构管理者、试验项目负责人、主要研究者以及各个相关管理者(如果适用)通报检查结果。

4.3.2　质量保证声明

4.3.2.1　最终报告中应包含一份质量保证声明,说明对试验进行检查的方式、日期及检查的阶段,以及将检查结果通报给试验机构管理者、试验项目负责人和主要研究者的日期。

　　若根据质量保证检查计划未进行针对试验项目的检查,应在声明中详细说明所做的其他类型方式的检查。

4.3.2.2　在签署质量保证声明之前,质量保证人员应确认在审核中提出的所有问题在最终报告中都有反馈、所采取的纠正措施都已完成,最终报告无需修改和进一步审核。

4.4　质量保证与非良好实验室规范试验

　　某些试验机构可能在同一试验场所区域内进行两类试验,即以向管理机构提交报告为目的的试验和不以此为目的的其他试验(如科研试验等)。若后者不按良好实验室规范进行操作,则可能会对良好实验室规范的试验项目产生负面影响。

　　质量保证人员应保存良好实验室规范试验项目和非良好实验室规范试验项目的主计划表,对工作量、可应用的设施以及可能的干扰因素进行客观地评估。当一个非良好实验室规范试验开始后,不得再改为良好实验室规范试验项目。如果原定的试验项目在试验当中改为非良好实验室规范试验,也应详细注明。

4.5　质量保证与多场所试验

4.5.1　多场所试验中,应对质量保证工作进行周密计划和组织,以保证试验的过程遵从良好实验室规范。

4.5.2　在多场所试验中,质量保证人员的职责主要包括:

　　a)　试验机构质量保证人员应与各场所质量保证人员保持联系,确保质量保证检查涵盖整个试验过程。各场所试验开始之前,应首先确认质量保证人员的工作职责。

　　b)　各试验场所的质量保证人员应了解试验计划书中所承担的有关试验部分的职责,并且应保留批准的试验计划书及其修改页的复印件。

　　c)　试验场所质量保证人员应根据场所标准操作规程检查计划书中其承担的试验部分,以书面形式及时地分别向主要研究者、场所管理者、试验项目负责人、试验机构管理者及机构质量保证部门报告检查结果,并就场所的质量保证工作提交书面声明。

　　d)　质量保证负责人应依据试验计划书,对最终报告遵从良好实验室规范的情况进行检查,其检查内容包括是否接受主要研究者的试验结果及各场所的质量保证声明。

4.6　小型试验机构的质量保证

　　对安排专职质量保证人员困难的小型的试验机构,试验机构管理者应至少安排一个固定人员兼职负责质量保证工作,但该人员不能参与其所负责质量保证的试验。

5　试验设施

5.1　农业转基因生物分子检测实验室应配备足够的符合转基因生物管理要求的试验设施条件,要求结构和布局合理,防止交叉污染,符合相应试验级别的要求,尽量减少影响试验有效性的干扰因素。应保证不同的试验活动不相互影响,以确保每一项试验顺利实施。

5.2　当试验方法、标准和程序有要求,或对试验结果有影响时,应监测、控制和记录环境条件,确保试验设施内外环境的粉尘、电磁干扰、辐射、湿度、噪声、供电、温度、声级和震级等不影响试验结果。

5.3 应对影响试验质量的区域的进入和使用加以控制。

5.4 应配备保护人身健康与安全的防护措施。

5.5 试验体系应在适当的房间或地点存放，并建立适当保护措施，以确保其不受污染或变质。

5.6 为避免污染和混杂，供试物和参照物（对照物）的接收、储存和前处理应单独设立房间或区域。

5.7 供试物的储存房间和区域应与放置试验体系的房间或区域分开。建立相应的保护措施，确保其性状、含量和稳定性不发生改变。

5.8 应配备档案设施。档案设施应具有足够的空间，能够安全保管试验计划书、原始记录、最终报告以及技术人员档案、仪器设备相关记录等资料。档案设施的设计和环境条件应满足所存资料长期保存的要求。

5.9 在不影响试验项目完整性的情况下对废弃物进行处理。处理程序应遵守有关废弃物的收集、储存和处理程序的相关规定。

6 仪器、材料和试剂

6.1 应配备满足试验以及环境要求的仪器设备

各类仪器，包括用于数据生成、储存和检索的计算机数据处理系统，以及控制与试验有关的环境条件的设备，都应确保足够空间将其妥善安置。

6.2 仪器设备的维护

6.2.1 应具有仪器设备的使用、维护、校准、管理、检定程序，及异常情况发生时应采取的措施。

6.2.2 每台仪器设备都应指定专人进行负责。

6.2.3 仪器设备检查、维护、使用、检定都应备有证明文件。当仪器设备发生故障时应备有维修记录，明确说明故障种类、原因、处理措施及处理结果。

6.3 仪器设备应有表明其检定状态的明显标识。

6.4 保存仪器设备档案，内容包括：
    a) 仪器设备名称、型号；
    b) 实验室唯一性编号；
    c) 制造厂商名称；
    d) 仪器接收日期、状态和启用日期；
    e) 使用说明书；
    f) 仪器安装、调试、验收记录；
    g) 检定/校准日期和结果（证书）以及下次检定/校准日期；
    h) 故障、损坏、维修及报废记录；
    i) 使用记录。

6.5 用于试验的仪器设备和试验材料不应对试验样品有不良干扰影响。

6.6 化学试剂和溶液的管理

6.6.1 化学试剂应标明名称、等级、批号、数量、有效期及储存条件；有效期可根据有关书面资料或分析结果予以延长。

6.6.2 化学溶液应有配制程序及记录。标签应标明溶液名称、浓度、配制人、配制日期、有效期及储存条件，不得使用变质或过期的试剂或溶液。

7 试验体系

7.1 物理/化学试验体系

7.1.1 测定分子特征指标的仪器都应妥善安置,并要设计合理,有足够的容量。

7.1.2 要确保理化试验体系的完整性。

7.2 生物试验体系

7.2.1 应建立和维持良好的环境条件,以保证生物试验体系的保存、管理、处理和饲喂满足试验质量的要求。

7.2.2 新收到的动植物试验体系在健康状况评价完成之前应先进行隔离。如果出现任何不正常的死亡或发病现象,就不能用于试验,并按符合动物福利的要求予以销毁。试验开始时,应保证试验体系处于良好状态,避免因疾病或不良环境条件影响试验的目的和实施。在试验期间,试验体系出现患病或受伤现象,如果应保证试验的完整性,则应及时进行隔离和治疗,试验前和试验期间所有疾病的诊断和治疗都应有记录。

7.2.3 应保存试验体系来源、收到日期和到达时状况的记录。

7.2.4 生物试验体系在第一次给药或施用供试物、参照物前,均应设置相应的试验环境适应期。

7.2.5 能够明确识别试验体系的所有信息都应明确标识于相应容器上。

8 供试物和参照物

8.1 接收、处理、取样和储藏

8.1.1 应保管供试物和参照物的性状描述、接收时间、有效期、接收数量和试验已用量的记录。

8.1.2 应建立供试物等材料的处理、取样和储存的程序,以尽量保证其均匀性和稳定性,排除其他物质的污染或混淆。

8.1.3 储存容器应标有明确的识别信息、有效期和特殊储藏要求。

8.2 特征描述

8.2.1 各种供试物和参照物都应有明确的标识(受体信息、供体信息、植入 DNA 的信息、基因修改的类型和目的等)。

8.2.2 对每个试验项目,应根据试验性质的要求,了解每批供试物和参照物的性状,以满足分子检测试验的需求(如受体、供体、外源基因、载体构建及序列等)。

8.2.3 如果委托方提供供试物,试验机构应与委托方之间建立一种合作机制,以核实用于试验的供试物的性状。

8.2.4 对所有试验应了解供试物和参照物在储存和试验条件下的稳定性。

8.2.5 除短期试验以外,所有试验的每批供试物均应保留用于分析的样品。

9 标准操作规程

9.1 试验机构应有经试验机构管理者批准的标准操作规程,以保证试验过程的规范及试验数据的准确完整。

9.2 应保证标准操作规程现行有效、方便使用。标准操作规程的修订,应经质量保证部门的确认,试验机构管理者书面批准后生效。公开出版的教科书、分析方法、论文和手册都可作为标准操作规程的补充材料。

9.3 试验中有关偏离标准操作规程的情况应有书面记录,并应由试验项目负责人或主要研究者确认。

9.4 应制定标准操作规程的编写和修订程序。

9.5 标准操作规程应经质量保证人员的签字审核和试验机构管理者书面批准后生效。失效的标准操作规程除一份存档之外应及时销毁。

9.6 标准操作规程的制定、修改、生效日期及分发、销毁情况应记录并归档。

9.7 应保存标准操作规程的所有版本。

9.8 标准操作规程至少应包括的内容:

 a) 供试物和参照物的接收、识别、标签、处置、取样和储存。

 b) 仪器设备的使用、维护、校准和检定。

 c) 实验室环境控制。

 d) 计算机系统确认、操作、维护、安全、变更管理和备份。

 e) 索引系统及计算机数据系统的使用。

 f) 易耗品的采购、验收、使用、保存与管理。

 g) 实验室样品制备、保存与管理。

 h) 标准溶液的配制、标定、校验、标签、保存和管理。

 i) 试验方法的验证与建立。

 j) 试验体系准备、观察、标本采集、测定、检验、分析和试验后的处理。

 k) 原始数据的采集与处理。

 l) 废弃物的处理。

 m) 最终报告的编写、审核和批准。

 n) 试验计划书的制订。

 o) 人员培训、考核、聘任及健康检查。

 p) 质量保证程序。
 质量保证人员实施质量保证检查的计划、安排、实施、记录和报告的工作程序。

 q) 工作人员履历、仪器设备文件、原始记录、最终报告等技术文件的档案管理。

10 试验计划书和试验的实施

10.1 试验计划书

10.1.1 每个试验项目启动之前,都应有书面的试验计划书。试验计划书应经质量保证人员按本规范的要求对其进行审核,由试验项目负责人签字批准,并注明日期。必要时,试验计划书还应得到试验机构管理者和委托方的认可。

10.1.2 试验计划书的更改应经质量保证人员审核、试验项目负责人批准,必要时应经委托方认可。变更的内容、理由及日期,应与原试验计划书一起归档保存。

10.1.3 试验项目负责人或主要研究者应及时说明、解释和通告偏离试验计划书的情况,签名并注明日期,和原始数据一并保存。

10.1.4 对于各种短期试验,可使用一份通用的试验计划书再辅以一个与每个具体试验相关的附件(即补充)。通用试验计划书可提前经试验机构管理者和执行试验的试验项目负责人及质量保证部门的批准,特定补充应尽快递交给试验机构管理者和质量保证人员。

10.1.5 每项多场所试验只能有一个试验计划书,说明如何将多场所产生的试验数据提供给试验项目负责人,说明不同场所所产生试验数据、供试物和参照物及样本等拟保存的地点。对于在多个国家中进行的试验,必要时,试验计划书应有一种以上的文字译本,被翻译的试验计划书应与原文版本一致。

10.2 试验计划书至少应包括以下基本内容:

 a) 试验项目名称、试验编号及试验目的;

 b) 供试物及参照物的名称、代号、批号、生物学特征、来源等;

 c) 试验委托方、经办人和试验机构、涉及的试验场所的名称和地址;

 d) 试验项目负责人的姓名和地址;

 e) 主要研究者的姓名和地址,试验项目负责人指定的主要研究者所负责的试验阶段和责任;

f) 试验项目负责人、试验机构管理者(必要时)、委托方(必要时)批准试验计划书的签名和日期;

g) 拟采用的试验方法,根据试验目的,可参考国家标准、行业标准、其他公认的国际组织试验准则和方法;

h) 预计的试验开始和完成日期;

i) 选择试验体系的理由;

j) 试验体系的特征;

k) 试验设计的详细资料,包括试验项目的时间进程表、方法、材料和条件的描述,需进行的测量、观察、检查和分析的类型和次数,以及拟采用的统计方法。

l) 应保存的记录清单;

m) 资料及标本的存档地点。

10.3 试验实施

10.3.1 每个试验项目都应设定唯一的编号,涉及该试验的所有试验样品、记录、文件均须标明此编号,通过编号可追溯试验样品和试验过程。

10.3.2 试验项目负责人全面负责项目的运行管理。参加试验人员应严格按照试验计划书及标准操作规程进行工作,试验中若出现异常或预想不到的现象,应及时报告主要研究人员或试验项目负责人并详细记录。在试验进行过程中如有人员变化应按程序进行更换。

10.3.3 试验中生成的所有数据应直接、及时、准确地记录,字迹清楚且不易消除,签名并注明日期。

10.3.4 记录数据需修改时,应保持原记录清晰可辨,注明修改理由及修改日期,修改者签名。

10.3.5 直接输入计算机的数据应由负责数据输入者在数据输入时确认认可。计算机系统应能够保留全部核查记录的系统以显示全部修改数据的痕迹,而不覆盖原始数据。修改数据的人员应对所有修改的数据进行固定日期和时间的(电子)签章。数据修改时应输入改变的理由。

11 试验报告

11.1 概述

11.1.1 每个试验项目均应有一份最终的试验报告。

11.1.2 对于多场所试验,与试验有关的主要研究者应在报告上签字,并注明日期。

11.1.3 试验项目负责人应在最终报告上签字并注明日期,声明其承担数据有效性的责任。同时应说明遵循良好实验室规范的程度(或情况)。

11.1.4 最终报告的改正或补充应以报告修订的形式进行。修订应明确说明改正或补充的理由,最后应有试验项目负责人的签字并注明日期。

11.1.5 若最终报告需要按委托方要求在格式上进行重排时,不应构成对最终报告的修正、增加或增补。

11.2 最终报告至少应包括的基本内容

a) 试验项目、供试物和参照物的基本内容。

　　1) 试验项目的名称及编号;

　　2) 供试物名称、编码、生物学特性和来源等;

　　3) 参照物名称、纯度及来源;

　　4) 供试物性状(如纯度、稳定性、质量等级等)。

b) 委托方和试验机构的情况。

　　1) 委托方名称和地址;

　　2) 所有涉及的试验机构和试验场所的名称和地址;

　　3) 试验项目负责人的姓名和地址;

         4) 主要研究者姓名和地址及其所承担的试验部分(若有);

         5) 为最终报告做了工作的其他人员的姓名和地址。

  c) 试验开始时间和试验完成时间。

  d) 质量保证声明。

    质量保证声明应列出质量保证检查方式及其检查日期,包括检查试验阶段和向试验机构管理者、试验项目负责人及主要研究者报告检查结果的日期。质量保证声明同时还要确认报告反映原始数据。

  e) 试验与方法的描述。

         1) 所用的试验方法与材料;

         2) 实验室环境条件控制;

         3) 实验室样品制备;

         4) 试验体系的准备、建立、观察、标本采集;

         5) 试验样品的检测与分析频率及方法;

         6) 分析处理数据的统计学方法以及数据处理软件;

         7) 参考文献。

  f) 试验结果。

         1) 摘要;

         2) 试验计划书所要求的所有信息和数据;

         3) 试验结果,包括相关的统计计算;

         4) 对试验结果的讨论和评价,必要时做出结论。

  g) 归档。

    归档的资料包括试验计划书、供试物、参照物、样本、原始数据和最终报告等。应注明保存场所。

12 档案和试验材料的保管

12.1 下列资料应按照规定的保存期限归档保管:

  a) 每个试验项目的试验计划书、偏离记录、原始数据和最终报告;

  b) 质量保证部门所有的检查记录以及主计划表;

  c) 工作人员的技术档案,包括资格、培训情况、经历和工作职责等记录;

  d) 仪器设备档案以及维护、检定和使用的记录;

  e) 计算机系统的有效确认文件;

  f) 标准操作规程的所有卷宗;

  g) 环境监测记录。

12.2 供试物、参照物和试验样品等试验材料按规定进行保管。如果在规定的保存期限结束之前将其处理,应提供正当理由并备有证明文件。

12.3 档案材料应按顺序摆放和保存,便于查询。任何存档材料的处理应有书面记录。

12.4 只有试验机构管理者授权的人员才能进入档案室,借阅应填写相应的记录。

12.5 如果试验机构或合同档案室破产,且没有合法的继承人,则这些档案应转移至相应试验委托方档案室。

第 六 类
标准物质制备

ICS 65.220.01
B 04

中 华 人 民 共 和 国 国 家 标 准

农业部 1485 号公告－19－2010

转基因植物及其产品成分检测
基体标准物质候选物鉴定方法

Detection of genetically modified plants and derived products—
Methods for identification of matrix reference material candidate

2010-11-15 发布

2011-01-01 实施

中华人民共和国农业部 发布

前　言

本标准按照 GB/T 1.1—2009 给出的规则起草。

本标准由中华人民共和国农业部科技教育司提出。

本标准由全国农业转基因生物安全管理标准化技术委员会(SAC/TC 276)归口。

本标准起草单位:农业部科技发展中心、上海交通大学、吉林省农业科学院、中国计量科学研究院、中国农业科学院油料作物研究所、上海生命科学院植物生理生态研究所。

本标准主要起草人:沈平、刘信、张明、张大兵、厉建萌、卢长明、王晶、杨立桃、张景六、李飞武、李允静。

转基因植物及其产品成分检测
基体标准物质候选物鉴定方法

1 范围

本标准规定了转基因植物及其产品成分检测基体标准物质候选物鉴定的程序和方法。

本标准适用于转基因植物及其产品成分检测基体标准物质候选物的筛选和鉴定。

2 规范性引用文件

下列文件对于本文件的应用是必不可少的。凡是注日期的引用文件,仅注日期的版本适用于本文件。凡是不注日期的引用文件,其最新版本(包括所有的修改单)适用于本文件。

JJF 1006　一级标准物质

NY/T 673　转基因植物及其产品检测　抽样

NY/T 674　转基因植物及其产品检测　DNA 提取和纯化

3 术语和定义

下列术语和定义适用于本标准。

3.1

基体标准物质　matrix reference material

利用植物器官制备形成的标准物质。

3.2

基体标准物质候选物　matrix reference material candidate

可用于制备基体标准物质的材料,如转基因植物及对应的非转基因植物的籽粒、叶片等。

3.3

典型性　identity

转基因植物基体标准物质候选物的典型性,是指含有特定转化体,但不含其他任何转化体的特性。

非转基因植物基体标准物质候选物的典型性,是指含有特定转化体的受体(或近等基因系)但不含有任何转化体的特性。

3.4

转化体纯度　event purity

含有特定转化体的个体数(包括纯合体和杂合体个体数)占供试个体数的百分率。

3.5

转化体纯合度　event zygosity

折算成特定转化体的纯合体数占供试特定转化体个体数的百分率。

4 要求

4.1 转基因植物基体标准物质候选物应优先选用可繁殖的材料,如种子等,还应符合以下要求:

——重量应不少于 2.5 kg;

——选择同一物种同一组织器官;

——典型性、转化体纯度和转化体纯合度应满足待定特性量的量值范围要求；

——JJF 1006 规定的关于候选物的要求。

4.2 转基因植物基体标准物质候选物鉴定机构应符合以下要求：

——具有资质的转基因产品成分检测机构；

——具备标准物质候选物鉴定所需的仪器设备和环境设施。

4.3 转基因植物基体标准物质候选物鉴定人员应符合以下要求：

——具备转基因产品检测和标准物质研制等相关业务知识；

——在开展候选物鉴定工作前，接受相关技术和业务知识培训。

4.4 转基因植物基体标准物质候选物鉴定方法应符合以下要求：

——及时查询同物种的其他转化体的信息，对检测方法进行验证，确保最大范围内对候选物开展典型性鉴定；

——优先选择国家标准、行业标准、国内技术规范、国际标准。若缺少上述标准方法，可按鉴定机构"非标采标程序"采用适用于候选物鉴定的方法。

5 鉴定方法

5.1 抽样

对用于转基因植物基体标准物质候选物鉴定的样品，抽样按 NY/T 673 的规定执行。

5.2 试样制备

5.2.1 典型性鉴定试样制备

取样个体数不少于 3 000，混合均匀，充分研磨。

5.2.2 转化体纯度和纯合度鉴定试样制备

取样个体数不少于 100，进行单个体处理（如单粒研磨、取单株叶片研磨等）。

5.3 DNA 模板制备

按 NY/T 674 的规定执行。

5.4 典型性鉴定

5.4.1 概述

按特定的转化体特异性检测方法，检测转基因植物基体标准物质候选物是否含有特定转化体。

利用同物种其他转化体的特异性检测方法，检测转基因植物基体标准物质候选物中是否含有其他转化体。

5.4.2 转基因植物候选物典型性鉴定

按下列步骤执行：

a) 特定的转化体特异性检测结果为阴性，终止检测；

b) 特定的转化体特异性检测结果为阳性，继续进行同物种其他转化体的检测；

c) 同物种其他转化体检测结果为阳性，终止检测；

d) 同物种其他转化体检测结果为阴性，进行特定的转化体纯度和纯合度检测。

5.4.3 对应的非转基因植物候选物典型性鉴定

按下列步骤执行：

a) 特定的转化体特异性检测结果为阳性，终止检测；

b) 特定的转化体特异性检测结果为阴性，继续进行同物种其他转化体的检测。

5.5 转化体纯度和纯合度鉴定

5.5.1 转化体纯度鉴定与计算

按特定的转化体特异性检测方法，对转基因植物候选物进行转化体特异性检测，记录含特定转化体个体数。

转化体纯度（X）按式（1）计算：

$$X(\%) = \frac{a}{n} \times 100 \quad\cdots\cdots\cdots\cdots\cdots\cdots\cdots\cdots\cdots\cdots\cdots\cdots\cdots\cdots\cdots（1）$$

式中：

a——含特定转化体个体数；

n——鉴定的样品总个体数。

5.5.2 转化体纯合度鉴定与计算

利用适用于转基因植物转化体纯合度检测的方法，对转基因植物候选物进行转化体纯合度检测，记录纯合体个体数。

转化体纯合度（Y）按式（2）计算：

$$Y(\%) = \frac{b + 1/2 \times (a-b)}{a} \times 100 \quad\cdots\cdots\cdots\cdots\cdots\cdots\cdots\cdots\cdots\cdots（2）$$

式中：

a——含特定转化体个体数；

b——纯合体个体数。

5.5.3 转基因成分含量估算

转基因成分含量估算值（Z）按式（3）计算：

$$Z(\%) = X \times Y \times 100 \quad\cdots\cdots\cdots\cdots\cdots\cdots\cdots\cdots\cdots\cdots\cdots\cdots（3）$$

式中：

X——转化体纯度；

Y——转化体纯合度。

6 判定

6.1 判定依据

6.1.1 典型性鉴定判定依据

转基因植物基体标准物质候选物的转化体特异性检测结果为阳性，其他转化体特异性检测结果为阴性，表明转基因植物候选物的典型性符合要求；

对应的非转基因植物候选物的转化体检测结果和其他转化体检测结果均为阴性，表明非转基因植物候选物的典型性符合要求。

6.1.2 转化体纯度和纯合度鉴定判定依据

转基因植物基体标准物质候选物的转化体纯度（5.5.1）不低于待定特性量值的 2 倍或转基因成分含量估算值（5.5.3）不低于待定特性量值，表明转基因植物基体标准物质候选物的转化体纯度和转化体纯合度符合要求。

6.2 结果判定

转基因植物基体标准物质候选物典型性符合要求，且转化体纯度或转基因成分含量估算值符合要求，表明该候选物适合用作转基因植物基体标准物质候选物；反之，不适合。

非转基因植物基体标准物质候选物典型性符合要求，表明该候选物适合用作非转基因植物基体标准物质候选物；反之，不适合。

ICS 65.020
B 04

中华人民共和国国家标准

农业部 1782 号公告－8－2012

转基因植物及其产品成分检测
基体标准物质制备技术规范

Detection of genetically modified plants and derived products—
Technical specification for manufacture of matrix reference material

2012-06-06 发布

2012-09-01 实施

中华人民共和国农业部 发布

前　言

本标准按照 GB/T 1.1—2009 给出的规则起草。

本标准由中华人民共和国农业部提出。

本标准由全国农业转基因生物安全管理标准化技术委员会(SAC/TC 276)归口。

本标准起草单位:农业部科技发展中心、中国农业科学院油料作物研究所、上海交通大学、中国计量科学研究院、上海生命科学院植物生理生态研究所。

本标准主要起草人:周云龙、卢长明、刘信、曹应龙、宋贵文、沈平、吴刚、杨立桃、王晶、王江、李允静、李飞武、赵欣。

转基因植物及其产品成分检测
基体标准物质制备技术规范

1 范围

本标准规定了利用水稻、玉米和大豆籽粒制备转基因植物产品检测基体标准物质的操作流程和技术要求。

本标准适用于利用水稻、玉米和大豆籽粒制备转基因植物产品检测基体标准物质。

2 规范性引用文件

下列文件对于本文件的应用是必不可少的。凡是注日期的引用文件，仅注日期的版本适用于本文件。凡是不注日期的引用文件，其最新版本（包括所有的修改单）适用于本文件。

GB/T 3543.6 农作物种子检验规程 水分测定

GB/T 6682 分析实验室用水规格和试验方法

CNAS-CL04 标准物质/标准样品生产者能力认可准则

JJF 1186 标准物质认定证书和标签内容编写规则

JJG 1006 一级标准物质技术规范

农业部 1485 号公告—19—2010 转基因植物及其产品成分检测 基体标准物质候选物鉴定方法

3 术语和定义

下列术语和定义适用于本文件。

3.1

短期稳定性 short-term stability

在规定运输条件下标准物质特性在运输过程中的稳定性。

3.2

长期稳定性 long-term stability

在标准物质生产者规定贮存条件下标准物质特性的稳定性。

3.3

转基因成分含量 GMO content

转化体特异性序列拷贝数占单倍体基因组拷贝数的比值。

4 要求

4.1 基体标准物质加工时应单独制备转基因材料和非转基因材料基体标准物质候选物。

4.2 基体标准物质制备单位应达到 CNAS-CL04 规定的生产者能力的通用要求，具备标准物质制备所需的仪器设备和环境设施。

4.3 基体标准物质制备人员应具备转基因植物产品检测和标准物质研制等相关业务知识，在开展基体标准物质制备工作前，接受相关技术和业务知识培训。

5 制备流程

5.1 候选物鉴定

按照农业部 1485 号公告—19—2010 的规定执行。

5.2 候选物加工

5.2.1 预处理

用灭菌重蒸馏水或 GB/T 6682 规定的一级水清洗候选物表面,利用冷冻真空干燥仪进行干燥,使含水量不高于 10%。

5.2.2 研磨

用液氮浸泡冷冻研磨仪研磨杯,对候选物进行研磨,至 90% 以上粉末小于 180 μm 粗样。

5.2.3 水分测定

将研磨的粉末冷冻真空干燥,温度不高于 -10℃。按 GB/T 3543.6 的方法,对标准物质候选物粉末的水分含量进行测定,使最终水分含量不高于 10%。

5.2.4 混合

按式(1)和式(2)分别计算待混合的转基因样品粉末质量(m_1)和非转基因样品粉末质量(m_2)。

$$m_1 = \frac{c_1 \times m \times (1-c_2)}{(1-c_1) \times (1-c_3) + c_1 \times (1-c_2)} \quad\cdots\cdots\cdots\cdots (1)$$

式中:

m_1——待混合的转基因样品粉末质量,单位为克(g);

c_1——拟制备的标准物质转基因成分的含量,单位为百分率(%);

m——标准物质的总质量,单位为克(g);

c_2——非转基因样品粉末含水量,单位为百分率(%);

c_3——转基因样品粉末含水量,单位为百分率(%)。

$$m_2 = m - m_1 \quad\cdots\cdots\cdots\cdots (2)$$

式中:

m_2——待混合的非转基因样品粉末质量,单位为克(g);

m——标准物质的总质量,单位为克(g);

m_1——待混合的转基因样品粉末质量,单位为克(g)。

分别称取转基因样品粉末和非转基因样品粉末,在温度不超过 30℃、相对湿度不超过 40% 环境下利用固体粉末混合仪充分混合均匀。混合完成的样品进行均匀性初检,初检均匀的样品进行标记后置于干燥的密闭容器内,待分装。

5.3 分装

5.3.1 在环境温度不超过 30℃、相对湿度不超过 40% 的封闭环境内进行。

5.3.2 将混匀的基体标准物质粉末分装到合适容器中,充入惰性气体,封口,贴标准物质初级标签(申请完成后会有标准物质号),4℃ 保存。

6 均匀性检验

6.1 基本要求

凡成批制备或分装成最小包装单元的标准物质,都需进行均匀性检验,以保证每一最小包装单元的特性量值在规定的不确定度范围内。

6.2 抽样方式和抽样数目

按照 JJG 1006 的规定从分装成最小包装单元的样品中随机抽样。从一批单元中抽取一个子集,对具有代表性的 10 个～30 个单元进行均匀性研究,一般不应少于 10 个。或者当总体单元小于 500 个时,抽样数目不少于 15 个;总体单元大于 500 个时,抽样数目不小于 25 个,或等于 $3\sqrt[3]{N}$(N 为总体单元数)。

6.3 检验方法

采用不低于定值方法精密度且有足够灵敏度的测量方法进行均匀性检验。均匀性检验应在重复性条件下(同一操作者,同一台仪器,同一测量方法,在短期内)完成。每一最小包装单元内称取不少于 3 份试样进行测定,测量次序应随机化,避免测量系统在不同时间的变差干扰对样品均匀性的评价。

6.4 最小取样量

以 100 mg 作为最小取样量。

6.5 检验结果的处理和评价

6.5.1 按以下步骤对均匀性检验中的试验结果进行 F 检验,计算单元内方差和单元间方差。

假定均匀性检验抽取 m 个包装单元,每个包装单元进行 n 次重复测定。

按式(3)和式(4)分别计算单元内方差和单元间方差:

$$s_e^2 = \frac{\sum_{i=1}^{m} \sum_{j=1}^{n} (X_{ij} - \overline{X}_i)^2}{m(n-1)} \quad \cdots\cdots\cdots\cdots\cdots\cdots (3)$$

式中:

s_e^2 ——均匀性检验中所得的单元内方差;

n ——每一单元内重复测定的次数;

m ——均匀性检验抽取的单元数;

X_{ij} ——第 i 个单元内的第 j 个测定值;

$\overline{X}_i$ ——第 i 个单元内的测定平均值。

$$s_m^2 = \frac{n \sum_{i=1}^{m} (\overline{X}_i - \overline{\overline{X}})^2}{m-1} \quad \cdots\cdots\cdots\cdots\cdots\cdots (4)$$

式中:

s_m^2 ——均匀性检验中所得的单元间方差;

n ——每一单元内重复测定的次数;

$\overline{X}_i$ ——第 i 个单元内的测定平均值;

$\overline{\overline{X}}$ ——m 个单元测量结果的总平均值;

m ——均匀性检验抽取的单元数。

按式(5)计算统计量 F。

$$F = \frac{s_m^2}{s_e^2} \quad \cdots\cdots\cdots\cdots\cdots\cdots (5)$$

式中:

s_m^2 ——均匀性检验中所得的单元间方差;

s_e^2 ——均匀性检验中所得的单元内方差。

查 F 分布表,得临界值 $F_{0.05,(m-1),m(n-1)}$。

均匀性检验结果的评价依据如下:

——若 $F \leqslant F_{0.05,(m-1),m(n-1)}$,单元间方差与单元内方差无显著性差异,样品均匀;

——若 $F > F_{0.05,(m-1),m(n-1)}$,单元间方差与单元内方差有显著性差异,样品不均匀。

6.5.2 对不均匀的样品查找原因并解决问题后进行再处理,分装成最小包装单元,按上述要求和方法再次进行均匀性检验。

6.6 不均匀性引起的标准不确定度

6.6.1 根据均匀性检验中的单元间方差和单元内方差,计算样品不均匀性引起的标准不确定度 u_{bb}。

6.6.2 若 $F \geqslant 1$,按式(6)计算标准不确定度 u_{bb}。

$$u_{bb} = \sqrt{\frac{1}{n}(s_m^2 - s_e^2)} \quad \cdots\cdots\cdots\cdots\cdots\cdots\cdots\cdots\cdots\cdots\cdots (6)$$

式中：

u_{bb}——均匀性标准不确定度；

s_m^2——均匀性检验中所得的单元间方差；

s_e^2——均匀性检验中所得的单元内方差；

n ——每一单元内重复测定的次数。

6.6.3 若 $F<1$，按式（7）计算标准不确定度 u_{bb}。

$$u_{bb} = \sqrt{\frac{s_e^2}{n}} \sqrt[4]{\frac{2}{m(n-1)}} \quad \cdots\cdots\cdots\cdots\cdots\cdots\cdots\cdots\cdots (7)$$

式中：

u_{bb}——均匀性标准不确定度；

s_e^2——均匀性检验中所得的单元内方差；

n ——每一单元内重复测定的次数；

m ——均匀性检验抽取的单元数。

7 稳定性检验

7.1 基本要求

转基因植物基体标准物质的稳定性应在 6 个月以上。标准物质应在规定的保存或使用条件下，定期进行特性量值的稳定性检验，采用定量 PCR 方法进行测定。稳定性检验应在均匀性检验证明样品充分均匀后进行。

7.2 温度及时间间隔

7.2.1 短期稳定性测定温度为 25℃和 37℃，测定时间点为 0 周、1 周、2 周、4 周。

7.2.2 长期稳定性测定温度为 -20℃和 4℃，测定时间点为 0 月、1 月、2 月、4 月、6 月、12 月……

7.3 样品的抽取

稳定性检验的样品应从最小包装单元中随机抽取。每次每种基体标准物质随机抽取不少于 3 个最小包装单元。

7.4 检验结果的处理和评价

稳定性研究是通过在不同时间测定标准物质的特性量值，以时间为 X 轴，以特性量值为 Y 轴，描绘出特性量值与时间的关系。

按式（8）计算斜率：

$$b = \frac{\sum_{i=1}^{n}(X_i - \overline{X})(Y_i - \overline{Y})}{\sum_{i=1}^{n}(X_i - \overline{X})^2} \quad \cdots\cdots\cdots\cdots\cdots\cdots\cdots\cdots (8)$$

式中：

b ——用时间和特性量值拟合直线的斜率；

n ——稳定性检验的重复测量次数；

X_i——i 时间点；

Y_i——i 时间点的特性量值；

$\overline{X}$ ——某一时间间隔时间平均值；

$\overline{Y}$ ——某一时间间隔后的稳定性检验测量结果的平均值。

按式（9）计算截距：

$$b_0 = \overline{Y} - b\overline{X} \quad \cdots\cdots\cdots\cdots\cdots\cdots\cdots\cdots\cdots\cdots\cdots\cdots\cdots\cdots\cdots\cdots\cdots \quad (9)$$

式中：

b_0——用时间和特性量值拟合直线的截距；

$\overline{Y}$——某一时间间隔后的稳定性检验测量结果的平均值；

b——用时间和特性量值拟合直线的斜率；

$\overline{X}$——某一时间间隔时间平均值。

拟合直线的标准偏差见式(10)：

$$S^2 = \frac{\sum_{i=1}^{n} (Y_i - b_0 - bX_i)^2}{n-2} \quad \cdots\cdots\cdots\cdots\cdots\cdots\cdots\cdots\cdots\cdots\cdots \quad (10)$$

式中：

S——拟合直线的标准偏差；

n——拟合直线的点数；

Y_i——i 时间点的特性量值；

b_0——用时间和特性量值拟合直线的截距；

b——用时间和特性量值拟合直线的斜率；

X_i——i 时间点。

斜率的标准偏差见式(11)：

$$S_b = \frac{S}{\sqrt{\sum_{i=1}^{n} (X_i - \overline{X})^2}} \quad \cdots\cdots\cdots\cdots\cdots\cdots\cdots\cdots\cdots\cdots\cdots \quad (11)$$

式中：

S_b——斜率的标准偏差；

S——拟合直线的标准偏差；

n——拟合直线的点数；

X_i——i 时间点；

$\overline{X}$——某一时间间隔时间平均值。

查 t 分布表，得临界值 $t_{0.95,n-2}$。若 $|b| < t_{0.95,n-2} \times S_b$，表明斜率是不显著的，未观测到不稳定性。

7.5 有效期限的确定

当稳定性检验结果表明待定特性量值没有显著性变化，或其变化值在标准值的不确定范围内波动时，以被比较的时间段为标准物质的有效期限。

标准物质试用期间应不断积累稳定性检验数据，以便确认延长有效期限的可能性。

7.6 稳定性引起的标准不确定度

按式(12)计算稳定性的标准不确定度 u_{lts}：

$$u_{lts} = S_b \times t \quad \cdots\cdots\cdots\cdots\cdots\cdots\cdots\cdots\cdots\cdots\cdots\cdots\cdots\cdots \quad (12)$$

式中：

u_{lts}——稳定性标准不确定度；

S_b——斜率的标准偏差；

t——稳定性检验时间。

8 定值

8.1 基本要求

8.1.1 采用多家实验室联合定值的方式对基体标准物质进行定值。

8.1.2 参加定值的实验室数量应满足 JJG 1006 的要求,并具备转基因产品定量 PCR 技术能力或相关资质。

8.1.3 组织定值的实验室应制定详细的定值方案,根据方案发放定值样品和试剂,明确实验方法和实验条件,规定实验重复次数和结果报告方式,按照统一要求汇总定值数据。

8.2 定值数据的统计处理和标准值的确定

8.2.1 实验结果汇总

收集各实验室的单次测定结果,按独立测定组数汇总。审查各独立测定组的数据,如有疑问,通知有关实验室查找原因后重测。

8.2.2 数据的正态性检验

采用夏皮罗—威尔克法(Shapiro-Wilk)或达格斯提诺(D'Agostino)法检验数据的正态性。

8.2.3 数据组的等精度检验

用科克伦(Cochran)法检验各独立数据组是否等精度。删除在 99％置信概率($\alpha=0.01$)下检出的方差异常大的一组数据。

8.2.4 数据组的平均值检验

将每组数据的平均值视作单次测量值,构成一组新的数据。用格拉布斯(Grubbs)或狄克逊法(Dixon)检验可疑值。剔除 99％置信概率($\alpha=0.01$)下检出的异常值。对于在 95％置信概率($\alpha=0.05$)和 99％置信概率之间检出的异常值,如无明确原因,应予保留。

当数据离散度较大或异常值多于 2 个时,应检测各定值实验室的分析方法、试验条件、仪器设备及操作过程等,查明原因,解决问题后重新试验。

8.2.5 标准值及标准偏差的确定

8.2.5.1 当单次测量值服从正态分布或近似正态分布时,计算以保留数据的总算术平均值作为标准值,标准偏差 u_r 作为标准不确定度,按式(13)计算。

$$u_r = \sqrt{\frac{\sum\limits_{i=1}^{m}(\overline{X}_i - \overline{X})^2}{m(m-1)}} \quad\cdots\cdots\cdots\cdots\cdots\cdots\cdots\cdots\cdots\cdots\cdots\cdots (13)$$

式中:

u_r ——定值标准不确定度;

$\overline{X}_i$ ——第 i 组数据的平均值;

$\overline{X}$ ——所有数据的总平均值;

m ——定值实验室组数。

8.2.5.2 当单次测量值不服从正态分布时,可在剔除异常值后再进行一次正态性检验。若为正态分布,按上述方法确定标准值;若仍为非正态分布,应检查测量方法和试验条件,找出各实验室可能存在的系统误差,解决问题后重新定值。

8.3 总不确定度的计算

8.3.1 按式(14)计算合成标准不确定度:

$$u = \sqrt{u_r^2 + u_{bb}^2 + u_{lts}^2} \quad\cdots\cdots\cdots\cdots\cdots\cdots\cdots\cdots\cdots\cdots\cdots\cdots (14)$$

式中:

u ——合成标准不确定度;

u_r ——定值标准不确定度;

u_{bb} ——均匀性标准不确定度;

u_{lts} ——稳定性标准不确定度。

8.3.2 按式(15)计算总不确定度:

$$U = k \times u \quad \cdots\cdots\cdots\cdots\cdots\cdots\cdots\cdots\cdots\cdots\cdots\cdots\cdots\cdots\cdots \quad (15)$$

式中：

U——标准值的总不确定度（指定概率下的扩展不确定度）；

k——指定概率下的扩展因子。

8.4 定值结果的表示

8.4.1 定值结果由标准值和总不确定度组成，即"标准值±总不确定度"，表示"真值"在一定置信概率下所处的量值范围，其中"标准值"为基体标准物质的转基因成分含量。

8.4.2 总不确定度的有效数字一般不超过两位数，通常采用只进不舍的原则。标准值的有效数字位数根据其最后一位数与总不确定度相应的位数对齐决定。

9 包装与贮存

基体标准物质的包装应满足该标准物质特有的用途。按 JJF 1186 的要求，在标准物质的最小包装单元上粘贴标签。贮存于 4℃、干燥、阴凉、洁净的环境中。

ICS 65.020
B 04

中华人民共和国国家标准

农业部 1782 号公告－9－2012

转基因植物及其产品成分检测
标准物质试用评价技术规范

Detection of genetically modified plants and derived products—
Technical specification for evaluation on reference material by ring trial

2012-06-06 发布

2012-09-01 实施

中华人民共和国农业部 发布

前　言

本标准按照 GB/T 1.1—2009 给出的规则起草。

本标准由中华人民共和国农业部提出。

本标准由全国农业转基因生物安全管理标准化技术委员会(SAC/TC 276)归口。

本标准起草单位:农业部科技发展中心、中国农业科学院生物技术研究所、中国农业科学院油料作物研究所、上海交通大学、上海生命科学院、中国计量科学研究院。

本标准主要起草人:周云龙、金芜军、刘信、张秀杰、宋贵文、李允静、李飞武、曹应龙、杨立桃、赵欣、王江、王晶。

转基因植物及其产品成分检测
标准物质试用评价技术规范

1 范围

本标准规定了用于转基因植物产品检测标准物质试用评价的方法和程序。

本标准适用于转基因植物产品检测标准物质的试用评价。

2 规范性引用文件

下列文件对于本文件的应用是必不可少的。凡是注日期的引用文件,仅注日期的版本适用于本文件。凡是不注日期的引用文件,其最新版本(包括所有的修改单)适用于本文件。

NY/T 672 转基因植物及其产品检测 通用要求

NY/T 673 转基因植物及其产品检测 抽样

农业部 1485 号公告—4—2010 转基因植物及其产品成分检测 DNA 提取和纯化

3 术语和定义

下列术语和定义适用于本文件。

3.1

转基因植物产品检测标准物质 reference material for genetically modified plants detection

具有一种或多种足够均匀和很好地确定了的特性,在转基因植物产品检测中用以校准测量装置、评价测量方法或给材料赋值的一种材料或物质。

3.2

转基因植物产品检测基体标准物质 matrix reference material for genetically modified plants detection

利用植物器官制备形成的用于其转基因产品检测的标准物质。

3.3

转基因植物产品检测质粒标准物质 plasmid reference material for genetically modified plants detection

利用含有转基因检测特异性目的片段的重组质粒分子制备形成的标准物质。

4 要求

4.1 标准物质试用评价机构数量不少于 7 家,且具备转基因植物产品检测标准物质试用评价所需的仪器设备和环境设施。

4.2 标准物质试用评价人员具备转基因植物产品检测的理论知识、实际操作经验以及标准物质应用与管理等相关业务知识。

4.3 标准物质试用评价使用的试剂耗材由具有充分质量保障能力的供应商提供,并经验收满足标准物质试用评价实验要求。

4.4 标准物质试用评价使用的方法优先选择国家标准、行业标准、国内技术规范和国际标准,若缺少上述标准方法,可选用经同行验证并认可的方法或按相关程序选用其他非标方法。

5 试用评价内容

5.1 用于核酸检测的试用评价

5.1.1 试用评价材料

5.1.1.1 试用标准物质

由标准物质研制单位提供的标准物质(基体或质粒标准物质)。

5.1.1.2 测试样品

特性量值已知的样品。

5.1.2 试用评价方法

5.1.2.1 制样

按 NY/T 672 和 NY/T 673 的规定执行。

5.1.2.2 试样预处理

按农业部 1485 号公告—4—2010 的规定执行。

5.1.2.3 DNA 模板制备

按农业部 1485 号公告—4—2010 的规定执行。

5.1.2.4 基于定性 PCR 方法的试用

以转基因成分质量分数为 0% 的试用标准物质或相对应的非转基因材料作为阴性对照,以试用基体标准物质(转基因成分质量分数不小于 0.5%)或质粒标准物质(每 25 μL PCR 反应体系中加入 10^3 拷贝质粒分子)作为阳性对照,以水作为空白对照,对测试样品进行检测。每种标准物质的试用,设置 3 个平行、3 次重复。

5.1.2.5 基于定量 PCR 方法的试用

5.1.2.5.1 标准样品制备

根据实际需要,将试用标准物质 DNA 用 0.1×TE 或水进行梯度稀释,获得 5 个浓度梯度的标准样品。

5.1.2.5.2 定量 PCR 测试

以 5 个浓度梯度的标准样品及测试样品 DNA 为模板进行定量 PCR,同时以转基因成分质量分数为 0% 的试用标准物质或相对应的非转基因材料作为阴性对照,以水作为空白对照。每个样品设置 3 个平行、3 次重复。

5.1.2.5.3 标准曲线绘制

以标准样品扩增的 Ct 值为 Y 轴,DNA 拷贝数的对数为 X 轴,根据标准样品的 Ct 值和 DNA 拷贝数的对数绘制标准曲线,分别得到一条内标准基因扩增标准曲线和一条外源基因扩增标准曲线。计算标准曲线的线性斜率 K 值和相关系数 R^2 值,得到其对应的一元一次方程,见式(1)。

$$Ct = K \times \lg c + D \quad\cdots\cdots\cdots\cdots\cdots\cdots\cdots\cdots\cdots\cdots (1)$$

式中:

Ct——荧光信号到达设定的域值时所经历的循环数;

K——标准曲线的线性斜率;

c——标准梯度样品中 DNA 的拷贝数;

D——标准曲线的截距。

5.1.2.5.4 扩增效率(PCR Efficiency)计算

按式(2)计算定量 PCR 扩增效率。

$$E = 10^{-1/K} - 1 \quad\cdots\cdots\cdots\cdots\cdots\cdots\cdots\cdots\cdots\cdots (2)$$

式中:

E——定量 PCR 扩增效率；

K——标准曲线的线性斜率。

5.1.2.5.5 测试样品转基因成分含量计算

按式(1)计算测试样品中外源基因及单倍体基因组的拷贝数。按式(3)计算测试样品中的转基因成分含量。

$$C = \frac{a}{b} \times 100 \quad\cdots\cdots\cdots\cdots\cdots\cdots\cdots\cdots\cdots\cdots\cdots\cdots\cdots\cdots\cdots\cdots\cdots\cdots (3)$$

式中：

C——测试样品中的转基因成分含量，单位为百分率；

a——测试样品中外源基因的拷贝数；

b——测试样品中单倍体基因组的拷贝数。

5.1.2.5.6 质量控制

在空白对照和阴性对照扩增中，Ct 值应大于 40 或没有扩增信号。

扩增反应效率应在 90%～105% 区间内，绘制的定量标准曲线斜率应在 −3.6～−3.2 范围内，相关系数 R^2 的平均值应不小于 0.98。

阈值的设置应尽可能接近指数增长期的底部，每次实验应按照相同的方式来设置阈值。

5.1.3 结果分析与评价

5.1.3.1 基于定性 PCR 方法的分析与评价

当试用结果符合以下两项要求时，认为此试用标准物质可以作为该转基因产品定性 PCR 检测的标准物质：

——空白对照和阴性对照 PCR 反应体系的各次平行和重复中均无目的扩增条带，假阳性率为 0；

——阳性对照 PCR 反应体系的各次平行和重复中均有相对应的特异性扩增条带，假阴性率为 0。

5.1.3.2 基于定量 PCR 方法的分析与评价

当试用结果符合以下两项要求时，认为此试用标准物质可以作为该转基因产品定量 PCR 检测的标准物质：

——在每次定量测试中，外源及内标准基因的扩增反应效率都在 90%～105% 区间内，相关系数 R^2 的平均值均不小于 0.98；

——在 3 次重复测试中，测试样品的单倍体基因组拷贝数、外源基因拷贝数以及外源基因拷贝数与单倍体基因组拷贝数比值的相对标准偏差(RSD)不大于 25%。

5.2 其他方面的试用评价

除上述试用评价内容外，还应开展以下方面的试用评价：

——结合本实验室的实际情况，评价标准物质是否便于使用和保存，并对其包装材料、包装规格、外标签、最小取样量以及说明书中提供的信息等是否便于操作者使用作出综合评价；

——结合实验室日常检测工作对标准物质的量值需求，评价标准物质设置的量值梯度，是否可以满足日常检测工作需要；

——结合标准物质在本实验室试用的具体应用领域及应用效果，评价其对实验室产生的社会效益与经济效益；

——其他意见或建议。

6 试用评价报告

各试用评价机构通过标准物质的试用，对所试用标准物质进行综合评价，形成标准物质试用评价报告。试用评价报告应至少包括以下内容：

——研制单位；

——试用标准物质；

——生产日期；

——有效期；

——测试材料与方法：材料来源、使用方法、使用功能；

——结果分析；

——综合评价；

——评价单位名称及公章；

——试用日期；

——操作人员、技术负责人签字。

7 试用评价报告的汇总与分析

标准物质研制单位对各试用评价机构提交的报告进行汇总，并根据 5.1.3 和 5.2 的结果，对试用标准物质进行综合分析，评价标准物质是否满足转基因植物及其产品成分检测的要求。

ICS 65.020.01
B 04

中华人民共和国国家标准

农业部 2259 号公告－1－2015

转基因植物及其产品成分检测
基体标准物质定值技术规范

Detection of genetically modified plants and derived products—
Technical specification for certified value assessment of matrix reference materials

2015-05-21 发布

2015-08-01 实施

中华人民共和国农业部 发布

前　言

本标准按照 GB/T 1.1—2009 给出的规则起草。

请注意本文件的某些内容可能涉及专利。本文件的发布机构不承担识别这些专利的责任。

本标准由中华人民共和国农业部提出。

本标准由全国农业转基因生物安全管理标准化技术委员会(SAC/TC 276)归口。

本标准起草单位:农业部科技发展中心、中国农业科学院生物技术研究所。

本标准主要起草人:李亮、沈平、张秀杰、宋贵文、宛煜嵩、苗超华、金芜军、李昂。

农业部 2259 号公告—1—2015

转基因植物及其产品成分检测
基体标准物质定值技术规范

1 范围

本标准规定了转基因植物及其产品检测基体标准物质多家实验室合作定值的方法和操作程序。

本标准适用于实时荧光定量 PCR 方法对转基因植物检测基体标准物质进行多实验室的合作定值。

2 规范性引用文件

下列文件对于本文件的应用是必不可少的。凡是注日期的引用文件,仅注日期的版本适用于本文件。凡是不注日期的引用文件,其最新版本(包括所有的修改单)适用于本文件。

农业部 1485 号公告—4—2010　转基因植物及其产品成分检测　DNA 提取和纯化

JJF 1343—2012　标准物质定值的通用原则及统计学原理

3 术语和定义

下列术语和定义适用于本文件。

3.1

基体标准物质的特性值　property value of a matrix reference material

转基因植物及其产品检测基体标准物质的特性值为单倍体基因组中外源插入基因拷贝数与内标准基因的比值。

4 定值原理

采用 TaqMan 探针法的实时荧光定量 PCR 技术,以生物学鉴定的转基因纯合体基因组 DNA 作为阳性参考物质,将其系列稀释并与待测标准物质同时进行反应以获得到相应的 Ct 值;通过绘制阳性参考物质外源基因与内标准基因的标准曲线,获得拷贝数对数与 Ct 值的线性回归方程,再将待测标准物质的 Ct 值带入线性回归方程进而计算得到相应的拷贝数及特性值。此特性值主要作为标准物质的参考值。

5 通用要求

5.1　参加基体标准物质合作定值的实验室应符合以下要求:

——具有计量认证资质的转基因成分检测实验室或从事核酸检测工作的实验室;

——数量不少于 8 家。

5.2　基体标准物质合作定值人员应符合以下要求:

——具备转基因植物产品检测基本理论知识和操作经验;

——具备标准物质研制或应用相关业务知识。

5.3　基体标准物质合作定值使用的试剂耗材应符合以下要求:

——具有充分质量保障能力的供应商;

——经验收满足基体标准物质合作定值的实验要求。

5.4　基体标准物质合作定值的方法应符合以下要求:

——优先选择国家标准、行业标准、国际标准；

——非标准方法应当经过方法确认，并给出方法确认应具有的量化指标。

6 组织实施

6.1 由标准物质研制实验室、指定实验室或成立标准物质定值组织作为组织实验室。

6.2 组织实验室通过资质调研或能力验证确定参加合作定值的实验室。

6.3 由组织实验室制订合作定值计划及具体实施方案，至少包括参加实验室名单、测试材料详单、测试方法、具体操作步骤、测试结果报告格式和时间要求等。

6.4 标准物质研制实验室提供阳性参考物质（纯合体基因组 DNA）、待测标准物质，由组织实验室统一发放给参加实验室。

6.5 参加实验室严格按照实施方案的要求进行定值操作，提交测试结果及相关原始数据。

6.6 组织实验室对数据进行统计分析、不确定度评定，为标准物质赋值，编写定值报告。

7 定值方法

7.1 基因组 DNA 提取与纯化

按农业部 1485 号公告—4—2010 的规定执行，如有其他要求，可以在方案中阐明。

7.2 标准溶液稀释

将阳性参考物质用 $0.1 \times TE$、水或 $5\,mg/L$ 鲑鱼精 DNA 进行梯度稀释，在方法的线性动态范围内，获得 5 个浓度梯度的标准溶液，根据阳性参考物质的质量浓度和相关物种的单个基因组质量，分别计算标准溶液各浓度对应的拷贝数。

7.3 定量 PCR 测试

以 5 个浓度梯度的阳性参考物质及待测标准物质的基因组 DNA 为模板进行定量 PCR 检测，以水作为空白对照。每个样品设置不少于 3 个平行实验、每个平行实验 3 次重复。

7.4 标准曲线绘制

以系列标准溶液扩增的 Ct 值为 Y 轴，DNA 拷贝数 c 的对数为 X 轴，经线性拟合分别得到一条外源基因扩增标准曲线和一条内标准基因扩增曲线，及相应的斜率 K 和截距 D，见式（1）。将待测标准物质 Ct 值带入后，可计算拷贝数。

$$Ct = K \times \lg c + D \cdots\cdots\cdots (1)$$

式中：

Ct ——荧光信号到达设定的域值时所经历的循环数；

K ——标准曲线的斜率；

c ——标准梯度样品中 DNA 的拷贝数；

D ——标准曲线的截距。

7.5 扩增效率计算

定量 PCR 扩增效率，按式（2）计算。

$$E = 10^{-1/K} - 1 \cdots\cdots\cdots (2)$$

式中：

E ——定量 PCR 扩增效率；

K ——标准曲线的斜率。

7.6 量值计算

对于待测标准物质，分别将外源基因与内标准基因 Ct 值带入式（1）中，计算得到相应的拷贝数 a 和 b。测试样品中的转基因成分含量按式（3）计算。

$$C = \frac{a}{b} \times 100 \quad\cdots\cdots\cdots\cdots\cdots\cdots\cdots\cdots\cdots\cdots\cdots\cdots\cdots\cdots\quad (3)$$

式中：

C——测试样品中的转基因成分含量，单位为百分率（%）；

a ——测试样品中外源基因的拷贝数；

b ——测试样品中内标基因的拷贝数。

7.7 质量控制

在空白对照扩增中，Ct 值应大于 40 或没有扩增信号。

标准曲线的扩增效率应在 90%～110%。

决定系数 R^2 应≥0.98。

阈值的设置应尽可能接近指数增长期的底部，每次实验应按照相同的方式来设置阈值。

7.8 填写测试结果报告

记录原始数据，填写测试结果报告，并提交组织实验室。

8 数据处理

组织实验室负责收集数据，对于每一个待测标准物质，一般应有 $m(\geqslant 8)$ 家实验室（组）数据，每家实验室（组）测定 $n(\geqslant 9)$ 次。将数据整理后，进行下述步骤处理：

a) 技术审查：将显著离群的单个数据剔除后，进行如下统计：每组独立数据内的测试结果相对标准偏差≤25%，同时满足组间测试结果的相对标准偏差 RSD≤35%，如不符合，将数据组剔除。

b) 正态性检验：经技术审查后的全部数据应通过正态性检验，下述方法四选一：偏态系数与峰态系数检验、夏皮洛—威尔克系数检验、达戈斯—提诺系数检验、爱泼斯—普利系数检验。统计与计算参照标准 JJF 1343—2012 的规定执行。如未通过正态性检验，则重新按照步骤 a) 进行技术审查或补充实验数据，直至符合统计要求。

c) 组内可疑值检验：正态性检验通过后，进行组内可疑值检验。下述方法三选二：格拉布斯法、狄克逊法和 T-检验。统计与计算参照标准 JJF 1343—2012 的规定执行。如存在可疑数据，剔除该数据后继续运算，或补充实验数据，直至符合统计要求。

d) 组间等精度检验：组内可疑值检验后，进行组间等精度检验。下述方法二选一：科克伦法和 F-检验。统计与计算参照标准 JJF 1343—2012 的规定执行。如存在可疑数据，剔除该数组后继续运算，或补充实验数据，直至符合统计要求。

e) 组间平均值检验：组间等精度检验后，进行组间平均值检验。下述方法三选一：格拉布斯法、狄克逊法和 T-检验。统计与计算参照标准 JJF 1343—2012 的规定执行。如存在可疑数据，剔除后继续运算，或补充实验数据，直至符合统计要求。

f) 正态性检验：将通过步骤 a)～步骤 e) 的全部数据进行正态性检验，方法同步骤 b)。如果符合正态分布，可计算平均值，即为定值结果；如果不符合正态分布，再经技术审查剔除可疑数据之后合并数据，再按步骤 b) 方法进行统计，或补充实验数据，直至符合统计要求。最终数据组不得少于 8 组。

9 定值结果与不确定度评定

9.1 定值结果

多个（m）实验室，每个实验室测定 n 次，每个实验室（或方法）的测定平均值为 $\overline{X}_i$，测定的数据服从正态分布，且 $\overline{X}_i$ 间等精度时，则用 $\overline{X}$ 表示定值结果，按式（4）计算。

$$\overline{X} = \sum_{i=1}^{m} \frac{\overline{X}_i}{m} \cdots\cdots\cdots\cdots\cdots\cdots\cdots\cdots\cdots\cdots (4)$$

式中：

$\overline{X}$ ——全部实验室测试结果的均值；

m ——参加测试的实验室数量；

$\overline{X}_i$——每个实验室测试结果的平均值。

9.2 定值过程引入的标准不确定度 u_A

多家合作定值过程引入的标准不确定度 u_A，按式（5）计算。

$$u_A = s_{\overline{X}} = \sqrt{\sum_{i=1}^{m} (\overline{X}_i - \overline{\overline{X}})^2 / m(m-1)} \cdots\cdots\cdots\cdots\cdots (5)$$

式中：

$s_{\overline{X}}$ ——总平均值的标准偏差；

$\overline{X}_i$——每个实验室的测定平均值；

$\overline{\overline{X}}$ ——总平均值；

m ——参与定值的实验室数目。

如果存在共同的不确定度/或偏差来源，那么对这些不确定度来源的评定应作为平均值标准偏差的补充。

9.3 标准物质不均匀性、不稳定性引起的不确定度

标准物质不均匀性、不稳定性的不确定度分量（u_H 和 u_T）及计算依据由基体标准物质研制实验室提供。

9.4 合成标准不确定度

总不确定度由 3 个部分组成。定值过程引入的标准不确定度 u_A，不均匀性和不稳定性测试所引起的标准不确定度 u_H 和 u_T。

标准物质的合成标准不确定度 u_{CRM}，按式（6）计算。

$$u_{CRM} = \sqrt{u_A^2 + u_H^2 + u_T^2} \cdots\cdots\cdots\cdots\cdots\cdots\cdots\cdots (6)$$

式中：

u_{CRM}——标准物质的合成标准不确定度；

u_A ——定值过程引入的标准不确定度；

u_H ——不均匀性带来的标准不确定度；

u_T ——不稳定性带来的标准不确定度。

9.5 扩展不确定度

将标准物质的合成标准不确定度 u_{CRM} 乘以包含因子 k，即为扩展不确定度，按式（7）计算。

$$U_{CRM} = k \times u_{CRM} \cdots\cdots\cdots\cdots\cdots\cdots\cdots\cdots (7)$$

式中：

U_{CRM}——标准物质的扩展不确定度；

k ——标准物质的包含因子，一般 $k=2$，置信概率 95%；

u_{CRM}——标准物质的合成标准不确定度。

10 结果的表示

转基因植物及产品检测基体标准物质的参考值一般表示为：定值结果±扩展不确定度。

ICS 65.020.01
B 04

中华人民共和国国家标准

农业部 2259 号公告－2－2015

转基因植物及其产品成分检测
玉米标准物质候选物繁殖与鉴定技术规范

Detection of genetically modified plants and derived products—
Technical specification for reproduction and identification of maize reference
material candidate

2015-05-21 发布   2015-08-01 实施

中华人民共和国农业部 发布

前　言

本标准按照 GB/T 1.1—2009 给出的规则起草。

请注意本文件的某些内容可能涉及专利。本文件的发布机构不承担识别这些专利的责任。

本标准由中华人民共和国农业部提出。

本标准由全国农业转基因生物安全管理标准化技术委员会(SAC/TC 276)归口。

本标准起草单位:农业部科技发展中心、吉林省农业科学院、农业部环境保护科研监测所、浙江省农业科学院。

本标准主要起草人:李飞武、沈平、杨殿林、李昂、刘娜、龙丽坤、李葱葱、闫伟、董立明、修伟明、徐俊锋、陈笑芸、张明。

转基因植物及其产品成分检测
玉米标准物质候选物繁殖与鉴定技术规范

1 范围

本标准规定了玉米标准物质候选物繁殖与鉴定的程序和方法。

本标准适用于玉米标准物质候选物的繁殖与鉴定。

2 规范性引用文件

下列文件对于本文件的应用是必不可少的。凡是注日期的引用文件,仅注日期的版本适用于本文件。凡是不注日期的引用文件,其最新版本(包括所有的修改单)适用于本文件。

农业部 1485 号公告—19—2010　转基因植物及其产品成分检测　基体标准物质候选物鉴定方法

3 术语和定义

下列术语和定义适用于本文件。

3.1

玉米标准物质候选物　maize reference material candidate

用于制备玉米标准物质的材料,如转基因玉米及对应的非转基因玉米的籽粒、叶片等。

3.2

CT0 代玉米标准物质候选物　the CT0 maize reference material candidate

获得的转基因来源清晰的玉米种子,在本标准中也称作 CT0 代候选物。

注:由 CT0 代标准物质候选物自交 1 次获得的种子为 CT1 代标准物质候选物;由 CT1 代标准物质候选物自交 1 次
获得的种子为 CT2 代标准物质候选物;依次类推。

4 要求

4.1 玉米标准物质候选物原始材料

分子特征信息清晰的转基因玉米,遗传背景与转基因玉米相似的非转基因玉米。

4.2 安全管理

4.2.1 转基因玉米候选物种植前,应按照农业转基因生物安全管理法律法规的要求进行申报,获得批准后才可种植。

4.2.2 采取空间隔离措施,试验地四周应设置 500 m 以上的非玉米隔离带。

4.2.3 每个世代的候选物应以单株为单位,进行可溯源的唯一性标识。

4.2.4 候选物应由专人运输和保管。试验结束后,除需要保留的材料外,剩余试验材料一律销毁。

4.2.5 试验过程中如发生试验材料被盗、被毁等意外事故,应立即报告行政主管部门。

4.2.6 试验结束后,保留试验地边界标记。当年和第二年不再种植玉米,由专人负责监管,及时拔除并销毁转基因玉米自生苗。

4.3 机构与人员

4.3.1 玉米标准物质候选物繁殖与鉴定机构应是具有资质的转基因生物安全检测机构,并具备标准物质候选物繁殖与鉴定所需的试验基地、仪器设备和环境设施。

4.3.2 玉米标准物质候选物繁殖与鉴定人员应具备转基因生物安全检测和标准物质研制等相关业务知识,并在开展候选物繁殖与鉴定工作前,接受相关技术和业务知识培训。

4.4 记录

记录试验地前茬作物、土壤类型,试验材料的播种期、抽雄期、吐丝期、成熟期、收获期和主要的田间管理措施,以及与玉米标准物质候选物繁殖和鉴定相关的其他必要信息。

5 玉米标准物质候选物的繁殖与鉴定

5.1 选地

繁殖地块应地势平坦,地力均匀,土壤肥沃,排灌方便,稳产保收。繁殖地块前两茬应未种植玉米。

5.2 播种与田间管理

单粒播种,按当地玉米常规播种时间和播种方式进行播种。

除雌雄穗分别套袋自交外,其他按当地常规栽培管理方式进行田间管理。

5.3 去杂

在苗期、散粉前、收获前应及时去除杂株和非典型植株,脱粒前应严格去除杂穗、病穗。

5.4 典型性鉴定

依据农业部 1485 号公告—19—2010 规定的方法和程序,在抽雄前,按单株进行典型性鉴定。去除典型性不符合要求的植株。

5.5 转化体纯度和纯合体鉴定

按单株对转基因玉米标准物质候选物进行转化体纯度和纯合体鉴定。

若没有合适的转基因玉米纯合体鉴定方法或者 CT0 代候选物均为杂合体,应先按附录 A 获得转基因玉米纯合体标准物质候选物,再按本标准的第 5 章进行玉米标准物质候选物的繁殖与鉴定。

5.6 人工授粉

对符合要求的纯合体植株的雌雄穗分别进行套袋、人工自交授粉。授粉过程中,应采取措施避免植株间的花粉交叉污染。

5.7 收获

单收单储,包装物内、外应添加标签。

依据农业部 1485 号公告—19—2010 规定的方法和程序,对收获的种子进行典型性鉴定。对典型性符合要求的种子进行适当处理,使其水分不高于 13%,低温保存。

6 玉米标准物质候选物的质量标准

6.1 转基因玉米标准物质候选物的转化体纯度应不低于 99%,其他转化体混杂率应不高于 0.1%,遗传背景一致。

6.2 非转基因玉米标准物质候选物的转化体纯度为 0,其他转化体混杂率应不高于 0.1%,遗传背景一致。

附 录 A
（规范性附录）
转基因玉米纯合体候选物的获得

A.1 CT0 代候选物的种植与鉴定

A.1.1 播种与田间管理

单粒播种，按当地玉米常规播种时间和播种方式进行播种。

除雌雄穗分别套袋自交外，其他按当地常规栽培管理方式进行田间管理。

A.1.2 植株鉴定

以株为单位，依据农业部 1485 号公告—19—2010 规定的方法和程序进行典型性鉴定。及时拔除、销毁典型性不符合要求的植株。

注：对候选物的筛选鉴定，也可采用经验证符合要求的生物学鉴定方法，如除草剂筛选鉴定法。

A.1.3 人工授粉

对典型性符合要求的植株的雌雄穗分别进行套袋、人工自交授粉。授粉过程中，应采取措施避免植株间的花粉交叉污染。

A.1.4 收获

按穗收获套袋自交的候选物。

对纯合度未知的 CT0 代候选物的果穗，按 A.1.5 进行果穗筛选鉴定。对确定为杂合体的 CT0 代候选物的果穗，按 A.2 进行 CT1 代候选物的繁殖与鉴定。

A.1.5 果穗筛选鉴定

随机选择 CT0 代候选物的果穗，每个果穗上随机选择 16 粒种子，按单粒进行转化体特异性鉴定。若同一果穗上的 16 粒种子鉴定结果均为阳性，表明该果穗为纯合体；否则表明该果穗为非纯合体。

若果穗为纯合体，将纯合体果穗上的全部籽粒按本标准的第 5 章进行繁殖与鉴定。

若果穗均为非纯合体，选择其中 1 个果穗，将剩余籽粒按 A.2 进行 CT1 代候选物的繁殖与鉴定。

A.2 CT1 代候选物的繁殖与鉴定

A.2.1 播种与田间管理

单粒播种，按当地玉米常规播种时间和播种方式进行播种。

除雌雄穗分别套袋自交外，其他按当地常规栽培管理方式进行田间管理。

A.2.2 植株鉴定

A.2.2.1 若有转化体纯合体鉴定方法，对 CT1 代候选物的全部植株进行转基因纯合体鉴定，保留纯合体植株，拔除、销毁其他植株。

A.2.2.2 若没有转化体纯合体鉴定方法，以株为单位，按农业部 1485 号公告—19—2010 规定的方法和程序进行典型性鉴定，拔除、销毁典型性不符合要求的植株。

A.2.3 人工授粉

对典型性符合要求的植株的雌雄穗分别进行套袋、人工自交授粉。授粉过程中，应采取措施避免植株间的花粉交叉污染。

A.2.4 收获

按穗收获套袋自交的候选物。

对 CT1 代植株为纯合体的,将收获的果穗按本标准的第 5 章进行繁殖与鉴定。

对 CT1 代植株不能确定为纯合体的,将收获的籽粒(CT2 代候选物)按 A.2.5 进行筛选鉴定。

A.2.5　果穗筛选鉴定

从每个果穗上随机选择 16 粒种子,按单粒进行转化体特异性鉴定。若同一果穗上的 16 粒鉴定结果均为阳性,表明该果穗为纯合体;否则,表明该果穗为非纯合体,弃用。

获得的纯合体果穗可直接用于标准物质制备或按本标准的第 5 章进行繁殖与鉴定。

ICS 65.020

B 04

中华人民共和国国家标准

农业部 2259 号公告—3—2015

转基因植物及其产品成分检测
棉花标准物质候选物繁殖与鉴定技术规范

Detection of genetically modified plants and derived products—
Technical specification for reproduction and identification of cotton reference
material candidate

2015-05-21 发布

2015-08-01 实施

中华人民共和国农业部 发布

前　言

本标准按照 GB/T 1.1—2009 给出的规则起草。

请注意本文件的某些内容可能涉及专利。本文件的发布机构不承担识别这些专利的责任。

本标准由中华人民共和国农业部提出。

本标准由全国农业转基因生物安全管理标准化技术委员会(SAC/TC 276)归口。

本标准起草单位:农业部科技发展中心、中国农业科学院植物保护研究所、山东省农业科学院和创世纪种业有限公司。

本标准主要起草人:谢家建、沈平、彭于发、宋贵文、陈秀萍、李昂、武红巾、路兴波、崔洪志。

转基因植物及其产品成分检测
棉花标准物质候选物繁殖与鉴定技术规范

1 范围

本标准规定了转基因棉花基体标准物质候选物繁殖与鉴定的程序和方法。

本标准适用于转基因棉花基体标准物质候选物的繁殖与鉴定。

2 规范性引用文件

下列文件对于本文件的应用是必不可少的。凡是注日期的引用文件,仅注日期的版本适用于本文件。凡是不注日期的引用文件,其最新版本(包括所有的修改单)适用于本文件。

GB/T 3242—2012 棉花原种生产技术操作规程

农业部 1485 号公告—19—2010 转基因植物及其产品成分检测 基体标准物质候选物鉴定方法

农业部 2031 号公告—19—2013 转基因植物及其产品成分检测 抽样

3 术语和定义

下列术语和定义适用于本文件。

3.1

棉花标准物质候选物 cotton reference material candidate

用于制备转基因棉花和非转基因棉花标准物质的基体材料,如籽粒、叶片等。依照本规范繁殖的核心材料和基础材料可以作为棉花标准物质候选物。

3.2

原始材料 original material

用于棉花标准物质候选物繁殖的最初一批材料。

3.3

核心材料 core material

经鉴定合格的原始材料单株自交后产生的材料。

3.4

基础材料 base material

经鉴定合格的核心材料通过自然授粉混繁获得的材料。

4 要求

4.1 原始材料

分子特征信息清晰的转基因棉花材料,遗传背景与转基因棉花相似的非转基因棉花材料。

4.2 安全管理

4.2.1 转基因棉花候选物种植前,应按照农业转基因生物安全管理法律法规的要求进行申报,获得批准后才可种植。

4.2.2 采取空间隔离措施,试验地四周应设置 300 m 以上的非棉花隔离带。

4.2.3 转基因棉花材料应由专人运输和保管。试验结束后,除需要保留的材料外,剩余试验材料一律销毁。

4.2.4　试验过程中如发生试验材料被盗、被毁等意外事故,应立即报告行政主管部门。

4.2.5　试验结束后,保留试验地边界标记。当年和第二年不再种植棉花,由专人负责监管,及时拔除并销毁转基因棉花自生苗。

4.3　机构与人员

4.3.1　棉花标准物质候选物繁殖与鉴定机构应是具有资质的转基因生物安全检测机构,并具备标准物质候选物繁殖与鉴定所需的试验基地、仪器设备和环境设施。

4.3.2　棉花标准物质候选物繁殖与鉴定人员应具备转基因生物安全检测和标准物质研制等相关业务知识,并在开展候选物繁殖与鉴定工作前,接受相关技术和业务知识培训。

4.4　记录

记录试验地前茬作物、土壤类型和主要的田间管理措施等信息,按照 GB/T 3242—2012 中 A.1 的规定记录与棉花标准物质候选物繁殖和鉴定相关的必要信息。

5　棉花标准物质候选物的繁殖

5.1　选地

选择地势平坦、土地肥沃、排灌方便的地块。

5.2　播种与田间管理

按当地棉花常规播种时间和播种方式进行播种,按当地常规栽培管理方式进行田间管理。

5.3　棉花标准物质候选物的繁殖方法

棉花标准物质候选物的繁殖采用单株自交混合选择繁殖法,通过自交保持品种纯度、混合选择繁殖法扩大种子量。通过原始材料自交获得核心材料,核心材料自然授粉混繁获得基础材料。

棉花杂交种的标准物质候选物可通过分别繁殖父本和母本材料进行杂交获得。

5.3.1　原始材料的选择

在田间种植棉花标准物质候选物的原始材料,在苗期进行单株的典型性和转化体纯合度鉴定,选择符合要求的单株,挂牌编号。对于其鉴定特征不符合的单株,予以淘汰。

5.3.2　核心材料的繁殖

田间选择经鉴定的原始材料单株,数量不少于 100 个单株。于开花时进行自交,并做好标记。收摘正常吐絮自交铃,获得核心材料。

5.3.3　基础材料的繁殖

将选择鉴定的核心材料种子进行种植,根据生产计划安排种植面积。行距安排便于田间操作,区段前面设观察道,四周用本品种核心材料种子做保护区。采摘自然授粉的正常吐絮铃,混合留种,获得基础材料。

6　棉花标准物质候选物的鉴定

6.1　抽样

按照农业部 2031 号公告—19—2013 的规定执行。

6.2　转化体纯度和纯合度鉴定与计算

转化体纯度和纯合度鉴定与计算按照农业部 1485 号公告—19—2010 中 5.5 的规定执行。原始材料和核心材料取样个体不少于 200 个,基础材料取样个体不少于 600 个,进行单个体处理(如取单粒研磨、取单株叶片研磨等)。

纯合转化体的鉴定可以通过单株自交后代的分离情况来进行,也可以通过定量 PCR 与纯合对照比较转基因位点的相对含量来进行,或通过单拷贝插入基因组位点的存在状态来进行。

6.3 其他转化体混杂率

利用同物种其他转化体的特异性检测方法,检测候选物中其他转化体的含量。原始材料进行单个体检测,核心材料和基础材料抽样后进行混样检测,核心材料抽样不少于 600 粒,基础材料抽样不少于3 000 粒。

6.4 遗传背景

按照 GB/T 3242—2012 中 4.3.2.2 对原始材料、核心材料和基础材料的遗传背景一致性进行田间观测鉴定。或利用基于 SSR 分子标记技术、种子贮藏蛋白或同功酶的等电聚焦电泳技术等对原始材料、核心材料和基础材料的遗传背景一致性进行室内鉴定。

6.5 质量标准

用于转基因棉花标准物质候选物和非转基因棉花标准物质候选物的核心材料和基础材料的转化体纯度、转化体纯合度、其他转化体混杂率和遗传背景的质量应符合表 1 和表 2 的标准。

表 1 转基因棉花标准物质候选物的质量标准

参　　数	核心材料	基础材料
数量	≥1 kg	≥100 kg
转化体纯度	≥98%	≥95%
转化体纯合度	≥95%	≥90%
其他转化体混杂率	<0.5%	<0.1%
遗传背景	一致	一致

表 2 非转基因棉花标准物质候选物的质量标准

参　　数	核心材料	基础材料
数量	≥1 kg	≥100 kg
转化体混杂率	<0.5%	<0.1%
遗传背景	一致	一致

第七类
评价和监控

ICS 65.020.99
B 04

中华人民共和国农业行业标准

NY/T 1101—2006

转基因植物及其产品食用安全性
评价导则

Guideline for safety assessment of food from genetically
modified plant and derived products

2006-07-10 发布
2006-10-01 实施

中华人民共和国农业部 发布

前　言

本标准由中华人民共和国农业部提出。

本标准由全国农业转基因生物安全管理标准化技术委员会归口。

本标准起草单位：农业部科技发展中心、中国疾病预防控制中心营养与食品安全所、中国农业大学、天津市卫生防病中心。

本标准主要起草人：严卫星、李宁（农业部科技发展中心）、李宁（中国疾病预防控制中心营养与食品安全所）、汪其怀、徐海滨、黄昆仑、王静、付仲文。

转基因植物及其产品食用安全性评价导则

1 范围

本标准规定了基因受体植物、基因供体生物、基因操作的安全性评价和转基因植物及其产品的毒理学评价、关键成分分析和营养学评价、外源化学物蓄积性评价、耐药性评价。

本标准适用于转基因植物及其产品的食用安全性评价。

2 术语和定义

下列术语和定义适用于本标准。

2.1

转基因植物 genetically modified plant

指利用基因工程技术改变基因组构成,用于农业生产或者农产品加工的植物。

2.2

转基因植物产品 products derived from genetically modified plant

指转基因植物的直接加工产品和含有转基因植物的产品。

2.3

受体植物 recipient plant

指被导入重组 DNA 分子的植物。

2.4

传统对照物 conventional counterpart

有传统食用安全历史并可作为转基因植物及其产品安全性评价参照对比物的非转基因植物,包括受体植物及其他相关植物。

3 转基因植物及其产品食用安全性评价原则

3.1 转基因植物及其产品的食用安全性评价应与传统对照物比较,其安全性可接受水平应与传统对照物一致。

3.2 转基因植物及其产品的食用安全性评价采用危险性分析、实质等同和个案处理原则。

3.3 随着科学技术发展和对转基因植物及其产品食用安全性认识的不断提高,应不断对转基因植物及其产品食用安全性进行重新评价和审核。

4 基因受体植物的安全性评价

4.1 背景资料

4.1.1 学名、俗名和其他名称。

4.1.2 分类学地位。

4.1.3 原产地、种植背景。

4.2 对人体及其他生物是否有毒,如有毒,应说明毒性存在的部位及其毒性的性质。

4.3 是否有致敏源,如有致敏源,应说明致敏源存在的部位及其致敏的特性。

4.4 对人类健康是否发生过其他不良的影响。

4.5 生产加工过程对其食用安全是否存在影响。

4.6 是否有长期安全食用历史记录。

5 基因供体生物的安全性评价

5.1 背景资料

5.1.1 来源。

5.1.2 学名、俗名和其他名称。

5.1.3 分类学地位。

5.1.4 生活史。

5.2 安全状况

包括毒性、过敏性、抗营养作用、致病性。

5.3 与人类的接触途径及水平

6 基因操作的安全性评价

6.1 转基因植物中引入或修饰性状和特性的描述

6.2 实际插入或删除序列资料

6.2.1 插入序列的大小和结构,确定其特性的分析方法。

6.2.2 删除区域的大小和功能。

6.2.3 目的基因的核苷酸序列和推导表达蛋白的氨基酸序列。

6.2.4 插入序列在植物细胞中的定位(是否整合到染色体、叶绿体、线粒体,或以非整合形式存在)及其确定方法。

6.2.5 插入序列的拷贝数。

6.3 目的基因与载体构建的图谱

载体的名称、来源、结构、特性和安全性,包括载体是否具有致病性以及是否可能演变为有致病性。

6.4 载体中插入区域各片段的资料

6.4.1 启动子和终止子的大小、功能及其供体生物的名称。

6.4.2 标记基因和报告基因的大小、功能及其供体生物的名称。

6.4.3 其他表达调控序列的名称及其来源(如人工合成或供体生物名称)。

6.5 转基因方法

6.6 插入序列表达的资料

6.6.1 插入序列表达的器官和组织,如根、茎、叶、花、果、种子等。

6.6.2 插入序列的表达量及其分析方法。

6.6.3 插入序列表达的稳定性。

7 转基因植物及其产品的毒理学评价

7.1 转基因植物及其产品新生成物质毒理学评价

7.1.1 转基因植物及其产品中新生成的物质包括蛋白质、脂肪、碳水化合物、维生素、代谢产物及其他成分,在进行安全评价时,可以使用从转基因植物及其产品中分离的物质,或通过其他途径产生在结构和功能上与转基因植物及其产品中该物质完全相同的物质。

7.1.2 转基因植物及其产品新生成物质毒理学评价应考虑新生成物质在植物可食部分的含量及不同

人群的暴露水平。

7.1.3 外源基因表达蛋白质的毒理学评价。

7.1.3.1 外源基因表达蛋白质与已知有毒性的蛋白质和抗营养成分（如蛋白酶抑制剂、植物凝集素）在氨基酸序列相似性上的特征比较。外源基因表达蛋白质与已知有安全食用历史的蛋白质不相似时，应进行经口毒理学试验，并评价其在转基因植物体内的生物学功能。

7.1.3.2 外源基因表达蛋白质在加工过程和胃肠消化系统的稳定性。

7.1.4 蛋白质以外无安全食用历史的其他成分的潜在毒性评价应参照传统毒理学方法进行，包括毒物动力学、遗传毒性、亚慢性毒性、慢性毒性/致癌性、生殖发育毒性评价。

7.1.5 转基因植物及其产品因基因修饰而改变特性所产生的潜在毒性效应评价，应进行喂养试验和其他必要的毒理学试验。

7.2 转基因植物及其产品致敏性评价

7.2.1 对在转基因植物及其产品中出现的因基因修饰表达的蛋白质，应遵循整体、分步和个案分析的原则，对其潜在致敏性进行综合评价。

7.2.2 外源基因表达蛋白质致敏性评价，通常包括四项内容：

——来源：根据基因供体生物致敏性的信息，确定评价致敏性所采用的方法和数据。基因供体生物致敏性信息包括可获得的筛选血清、过敏类型、过敏反应程度和频度、外源基因表达蛋白质结构特征和氨基酸序列、外源基因表达蛋白质物理化学性质和免疫学特性。

——氨基酸序列的同源性：外源基因表达蛋白质与已知致敏原氨基酸序列的同源性比较。对于来源于已知致敏原或与已知致敏原具有序列同源性的蛋白质，如果可获得过敏血清，可采用免疫学方法评价；对于来源于非已知致敏原或与已知致敏原不具有序列同源性的蛋白质，必要时，应进行目标血清的筛选。

——稳定性：外源基因表达蛋白质在加工过程和胃肠消化系统的稳定性。

8 转基因植物及其产品的关键成分分析和营养学评价

8.1 转基因植物及其产品的关键成分分析评价，应考虑受体生物相关成分的自然变异范围等因素的影响。

转基因植物及其产品的关键成分分析主要包括：

——营养成分，包括蛋白质及氨基酸、脂肪及脂肪酸、碳水化合物（包括膳食纤维）、矿物质、维生素等。

——抗营养成分和天然毒素，包括抗营养因子和酶抑制剂等。

——营养成分以外的其他有益的成分，包括植物化学物等。

——因基因修饰生成的新成分和其他可能产生的非预期成分。

8.2 以改变营养质量和功能的转基因植物及其产品应进行营养学评估，包括人群营养素摄入情况的改变和对人群所可能带来的营养影响等，特别应考虑最大摄入量对健康的影响和对特殊敏感人群的营养作用。

8.3 加工条件下对转基因植物及其产品主要营养成分、抗营养成分和其他有益成分含量、结构和功能及生物利用率的影响评价。

9 转基因植物及其产品中外源化学物蓄积性评价

对转基因植物及其产品是否会导致农药残留增加，霉菌毒素及其他对人体有害的主要污染物的蓄积增加进行评价。

10 转基因植物及其产品的耐药性评价

转基因植物及其产品中如果含有耐药性标记基因,应对其耐药性进行评价。

ICS 65.020.01
B 08

中华人民共和国国家标准

农业部 869 号公告—1—2007

农业转基因生物标签的标识

Labeling of agricultural genetically modified organisms with label

2007-06-11 发布

2007-08-01 实施

中华人民共和国农业部 发布

前　言

本标准的附录 A 为规范性附录。

本标准由中华人民共和国农业部提出。

本标准归口全国农业转基因生物安全管理标准化技术委员会。

本标准由农业部科技发展中心负责起草。

本标准主要起草人：程金根、刘培磊、李宁、汪其怀、付仲文、连庆。

农业转基因生物标签的标识

1 范围

本标准规定了农业转基因生物标识的位置、标注方法、文字规格和颜色等要求。

本标准适用于列入农业转基因生物标识目录并用于销售的、有标签的农业转基因生物。

2 术语和定义

下列术语和定义适用于本标准。

2.1

农业转基因生物标识目录 category of agricultural genetically modified organisms under the labeling system

国务院农业行政主管部门商国务院有关部门制定、调整并公布的实施标识管理的农业转基因生物目录。

2.2

包装 package

在流通过程中保护产品，方便运输、销售，按一定技术方法而采用的容器、材料及辅助物等的总称。

2.3

标签 label

产品包装及产品上的文字、图标、符号及一切说明物。

2.4

配料 ingredient

在制造或加工产品时使用的，并存在（包括以改性的形式存在）于产品中的任何物质，包括添加剂。

2.5

强制性标示 mandatory labeling

法律法规规定的产品标签上应标注的内容。

2.6

主要展示版面 principal display panel

消费者购买产品时，包装物或包装容器上最容易观察到的版面。

3 要求

3.1 农业转基因生物标识应符合《农业转基因生物安全管理条例》和《农业转基因生物标识管理办法》的规定，并符合相关标准的规定。

3.2 标识位置

3.2.1 标识应直接印刷在产品标签上。

3.2.2 标识应紧邻产品的配料清单或原料组成，无配料清单和原料组成的应标注在产品名称附近。

3.3 标注方法

3.3.1 转基因动植物（含种子、种畜禽、水产苗种）和微生物，转基因动植物、微生物产品，含有转基因动植物、微生物或者其产品成分的种子、种畜禽、水产苗种、农药、兽药、肥料和添加剂等产品，直接标注为"转基因××"。

3.3.2 转基因农产品的直接加工品，标注为"转基因××加工品（制成品）"或者"加工原料为转基因××"。

3.3.3 用农业转基因生物或用含有农业转基因生物成分的产品加工制成的产品，但最终销售产品中已不再含有或检测不出转基因成分的产品，标注为"本产品为转基因××加工制成，但本产品中已不再含有转基因成分"或者标注为"本产品加工原料中有转基因××，但本产品中已不再含有转基因成分"。

3.4 文字规格

3.4.1 当包装的最大表面积大于或等于 10 cm² 时，文字规格应符合以下要求：
——高度不小于 1.8 mm。
——不小于产品标签中其他最小强制性标示的文字。

3.4.2 当包装的最大表面积小于 10 cm² 时，文字规格不小于产品标签中其他最小强制性标示的文字。包装的最大表面积计算方法见附录 A。

3.5 文字颜色

文字颜色应符合下列要求之一：

a) 与产品标签中其他强制性标示的文字颜色相同。

b) 当与产品标签中其他强制性标示的文字颜色不同时，应与标签的底色有明显的差异，不得利用色差使消费者难以识别。

3.6 农业转基因生物标识应当在流通过程中清晰易辨。

附 录 A
（规范性附录）
包装最大表面积计算方法

A.1 长方体形包装物或长方体形包装容器计算方法

长方体形包装物或长方体形包装容器的最大一个侧面的高度（厘米）乘以宽度（厘米）。

A.2 圆柱形包装物、圆柱形包装容器或近似圆柱形包装物、近似圆柱形包装容器计算方法

包装物或包装容器的高度（厘米）乘以圆周长（厘米）的 40%。

A.3 其他形状的包装物或包装容器计算方法

包装物或包装容器的总表面积的 40%。

如果包装物或包装容器有明显的主要展示版面，应以主要展示版面的面积为最大表面积。

注：如果是瓶形或罐形，计算表面积时不包括肩部、颈部、顶部和底部的凸缘。

ICS 65.020.01
B 04

中华人民共和国国家标准

农业部 2259 号公告－13－2015

转基因植物试验安全控制措施
第 1 部分：通用要求

Safety control measures for the field trial of genetically modified plant—
Part 1:General requirements

2015-05-21 发布

2015-08-01 实施

中华人民共和国农业部 发布

前　言

《转基因植物试验安全控制措施》为系列标准:
——第 1 部分:通用要求;
——第 2 部分:药用工业用转基因植物;
…………
本部分是《转基因植物试验安全控制措施》的第 1 部分。

本部分按照 GB/T 1.1—2009 给出的规则起草。

本部分由中华人民共和国农业部提出。

本部分由全国农业转基因生物安全管理标准化技术委员会(SAC/TC 276)归口。

本部分起草单位:农业部科技发展中心、中国农业科学院油料作物研究所、河北农业大学。

本部分主要起草人:刘培磊、赵永国、李宁、刘刚、徐琳杰、付仲文、连庆。

转基因植物试验安全控制措施
第 1 部分:通用要求

1 范围

本部分规定了转基因植物试验安全控制措施的基本要求。

本部分适用于安全等级 I、II 的转基因植物中间试验、环境释放和生产性试验。

2 术语和定义

下列术语和定义适用于本文件。

2.1

操作规程 operating practice

为达到法规要求,保持转基因植物试验安全控制措施的一致性和有效性,试验单位制定的工作程序。

2.2

采后期 post-harvest period

转基因植物收获之后或试验终止之后的时期。

2.3

内容器 inner container

直接放置转基因植物材料的容器。

2.4

外容器 outer container

放置内容器的容器。

3 一般原则

3.1 转基因植物的安全控制措施应与安全等级相适应。

3.2 应采取适当的措施将转基因植物试验控制在必需的范围内。

3.3 应对转基因植物试验人员进行培训,培训内容应包括岗位职责和安全控制措施要求。

3.4 试验单位应有明确的管理规定,确定各部门和人员的职责与工作流程。转基因植物材料运输、材料贮存、材料销毁和处理、收获、试验点的管理和采后期监控应有专门的责任人。

3.5 应建立转基因植物试验的操作规程,保证试验材料不进入自然环境、食物链和饲料链。

3.6 应定期检查转基因植物试验的安全控制措施并保存检查记录。

3.7 应建立转基因植物试验的应急预案,制定转基因植物意外释放的补救措施。补救措施一般包括:

   a) 回收并销毁意外释放的转基因植物材料;

   b) 标记转基因植物的意外释放地点,并对该地点进行监控,以铲除和销毁转基因植物;

   c) 行政管理部门要求或认可的补救措施。

4 安全控制措施

4.1 转基因植物材料包装和运输

4.1.1 转基因植物材料应包装在封闭的容器内进行运输,可根据材料类型、数量和运输方式选择适宜的包装容器。

包装容器一般包括内容器和外容器:

a) 少量的种子或其他植物材料的内容器应是防潮、耐破损的密封盒、信封、牛皮纸袋、纤维袋、布袋、塑料袋等;外容器应防水、防漏,可以用纸板、纤维、木材、塑料或其他相同强度的材料;

b) 大量种子或其他植物材料的内容器一般是防潮、耐破损的纤维袋、布袋等;外容器可以与内容器相同,或采用其他高强度的材料。

4.1.2 转基因植物材料应与其他植物材料隔离放置在不同的包装容器中,一个外容器中可放置多个装有不同转基因植物材料的内容器。

4.1.3 内容器和外容器在转基因植物材料放置前和取出后应进行清洁,清洁后的包装容器应通过肉眼观察不到任何植物材料,清洁过程发现的植物材料应按 4.3.1 处理。对于肉眼难以判断的,例如植物材料较小或包装容器较大,可以通过高压灭菌、焚烧、深埋以及化学方法等处理包装容器。

4.1.4 转基因植物材料的包装容器应标识。内容器的标识应包括转基因植物的名称、编号、数量等,外容器的标识应包括转基因植物的名称、材料类型、联系人、联系方式以及含有转基因植物材料的说明等。

4.1.5 应保存转基因植物材料的运输记录,包括运输方式、发货人、收货人、运货人、包装容器、材料名称和编号、材料类型和数量、日期等。

4.2 转基因植物材料贮存

4.2.1 转基因植物材料应贮存在封闭的区域,例如贮藏室、贮藏柜、冰箱等。贮存区的门、窗应可以关闭并锁上。

4.2.2 转基因植物材料和其他植物材料的贮存区应分开,一个转基因植物材料的贮存区中可以放置多个材料,所有材料应包装在封闭的容器内。

4.2.3 转基因植物材料的贮存应有清晰的标识。贮存区的标识应包括贮存地点、负责人、联系方式以及含有转基因植物材料的说明等,材料的标识应包括转基因植物名称、编号、材料类型和数量等。

4.2.4 转基因植物材料在进入贮存区前或超过贮存期后,应清洁该贮存区域。清洁后应通过肉眼观察不到任何植物材料。

a) 清洁方法主要为手工打扫;

b) 清洁过程发现的植物材料按 4.3.1 处理。

4.2.5 相关人员经批准或授权后方可进入贮存区,进入贮存区的人员应当登记,并记录工作内容。

4.2.6 应保存转基因植物材料的贮存记录和出入库记录。

4.2.6.1 贮存记录,包括负责人,贮存区域、材料名称和编号、材料类型和数量、材料位置、日期等。

4.2.6.2 出入库记录,包括材料名称和编号、材料类型、入库数量、出库数量、出库用途、经办人、日期等。

4.3 转基因植物材料销毁和处理

4.3.1 转基因植物材料销毁后应不具有生物活性,可采取如下方法销毁:

a) 焚烧;

b) 高压、蒸汽或干热灭活;

c) 碾压;

d) 翻耕;

e) 深埋;

f) 化学处理;

g) 国家农业转基因生物安全委员会认可的其他方法。

4.3.2 应保存转基因植物材料的销毁记录,包括转基因植物名称、材料来源、材料类型和数量、销毁方式、负责人等。

4.4 转基因植物试验点的管理

4.4.1 转基因植物试验点的选择应考虑以下因素:

a) 试验点的生态环境,例如试验点周围的相关栽培种、野生种、保护动物以及该植物常见病虫害的为害情况;

b) 隔离措施的实施,例如隔离距离;

c) 采后期管理措施的实施,例如试验点的控制权;

d) 转基因植物材料处理措施的实施;

e) 转基因植物意外释放可能造成的影响。

4.4.2 应采取适当的措施控制人畜出入转基因植物试验地点。试验人员在离开试验地时,应确保衣服和鞋子上不带有活性转基因植物材料。

4.4.3 应按比例绘制转基因植物试验点的示意图,描述其位置、地形和隔离情况。示意图应包括试验点的方位(最好为全球定位系统)、试验面积、隔离物以及与周围相同或近缘物种的隔离距离等。

4.4.4 应对转基因植物试验点进行标记,可用木桩、金属柱或塑料柱等标记试验点的 4 个角。

4.4.5 机械设备和工具在进入试验点前和离开试验点时应进行清洁,清洁后应通过肉眼观察不到任何植物材料。

a) 清洁一般在转基因植物试验点进行;

b) 清洁方法包括手工打扫、水枪冲洗、高压气体冲洗等;

c) 清洁过程发现的植物材料按 4.3.1 处理,如果采用水枪冲洗,清洁过程中产生的废水应收集处理,水中悬浮植物材料经沉淀后按 4.3.1 处理。

4.4.6 转基因植物试验应采取适当的措施进行生殖隔离。隔离措施主要包括:

a) 空间隔离。根据国家农业转基因生物安全委员会要求的最小距离,将转基因植物与周围相同或近缘物种在空间上隔离。隔离区应连续地包围转基因植物试验地,在开花前铲除或移走隔离区内所有禁止出现的植物。如果在隔离区内种植了其他转基因植物,应按照转基因植物安全控制措施的要求进行管理。

b) 时间隔离。根据国家农业转基因生物安全委员会要求的最短时间,错期播种转基因植物。应定期检查隔离系统,及时去除花期同步的植物花序,确保试验地和隔离区内的植物花期不重叠。如果在花序去除前,转基因植物的花粉已经散落,应采取空间隔离等补救措施。

c) 套袋隔离。在开花前,通过套袋阻止转基因植物花序上花粉的散落。应确保转基因植物保持套袋至花期结束。如果在套袋前,转基因植物的花粉已经散落,应采取空间隔离等补救措施。

d) 保护行。根据国家农业转基因生物安全委员会要求的宽度,在试验地周围种植与转基因植物相同或相似的非转基因植物作为保护行进行隔离。保护行应连续包围转基因植物试验地,保护行和转基因植物的种植密度、收获期和试验管理措施应相同。应定期检查隔离系统,确保保护行和转基因植物的花期相同。如果保护行和转基因植物的花期不在同一时期,应采取空间隔离等补救措施。

e) 开花前终止试验。在开花前铲除或销毁转基因植物,转基因植物材料的销毁方法见 4.3.1。应定期检查隔离系统,及时去除残留转基因植物花序,确保试验开花前终止。如果在试验终止前,转基因植物的花粉已经散落,应采取空间隔离等补救措施。

4.4.7 应保存转基因植物试验点的管理记录,包括示意图的绘制和试验点的标记、机械设备和工具的清洁、播种和取样、栽培管理、隔离措施的实施和监控、负责人等。

4.5 转基因植物收获

4.5.1 收获时应将保留的转基因植物材料和其他材料分开放置,并贴上适当的标签。

4.5.2 当转基因植物很容易从根、茎、叶、块茎、块根等再生时,应在收获时去除植株的残余部分,并采取适当措施防止其再生。

4.5.3 转基因植物材料脱粒、晾晒、销毁等处理过程一般在试验点进行。

4.5.4 转基因植物材料的运输见 4.1。

4.5.5 转基因植物材料的贮存见 4.2。

4.5.6 转基因植物材料的销毁见 4.3。

4.5.7 机械设备和工具的清洁见 4.4.5。

4.5.8 应保存转基因植物的收获记录,包括收获时间、收获方法、机械设备和工具的清洁、材料的处理方式、负责人等。

4.6 转基因植物采后期监控

4.6.1 转基因植物收获后或试验终止后,应立即对试验点进行监控。

4.6.2 根据国家农业转基因生物安全委员会要求的期限和范围对转基因植物试验实施采后期监控,应确保试验单位对试验点的控制权。

4.6.3 在监控期限内,如果试验地点种植了相同或另外的转基因植物,应在该转基因植物的采后期对试验地点进行监控;如果试验地点种植了相同或近缘的非转基因物种,应按照转基因植物安全控制措施的要求进行管理。

4.6.4 应定期检查试验地点,确保没有转基因植物及其近缘种生长。至少每 4 周对试验地点检查 1 次,如果发现转基因植物或其近缘物种,应在开花前铲除和销毁,如果转基因植物或其近缘物种已经开花,应延长一个监控期限。转基因植物一般采用手工铲除,转基因植物材料的销毁方法见 4.3.1。

4.6.5 应保存采后期监控记录,包括监控期限、监控方法、检查记录、处理措施、负责人等。

————————

ICS 65.020.01
B 04

中 华 人 民 共 和 国 国 家 标 准

农业部 2259 号公告－14－2015

转基因植物试验安全控制措施
第 2 部分：药用工业用转基因植物

Safety control measures for the field trial of genetically modified plant—
Part 2：Genetically modified plant for pharmaceutical or industrial use

2015-05-21 发布

2015-08-01 实施

中华人民共和国农业部 发布

前　言

《转基因植物试验安全控制措施》为系列标准：
——第 1 部分：通用要求；
——第 2 部分：药用工业用转基因植物；
…………
本部分是《转基因植物试验安全控制措施》的第 2 部分。

本部分按照 GB/T 1.1—2009 给出的规则起草。

本部分由中华人民共和国农业部提出。

本部分由全国农业转基因生物安全管理标准化技术委员会（SAC/TC 276）归口。

本部分起草单位：农业部科技发展中心、中国农业科学院生物技术研究所、武汉生物技术研究院。

本部分主要起草人：刘培磊、王志兴、杨代常、李宁、徐琳杰、王旭静、郭之彬。

转基因植物试验安全控制措施
第 2 部分：药用工业用转基因植物

1 范围

本部分规定了药用工业用转基因植物试验安全控制措施的基本要求。

本部分适用于药用工业用转基因植物的中间试验、环境释放和生产性试验。

2 术语和定义

下列术语和定义适用于本文件。

2.1

药用转基因植物 genetically modified plant for pharmaceutical use

转基因植物的目的基因表达物为药用，不作为食用和饲用。

2.2

工业用转基因植物 genetically modified plant for industrial use

目的基因表达产物为工业用，一般不用于食品和饲料的生产加工。

3 一般原则

3.1 药用工业用转基因植物的安全控制措施应与安全等级相适应。

3.2 应采取严格的措施将试验控制在限定的范围内。

3.3 应对试验人员进行培训，培训内容应包括岗位职责和安全控制措施要求。试验单位每年都应制订培训方案，保存培训记录，并在申请下一次试验时报告农业部。

3.4 试验单位应有明确的管理规定，确定各部门和人员的职责与工作流程。药用工业用转基因植物材料运输、材料贮存、材料销毁和处理、收获、试验点的管理和采后期监控应有专门的责任人。

3.5 应建立药用工业用转基因植物试验的操作规程，保证试验材料不进入自然环境、食物链和饲料链。

3.6 应定期检查试验安全控制措施并保存检查记录，每年至少检查 3 次，包括播种期、开花前和收获期等。

3.7 应建立试验的应急预案，制定药用工业用转基因植物意外释放的补救措施。补救措施一般包括：

    a) 回收并销毁意外释放的试验材料；

    b) 标记意外释放地点，并对该地点进行监控，以铲除和销毁药用工业用转基因植物；

    c) 行政管理部门要求或认可的补救措施。

3.8 药用工业用转基因植物应有专用、隔离的加工提纯场所。

4 安全控制措施

4.1 药用工业用转基因植物材料包装和运输

4.1.1 药用工业用转基因植物材料应在专用的包装容器内进行运输。包装容器应可以封闭，可根据材料类型、数量和运输方式选择适宜的包装容器。

包装容器一般包括内容器和外容器：

a) 少量的种子或其他植物材料的内容器应是防潮、耐破损的密封盒、牛皮纸袋、纤维袋、布袋、塑

料袋等;外容器应防水、防漏,可以用纤维、木材、塑料或其他相同强度的材料;

    b) 大量种子或其他植物材料的内容器一般是防潮、耐破损的纤维袋、布袋等;外容器可以与内容器相同,或采用其他高强度的材料。

4.1.2 药用工业用转基因植物材料应与其他植物材料隔离放置在不同的包装容器中,一个外容器中可放置多个装有不同药用工业用转基因植物材料的内容器。

4.1.3 内容器和外容器在药用工业用转基因植物材料放置前和取出后应进行清洁,清洁后的包装容器应通过肉眼观察不到任何植物材料,清洁过程发现的植物材料应按 4.3.1 处理。对于肉眼难以判断的,例如植物材料较小或包装容器较大,可以通过高压灭菌、焚烧以及化学方法等处理包装容器。

4.1.4 药用工业用转基因植物材料的包装容器应标识。内容器的标识应包括转基因植物的名称、编号、数量等,外容器的标识应包括转基因植物的名称、材料类型、联系人、联系方式以及含有转基因植物材料的说明等。

4.1.5 应保存药用工业用转基因植物材料的运输记录,包括运输方式、发货人、收货人、运货人、包装容器、材料名称和编号、材料类型和数量、日期等。

4.2 药用工业用转基因植物材料贮存

4.2.1 药用工业用转基因植物材料应贮存在封闭的区域,例如贮藏室、贮藏柜、冰箱等。贮存区的门、窗应可以关闭并锁上。

4.2.2 药用工业用转基因植物材料和其他植物材料的贮存区应分开,一个药用工业用转基因植物材料的贮存区中可以放置多个材料,所有材料应包装在封闭的容器内。

4.2.3 药用工业用转基因植物材料的贮存应有清晰的标识。贮存区的标识应包括贮存地点、负责人、联系方式以及含有转基因植物材料的说明等,材料的标识应包括转基因植物名称、编号、材料类型、数量、许可文件等。

4.2.4 药用工业用转基因植物材料在进入贮存区前或超过贮存期后,应清洁该贮存区域。清洁后应通过肉眼观察不到任何植物材料。

    a) 清洁方法主要为手工打扫;

    b) 清洁过程发现的植物材料按 4.3.1 处理。

4.2.5 相关人员经批准或授权后方可进入贮存区,进入贮存区的人员应当登记,并记录工作内容。

4.2.6 应保存药用工业用转基因植物材料的贮存记录和出入库记录。

4.2.6.1 贮存记录,包括负责人、贮存区域、材料名称和编号、材料类型和数量、材料位置、日期等。

4.2.6.2 出入库记录,包括材料名称和编号、材料类型、入库数量、出库数量、出库用途、经办人、日期等。

4.3 药用工业用转基因植物材料销毁和处理

4.3.1 药用工业用转基因植物材料销毁后应不具有生物活性,可采取如下方法销毁:

    a) 焚烧;

    b) 高压、蒸汽或干热灭活;

    c) 翻耕;

    d) 化学处理;

    e) 国家农业转基因生物安全委员会认可的其他方法。

4.3.2 应保存药用工业用转基因植物材料的销毁记录,包括转基因植物名称、材料来源、材料类型和数量、销毁方式、负责人等。

4.4 药用工业用转基因植物试验点的管理

4.4.1 药用工业用转基因植物试验点的选择对于试验管理十分重要。试验点的选择一般考虑以下因素：

- a) 试验点的生态环境,例如试验点周围的相关栽培种、野生种、保护动物以及该植物常见病虫害的为害情况;
- b) 隔离措施的实施,例如隔离距离、隔离设施等;
- c) 采后期管理措施的实施,例如试验点的控制权;
- d) 药用工业用转基因植物材料处理措施的实施;
- e) 药用工业用转基因植物意外释放可能造成的影响。

4.4.2 药用工业用转基因植物的试验点应为专用的固定场所。

- a) 试验点应设置栅栏、围墙等防止无关人员、畜禽和车辆进入,试验人员在离开试验地时,应确保衣服和鞋子上不带有植物材料;
- b) 相关人员经批准或授权后方可进入试验点;
- c) 试验点应设立监控设备,在试验期内进行全过程的监控。

4.4.3 应按比例绘制药用工业用转基因植物试验点的示意图,描述其位置、地形和隔离情况。示意图应包括试验点的方位(最好为全球定位系统)、试验面积、隔离物以及与周围相同或近缘物种的隔离距离等。

4.4.4 药用工业用转基因植物试验应有专用的机械设备和工具,机械设备和工具应有专用的保存和清洁场所。机械设备和工具在进入试验点前和离开试验点时应进行清洁,清洁后应通过肉眼观察不到任何植物材料。

- a) 清洁应在试验点或专用的清洁场所进行;
- b) 清洁方法包括手工打扫、水枪冲洗、高压气体冲洗等;
- c) 清洁过程发现的植物材料按 4.3.1 处理,如果采用水枪冲洗,清洁过程中产生的废水应收集处理,水中悬浮植物材料经沉淀后按 4.3.1 处理。

4.4.5 药用工业用转基因植物试验应采取适当的措施进行生殖隔离。隔离措施主要包括:

- a) 空间隔离。根据国家农业转基因生物安全委员会要求的最小距离,将药用工业用转基因植物与周围相同或近缘物种在空间上隔离,隔离距离一般为常规转基因植物的 2 倍～4 倍。应确保隔离区连续地包围试验地,同时确保在开花前铲除或移走隔离区内所有禁止出现的植物。
- b) 开花前终止试验。在开花前铲除或销毁药用工业用转基因植物,材料的销毁方法见 4.3.1。应定期检查隔离系统,及时去除残留药用工业用转基因植物花序,确保试验在开花前终止。如果在试验终止前,药用工业用转基因植物的花粉已经散落,应采取空间隔离等补救措施。

4.4.6 应保存药用工业用转基因植物试验点的管理记录,包括示意图的绘制和试验点的标记、机械设备和工具的清洁、播种和取样、栽培管理、隔离措施的实施和监控、负责人等。

4.5 药用工业用转基因植物收获

4.5.1 收获时应将保留的药用工业用转基因植物材料和其他材料分开放置,并贴上适当的标签。

4.5.2 当药用工业用转基因植物很容易从根、茎、叶、块茎、块根等再生时,应在收获时去除植株的残余部分,并采取适当措施防止其再生。

4.5.3 药用工业用转基因植物材料脱粒、晾晒、销毁等处理过程应在试验点或专用的场所进行。

4.5.4 药用工业用转基因植物材料的运输见 4.1。

4.5.5 药用工业用转基因植物材料的贮存见 4.2。

4.5.6 药用工业用转基因植物材料的销毁见 4.3。

4.5.7 机械设备和工具的清洁见 4.4.4。

4.5.8 应保存药用工业用转基因植物的收获记录,包括收获时间、收获方法、机械设备和工具的清洁、材料的处理方式、负责人等。

4.6 药用工业用转基因植物试验的采后期监控

4.6.1 药用工业用转基因植物收获后或试验终止后,应立即对试验点进行监控。

4.6.2 根据国家农业转基因生物安全委员会要求的期限和范围对药用工业用转基因植物试验实施采后期监控,应确保试验单位对试验点的控制权。

4.6.3 在监控期限内,如果试验地点种植了相同或另外的药用工业用转基因植物,应在该药用工业用转基因植物的采后期对试验地点进行监控;如果试验地点种植了相同或近缘的非转基因物种或常规转基因物种,应按照药用工业用转基因植物安全控制措施的要求进行管理。

4.6.4 应定期检查试验地点,确保没有转基因植物及其近缘种生长。至少每 4 周对试验地点检查 1 次,如果发现药用工业用转基因植物或其近缘物种,应在开花前铲除和销毁,如果药用工业用转基因植物或其近缘物种已经开花,应延长一个监控期限。药用工业用转基因植物一般采用手工铲除,材料的销毁方法见 4.3.1。

4.6.5 应保存采后期监控记录,包括监控期限、监控方法、检查记录、处理措施、负责人等。

———————————

附录

已作废标准名单

序号	标准名称	标准号
1	转基因植物及其产品检测 抽样	NY/T 673—2003
2	转基因植物及其产品检测 DNA 提取和纯化	NY/T 674—2003
3	转基因植物及其产品成分检测 抗虫和耐除草剂玉米 Bt11 及其衍生品种定性 PCR 方法	农业部 869 号公告—3—2007
4	转基因植物及其产品成分检测 抗虫和耐除草剂玉米 Bt176 及其衍生品种定性 PCR 方法	农业部 869 号公告—8—2007
5	转基因植物及其产品成分检测 抗虫玉米 MON810 及其衍生品种定性 PCR 方法	农业部 869 号公告—9—2007
6	转基因植物及其产品环境安全检测 抗虫棉花 第1部分:对靶标害虫的抗虫性	农业部 953 号公告—12.1—2007
7	转基因植物及其产品成分检测 抗虫转 Bt 基因棉花外源蛋白表达量检测技术规范	农业部 1485 号公告—14—2010